KB191140

애니멀 커넥션

동물들의 사회생활로 돌아본 생존과 공존의 비밀

애슐리 워드

애니멀 커넥션

THE SOCIAL LIVES OF ANIMALS

동물들의 사회생활로 돌아본 생존과 공존의 비밀

애슐리 워드 지음 | 박선령 옮김

상상스퀘어

목차

서문
06

1장 | 브라운 에일과 동종 포식
17

2장 | 벌과 개미의 양육 전쟁
60

3장 | 도랑에서 결정까지
127

4장 | 거대한 군집 비행
180

5장 | 사고뭉치 생쥐
238

6장 | 무리를 따르라
276

THE SOCIAL LIVES OF ANIMALS

애니멀 커넥션

7장 | 피는 물보다 진하다

318

8장 | 고래의 꼬리음과 문화

384

9장 | 전쟁과 평화

435

에필로그

525

감사의 글

541

참고 문헌

545

서문

인간은 본래 사회적인 동물이다. 일부러 고립을 택한 것이
아니라 원래부터 비사회적인 사람은 일별할 가치도 없거나
인간을 초월한 존재다. 사회는 개인보다 우선한다. 공동생활을
영위할 수 없거나 그럴 필요가 없을 정도로 자급자족하며
사회에 참여하지 않는 자는 짐승이거나 신이다.

– 아리스토텔레스

트리니다드섬 북부 열대우림에 있는 버려진 집 한 채가 서
서히 자연으로 돌아가고 있다. 열대산 칡의 일종인 리아나가
벽을 온통 뒤덮고, 어린나무들이 깨진 창문을 통해 집 안으로
난입하면서 잘게 부서진 석조물 틈새로 뿌리를 밀어 넣는다.
동물들도 기회를 틈타 이 집 안에 보금자리를 만들었다. 집 중
심부에 있는 무너진 계단 아래 곰팡내 나는 좁은 공간은 섬뜩
한 평판을 지닌 흡혈박쥐에게 피난처를 제공한다. 열기가 끓
어오르는 열대의 낮 동안, 박쥐들은 시원하고 호젓한 은신처
에 옹기종기 모여 휴식을 취하며 다가올 사냥에 대비해 힘을

모은다. 밤이 되면 흡혈박쥐들이 깨어나기 시작한다. 낮에 굶은 탓에 심한 배고픔에 시달리는 박쥐들은 날개를 펴고 피를 찾아서 숲을 샅샅이 뒤진다. 이들은 잠든 포유동물, 즉 깊은 잠에 빠져 방심하고 있는 포유동물을 찾는다. 숲에 사는 사슴이나 페커리(멧돼지와 비슷하게 생긴 동물-옮긴이)부터 가축, 심지어 방심한 사람에 이르기까지 포유동물이라면 모두 표적이 될 수 있다.

숲속 개간지에서는 흡혈박쥐 한 마리가 밧줄에 묶인 염소 위를 조심스럽게 맴돈다. 염소는 박쥐의 존재를 눈치채지 못했다. 박쥐가 날개를 퍼덕이는 희미한 소음은 밤의 트리니다드섬에서 나는 온갖 소리에 묻힌다. 살그머니 땅에 내려앉은 박쥐가 희생자를 향해 볼썽사나운 모습으로 허둥지둥 달려간다. 메스 같은 이빨이 염소 옆구리를 절개해 피부를 뚫고 살속으로 파고든다. 피가 흐르기 시작하면 탐욕스럽게 피를 들이마시는데, 식사가 끝날 때까지 자기 몸무게의 3분의 1이나 되는 양을 흡입한다. 그리고 포만감을 느끼면 도착했을 때처럼 조용히 자리를 뜬다. 상처에서 계속 피가 흘러도 희생자는 박쥐의 침에 들어 있는 혈액 응고 방지 성분 때문에 여전히 이 상황을 알아차리지 못한다.

보람찬 밤을 보낸 뒤 다 허물어가는 안전한 은신처로 돌아온 박쥐들은 먹은 걸 소화시킬 수 있다. 그러나 은신처로 돌아온 사냥꾼 모두가 사냥에 성공한 건 아니다. 그들이 먹이로 삼는 대형 포유류가 매우 드물고 발견할 수 있는 포유류 대부분은 박쥐의 위협에 민감하다. 이 굶주린 박쥐들에게는 시간이 부족하다. 단 3일만 먹지 못해도 굶주려 죽을 수 있다. 그러나 바로 이 시점에서 흡혈박쥐들이 하는 행동은 이들의 사악한 평판이 잘못되었음을 보여준다. 같은 둥지에 사는 동료 중 한 마리가 먹이를 먹지 못하면 배불리 먹은 박쥐가 그를 돕기 위해 나선다. 어미 새가 둥지에서 아기 새를 돌보듯, 성공한 사냥꾼은 자기가 흡입한 피 일부를 토해내 불우한 동료를 돕는다. 그리고 오늘 밤 행운을 누렸던 박쥐가 나중에 먹이를 찾지 못하면 동료들이 은혜를 갚으리라 기대할 수 있다. 이렇게 박쥐들은 생존을 위한 투쟁 과정에서 서로에게 의지할 수 있는데, 불확실한 시기에 모두에게 잘 맞는 전략이다.

이런 협력은 사회적 동물의 특징이다. 흡혈박쥐 정도로 서로의 안녕에 관여하는 수준이 결코 보편적이지는 않지만, 무리 지어 사는 대부분의 동물들은 서로를 어느 정도 지원한다. 가장 기본적인 수준에서는 흔히 사회적 완충social buffering이라고 하는 형태로 나타날 수 있다. 기본적으로 작은 크릴새우부터 인간에 이르기까지, 모든 사회적 동물은 종족과 가까이 있으면서 상호작용하는 것만으로도 측정 가능한 명확한 이익을 얻는다는 뜻이다. 그들은 다른 동료들의 존재와 집단의 지지를 통해 힘을 얻는다. 지금 우리 인간에게도 그 어느 때보다 중요한 가치다. 코로나 팬데믹으로 촉발되었던 봉쇄와 사회적 거리두기는 타인과의 연결을 방해하고 많은 이에게 고독을 강요했다. 그 이후 정신 건강 위기가 발생한 건 그리 놀라운 일이 아니다. 이와 더불어, 한때 정상적인 삶의 일부였던 많은 일상적 상호작용이 기술 진보 때문에 점차 사라지고 있다. 셀프 계산대, 자동 입출금기, 자동 발권기 등이 사람과 사람의 직접적인 만남을 대신하고 헤드폰 때문에 일상 대화가 차단되며 인터넷은 실시간 연결을 가상 연결로 대체한다.

그런데 이것이 중요한 문제인가? 나는 그렇다고 본다. 우리 인간은 매우 사회적인 유기체다. 우리 삶은 친구와 사랑하는 이들과의 네트워크로 연결되어 있고, 우리 각자는 자신의 행동 패턴을 정의하고 형성하는 더 넓은 사회 안에서 역할을 수행한다. 이런 사회적 경향 덕분에 우리는 고립된 존재였을 때보다 훨씬 더 많은 것을 성취할 수 있었다. 게다가 함께 살아가면서 발생하는 광범위한 효과에는 구어(口語) 발달부터 우리가 일상생활에서 서로 상호작용하는 방식에 이르기까지, 모든 것이 포함된다. 심지어 우리 종족의 특징인 지능이 진화할 수 있는 기초까지 제공했다. 결국 협력에 대한 우리의 본능이 인류 문명의 기초를 제공한 것이다. 그러나 이것은 최초의 인간에게서 시작된 것이 아니라 우리가 함께 살아가는 동물들과의 공통 조상으로부터 물려받은 고유한 유산이었다.

동물계 전체에 걸쳐 수많은 동물이 살아가며 발생하는 각종 문제를 해결하기 위해 사회성을 발휘한다. 무리 지어 사는 생활이 그렇게 다양한 종의 성공을 위한 발판을 제공하는 것이다. 게다가 우리는 인간 사회와 지구에서 함께 살아가는 동물 사회 사이에 존재하는 직접적이고 중요한 유사점을 추적할 수 있다. 인간이 진화해온 여정의 메아리이기도 한 이런 유사점을 통해 사회성이 어떻게 우리 삶을 근본적으로 형성하는지 이해할 수 있다. 동물들을 그들 방식대로 이해하면 우리 자신과 우리 사회를 훨씬 잘 이해할 수 있다.

동물 관찰과 행동 연구는 언제나 내가 가장 큰 열정을 품은 일이었다. 수많은 시간을 이 일에 쏟았다. 어렸을 때 한번은 작은 개울가에 엎드려 아주 오랫동안 물속을 들여다보고 있었는데, 담비 한 마리가 맞은편 둑으로 물을 마시러 왔다가 나를 통나무로 착각한 모양이다. 그 담비는 내가 엎드린 곳에서 겨우 몇 센티미터 떨어진 곳까지 다가왔다. 내가 고개를 들어 얼굴을 마주하자 깜짝 놀란 담비가 너무 높이 뛰어오르는 바람에 그 몸에 붙어 있던 벼룩들까지 펄쩍 뛸 정도였다.

하지만 생물들의 모습에 넋을 잃는 건 별개의 문제고, 그걸 평생 직업으로 삼기란 불가능해 보였다. 동물에 대한 열정을 추구할 자신감도 부족하고 변변한 자격 요건도 갖추지 못한 채로 학교를 졸업한 나는 평범한 사무직 일자리를 얻었다. 그곳에 5년간 머물며 내가 만든 틀에 박혀 있었다. 상사가 중간에 개입하지 않았다면 그 뒤에도 쭉 그런 일들을 계속했을지 모른다. 상사가 내 무능함을 알아차리기까지 시간이 오래 걸리긴 했지만, 일단 그 사실을 알게 되자 바로 나를 해고했다.

어떻게든 새로운 삶의 방향을 찾아야 했기에 다음에 뭘 하면 좋을지 고민해봤다. 내 빈약한 기술을 이용해서 스카버러 시라이프 센터Scarborough SeaLife Centre의 전시 동물을 돌볼 수 있을까? 평소 꿈꾸던 직업은 아니지만 어떤 식으로든 동물들과 함께 일한다고 생각하니, 작은 생물체를 찾으려고 바위 사이의 작은 웅덩이를 뒤지거나 통나무를 뒤집으며 보냈던 행복한 오후의 기억이 떠올랐다. 시라이프 센터에는 다양한 성게, 새우, 불가사리를 돌볼 사람이 필요했다. 그래서 한번 연락을 취해봤다(물론 동물이 아니라 경영진에게). 시라이프 센터는 곧바로 정신이 번쩍 드는 답장을 보내왔다. '늙은 바닷가재에 붙어 있는 해조류를 제거하려면 생물학 학위가 필요하다'라는 게 답변의 요지였다.

적어도 이제 뭐가 필요한지 알게 됐다. 그래서 리즈 대학에 등록해 아미노산 구조를 달달 외우면서 내가 하는 일의 의미를 찾으려고 노력했다. 학위를 따기 위한 여정에 발을 들인 지 2년 정도 지나 최악의 고비를 맞았을 무렵, 리즈 대학에서 일하는 학자이자 나와 마음이 아주 잘 맞는 옌스 크라우제^{Jens} Krause를 만나게 됐다. 그는 살아 있는 세계에 대한 호기심이 나만큼 대단한 사람이었다. 뿐만 아니라 동물 행동을 연구하면서 대단한 경력을 쌓고 있었다. 갑자기 모든 일에 의미가 통하기 시작했다. 나는 평생 처음으로 내가 하고 싶은 일을 깨달았다. 쉽지만은 않은 길이지만 그래도 모든 것이 눈앞에 펼쳐졌다. 스카버러에서 네 번째로 붐비는 장소에 있는 동물들이 내 행운을 빌어주고 그들을 버린 날 용서해줄 거라고 생각하고 싶다.

이렇게 추억을 곱씹는 이유는 과학자가 되고 싶다는 사실을 스스로 인정하는 것이 얼마나 힘들었는지를 보여주기 위해서가 아니다. 나와 똑같은 관심사를 지닌 사람과 접촉한 것만으로도 삶의 목적이 더 명확해졌다는 이야기를 하고 싶어서다. 다른 사람들의 존재를 통해 자신의 마음과 자신이 인생에서 원하는 게 무엇인지 알아차리는 이들이 많다. 그러나 안타깝게도, 대부분은 이 필요를 과소평가하며 공동체와의 협력이야말로 진보와 의미 있는 삶의 토대가 된다는 사실을 제대로 인식하지 못하곤 한다.

우리의 놀라운 성공담에 무엇보다 크게 기여한 인간의 행동은 사회성, 즉 집단을 이루어 함께 살고 일하면서 협력할 수 있는 능력이다. 그 능력 덕분에 선사시대부터 현대에 이르기까지 문제에 대한 해결책을 찾고, 포식자로부터 자신을 보호하고 먹이를 사냥하며, 정보를 공유하면서 서로에게 배우고, 지구를 탐험하면서 수많은 도전을 극복할 수 있었다. 약 30만 년 전에 아프리카에 최초의 현대인류가 출현한 이후, 사회는 우리와 함께 변화하면서 진화해왔다. 그중 처음 29만 년 동안 인간은 작은 유목민 무리를 이루어 수렵채집인으로 살았다. 그러다가 마지막 빙하기가 지나고, 기후가 따뜻해지면서 인간의 창의력과 맞물려 신석기 혁명이 일어났고, 우리는 처음으로 농경 생활을 하며 작은 정착지에서 살아가기 시작했다. 그때부터 인간의 문명은 소, 염소, 개 같은 다른 종들과 함께 빠르게 발전했는데, 이들도 우리 인간과 같은 사회적 동물이다.

현대 인간 사회는 문화, 관계, 법, 갈등의 혼합체이며 가족, 공동체, 도시, 국가로 구성된다. 이런 점에서 우리가 다른 동물들과 구별된다고 생각할 수도 있다. 그러나 인간 사회는 확실히 성격은 다르지만 그리 독특하지는 않다. 많은 사회적 동물도 우리와 비슷한 방식으로 자신들을 조직한다. 게다가 그들은 인류가 등장하기 전부터 수백만 년 동안 그렇게 해왔다. 우리의 사회적 본능, 즉 우리 사회는 유서가 깊으며 다른 사회적 동물들과 공통점이 많다. 도시 풍경과 고립 속을 헤매는 이들로 가득 찬 세상을 살아가는 우리에게는 그 어느 때보다 이런 유사성이 필요하다. 왜일까? 그것은 행동을 형성하는 근본

요소들을 일깨우기 때문이다. 동물들의 사회적 행동을 연구하면 그 자체로 귀중한 통찰을 얻게 될 뿐만 아니라 인간의 사회성이 진화해온 기반을 이해할 실마리를 찾을 수 있다.

이런 진화의 명백한 예가 언어다. 의사소통은 집단 생활과 사회적 환경 내에서 이루어지는 상호작용의 필수적인 측면이다. 관계의 그물망이 복잡해질수록 소통의 중요성은 더 커진다. 언어는 우리가 공동체 안에서 길을 찾고 협상하며, 관계를 맺고 발전시키고, 가르치고 배울 수 있게 해준다. 또한 이를 통해 조상들의 사냥 무리부터 현대의 조직과 제도에 이르기까지, 인간은 하나의 유기적인 협력 집단으로 모일 수 있었다. 우리 문화는 이를 이용해 사회적 행동과 사회 규범, 상호작용하는 방식, 사회가 작동하는 도덕적 틀을 성문화하면서 발전했다. 인간의 언어와 문화가 집단생활을 하는 다른 동물들 사이에서 발견되는 언어나 문화와 똑같지는 않지만, 그렇다고 우리가 유일무이한 존재가 되는 건 아니다. 그저 조금 다를 뿐이다. 다른 동물들이 어떻게 함께 사는지 배우면 우리 자신을 조금 더 깊이 이해할 수 있을 것이다.

좀 더 직접적으로는, 각자 친밀한 개인적 우정을 통해 얻는 이점을 체감할 수 있다. 이런 감정은 의식적인 뇌 수준에서 작동할 뿐만 아니라 호르몬을 통해 생리 체계에 스며들어, 스트레스가 주는 최악의 영향으로부터 우리를 보호한다. 사회생활이 활발한 사람은 더 오래 사는 경향이 있는 만큼 친구와 가족이 있다는 건 좋은 일이다. 집단 생활을 하는 다른 동물들도 마찬가지라는 것은 그리 놀랍지 않다. 흡혈박쥐가 같은 둥지에 사는 동료를 돕는 것이 이와 관련된 흥미롭고 확실한 사례지만, 사회적 동물들에게 가장 큰 힘이 되는 것은 공동체와 오랫동안 상호 작용하며 얻는 무형의 지속적인 유대다. 여기서 다시, 우리가 동물계의 다른 동물들과 공유하는 공통적인 연결고리에 감사할 수 있다. 비록 이런 인식이 더디게 찾아오기는 했지만 말이다.

지난 반세기 동안의 과학 연구 덕분에 동물의 사회성과 협동성에 대한 이해를 재고해야 하는 상황이 되었다. 최근의 기술 발달은 무리지어 사는 곤충, 물고기, 새, 포유류 그리고 심지어 인간의 행동에 대해 놀라운 통찰을 제공했다. 이런 통찰을 통해 우리와 동물 사촌들 사이에 놀라운 유사성이 있다는 사실을 알게 됐다. 그리고 우리의 사회성을 동물의 기본적인 충동으로 새롭게 제시하면서 동물의 복잡성을 잘 이해하게 되었다. 인간은 동물과 다른 특별한 존재라고 믿는 이들은 그런 생각을 꺼린다. 그러나 다윈의 말처럼, 우리와 나머지 동물계의 차이는 종류의 차이가 아니라 정도의 차이에 불과하다.

인생의 진로를 찾기 위한 어설픈 시도를 처음 시작하고 나서 거의 25년이 지난 지금, 이뤄낸 꿈과 갖가지 모험을 되돌아보게 되었다. 세계 각지의 놀라운 생물 가운데 일부를 가까이에서 연구하고, 그들이 하는 사회적 행동의 방법과 이유를 알아내려고 고심하는 것은 놀라운 특권이다. 이어지는 장에서는 남극의 크릴새우부터 인간과 가장 가까운 친척인 침팬지와 보노보에 이르기까지, 다양한 동물들을 차례로 살펴볼 것이다. 이 모든 동물의 공통점은 사회적 동물이라는 사실이다.

　이 말은 사람마다 다양한 의미로 받아들이겠지만, 이 책에서 말하는 사회적 동물이란 자신의 종족에 이끌려 무리를 지어 살아가며 상호작용하는 존재를 뜻한다. 동물 사이의 이런 상호 작용을 연구하는 것이 내 평생의 과업이다. 그들이 서로 어떻게 관계를 맺는지, 한편으로는 어떻게 속이고 경쟁하면서 다른 한편에서는 어떻게 단결하고 협력하는지 연구해왔다. 이 책은 내가 동물들과 함께 있을 때 여전히 느끼는 경이로움을 담아내려는 시도다.

1장. 브라운 에일과 동종 포식

그 동기는 서로 다르지만, 크릴과 메뚜기는
지구상에서 가장 거대한 군락을 이루어 살아간다.

얼어붙은 남쪽

나는 호주 태즈메이니아 섬의 아름다운 수도 호바트^{Hobart}에 와 있다. 내 앞 항구에는 호주의 남극 기함인 오로라 오스트랄리스^{Aurora Australis}호가 정박해 있다. 배는 선명한 제라늄 오렌지색으로 도색되어 있지만 페인트 사이로 군데군데 갈색 녹이 보인다. 건조된 지 오래된 배라서 노후한 모습이 드러나기 시작한 것이다. 매력적인 배라고 하기는 어렵겠지만 그래도 튼튼하다. 태즈메이니아와 남극의 중간쯤에 위치한 맥쿼리^{Macquarie} 섬과 남극 본토에 있는 모슨, 케이시, 데이비스 과학 기지 등 호주 기지를 향해 남쪽으로 수없이 항해한 베테랑 선박이다. 남극대륙을 오가는 여행은 용기 없는 사람에게는 감당하기 힘든 여정이다. 남극해를 횡단한다는 것은 지구상에서 사람이 지내기 가장 힘든 바다로 들어서는 것이다. 육지가 없어 피할 곳이 없는 데다 험악한 기후 조건까지 겹치면 무시무시한 폭풍이 발생할 수 있다. 이쪽 바다에서는 풍속이 시속 150킬로미터에 이를 수 있는데, 나약한 풋내기 선원들이 허리케인으로 분류하는 것보다 훨씬 강한 바람이다. 그럴 땐 바다와 하늘의 경계가 사라진다. 광폭한 바람이 해수면을 휘몰아쳐 물보라 소용돌이를 만들고, 산처럼 솟은 파도가 꼭대기에서 부서지며 배를 장난감처럼 휘젓는다. 눈보라가 몰아치면 시야는 온통 하얗게 사라지고, 경계를 게을리한 이들의 목숨을 앗아가는 빙산도 곳곳에 도사리고 있다.

다행히 나는 항해에 대한 공포는 접어둬도 괜찮은 입장이다. 호바트 외곽의 육지에 안전하게 자리잡고 있는 호주 남극연구소를 방문하러 왔기 때문이다. 여러 채의 건물로 이루어진 인상적인 단지로, 남극의 숨 막히는 풍경 사진들로 장식되어 있다. 지구상에서 극소수만이 직접 볼 수 있는 그 얼어붙은 대륙의 이미지가 곳곳에 펼쳐져 있다. 입구 바깥쪽에는 누워 있는 거대한 금속 바다표범의 뒤에서 대화를 나누는 듯한 자세로 배열된 펭귄 조각들이 늘어서 있고, 현관에는 남극의 황홀한 아름다움을 포착해낸 거대한 사진들이 걸려 있다. 심지어 카페테리아에서 파는 음식에도 나름의 테마가 있어서 극지방 과학자들의 이름을 딴 햄버거를 먹을 수 있다. 이 분야를 개척한 초기 탐험계의 거장들은 자신들의 업적이 간식 이름으로 남았다는 사실을 안다면 무척 기뻐할 것이다.

모든 게 훌륭하지만, 건물 안에서 진행되고 있는 놀라운 일에 비하면 아무것도 아니다. 내가 특히 관심을 두고 있는 대상은 손가락 길이만 한 갑각류인 남극 크릴이다. 그들이 어떻게, 왜 무리를 지어 사는지 알고 싶다. 이는 중요한 의문이다. 크릴새우에게는 군집 형성이 매우 중요하고 크릴새우의 군집 형성은 남극해 생태계 전체의 생존에 결정적인 문제이기 때문이다. 이곳 남극연구소에는 머나먼 남극의 자연 서식지를 벗어나 사육되고 있는 유일한 크릴새우 개체군이 살고 있다.

접수처에서 크릴새우의 신비를 밝히기 위해 누구보다 많은 일을 해온 소 가와구치So Kawaguchi와 롭 킹Rob King을 만났다. 애초에 크릴을 이곳 호바트로 데려오는 것부터 쉬운 일이 아니다. 바다에서 크릴새우를 잡은 뒤 오로라호가 이 귀중한 화물을 싣고 항구로 돌아올 때까지 선상에서 몇 주 동안 새우들을 극진히 보살펴야 했다. 상냥하면서도 당당한 태도가 인상적인 롭은 자신의 다사다난했던 첫 번째 남극 여행을 설명했다. 남쪽으로 향하는 동안 날씨가 점점 나빠져서 오로라호는 13미터 높이의 파도와 강풍을 마주하게 되었다. 현기증이 날 정도로 높은 바다의 롤러코스터를 연속해서 타고 올라갔다가 배가 파도 뒤쪽으로 밀려 내려갈 때면 속이 뒤틀리는 요동이 뒤따랐다. 배가 파곡에 닿을 때마다 뱃머리가 바다와 충돌했고, 얼음처럼 차가운 수 톤의 바닷물이 갑판을 덮쳤다가 배가 다음 파도를 오르느라 비틀거리는 동안 뱃전을 타고 흘러내렸다. 폭풍의 위력 때문에 앞으로 거의 나아가지 못하는 그 배는 마치 밧줄에 꽁꽁 묶인 권투선수처럼 파도의 가혹한 일격에 계속 얻어맞았다.

배가 입을 피해를 우려한 선장은 어쩔 수 없이 방향을 바꾸기로 했는데, 이런 바다에서는 매우 위험한 선택일 수 있다. 헛간만 한 파도를 옆으로 맞으면 배가 뒤집혀 침몰할 우려가 높기 때문이다. 만약 최악의 상황이 발생한다면 이런 폭풍우 속에서 구조될 가능성은 희박하다는 사실을 모든 선원이 알고 있었다. 아무리 내침수복을 입었더라도 이곳 바닷물의 온도는 인간에게 치명적이다. 선원들 모두 숨을 죽이고 있는 가운데 배가 조금씩 움직이기 시작했다. 무자비한 남극해의 처분에 몸을 맡긴 배는 연속해서 세 개의 거대한 파도에 부딪히면서 옆으로 비스듬히 기울었다. 그러나 오로라호는 튼튼한 소재로 만들어진 배였다. 선체가 기울어질 때마다 다시 몸을 일으켜 균형을 찾았고, 마침내 선미가 파도를 등지도록 돌아섰다. 이제 바다를 거스르지 않고 바다를 따라 달리며 폭풍을 안전하게 넘길 수 있었다. 롭은 이 경험이 '매우 몰입감 높은' 일이었다고 표현한다.

몇 주간의 항해 끝에 마침내 배는 남극 본토에 위치한 호주의 케이시 기지에 도착했고, 비교적 평온한 그곳에서 환영을 받았다. 기지에는 숙련된 기술자들과 지원 인력, 극지 과학자들로 이루어진 소규모 인원이 상주했는데, 그들은 보급품을 기다림과 동시에 어쩌면 그만큼이나 간절하게 새로운 대화 상대의 도착을 반겼다.

케이시에 도착한 롭은 그가 평생을 바쳐 이해하려고 노력해 온 남극의 크릴새우를 손에 넣고 싶어 안달이 났다. 계절은 여름이었고 이제 폭풍우도 그쳐 해가 비쳤다. 기온은 빙점을 살짝 웃돌아 날씨도 비교적 쾌적했다. 지금은 기지 앞의 만에도 얼음이 없었다. 롭은 작은 고무보트를 타고 바다로 나가서 그물로 뭘 잡을 수 있을지 알아보기로 했다. 고무보트의 선미에 앉아 즐겁게 표본을 채집하던 롭은 갑자기 어떤 존재를 느꼈다. 뒤를 돌아보니 물속에서 조용히 모습을 드러낸 얼룩무늬물범 한 마리가 그를 똑바로 응시하고 있었다. 사람을 포함해 앉아 있는 롭의 눈높이까지 마주볼 수 있는 생물은 흔치 않다. 그러나 얼룩무늬물범은 몸길이 3미터에 무게가 0.5톤에 달하는 사나운 포식자이고 펭귄과 바다표범을 사냥한다. 심지어 사람의 목숨을 앗아간 기록도 있다. 얼룩무늬물범이 무슨 생각을 하는지는 아무도 알 수 없었지만, 잠시 후 거대한 턱을 벌려 사자만한 크기의 두개골에 박혀 있는 무서운 단검 같은 이빨을 드러내며 뭔가 단서를 주는 듯했다. 그러고는 마치 말을 전했다는 듯 만족한 기색으로 다시 물속으로 미끄러져 사라졌다. 롭은 이제 케이시 기지에 있을 때 자주 보트를 타고 나가지는 않지만, 혹시 나가게 되더라도 절대 뱃전에 앉지 않는다.

이 모든 일이 끝난 뒤에도 여전히 남은 과제가 있었다. 바로 귀환 여정이다. 그 여정의 핵심은(적어도 소와 롭의 입장에서는) 호바트에서 연구 프로그램을 계속 이어갈 수 있도록 살아 있는 크릴을 확보하는 것이었다. 변덕스러운 바다를 다시 건너야 했고, 그 여정에는 차가운 바닷속을 서식지로 삼는 섬세한 생물을 채집하는 까다로운 작업이 뒤따랐다. 게다가 일단 새우들을 배에 있는 수족관에 실으면 그때부터 롭과 소는 보모가 되어야 한다. 크릴새우는 다루기가 매우 까다롭기 때문이다. 왜 새우처럼 하찮은 생물 때문에 그렇게 애를 먹는 건지 의아할지도 모른다. 그 이유를 이해하려면 더 큰 그림을 봐야 한다.

크릴링 만들기

얼룩무늬물범을 비롯한 수많은 대형 해양 포식자들은 먹이를 찾아 남극해로 모여든다. 이들이 직접적으로든 간접적으로든 의존하고 있는 존재가 바로 크릴이다. 크릴은 새우와 가까운 친척으로, 작지만 엄청나게 풍부한 개체 수를 자랑하는 갑각류다. 사실 전 세계 바다에 85종의 크릴새우가 퍼져 있지만 대부분은 그 이름을 들으면 남극 크릴새우를 떠올린다. 오늘날 생존해 있는 사람 한 명 당 거의 1만 마리에 이르는 이 생물이 얼어붙은 남쪽 바다에 살고 있을지도 모른다. 비록 한 마리의 크기는 새끼손가락 길이 정도지만 전부 다 합치면 인류 전체보다 무게가 나간다.

크릴새우는 남극해의 핵심keystone종이다. 이 생태학 용어는 쐐기돌이 아치 꼭대기에서 수행하는 중요한 역할에서 유래되었다. 쐐기돌을 꺼내면 아치는 무너진다. 크릴새우와 같은 서식지에 사는 동물들에게는 크릴새우가 바로 그런 역할을 한다. 물고기부터 오징어, 펭귄, 알바트로스, 바다표범, 큰 고래에 이르기까지 모두들 크릴새우를 주식으로 삼아 살아간다. 해마다 특정 시기가 되면 이 포식자들의 식단에서 크릴이 차지하는 비중이 90퍼센트를 넘기도 한다. 만약 크릴새우가 사라진다면 남극대륙에서 가장 카리스마 있고 중요한 종들 대부분도 함께 사라질 것이다. 포식자들의 경우, 먹이를 다른 피식자 종류로 바꾸는 건 마음대로 선택할 수 있는 여지가 없다. 크릴새우 없이는 우리가 알고 있는 남극 생태계 자체도 존재할 수 없다. 수염고래도 바다표범도 펭귄도 알바트로스도 없어지고, 크릴새우를 먹고 사는 동물을 잡아먹는 동물들도 다 사라질 것이다.

남극 크릴새우는 수가 많긴 하지만 불사신은 아니다. 20년 전에 지구 반대편에 있는 베링해의 해양 조건이 바뀌면서 조류가 대규모로 증식했다. 해조류를 먹는 갑각류에게는 좋은 소식이었을까? 전혀 그렇지 않다. 남극 크릴새우의 자매종인 태평양 크릴새우에게는 적합하지 않은 해조류라서 먹을 수가 없었다. 따라서 태평양 크릴새우 개체 수가 격감했고 엄청난 수의 바닷새들도 사라졌다. 강에서는 연어의 모습을 찾아볼 수 없었고 극도로 야윈 고래 사체가 해안으로 밀려왔다. 태평양 크릴새우가 격감하면서 발생한 파괴적인 연쇄 효과는 남극 크릴새우가 같은 길을 갈 경우 무슨 일이 일어날지 예시한다.

다행히 지금은 번창하고 있다. 함께 모여 거대한 군락을 이루는 남극 크릴새우들이 한데 모여 있을 때는 그 모습을 우주에서도 볼 수 있다. 하나의 초거대 군집이 수백 평방킬로미터의 바다까지 뒤덮고, 수조 마리가 무리를 이루면 방대한 양의 바닷물이 주홍빛이 감도는 분홍색으로 물들 수도 있다. 이렇게 모여 있으면 포식자로부터 어느 정도 보호받을 수 있고 계속 떠다니는 데도 도움이 된다. 크릴새우는 주변의 물보다 무거워서 헤엄을 멈추는 순간 가라앉기 시작한다. 그러나 함께 모여 있으면 수많은 개체가 다리를 허우적대며 물을 아래로 밀어내는 바람에 상승 해류가 발생하고, 덕분에 몸이 물에 뜬다. 이 거대한 무리 자체가 기본적으로 크릴새우의 생명 유지

시스템인 셈이다.

　무척추동물을 본능만으로 움직이는 단순한 존재로 여기기 쉽지만, 크릴은 우리를 포함한 모든 사회적 동물들과 공통된 근본적 성향을 지니고 있다. 그들은 혼자 있는 걸 싫어한다. 무리에서 떨어져 고립되면 크릴은 강하게 반응한다. 크릴새우처럼 얼굴 없는 동물에게서 공황이 어떤 형태로 나타날지 알기 어렵지만, 그 내부에서 벌어지는 변화를 통해 공황과 유사한 반응을 확인할 수 있다. 크릴새우의 몸은 대체로 투명하기 때문에 작은 심장이 뛰는 모습까지도 보이는데, 무리와 떨어지면 심장 박동이 빨라진다. 그들은 고래가 주변에 있다는 걸 감지하면 비슷한 반응을 보인다. 심박수 상승은 스트레스의 기본 신호다. 확실히 그들은 혼자보다는 동료와 함께 있는 걸 선호한다.

　자연 다큐멘터리에는 크릴새우가 거의 등장하지 않지만, 어쩌다 등장할 때마저 늘 희생양의 모습이다. 흔히 물 위를 떠다니는 작은 생물체로 묘사되는 이 갑각류는 거대한 고래에게 순순히 삼켜지는 떠다니는 먹잇감처럼 묘사되곤 한다. 다시 말해 TV 제작자들에게 크릴새우는 고래 사료에 지나지 않는다. 그러나 크릴은 훨씬 더 복잡한 존재다. 우선 그들은 고래의 식도 아래로 사라지는 운명을 결코 순순히 받아들이지 않는다. 얼음처럼 차가운 바다에 살면서도 위협을 감지하면 놀라울 만큼 빠르게 반응한다. 경보를 처음 감지한 뒤 탈출 반응을 시작하기까지 걸리는 시간은 약 50~60밀리초 정도다. 이해하기 쉽게 설명하자면, 올림픽 단거리 선수가 출발 권총 신호에 반응하는 속도보다 약 두 배 빠른 속도다. 탈출 반응 자체도 극적이다. 위협을 감지한 뒤 중요한 첫 1초 동안 1미터 이상 이동할 수 있다. 이를 다시 인간 단거리 주자와 비교하면, 크릴새우가 사람만큼 커질 경우 100미터를 2초 안에 주파할 수 있다는 뜻이다. 어느 정도 예측만 할 수 있다면, 심지어 먹이를 삼키는 고래의 거대한 입을 피해 달아날 수도 있다.

요컨대, 크릴을 잡는 일은 우리가 생각하는 것만큼 간단하지 않다. 지구에서 가장 큰 입을 가진 고래조차 예외는 아니다. 고래가 단순히 나타나 크릴을 쓸어 담는다는 일반적인 인식을 뒤흔드는 연구가 최근 남극의 끝없는 여름 낮 동안 진행되었다. 혹등고래는 몰려 있는 크릴을 향해 15초 간격으로 돌진했고, 그런 사냥을 몇 분, 몇 시간이고 반복했다. 한입에 많은 크릴을 삼키지만 여전히 다수의 개체가 순식간에 몸을 틀어 빠져나간다. 결국 고래는 기대만큼의 먹이를 얻지 못하고 만다. 고래들이 엄청난 식욕을 채우는 건 힘든 일이다.

크릴새우가 일급 탈출 전문가이긴 하지만, 애초에 고래가 그들에게 주의를 집중하는 건 거대한 무리를 이루어 다니기 때문이다. 그렇다면 왜 크릴은 그렇게 방대한 무리를 이루는 걸까? 그 이유는, 크릴이 너무나 많은 종류의 포식자들에게 쫓기기 때문이다. 무리를 이루는 것은 이들 대부분에 맞서는 훌륭한 방어 전략이다. 대부분의 포식자는 희생자를 하나씩 골라내는 사냥 방식에 의존하기에, 수많은 크릴이 소용돌이치며 움직이는 장면을 마주하면 감각적 혼란에 빠지게 된다.

이 작은 갑각류들은 여기에 몇 가지 비장의 수단을 더 가지고 있다. 한 기록에 따르면, 크릴은 물고기나 펭귄처럼 빠르게 돌진하는 포식자를 마주했을 때 갑작스럽게 자신의 껍질을 벗어버리는 경우가 있다. 포식자는 승리를 코앞에 둔 듯 크릴새우를 물지만 입안에 남은 것은 텅 빈 껍데기일 뿐이고, 그 사이 원래 목표물이었던 희생자는 안전한 곳으로 달아난다. 또하나 특이한 점은 크릴새우가 자기 복부에 있는 생물 발광 세포들을 점등할 수 있다는 것이다. 이 빛이 같은 종끼리의 의사소통 수단인지, 포식자를 혼란스럽게 만드는 섬광인지, 또는 아래쪽에서 공격받을 때 해저의 어둠 속에서 실루엣을 흐트러뜨리는 효과를 내는 것인지는 아직 확실히 밝혀지지 않았다. 그 이유가 무엇이든, 이 신비로운 발광 현상은 이 매력적인 작은 생물의 신비감을 한층 더해준다.

고래와 크릴의 관계는 명백한 포식자와 먹잇감의 구도로 보이지만, 전적으로 일방적인 관계는 아니다. 이를 보여주는 흥미로운 사례가 바로 포경이 크릴에 미친 영향이다. 1915년부터 1970년 사이에 남극해에서 약 200만 마리의 고래가 포경선에 의해 목숨을 잃었다. 대부분의 먹이그물(여러 먹이사슬이 서로 얽혀 복잡하게 연결된 것)에서는 주요 포식자가 사라지면 더는 위협받지 않게 된 먹잇감이 급증하는 것이 일반적이다. 그러나 남극 크릴새우에는 정반대의 일이 벌어졌다. 일부 추산에 따르면, 고래 개체수가 줄어든 만큼 크릴새우 수도 함께 감소했다고 한다. 이상한 일이지만 고래의 먹이 활동이 크릴새우의 개체수를 유지하는 데 도움이 된다고 설명할 수 있다. 고래들은 엄청난 양의 먹이를 먹는다. 흰긴수염고래의 경우에는 하루에 4톤 분량의 먹이를 먹기도 한다. 그리고 들어간 것은 반드시 나와야 한다. 고래는 보통 바다 해수면 근처에서 배설한다. 혹시 밤잠을 설치며 '고래 똥은 어떤 모습일까' 궁금해한 적이 있다면 그 궁금증을 지금 해소할 수 있다. 고래는 거대한 통나무처럼 굵은 배설물을 남기지 않는다. 차라리 거대하고 덩어리가 많은 폭발성 입자 구름에 가깝다. 구름처럼 퍼져나가는 브라운 윈저 수프에 가깝다. 나는 보트 위에서, 기쁨과 공포가 절묘하게 뒤섞인 전율을 느끼며 그 장면을 목격한 적이 있다. 스노클링을 하던 동료가 바로 그 거대한 해양 포유류의 후방 폭격에 휘말렸던 것이다.

어쨌든 그 끔찍한 구름 안에 섞여 있는 조각들은 물에 둥둥 떠서 바다 표면에 남아 가라앉지 않는다. 고래 배설물은 철,

인, 질소 같은 영양소가 풍부해, 크릴새우가 먹는 미세 식물인 식물플랑크톤의 먹이가 된다. 결국 고래와 크릴은 서로의 번영이 맞물리는 생태학적 순환에 묶여 있다. 한쪽이 잘되면 다른 쪽도 혜택을 입는다.

　연구 과정에서 발견한 내용치고는 좀 이상하지만, 크릴새우는 뉴캐슬 브라운 에일Newcastle Brown Ale이라는 맥주를 매우 좋아하는 것으로 밝혀졌다. 얼핏 들으면 엉뚱하게 느껴질 수 있지만, 과학자들이 단순히 술장에서 술을 꺼내 실험한 것은 아니다. 브라운 에일을 선택한 이유는 손쉽게 구할 수 있는 용해된 미네랄 공급원이기 때문이다. 연구 목적은 크릴이 어떤 특정 영양소에 강하게 끌리는지, 그리고 바다 속 영양소 농도 구배가 이들의 움직임에 어떤 영향을 미치는지를 알아보는 데 있었다. 그 결과, 크릴새우는 특히 철분에 강하게 끌린다는 사실이 밝혀졌다. 다크 에일에는 철분이 풍부하다. 어쨌든 크릴새우들이 브라운 에일을 너무나 좋아했기 때문에, 탱크에 에일을 넣기 위해 사용하던 피펫에 달라붙어 있던 만취한 갑각류들을 억지로 떼어내야 했다. 야생에서 크릴새우는 대량의 플랑크톤을 기대하면서 철분이 풍부한 고래 배설물이 많은 지역으로 접근한다. 고래들이 활동할 때 일반적으로 크릴새우는 거대한 포유류의 배변 습관 덕분에 영양이 풍부해진 식물성 플랑크톤을 먹으며 수면에서 더 많은 시간을 보낸다. 물론 수면 근처에 머무는 것은 포식자인 고래에게 먹힐 위험을 높이기도 하지만, 잘 먹은 크릴새우에게는 번식 가능한 나이에 더 빨리 도달할 수 있는 최고의 기회인 셈이다.

아군이자 우리의 먹잇감인 크릴새우

남극해 생태계의 핵심 종으로 잘 알려진 것 외에도, 크릴이 주목받아야 할 이유는 아직 덜 알려진 영역에 있다. 그중 하나는 지구 온난화의 주범인 이산화탄소를 심해로 끌어내리는 역할, 즉 탄소 저장 기능이다. 지구 생명체 전체에 위협이 되는 이산화탄소가 줄어든다면, 그것만으로도 모든 동물에게는 희소식이다. 남극의 여름 동안, 바다는 단세포 조류의 대규모 증식으로 생명력 넘치는 녹색 바다로 변한다. 이 미세한 조류들은 성장 과정에서 바닷물 속 이산화탄소를 흡수하며, 수많은 크릴새우가 이 조류를 먹이 삼아 살아간다. 크릴은 먹이 바구니라는 특수한 다리 구조를 이용해 헤엄치면서 해조류를 걸러낸다. 이렇게 섭취한 조류 속 탄소는 일부는 체내로 흡수되고, 일부는 끈적한 미소화물이나 긴 배설물 사슬의 형태로 소화되거나 배출된다. 이 물질들은 천천히 해저로 가라앉으며, 표층의 탄소를 심해로 이동시키는 생물학적 펌프 역할을 수행한다. 크릴새우의 개체 수가 워낙 방대하기 때문에, 이들이 이동시키는 탄소의 양은 실로 어마어마하다. 추정에 따르면, 남극의 크릴새우가 매년 심해로 이동시키는 탄소의 양은 영국 전 가정에서 배출하는 이산화탄소 총량에 맞먹는다. 물론 조류를 먹는 다른 생물들도 비슷한 방식으로 탄소를 저장할 수는 있지만, 크릴새우만큼 효과적으로 그것을 깊은 바다로 보내는 경우는 드물다. 그 결과, 다른 생물의 경우 탄소가 훨씬 빠르게 해수면에서 대기 중으로 되돌아가는 반면, 크릴새우는 이산화탄소를 수 세기 동안 봉인할 수 있는 방식으로 자연의 순환에 기여하고 있다.

남극 크릴새우의 실물을 본 사람은 거의 없고 현재로서는 인간의 식단에 미치는 영향도 미미하다. 하지만 크릴새우는 영양가가 높고, 지금까지의 관측으로는 여전히 풍부하게 존재한다. 그리고 그들 입장에서는 다행스럽게도 우리 미각과는 거리가 먼 맛이다. 크릴새우를 먹는 경험을 완벽하게 흉내 내려면 화장지를 물에 살짝 적셔 냉장고에 한 시간 동안 넣어뒀다가 꺼내 먹으면 된다고 들었다. 그래도 단백질과 지질이 풍부하기 때문에 인간의 먹거리와 양식업 사료로서의 잠재력을 인정받고 있다. 다만, 지금까지 인간의 손에서 어느 정도 벗어나 있을 수 있었던 데에는 그만한 이유가 있다. 대량 포획이 여전히 힘들기 때문이다. 크릴새우는 대개 지구상에서 가장 험난한 바다에 서식하며, 이들을 잡기 위해 필요한 극세망은 쉽게 막혀서, 물 밖으로 끌어 올릴 때 크릴새우가 으깨질 수 있다. 바다에서 직접 진공 흡입하는 방식도 제안되었지만, 이 역시 생물 손상을 완전히 막지는 못한다. 바로 이 지점에서 문제가 시작된다.

남극처럼 혹독하게 차가운 환경에 적응한 크릴은, 몸의 온도가 주변 바닷물과 똑같이 빙점에 가까운 상태에서 살아가기 위해 매우 독특한 체내 화학 작용에 의지한다. 예를 들어, 그들은 자연계에 알려진 것 가운데 가장 강력하고 특이한 소화 효소를 가지고 있다. 효소는 생물학적 촉매로서 소화 같은 과정을 대폭 가속화한다. 인간의 효소나 대부분의 동물이 가지고 있는 효소는 온도가 내려가면 활동 속도가 급격히 느려진다. 그러나 크릴새우의 효소는 극단적인 조건에서 작동해야 하기에, 오히려 매우 강력하게 진화했다. 크릴새우 효소의 놀라운 특성은 최근 인간 의학에 활용되어 상처와 감염, 욕창, 소화기 질환, 혈전을 치료하고 있다. 이런 수준의 과학적 진보는 드물지만, 그 성과가 의외의 생물에서 비롯되는 경우가 많다는 점은 놀랍다. 가장 가능성이 낮은 환경, 겉보기엔 별 가능성이 없어 보이는 동물에 대한 연구에서 때로는 예기치 못한 발견이 일어난다. 바로 그렇기 때문에 크릴새우를 포함한 지구 생물 다양성을 보호하는 데 최선을 다해야 하며, 그 가치를 인식할 필요가 있다.

크릴새우를 어획하는 일에는 많은 어려움이 따르지만, 그 문제를 해결할 수만 있다면 손에 쥘 수 있는 자원은 막대한 만큼, 여전히 강력한 유인책이 된다. 중국, 일본, 한국, 노르웨이를 비롯한 여러 국가의 어선이 이 방대하고 본질적으로 주인이 없는 자원을 이용할 방법을 찾기 위해 남극해로 몰려들고 있다. 어획 할당량은 보존을 목표로 한 국제 기구에 의해 설정되지만, 문제는 실제로 남극해에 얼마나 많은 크릴새우가 존재하는지 누구도 정확히 알지 못한다는 데 있다. 정확한 데이터가 없는 상황에서 설정되는 할당량은 사실상 복권 같은 추측에 가깝다.

또 하나의 잠재적인 문제는 크릴새우의 군집성이 그들을 오히려 취약하게 만든다는 점이다. 해마다 특정 시기가 되면, 크릴 개체군의 대부분이 소수의 거대한 무리로 집중되는데, 이때 집중적인 어획이 이루어진다면 말 그대로 큰 피해를 야기할 수 있다. 거기에 지구 온난화의 재앙 같은 영향 때문에 어린 크릴새우가 먹이를 먹을 때 의존하는 대륙 빙하가 줄어들고, 해양 산성화로 인해 크릴새우 알의 부화 자체가 막히는 상황까지 벌어지고 있다. 남극해 생태계에 관심이 있는 사람이라면 누구나 이 상황에 심각한 우려를 가질 만한 이유가 충분하다. 이 문제를 해결하려면 의사결정의 기초가 될 정확한 과학적 데이터가 필수다. 롭 킹이 매일 이 도전에 맞서기 위해 연구소로 향하는 이유도 바로 그것이다.

크릴새우 프로그램

이런 문제를 고민하다 보면 호바트와 호주남극연구소로 다시 돌아가게 된다. 나는 롭, 소와 함께 리셉션을 지나 연구실 쪽으로 향했고, 처음으로 크릴과 마주하게 되었다. 이상하게 보일지도 모르지만, 이 동물을 만난다고 생각하니 지난 몇 년간 만났던 카리스마 넘치는 동족들을 대면했을 때만큼 흥분됐다. 크릴새우는 사자처럼 무섭지도 않고 그들을 잡아먹는 고래처럼 위풍당당하지도 않지만 그 자체로 특별한 존재다. 그들은 얼음과 폭풍, 신비가 가득한 다른 세계에서 왔다.

소가 앞장선다. 그는 조용하고 절제된 말투를 지닌 사람으로, 과장된 표현과는 거리가 멀지만 이 분야에서는 세계적인 권위자다. 1990년대 후반, 일본 나고야항 수족관에서 세계 최초로 크릴새우의 인공 번식에 성공한 팀의 핵심 인물로, 그 성과를 이곳 호바트에서도 재현했다. 현재까지 인공 번식에 성공한 곳은 전 세계에서 단 두 곳뿐이며 호바트는 그중 하나이자 유일한 다른 사례다. 크릴새우처럼 지구상에서 가장 혹독한 환경에 사는 중요한 생물을 연구할 때, 그 생애 주기의 비밀을 파악할 수 있는 유일한 방법은 인공 번식이다. 그렇게 해야만 이 독특한 생명체가 어떻게 살아가는지를 가까이에서 제대로 이해할 수 있다.

크릴 연구실은 작은 방 몇 개로 이루어진 수수한 곳이었다.

일부는 첨단 장비로 꾸며져 있지만, 상당수는 특별한 목적에 맞게 개조되고 응용된 임시 장비들이다. 매우 특수한 요구사항을 지닌 생물, 양식업 전체를 놓고 봐도 상당히 독특한 생물에게 먹이를 제공할 때는 창의력을 발휘해야 하며 일을 진행하는 동안 계속 배워나가야 한다. 사용설명서도 없다. 격리 구역을 지날 때, 바닥부터 천장까지 뻗어 있는 여러 개의 밝게 빛나는 실린더에 눈길이 갔다. 조금씩 다른 색조를 띤 녹색으로 빛나는 그 원기둥은 만화 속 괴짜 과학자의 비밀 실험실을 연상시켰다. 알고 보니 바로 크릴새우의 먹이였다. 실린더마다 각각 다른 조류를 배양하고 있었던 것이다. 이걸 섞어 액체 형태의 남극식 샐러드를 만든다. 우리 인간처럼 크릴새우도 제한된 식단을 섭취하면 잘 성장하지 못한다. 크릴새우의 자연 서식지에서는 250가지 종류의 해조류를 먹을 수 있다. 사육장에 이런 환경을 완벽히 복제하기란 불가능하지만, 롭은 이 갑각류들을 위한 주방장으로서 최선을 다한다. 이런 살아 있는 배양물 외에도 롭은 전 세계의 각종 제품을 실험했고, 덕분에 이제 짙은 녹갈색을 띤 걸쭉한 액체 형태의 완벽한 크릴새우 사료를 만들어냈다. 진한 녹갈색 액체로, 냄새는 끔찍할 정도지만 만약 롭이 식물성 스무디라는 이름으로 힙스터들을 상대로 판매한다면 아마 큰돈을 벌 수 있을지도 모른다. 어쨌든 크릴새우들은 잔뜩 흥분한 듯 소용돌이 형태로 헤엄치며 이 먹이를 반긴다고 한다.

마침내 이곳을 통과해 크릴새우를 만나러 갔다. 수천 마리의 크릴새우가 여러 개의 거대한 수조 안에서 유유히 맴돌고 있었다. 물을 헤치며 나아가는 모습은 우아하고 장중해 보였다. 극지방의 서식지에 적응한다는 건 삶이 더 느린 속도로 진행된다는 말이다. 위아래에 대한 개념도 그들에게는 별 의미가 없는 듯했다. 그들은 먹이를 얻기 위해 물속에서 끊임없이 먹이 바구니를 흔들면서 뒤쪽, 옆쪽, 앞쪽 등 모든 방향으로 헤엄친다. 그러나 갑자기 불빛이 번쩍이는 순간, 사방에서 튀어나와 파동치는 방어적인 공 형태를 이룬다. 아까의 태평한 모습은 온데간데없다. 뭉쳐 있던 무리는 점점 다시 분열되고 크릴새우는 사방으로 흩어진다. 때때로 크릴새우 한 마리가 청록색 인광을 깜박거리면서 신호를 보낸다. 그게 무엇을 의미하는지 누가 알겠는가?

지금 내가 보고 있는 크릴새우는 남극에서 잡아온 개체들이다. 이들을 건강하게 유지하기 위해 수온은 강력한 냉각 장비를 통해 0도 가까이로 유지된다. 손을 직접 물에 담가보기 전까지는 얼마나 차가운지 상상도 안 될 것이다. 나도 연구를 위해 물속에 촬영 장비를 설치하느라 비로소 알게 됐다. 이 물에 몇 초 이상 손을 담그고 있으면 놀라울 정도로 고통스럽다. 그러나 크릴새우에게 적합한 온도를 맞춰주는 건 전체 과정 중

쉬운 부분에 속한다. 크릴새우를 사육하고 번식시키려면 단순히 생존하게 하는 것을 넘어 완전히 건강한 상태로 자라게 해야 하며, 그 과정에는 극도로 정밀한 관리가 필요하다. 그중 가장 까다로운 조건은 수질이다. 크릴새우는 오염물질에 매우 민감하다. 이들은 고향인 남극의 청정한 바다에서는 걱정할 일이 거의 없지만, 이곳에서는 늘 위협에 노출돼 있다. 플라스틱 부산물부터 금속 성분까지, 그 어떤 것도 치명적인 영향을 줄 수 있다. 그래서 시스템의 모든 부품은 독성이 전혀 없는, 정밀하게 관리된 자재로만 제작되어야 한다. 시스템 구축 초기에 일부 부도덕한 외주업체가 자재를 속여 납품한 일이 있었고 그 결과는 참담했다. 크릴새우는 전멸했고 18개월간 쌓아온 소중한 연구 성과도 함께 사라졌다. 이후로 롭은 크릴 탱크에 들어가는 모든 것을 매의 눈으로 감시한다. 설령 그 자재가 그의 승인을 받더라도, 크릴새우와 접촉하기 전에는 반드시 이온화된 초순수 물로 철저히 세척해야 한다. 이런 세심한 관리에는 그만한 이유가 있다. 크릴새우는 애완동물 가게에서 손쉽게 구할 수 있는 생물이 아니다. 보충 공급을 받으려면 남극해, 그것도 약 3000킬로미터 떨어진 남극의 여름철에만 가능하다.

이 까다로운 고객의 주거와 식량 문제를 해결한 롭과 소는 다음 과제인 크릴새우 사육으로 넘어갔다. 야생에 사는 크릴새우는 1월부터 3월까지인 남극의 여름에 번식을 한다. 수족관의 무드 조명은 여름에는 24시간 내내 낮이고 겨울에는 완전한 어둠으로 뒤덮인 야생의 조건에 맞춰져 있다. 남극해에서 소와 동료들이 진행한 수중 촬영 덕분에 지금은 크릴의 번식 행동에 대해 훨씬 더 깊이 이해하게 되었다. 물론 크릴의 짝짓기는 인간과 사뭇 다르지만, 그 안에 담긴 몸짓들은 의외로 익숙하게 느껴질 수도 있다. 열정적인 수컷은 암컷을 쫓아가고, 그녀를 따라잡으면 뾰족한 머리로 그녀가 수용적인지를 살핀다. 만약 긍정적인 반응이 감지되면, 두 마리는 마주 보며 포옹을 한다. 서로 몸을 맞댄 채, 수컷은 암컷을 감싸며 정자 주머니를 건넨다. 어쩌면 속으로 '짜잔!' 하고 외쳤을지도 모른다. 마지막으로 수컷은 정자낭이 고정되도록 돕기 위해 암컷의 하체에 몸을 밀어붙인다. 아빠로서 할 일이 끝나면 수컷은 헤엄쳐 가버리고, 이후의 임무는 전적으로 암컷의 몫이다. 하지만 암컷도 그렇게 자상한 엄마는 아니다. 암컷은 최대 1만 개의 알을 낳은 뒤, 다른 암컷들과 함께 깊은 바다로 이동하고 그 알들을 흩뿌리듯 떨어뜨린다. 이제 엄마가 할 일도 끝났다.

이제 발달 중인 배아를 품은 각각의 알은 자력으로 살아남아야 한다. 알은 물보다 무겁기 때문에 천천히 심연으로 가라앉는다. 경우에 따라서는 2킬로미터 가까이 내려간 뒤에야 부화하기도 한다. 갓 부화한 새끼(노플리우스^{nauplii}라고 한다)는 그 작은 세상을 기준으로 볼 때 세계적인 대이주와 맞먹는 행군을 하게 된다. 마침표보다 작은 동물이 수천 미터를 이동해야 하는 것이다. 그렇다면 왜 남극 크릴새우는 자식에게 이런 혹독한 여정을 부여하는 걸까. 다른 많은 크릴새우 종은 알이 가라앉지 않고 수면 가까이에 머무르기도 하는데 말이다. 그 이유 중 하나는 다름 아닌 성체 크릴새우 무리 때문일 수 있다. 알이 깊은 바다로 가라앉으면, 위쪽을 떠다니며 끊임없이 먹이를 걸러내는 수조 마리의 성체 크릴새우의 먹이 바구니에서 벗어날 수 있다. 다시 말해, 자식 세대를 보호하기 위한 전략일지도 모른다.

이유야 어찌됐든, 노플리우스들은 얼음처럼 차갑고 어두운 심해 속을 뚫고 서서히 수면을 향해 올라가기 시작한다. 다행히도 이 어린 크릴들을 위해, 그리고 어쩌면 처음부터 그들을 바다 밑으로 떨어뜨린 것에 대한 일종의 보상으로 어미는 일정량의 에너지 저장소를 함께 남긴다. 이 '도시락'은 유생이 한 달 동안 생존하는 데 필요한 연료가 되어준다. 다행이기도 한 것이, 이 시기의 크릴은 입조차 없다. 그들은 여정이 진행되는 동안 변하고 성장하며 그 과정에서 입도 발달한다. 멈춰서는 안 된다. 비축해둔 먹이가 고갈되기 전에 해수면에 있는 먹이 공급 장소에 필사적으로 도달해야 한다. 여름이 지나고 가을로 접어들 무렵, 살아남은 어린 크릴새우는 목적지에 도착한다.

아직 길이가 2밀리미터도 안 되는 몸으로 한 달 동안 매일 마라톤 코스에 맞먹는 거리(사람 크기로 환산하면)를 이동한 것이다. 단 한 끼도 먹지 않은 채 말이다. 도착과 동시에 혹독한 추위가 다시 찾아온다. 남극 대륙 주변으로 해빙이 넓게 펼쳐지지만, 먼 거리를 헤엄쳐온 크릴새우에게는 죽음의 선고가 아니다. 오히려 그들에게 바다얼음의 아랫면은 거꾸로 뒤집힌 대초원이다. 초원에 거꾸로 매달린 작은 영양 떼처럼, 얼어붙은 표면에서 해조류를 뜯어 먹는다.

호바트에 사는 크릴새우 유충들은 이런 험난한 여정을 겪지 않지만, 이 작고 연약한 생명체들이 성장하는 동안 롭과 소 그리고 동료 연구진의 세심한 보살핌은 필수다. 성체가 되기까지는 최대 2년이 걸리지만 그들은 서두르지 않는다. 태즈메이니아의 수족관 상태는 크릴새우가 좋아하는 환경과 매우 비슷하기 때문에 일부 개체는 그곳에서 몇 년간 만족스럽게 살고 있다. 야생에서는 크릴새우의 수명이 약 6년 정도지만 호바트에서 보호받는 크릴새우는 그보다 훨씬 오래 살아가며, 쏟아지는 극진한 관심과 정성을 누린다.

크릴새우를 가까이에서 연구할 수 있는 기회는 과학적으로 막대한 가능성을 열어준다. 태즈메이니아의 차가운 수조 속에서 유유히 헤엄치는 크릴새우는 생애 주기와 놀라운 군집 행동의 비밀을 하나씩 드러내고 있다. 나아가 미래의 바다에서 생명이 어떻게 변화할지까지 예측할 수 있는 실마리를 제공한다. 지구의 생물학적 자원을 보존하려면 올바른 데이터를 바탕으로 결정을 내려야 한다. 크릴새우는 판다처럼 상징적이거나 귀엽지는 않지만, 그들이 어떻게 살아가는지를 이해하는 일은 남극해를 보존하는 데 결정적인 열쇠다.

메뚜기 떼

지구의 지배종이 된 인간은 우리 이익을 해치거나 손상시킬 수 있는 동물들을 상당 부분 통제하고 주변부로 밀어냈다. 하지만 그중 한 동물은 인간을 대규모로 파괴할 수 있는 힘을 가지고 있는데, 우리는 대항할 능력이 거의 없다. 그건 현대 사회에 나타난 전설 속의 메갈로돈Megalodon이나 사람을 잡아먹는 호랑이가 아니다. 메뚜기의 일종인 로커스트locust다. 이 곤충 수십억 마리가 군대처럼 뭉쳐 끊임없이 움직이며 탐욕스럽고 멈출 줄 모르는 식성을 뽐낼 때는 거의 막을 길이 없다. 그들은 주변에 있는 모든 걸 파괴한다. 메뚜기는 그들의 이동경로와 삶이 교차하는 모든 이에게 재앙과도 같은 존재다. 주변에 있는 풀이란 풀은 마지막 한 조각까지 집어삼키고 농작물, 덤불, 나무의 잎사귀까지 모두 갉아먹는다. 메뚜기 떼가 지나가고 난 시골은 황폐해져 마치 들불이 휩쓸고 지나간 듯 헐벗은 광경이다.

무수히 많은 날개가 바스락거리면서 파닥이는 소리, 강한 턱으로 식물을 씹으면서 나는 딱딱거리는 소리가 메뚜기 떼의 도착을 알린다. 엄청난 수의 메뚜기들이 머리 위의 태양을 가린다. 메뚜기 떼가 지나는 길목에 있는 사람들은 필사적으로 이들을 물리치려고 애쓴다. 타이어에 불을 붙이고, 도랑을 파고, 살충제도 뿌린다. 하지만 이런 노력은 모두 허사로 끝난다. 메뚜기는 한 마리로는 나약하지만 집단으로 뭉치면 무자비한 파괴자가 된다. 그 무엇도 이동하는 거대한 메뚜기 떼의 진격을 막을 수 없다.

2004년에 계절에 맞지 않는 폭우가 내린 뒤 사막 메뚜기가 대량으로 발생해 아프리카 북서부 사람들에게 고통을 안겼다. 모로코에서 처음 기록된 단일 군집은 끝없이 이어진 채 방대한 지역을 뒤덮었고, 그 너비는 런던에서 셰필드, 또는 워싱턴 DC에서 필라델피아까지의 거리와 맞먹을 정도였다. 그 하나의 무리 안에 지구상 모든 인구의 10배에 달하는 메뚜기가 있었다. 그들은 지나가는 나라마다 정성껏 키운 농작물을 줄기만 남기고 다 씹어 먹어 초토화했다. 식량이 떨어지면 메뚜기 떼는 다른 곳으로 이동한다. 그 이동 범위는 어마어마하다. 이 무리에서 떨어져 나온 1억 마리의 메뚜기가 처음 출발한 지점에서 1000킬로미터 떨어진 푸에르테벤투라Fuerteventura 섬에 상륙한 적도 있다. 1954년에는 북아프리카에서 날아온 메뚜기 떼가 영국에 도달했다(1988년에는 또 다른 무리가 서아프리카에서 대서양을 건너 카리브해까지 도달했다). 이런 상상 이상의 곤충 재해가 세계 육지 면적의 5분의 1에 해당하는 지역을 위협하고 있으며, 그 피해는 특히 가장 가난한 나라들을 휩쓸며 막대한 파괴를 초래한다.

그것만으로도 충분히 심각하지만, 세계 각지에는 저마다 대응해야 할 고유한 메뚜기 종들이 존재한다. 최근에는 중남미 지역에서 자생 메뚜기의 개체 수가 급증해 큰 피해를 입었고, 중국과 인도도 주기적으로 매우 심각한 피해를 겪고 있다. 2010년에는 호주에서 발생한 메뚜기 떼가 동부 농업지대를 덮쳤고, 피해 면적은 스페인 전체와 맞먹을 정도였다. 어떤 종이든 간에, 메뚜기 떼가 닥치면 단순히 농작물에 국한되지 않는 연쇄적인 피해가 뒤따른다. 메뚜기들이 닥치는 대로 먹어치우고 스스로를 소진한 뒤, 남겨진 것은 산처럼 쌓인 사체다. 메뚜기의 급습 때문에 이런 갑작스러운 횡재를 즐기는 쥐 같은 다른 동물들이 늘어난다. 결국 하나의 재앙이 또 다른 재앙을 낳는 것이다.

다리 간지럽히기

메뚜기 떼는 앞서 설명한 남극의 크릴새우 무리와는 매우 다른 종류의 군거성(무리를 지어 사는 성향)을 보인다. 크릴새우

떼는 건강한 생태계의 지표로 여겨지지만, 메뚜기 떼의 발생은 오히려 지역적 곤충 위기에 대한 주기적이고 돌발적인 반응이다. 메뚜기를 관리하고 메뚜기 떼의 피해를 막으려면 그들의 생태를 이해해야 한다. 바로 이 지점에서 과학의 역할이 시작된다..

첫 번째 질문은 간단하다. 메뚜기들은 왜 떼를 지어 다니는 걸까? 최근에 이 질문에 대한 답을 향해 큰 진전이 있었다. 사막 메뚜기는 두 가지 다른 형태, 또는 단계로 존재한다. 단독형 메뚜기들은 은둔자처럼 동족과의 접촉을 피하며 비교적 유순하다. 그러다가 군집형 단계에 접어들면 상황은 완전히 달라진다. 지킬과 하이드Jekyll and Hyde 이야기의 실제 버전처럼, 조용하고 겸손한 외톨이였던 이 동물이 기계처럼 먹어대는 악몽 같은 보병 집단으로 변신한다. 이 두 단계의 동물은 모두 같은 종이지만 행동이나 외모가 서로 근본적으로 다르다. 사실 너무 심하게 달라서, 약 100년 전에야 겨우 그들이 같은 종이라는 사실을 알게 됐다. 단독형 단계일 때는 몸통 색이 흐릿하고 얼룩덜룩한 카키그린 색이라서 위장하기에 안성맞춤이다. 천천히 움직이고 다른 메뚜기들과 거리를 둔다. 군집형 단계의 메뚜기는 검은색, 노란색, 오렌지색 등 선명한 색을 띠고 훨씬 활동적이다. 군집을 위해 더 중요한 특성은 그들이 더는 서로를 피하지 않는다는 것이다. 그와 정반대로 한곳으로 모이고 오히려 서로를 끌어당기는데, 바로 군집 행동의 필수적인 전조다.

혼자 살 때의 은밀하고 비밀스러운 존재 방식을 포기하고 무리 동물이 된 메뚜기는 위험에 노출된다. 이에 맞서기 위해서는 방어력을 강화해야 한다. 그들은 조용히 혼자 살 때는 피했던 씁쓸한 맛이 나는 식물을 적극적으로 찾는다. 쓴맛은 높은 알칼리성(pH)을 나타내는 신호로 철조망 같은 역할을 하는 맛이다. 그 식물은 이런 독성 알칼로이드를 생성해 잎을 갉아먹는 초식동물을 쫓아내려 한다. 하지만 메뚜기들은 맛있는 음식을 찾는 게 아니다. 그들은 쓴맛의 화학물질을 섭취하고 체내에 저장함으로써 스스로를 유해한 존재로 바꿔낸다. 떼지어 다니는 메뚜기들은 군집형 단계의 밝은 몸 색깔을 통해 사냥꾼들이 접근하지 못하도록 경고한다. 포식자들에게 자신이 맛없고 위험하다고 강력하게 경고하는 것이다.

그렇다면 비교적 무해한 단독형 단계의 메뚜기들이 거대한 사회 집단을 이룬 대량 약탈자로 전환하게 되는 원인은 무엇일까? 초기 연구들은 개체 수가 증가할수록 떼 형성이 촉진된다는 경향을 발견했다. 하지만 왜일까? 이에 대한 실마리는 몇 가지 특이한 장비로 무장한 과학자들이 제공했다. 지금 시드니 대학에서 나와 함께 일하는 스티브 심슨Steve Simpson은 2001년에 메뚜기 사이의 물리적 접촉이 군집상 전환을 유발하는지 여부를 조사하고 있었다. 현실이 허구보다 더 이상한 경우가 종종 있는데, 이 실험이 바로 그랬다. 매우 특이한 방법을 통해 과학의 중요한 진보가 이루어졌다. 화가가 쓰는 붓으로 무장한 스티브와 그의 동료들은 단독형 메뚜기 몸의 특정한 부위를 1분에 5초씩 부지런히 그리고 반복해서 간지럽혔다. 이 색다른 실험의 결과는 놀라웠다. 단독형 사막 메뚜기들의 뒷다리를 4시간 동안 주기적으로 쓰다듬기만 했는데 그 메뚜기들이 약탈적이고 초사회적인 형태로 변모한 것이다.

그림 그리는 붓을 이용한 스티브의 절묘한 작업은 실제 자연 환경에서 메뚜기들이 겪는 특정한 조건을 모사한 것이었다. 사막 메뚜기는 대부분 매우 건조하고 가혹한 환경에서 산다. 먹이 공급이 적기 때문에 이 메뚜기들에게 최선의 생존 전략은 서식지에서 공간을 확보하고 위장술에 의존하는 것이다. 그러나 비가 내리면 상황이 반전된다. 식물은 빠르게 반응해서 유리한 조건에서 번성한다. 메뚜기들도 이 기회를 놓치지 않고 차례로 번식을 시작한다. 문제는 다시 건조한 날씨가 돌아올 때부터다. 새로 출현한 어린 메뚜기 떼는 풍부한 녹지를 재빨리 해치우고 곳곳에 듬성듬성 남아 있는 초목으로 몰려들기 시작한다. 반사회적인 성향을 타고났어도 어린 메뚜기들은 배고픔 때문에 뭉치게 된다. 남은 식물은 메뚜기들의 만족할 줄 모르는 식욕의 습격을 받아 줄어든다. 줄어든 식물 군락에서 어린 메뚜기들은 점점 더 밀집된 상태로 살아가게 되고, 그 과정에서 끊임없이 서로 부딪치고 스치며 접촉하게 된다. 스티브가 메뚜기 다리를 간지럽힌 것은 이렇게 서로 부딪치고 스치는 상황을 본뜬 것이다. 그는 논리적으로 메뚜기의 뒷다리가 실험 부위로 적합하다고 판단했다. 뒷다리는 크고 눈에 잘 띄며, 감각 털이 촘촘히 나 있어 접촉에 민감하게 반응하기 때문이다. 실제로 뒷다리만이 사회성 전환을 유도하는 유일한 신체 부위로 나타났다. 더욱 흥미로운 점은, 메뚜기 몸의 다른 부위들과 달리 뒷다리 바깥쪽은 메뚜기 자신이 의도치 않게 스스로 만질 가능성이 낮다는 것이다. 메뚜기가 우연히 실수로 스스로를 간질여 떼 형성 모드로 전환되는 일이 없도록 자연은 정교하게 설계되어 있는 셈이다.

단독형에서 군집형으로 변하는 첫 단계에서는 행동이 변하고 나머지 변화는 좀 더 점진적으로 진행된다. 뒷다리를 자극하면 세로토닌이 대량으로 분비되어 메뚜기 몸속을 흐르고, 이 때문에 은둔자였던 메뚜기가 파티광으로 180도 바뀐다. 흥미롭게도 세로토닌은 인간의 뇌에서도 작용하는 신경전달물질로, 공격성을 낮추고 사회적이고 협력적인 행동과 관련되어 있다. 메뚜기의 경우 세로토닌이 증가하면 몸에서 일련의 변화가 활성화된다. 사회적 행동으로의 극적인 전환이 가장 눈에 띄지만, 뒤이어 메뚜기의 몸 전체가 점차 재구성된다. 곧 그 곤충을 완전한 형태의, 탐욕스럽고 막을 수 없는 농작물 파괴 기계로 바꾸는 대규모 개조가 진행된다.

함께 움직이기

메뚜기는 이제 전혀 다른 존재로 변모했다. 새로운 성격과 더 화려한 색채를 갖췄고 이제 다른 메뚜기들과 어울리지만, 아직 무리를 짓지는 않는다. 본격적인 이동은 시작되지 않았다. 무리를 움직이려면 뭔가 다른 일이 일어나야 하는데, 그건 아주 불길한 일이다. 많은 사회적 동물에게 사회성은 긍정적이고 협력적인 특성이지만, 메뚜기에게 사회성은 두려움에 기반한 생존 전략이다. 군집상을 유발하는 높은 밀도는 대부분 급격한 먹이 부족에서 비롯된다. 이 시점에 메뚜기들은 다른 식량 공급원을 찾기 시작한다. 메뚜기에게 필요한 영양소가 완벽하게 균형을 이루고 있고 수량도 풍부한 메뉴가 있다. 바로 다른 메뚜기다. 이제 이 곤충들 앞에는 잠재적인 먹이가 있고 뒤에는 동족끼리 먹고 먹힐 가능성이 도사리고 있다. 각 개체는 먹히지 않기 위해 움직이기 시작한다. 뒤따르는 자들의 위협 때문에 계속 앞으로 나아갈 수밖에 없다. 이동의 동력은 먹이를 향한 욕망이 아니라 뒤따르는 개체로부터의 공포다. 만약 그중 하나가 멈추면 뒤를 따르는 무감각한 메뚜기들은 주저 없이 그걸 먹이로 간주할 수 있다.

갈수록 많은 메뚜기가 무리에 합류하면 다들 같은 방향으로 행진해야 한다. 지금은 개별로 행동할 때가 아니다. 동족을 잡아먹는 배고픈 무리 안에서 보조를 맞추지 못하거나 방향을 바꾸는 건, 본질적으로 간식거리가 되겠다고 자원하는 것이나 마찬가지다. 우리는 실험을 통해 메뚜기 떼를 앞으로 나아가게 하는 힘이 뒤에서 다가오는 위험이라는 걸 안다. 메뚜기의 눈을 가려 뒤를 보지 못하게 하거나 뒤에서 다른 개체의 접촉이 느껴지지 않게 만들면, 메뚜기는 움직이지 않고 그 자리에 멈춰 선다. 실험자들의 말에 따르면 그러다가 엉덩이를 물어뜯긴다. 결국 메뚜기들이 군집형의 다른 자아로 변신하는 것은 기아 위기에 대한 비상 조치이며, 수많은 메뚜기 떼의 이동은 공포에 의한 강제 행군이다.

메뚜기도 크릴새우와 마찬가지로 그리 자상한 부모는 아니다. 하지만 크릴새우는 적어도 새끼를 떠나기 전에 최소한의 도움을 제공한다. 메뚜기의 경우에는 어미가 알을 낳을 때 어떤 삶을 살았는지가 자손의 운명을 결정짓는 요소가 된다. 군집 상태에서 다른 메뚜기들과 부대끼며 살아온 암컷이라면 알에 특정 화학물질 혼합물을 바른다. 이 화학 신호는 알이 부화한 뒤 곧바로 군집상으로 성장하도록 유도하며, 어미가 견뎌야 했던 피곤한 다리 마찰을 겪지 않아도 된다. 이 결과로 군집 행동은 한 번 시작되면 자체적인 추진력을 얻게 되며, 세대를 건너 바로 전달된다. 이것이 한번 형성된 메뚜기 떼를 해산시키는 일이 그토록 어려운 이유다. 메뚜기들은 혼자 남으면 다시 칙칙한 녹색을 띤 몸으로 독자적으로 행동하며 고립하는 단독형 단계로 전환되지만, 이 과정은 훨씬 느리게 진행된다. 몇 세대에 걸쳐 점진적으로 발생하거나 몇 개월 이상 걸릴 수도 있다.

요즘 같은 첨단 디지털 시대에도 지구상의 많은 부분은 여전히 성경에 등장하는 해충에 휘둘리고 있다. 그들이 무리를 이루는 방법과 이유에 대한 우리의 이해는 비약적으로 발전했지만, 아직 현실적인 완벽한 해결책은 나오지 않았다. 현재 메뚜기를 통제하는 가장 일반적인 방법은 살충제이며, 메뚜기 떼가 이미 행진을 시작한 경우에는 비행기에서 살포하기도 한다. 아무것도 하지 않는 것보다는 낫다는 심리적 위안은 줄 수 있지만, 이런 방식은 메뚜기 떼의 규모와 지속성을 고려할 때 효과가 제한적이다. 비용도 많이 들고 또 중요한 꽃가루 매개자인 우리의 곤충 동맹까지 메뚜기 떼와 함께 말살하는 부작용도 있다. 메뚜기의 천적을 이용하는 것과 같은 더 정교한 방법도 시도되고 있다. 그중 하나가 메타라이지움Metarhizium이라는 균류인데, 다른 종에는 영향을 미치지 않고 메뚜기만 감염시켜서 쇠약하게 만들거나 죽인다. 장기적으로는 세로토닌 반응을 조절하여 야생 메뚜기가 처음부터 군집상으로 전환되지 않도록 유도하는 방식도 가능할 것으로 보인다. 순진한 모과이Mogwai가 애초에 끔찍한 그렘린Gremlin으로 변신하지 않도록 사전에 막는 셈이다. 그렇게 된다면 지구상에서 가장 가난한 수백만 명의 사람들에게 고난과 고통을 안겨주는 메뚜기 떼의 파괴적인 망령은 기억으로만 남게 될지도 모른다.

가장 사랑받지 못하는 동물?

몇 년 전 호주로 이주할 때, 나는 온갖 치명적인 동물들과 마주칠 각오를 단단히 했다. 픽업트럭만 한 크기의 악어, 신발 안에 숨어서 매복했다가 방심한 발을 습격할 준비를 하고 있는 거미, 곁눈질만으로도 사람을 죽일 수 있다는 믿기 어려울 정도로 무시무시한 뱀까지. 혹시 이 야생 동물의 맹공에서 벗어나 잠시 바닷가로 피신한다 해도, 상어에게 잡아먹히지 않는다면 손가락만 한 크기의 문어가 눈 깜짝할 사이에 당신의 목숨을 앗아갈 수도 있다.

난 아직 호주에 살아 있다. 아마 내가 타고난 생존 전문가이거나 동물들이 나를 맛이 없겠다고 추측한 모양이다(올바른 판단이다). 어쨌든 언제나 그렇듯이 우리를 가장 경악시키는 건 미처 대비하지 못한 일들이다. 내가 살게 된 제2의 고향에서 과감하게 거리로 나선 첫날, 대낮에 마치 윈도우 쇼핑이라도 하는 양 뻔뻔하게 인도를 걸어가는 거대한 바퀴벌레를 보았다. 전에는 바퀴벌레를 한 번도 본 적이 없었지만, 난 즉시 그걸 유해한 해충으로 분류해버렸다. 그리고 그 순간, 내 안에서 내적 독백이 시작됐다. 나는 어떻게 그렇게 즉각적으로 어떤 동물에 대해 결론을 내릴 수 있었을까? 그래서 스스로를 타일렀다. 원래 합리성의 귀감이라 자부하고, 그리 존중받지 못하는 생물들을 대변하려는 내가, 이렇게 참을 수 없는 경멸을 담은 눈초리로 곤충을 째려보며 입을 삐죽이고 있다니 이게 무슨 일인가. 처음 있는 일은 아니지만 스스로에게 실망했다. 하지만 아무리 노력해도 원인을 추론할 수가 없었다. 귀지 색깔의 이 육각형 동물은 보기만 해도 본능적으로 혐오감이 들었다. 빠른 속도로 움직이는 방식이나 털 많은 다리, 미국 바퀴벌레의 경우 그 엄청난 크기 등, 바퀴벌레에게는 어딘가 혐오스러운 부분이 있다. 바퀴벌레에 대한 혐오감은 우리 뇌 깊은 곳에 뿌리를 내리고 있다.

우리의 혐오감에는 타당한 이유가 있다. 바퀴벌레는 각피를 통해 살모넬라균과 대장균 같은 병원균을 옮기고, 음식 위를 걸어가기만 해도 잠재적으로 음식을 오염시킬 수 있다. 수많은 박테리아는 이 곤충의 내장을 통과하는 롤러코스터에서 살아남아 배설물과 함께 낙하산을 타듯 몸 밖으로 배출된 뒤, 주변에 있는 모든 걸 더럽히거나 썩게 할 수 있다. 더 나쁜 건 바퀴벌레의 몸에 있는 단백질 일부가 인간에게 강력한 알레르기 유발 물질이라는 것이다. 천식을 유발하거나 장기간 접촉할 경우 심각한 아나필락시스 반응을 일으킬 수 있다. 그리고 한 번이라도 바퀴벌레의 침입을 겪어본 사람이라면 알겠지만, 이들은 정말로 박멸하기 어려운 생물이다. 내 친한 친구 집에는 독일 바퀴벌레가 엄청나게 많이 불어난 적이 있다. 몸통에 약간 흐릿한 색의 말쑥한 띠가 둘러진 작은 곤충에 불과하지만 방치하면 개체 수가 크게 불어날 수 있다. 그는 새 아파트로 이사했는데, 그곳엔 이미 50만 마리의 세입자가 살고 있었다. 그들은 밤마다 기어나와 파티를 벌였고, 친구가 자는 침대조차 성역이 아니었다. 바퀴벌레의 공습에서 안전한 곳이 하나도 없었다. 결국에는 바퀴벌레를 박멸할 수 있었지만 그 전에 친구의 유머 감각이 박멸되어버렸다. 최근 바퀴벌레가 다시 증가세를 보이는 이유 중 하나는, 한때 효과적이었던 바퀴벌레용 미끼가 더는 잘 듣지 않는다는 사실이다. 바퀴벌레가 그들을 미끼로 끌어들이는 데 사용되는 당분을 피하는 법을 배웠고 그 정보가 바퀴벌레 공동체 전체에 퍼졌다는 이야기가 있다.

바퀴벌레는 극한의 생존력으로 악명 높다. 머리가 잘린 바퀴벌레가 오래도록 풍요로운 삶을 누린다는 식의 주장은 과장된 이야기지만, 사실상 이들은 몇 주 동안 음식 없이도 살 수 있고, 우표 뒷면의 접착제조차 먹이로 삼을 정도로 다양한 것을 섭취할 수 있다. 바퀴벌레를 근절하기 어려운 또 하나의 이유는 번식 속도 때문이다. 적절한 조건만 갖춰진다면 독일 바퀴벌레 한 쌍에서 시작된 개체수가 몇 년 안에 100만 배까지 늘어날 수 있다. 불행하게도 우리가 그들에게 무심코 제공한 환경이 안목 있는 바퀴벌레들에게 완벽한 생활 조건이 된다. 우리 집은 따뜻하고 포식자로부터 자유로우며 숨을 곳과 음식도 풍부하다. 현재로서는, 우리가 앞으로도 바퀴벌레와 불편한 동거를 이어갈 수밖에 없다는 사실 말고는 다른 가능성이 보이지 않는다.

나는 바퀴벌레를 볼 때마다 움찔하기 때문에 그들의 완벽한 옹호자가 결코 될 수 없다. 그래서 이 작고 단정한 생물들이 어머니에게 잘하고, 우리가 좀 더 배려해줘야 할 존재라고 설득할 생각은 없다. 하지만 바퀴벌레라는 집단 전체는 최소한 공정한 평가를 받을 자격이 있다. 우선 세상에는 거의 5000종의 바퀴벌레가 살고 있다. 그 가운데 인간에게 어떤 문제를 일으키는 건 기껏해야 30종 정도다. 사실 나머지 4970종은 우리가 그들을 피하는 것만큼 우리를 피해 살며, 각자의 방식으로 생태계에서 중요한 역할을 수행한다. 아직 납득이 가지 않는가? 인정한다. 이 정도 이야기로 설득할 수 있으리라곤 기대하지 않았다. 하지만 이러한 생물들을 더 깊이 이해함으로써, 더 효과적으로 통제할 수 있는 방법을 찾을 수 있을 뿐만 아니라 동물 사회가 어떻게 진화했는지에 대한 통찰까지도 얻을 수 있다.

바퀴벌레와의 동거

대부분의 바퀴벌레는 사회적인 동물로 무리를 이루며 살아간다. 어릴 때부터 또래와 섞이는 경험은 이들의 발달에 핵심적인 역할을 한다. 바퀴벌레에게 또래와의 상호작용은 다른 사회성 동물과 마찬가지로 성장에 반드시 필요한 자극이다. 예를 들어, 성장기에 고립을 경험한 사람들은 나중에 타인과 유대감을 형성하는 데 어려움을 겪는다는 연구 결과들이 있다. 그들은 또한 놀이 성향이 부족하고 언어 발달이 훨씬 느리다. 물론 인간과 바퀴벌레를 직접 비교하고자 하는 것은 아니지만, 사회적 동물이 자극 없는 환경에서 자란다면 성체가 되어서도 충분히 성장하지 못한다는 점은 공통된 진실이다. 어릴 때 고립된 바퀴벌레는 실제로 비극적인 존재다. 남들보다 성장이 느리고 성체가 된 뒤에도 사회 주변부에서 살아가게 된다. 제대로 어울리거나 교류하지 못하고 바퀴벌레 집단에 합류하기 어려우며 짝짓기에서도 소외된다. 만약 그들이 글을 쓸 수 있다면, 이런 바퀴벌레들은 존재적 고독과 상실감을 노래하는 애달픈 시를 남겼으리라. 어쩌면 놀라울 만큼 아름답고 서글픈 시가 탄생했을지도 모른다.

일반적으로 바퀴벌레를 마주치는 순간은 대개 그것이 혼자일 때다. 특히 불을 켜자마자 재빨리 어두운 구석으로 달아나는 장면이 익숙하다. 내가 이 책에서 설명하는 대부분의 동물들과 다른 점이다. 대부분의 사회적 동물들은 평생 동족의 팔길이, 또는 다리 길이, 지느러미 길이 이내의 거리에서 살아간다. 바퀴벌레는 낮에는 동료들과 함께 습한 곳에 숨어 있다가 밤이 되면 혼자 먹이를 찾아 나서는 경향이 있다. 그들의 사회적 행동은 대부분 우리가 볼 수 없는 곳에서 일어난다.

바퀴벌레는 낮 동안 은신처 속에서 명확한 무리 단위로 집단을 이룬다. 그들은 냄새를 통해 자신들의 사회를 탐색한다. 모든 바퀴벌레는 자신만의 화학적 신호를 지니고 있어 다른 개체가 이를 통해 누구인지 식별할 수 있다. 바퀴벌레는 정밀하게 조율된 후각을 활용해 동료와 외부 개체를 구분하고, 혈연 관계가 있는 개체와 그렇지 않은 개체도 판별한다. 이러한 능력 덕분에 바퀴벌레들은 여러 세대가 나란히 사는 가족 중심의 공동체를 조직할 수 있다. 바퀴벌레의 화학적 소통 능력은 정보 공유에도 활용된다. 바퀴벌레는 사회적 식별 외에 누가 뭘 먹었는지 알아낼 때도 이 화학적 능력을 활용한다. 특정 먹잇감이 어디에 있는지 파악하고 무리 전체의 야간 식량 탐색 전략에 반영된다. 바퀴벌레 무리는 이렇게 서로 연결된 정보의 중추 역할을 하게 된다. 이런 사실을 알면 우리 인간에게도 유용할 수 있다. 현재의 해충 방제는 바퀴벌레 수를 단순히 제한하거나, '바퀴벌레 폭탄'이라는 독성 살충제로 일괄 제거하는 방식에 의존한다. 물론 이러한 방법은 효과가 있지만, 인체와 환경에 유해한 성분을 포함하는 경우가 많다. 하지만 바퀴벌레의 화학 언어를 이해하고 활용할 수 있다면, 이들을 더 정확하게 유인해 포획하거나, 표적형 방제 방식으로 전환해 그들을 덫으로 유인할 수 있을 것이다. 앞서 크릴새우와 메뚜기 사례에서 보았듯, 처음엔 하찮아 보이거나 혐오스러운 생물을 연구하는 일이 예상 밖의 실질적인 혜택으로 이어질 수 있다.

바퀴벌레 무리는 주변에 충분한 먹이가 있는 한, 한 은신처에 머물며 지내는 경향이 있다. 일부 다른 동물 집단과는 달리, 바퀴벌레는 외부 개체에 대해 공격적인 반응을 보이지 않기 때문에, 길을 떠도는 낯선 개체도 기존 무리에 합류해 은신처를 공유할 수 있다. 이렇게 무리를 지어 살면 바퀴벌레가 갈망하는 사회적 상호작용을 할 수 있을 뿐만 아니라 생활 환경도 개선된다. 개체 수가 많을수록 체온과 습도가 약간 상승하며, 이로 인해 어린 개체의 성장 속도가 빨라지고 탈수 위험도 줄어든다.

먹이가 바닥나거나 은신처가 너무 붐비면 무리의 일부가 다른 곳으로 이동해야 할 수도 있다. 이 경우 이주자들은 바퀴벌레가 원하는 모든 조건(어둡고 비바람을 피할 수 있는 곳, 근처에 음식과 무엇보다 다른 바퀴벌레가 있는 곳)에 맞는 새로운 피난처를 찾을 것이다. 이 순례자 그룹에는 다양한 성격의 개체가 섞여 있다. 바퀴벌레 중 일부는 탐험가 성향이 강해서 위험을 감수하고서라도 새로운 은신처를 찾으려 하는 반면, 본질적으로 신중하고 더 조심스러운 바퀴벌레들도 있다. 탐험가 바퀴벌레가 어둡고 아늑한 장소를 발견해 자리를 잡으면, 그 존재 자체가 신호가 되어 다른 개체들도 그곳으로 유입될 가능성이 커진다. 빈 은신처와 바퀴벌레들이 이미 살고 있는 은신처(또는 적어도 바퀴벌레 냄새가 나는 은신처) 중 하나를 선택하라고 한다면 그들은 항상 후자를 택할 것이다. 이렇게 해서 바퀴벌레는 더 많은 바퀴벌레를 끌어들인다.

무리를 이루어 함께 머무르려는 바퀴벌레의 본능은 매우 강력해서, 새로운 은신처를 선택할 때 사용하는 다른 모든 정보보다 우선시된다. 비록 개별적으로는 그 대피소의 어떤 중요한 부분에 문제가 있다고 인식하더라도(예: 너무 밝다) 대부분 그곳에 거주하기로 한 이전 바퀴벌레들의 결정을 받아들이고 그곳에서 살 것이다.

하지만 이렇게 무리를 지어 생활하더라도 바퀴벌레는 개별적인 존재다. 할 일을 지시하는 명확한 서열이나 리더가 없다. 개미와는 뚜렷이 구별되는 점이다. 개미는 철저히 조직화된 사회 구조 안에서 살아가며, 개별 개체는 정해진 역할을 수행하고, 여왕개미는 집단 운영의 핵심 축이다. 개미, 벌, 말벌은 모두 단생 벌에서 진화했지만, 고도로 조직적인 사회 집단을 형성하는 또 다른 곤충인 흰개미의 기원은 오랫동안 수수께끼에 싸여 있었다. 그러다가 불과 10여 년 전에 흰개미를 자세히 조사한 결과, 그들이 일종의 초사회적인 바퀴벌레라는 사실이 밝혀졌다. 다시 말해, 흰개미는 바퀴벌레로부터 진화한 사회성 곤충이다. 그래서 바퀴벌레 사회에 대한 연구는 모든 동물 가운데 가장 복잡하고 매력적인 사회 집단을 이룬 군집 곤충에 대한 연구로 이어진다.

2장. 벌과 개미의 양육 전쟁

벌, 개미, 흰개미는 곤충계의 초유기체다.

똑바로 직진하라

나는 봄이면 영국의 숲을 거닐며 자연 속에서 시간을 즐긴다. 어린잎의 선명한 녹색은 불과 몇 주 전까지 온통 잿빛이던 전원 지대의 우울함을 씻어주는 훌륭한 해독제. 숲속의 땅 위에는 숲바람꽃 같은 봄꽃이 앞다투어 피어난다. 지금 싹트고 있는 나뭇잎들이 머지 않아 그 위에 빛을 가려주는 덮개를 형성할 것이다. 새들은 영역을 차지하려고 다투며 노래를 통해 자기가 그 땅의 주인임을 선언한다. 봄의 활력이 가득한 그곳에 잠시 멈춰서서 그 기운을 만끽하고 있는데, 갑자기 털북숭이 골프공이 옆으로 날아갔다.

골프공이 아니라 여왕 호박벌이었다. 이 환상적이고 솜털이 많은 여왕벌의 크기는 언제 봐도 놀랍다. 여왕벌은 숲속의 다른 동물이나 식물처럼 임무를 수행하는 중이다. 겨울철의 어두운 나날 동안 혼자 땅속에서 시간을 보내다가 내부 식품 저장실이 거의 고갈된 그녀는 알 품기에 관심을 쏟기 전 힘을 키우기 위해 일찍 핀 봄꽃에서 꿀을 모으느라 바쁘다. 여왕벌은 땅에 구멍을 뚫거나 오래된 쥐 둥지를 이용할 수도 있고, 한 번도 사용하지 않은 새집 같은 고급스러운 둥지를 선택할 가능성도 있다.

방금 내 곁을 스쳐 지나간 여왕벌은 다 허물어져 가는 돌담의 구멍을 선택한 것 같다. 이곳은 오래전 한 농부가 만든 경계선임이 분명하다. 지금은 나무와 나무딸기 덤불에 파묻혀서 여왕벌이 이사 오기 전까지는 아무런 역할도 하지 못하고 있었다. 더 자세히 살펴보려고 허리를 굽혔다. 안에서 여느 벌들처럼 바쁘게 움직이는 여왕벌의 소리가 들리지만 벽 안쪽이 어두워서 모습은 보이지 않았다. 잠시 후 여왕벌이 모습을 드러냈다. 그 벌은 봄꽃 몇 송이에 잠깐 들렀다가 다시 벽으로 돌아왔다. 이곳에 정착해 둥지를 만들고 이 무너져가는 장소에서 알을 모두 낳은 모양이다. 음, 물론 여기보다 더 나쁜 곳을 선택했을 수도 있다. 이 돌담은 이끼가 끼고 부서진 상태지만 그래도 수십 년 동안 여기 서 있었고 틀림없이 조금 더 버텨줄 것이다. 하지만 이 여왕벌이 얼마나 할 일이 많은지에 대해 생각하지 않을 수가 없었다. 우선 자신의 밀랍을 이용해서 항아리를 만들고 알을 돌보는 동안 먹을 꿀을 모아 항아리에 채운다. 자식을 양육하는 데 헌신하는 모범적인 엄마가 되어야 한다. 추운 봄날에 상당히 힘든 일이다. 알이 살아남으려면 온도를 섭씨 30° 정도로 따뜻하게 유지해줘야 한다. 여왕벌은 알 위에 몸을 웅크리고 비행 근육을 움직여 열을 발생시켜서 이 일을 해낸다. 음식물을 비축해두긴 했지만 이런 노력을 기울이다 보면 허기가 져서, 모아둔 음식이 금세 바닥날 것이다. 그래서 종종 근처에 핀 꽃에서 보급품을 구하려는 긴급 임무를 수행하기 위해 둥지에서 뛰쳐나와야 할 것이다. 여왕벌이 알 옆에서 떠나는 순간부터 알 온도가 내려가기 시작하는데, 이렇게 연약한 단계에서는 상당히 큰 문제다. 둥지로 돌아가기 전에 식품 저장실을 다시 채울 수 있는 소중한 시간이 얼마 안 남았다. 여왕벌은 힘겨운 4일 동안 이 일을 계속하고, 그러다가 마침내 새끼들이 부화하면 그 힘겨웠던 보살핌에 대해 보상받게 된다.

하지만 여왕벌은 긴장을 풀고 쉴 수 없을 것이다. 이제 먹여 살려야 하는 굶주린 입이 10여 개나 생겼기 때문이다. 며칠 동안 둥지와 그 주변의 숲속 정원 사이를 쉴 새 없이 돌아다녀야 할 것이다. 그리고 새끼가 누에고치를 만들기 시작할 만큼 자랄 때까지 배불리 먹이를 먹인다. 이제 여왕이 한숨 돌릴 수 있기를 바란다. 애벌레는 고치 안에서 성충 일벌로 변한다. 고치에서 나온 일벌은 먹이 찾기, 청소, 방어 업무를 인계받는다. 이제 여왕벌이 남은 일생 동안 해야 하는 유일한 일은 새끼를 낳는 것이다. 여왕은 다시는 둥지를 떠나지 않을 것이다. 어떤 사람들은 여왕벌을 두고 포로라고도 하지만 나로서는 확신할 수 없다. 여왕벌은 어머니와 그 이전에 존재했던 수많은 여왕벌의 뒤를 따르고 있고, 그 노력이 결실을 맺는다면 주어진 운명을 완수하게 될 것이다. 여왕벌은 모든 동물 행동 가운데 가장 놀라운 행동을 자기 식대로 재현하여 자기만의 군락을 만들었다.

나는 봄과 여름 동안 그 장소에 몇 번이나 다시 가봤다. 그때마다 여왕벌을 꼭 닮은 약간 작고 호리호리한 벌들이 벽에 난 작은 구멍을 들락거리는 모습을 보고 기분이 좋았다. 이 벌들은 여왕벌의 자손이 분명하니, 여왕의 가족은 제대로 자리를 잡는 데 성공한 것이다. 이들은 개미, 말벌, 흰개미 같은 동물과 함께 사회성 곤충으로 묘사되곤 한다. 각각의 개체가 군락 전체의 성공에 기여하고, 어떤 경우에는 더 큰 대의를 위해 자기 목숨을 희생하는 긴밀한 집단을 형성한다. 수백만 마리의 개체로 구성된 군락은 마치 하나의 정신을 공유하는 것처럼 행동하는 듯하다. 다수가 하나처럼 움직이는 이런 군락을 '초유기체'라고도 한다. 이런 사고방식에 따르면, 동물의 몸은 상호작용하는 세포, 조직, 장기로 구성되어 있는 반면 사회성 곤충 군락은 그 구성 요소가 집단의 구성원으로서 긴밀하게 조정되는 유기체다. 여왕벌의 자손인 많은 일벌이 형제자매를 기르기 위해 협력하는 동안 여왕벌의 번식권을 제한하는 것을 비롯해, 이러한 군락을 규정하는 다른 특징도 있다. 몇몇 곤충 사회에서는 특정한 일을 전문적으로 하면서 둥지의 동료들과 매우 다르게 행동하는, 소위 카스트라는 곤충들을 볼 수 있다. 이런 군락에 사는 구성원의 상호의존성이 전 세계 사회성 곤충들이 이룬 놀라운 성공 신화의 핵심이다.

벌집에서 나오다

사람들은 벌을 상상할 때 대개 꿀과 벌집, 여왕벌, 일벌을 떠올린다. 그래서 일반적인 것과 거리가 멀다는 사실을 알면 놀란다. 사실 2만여 종에 달하는 벌들 중 대다수는 혼자 산다. 대부분의 다른 곤충처럼 혼자 살면서 먹이를 찾고 번식한다. 그러나 이 매혹적이고 믿을 수 없을 정도로 다양한 생물 집단 내에는 상상 가능한 모든 종류의 사회 시스템이 존재한다. 단독 생활자부터 소수의 개체로 이루어진 작고 느슨하게 조직된 집단에 사는 곤충, 그리고 개성을 포기하고 그보다 훨씬 큰 것, 즉 자연계에서는 비교 대상이 없는 동반 상승 효과를 누리는 놀라운 군락 생활 벌(호박벌과 꿀벌 등)까지 매우 다양하다.

거대하고 협력적인 집단에서 산다는 건 분명 많은 벌에게 매우 성공적인 전략이지만, 문제는 이 생존방식이 어떻게 발달하기 시작했는가다. 특히 어떤 곤충이 자신의 개성과 번식 기회를 포기하고 다른 곤충의 새끼를 기르는 사소한 역할을 맡기로 한 이유는 무엇일까? 혼자 사는 벌과 완전히 사회화된 벌 사이의 거의 모든 단계를 보여주는 종인 꿀벌은 이 의문에 대해 독특한 통찰을 제공한다.

난초꿀벌을 예로 들어보자. 남아메리카와 중앙아메리카에 서식하며, 날아다니는 금속처럼 반짝이는 보석 같은 날개를 지닌 이 벌은 그 이름에서 알 수 있듯이 난초에 끌린다. 난초는 꿀과 꽃가루를 생산할 뿐만 아니라 수컷 벌이 암컷을 유혹할 때 향수처럼 사용하는 화학적인 도구를 제공한다. 성공적으로 짝짓기가 끝나면, 암컷은 방을 만들어 그 안에 알을 낳는다. 다른 암컷들도 똑같이 행동하며, 어떤 종은 한데 모여 나란히 둥지를 틀기도 한다. 마찬가지로 일부 채광벌의 경우 둥지를 파는 데 상당히 힘이 들기 때문에 한 무리의 암컷이 힘을 모아 둥지를 판 뒤 집단적인 노력의 성과를 함께 공유한다. 게다가 이렇게 공동생활을 하면 누군가는 항상 집에 남아 보초를 서기 때문에, 손쉬운 침입 기회를 찾는 잠재적인 둥지 침입자들에게 훨씬 큰 난관이 된다. 그래서 홀로 사는 동물들도 알을 낳을 때가 되면 함께 모이는 모습을 볼 수 있는데, 아마도 군락 생활로 넘어가는 첫걸음일 것이다.

거주지를 공유하는 것도 물론 중요한 현상이지만, 벌들이 대부분 단독 생활자라면 꿀벌 같은 동물이 어떻게 그런 놀라운 사회적 방식에 도달했는지 이해하기까지 아직 갈 길이 멀다. 또 다른 단서는 어리호박벌에게서 나온다. 이들은 때때로 자매나 모녀끼리 한 쌍으로 살아간다. 사회성은 상호 존중과 관용을 기반으로 한다는 개념에도 불구하고 그들의 가족 관계는 문제가 될 수 있다. 이 둘 중 한 마리는 보통 지배적인 성향이며, 함께 둥지를 튼 짝꿍의 콧대를 꺾은 뒤 상대방이 낳은 알을 다 먹어버린다. 이 지배자는 먹이를 모으기 위해 둥지를 떠나는 식량 조달 책임자의 역할을 맡음으로써 자기가 가하는 타격을 완화한다. 그동안 다른 벌은 둥지 입구를 지키면서 포식자나 청소부, 새로운 집을 찾아다니는 다른 어리호박벌의 침입을 막는다. 이런 모습에서 더욱 사회화된 그들의 친척이 형성한 복잡한 사회의 기본적인 형태를 볼 수 있다. 번식권은 오직 한 개체에게만 있고, 일을 나눠서 하며, 모든 군락 구성원(이 경우에는 단 둘뿐이지만)은 새끼를 보호하고 기르는 역할을 한다.

이들의 관계를 보면 어린 파트너가 이 제도로 인해 불이익을 겪는다고 생각할 수밖에 없는데, 왜 그 과정을 견디는 걸까? 종속된 쪽은 자기 알이 잡아먹히는 치욕을 겪지만, '포괄적합도'를 통해 이익을 얻을 수 있다. 생물학자들이 말하는 적합도(피트니스)는 헬스클럽에 가서 하는 맞춤운동이 아니라, 동물이 유전자를 다음 세대에 얼마나 잘 전달하는지를 의미한다. 대부분 동물은 새끼를 낳음으로써 '적합도'를 얻지만, 성공으로 가는 유일한 길은 아니다. 그들은 자신과 같은 유전자를 가진 친척을 도와주는 방법으로도 적합도를 획득할 수 있다. 포괄 적합도는 유전자를 전달하는 가장 넓은 의미에서의 적합도를 뜻한다. 어리호박벌 조력자는 친척을 도우면서 간접적으로 적합도를 얻는다. 하지만 이것이 고결한 정신으로 하는 자선활동은 아니다. 둥지를 틀 장소를 차지하려는 경쟁이 치열할 수도 있기 때문에 어떤 경우든 조력자의 선택권이 제한될 가능성이 있다. 게다가 서열이 낮은 벌이 현재 상황을 인내할 수만 있다면 제멋대로 구는 늙은 벌이 죽은 뒤 그 둥지를 물려받게 된다.

집단생활을 위한 이런 잠정 조치를 보면 애초에 어떻게 복잡한 곤충 사회가 생겨났는지 어느 정도 짐작할 수 있다. 사회적 삶을 향한 길은 암컷 벌들이 자매나 어미를 돕기 위해 둥지에 남으면서 시작된 듯하다. 조금 다른 이야기지만, 사회적인 개체는 항상 암컷이고 이 종의 수컷은 거의 그렇지 않다. 하지만 이 동물들이 협력과 사회성이라는 목표를 향해 꾸준히 발전하리라고 생각하는 건 오류다. 사실 어떤 종은 사회성에서 벗어나 다시 고독한 생활 방식으로 되돌아갔다. 사회적인 삶이 모든 동물에게 늘 맞는 건 아니다.

땀을 흘리다

나도 항상 사교적인 동물은 아니다. 여러 해 전에 메릴랜드에 사는 친구를 방문했을 때의 일이다. 끔찍하게 덥고 습한 오후에 친구들이 소프트볼을 하자며 밖으로 끌어냈다. 나는 에어컨이 켜진 방에서 책을 읽는 게 훨씬 좋았다. 하지만 어쩔 수 없이 끌려나가 더위 때문에 얼굴이 빨개진 채 심통을 부리다 근처 옥수수밭으로 공을 날려 경기를 빨리 끝내려다가 실패하고 말았다. 그래도 동물들이 개입한 덕분에 장시간 굴욕을 당하는 건 면했다. 나는 속으로 조직화된 재미라는 개념을 욕하고 있었는데, 그 순간 가차 없이 이리저리 날아다니면서 곧장 우리 눈으로 뛰어들려고 하는 작은 곤충 떼의 공격을 받았다. 결국 우리는 실내로 피신했고, 그들은 다른 누군가의 눈을 괴롭히러 떠났다.

내가 수모를 겪지 않도록 구해준 곤충은 꼬마꽃벌이었는데, 그들은 더위에 허덕이는 소프트볼 선수들의 얼굴에 흐르는 소금기 있는 수분을 마시며 부족한 식단을 보충했다. 나중에 생각해 보니 노고에 대한 감사의 표시로 식염수라도 한 사발 줬어야 하는 건데, 그때는 정신을 맑게 해주는 에어컨 바람을 쐬는 데만 잔뜩 집중하고 있었다.

생물학자의 관점에서 볼 때 이 성가신 생물의 또 다른 장점은 매혹적인 사회적 행동이다. 꼬마꽃벌들은 선택지를 열어둔다. 때때로 암컷들은 삶의 방식을 스스로 정하고 혼자 둥지를 튼다. 때로는 사회적 군집을 형성하기도 한다. 다 함께 둥지를 트는 상황에 영향을 미치는 결정적인 요인은 둥지를 차지하려는 경쟁이 있을 때와, 환경 조건이 우호적이라서 벌들이 한 해에 여러 번 새끼를 낳아 기를 수 있는 경우다. 말쑥한 오렌지색 다리를 가진 매력적인 영국 꼬마꽃벌인 할릭투스 루비쿤두스Halictus rubicundus에 대한 연구 결과, 추운 기후권에 사는 벌들은 혼자 지낸다는 사실을 알게 됐다. 얼마나 많은 먹이를 구할 수 있는지, 또 새끼가 얼마나 빨리 자라고 발달하는지를 온도가 결정하기 때문에, 북쪽에 사는 벌들은 한 해에 여러 차례 새끼를 낳아 기를 기회가 없다. 좀 더 따뜻한 남쪽 지방의 벌들은 이를 성공적으로 해낼 수 있다. 그들은 따뜻한 계절에 한 번 이상 새끼를 낳아 기를 수 있기 때문에, 부화한 첫 세대가 주변에 머물면서 다음 세대를 기르도록 도울 수도 있다. 대가족에게는 더 많은 식량이 필요하지만, 먹이를 모아올 벌이 많고 꿀을 공급해줄 꽃도 풍부하기 때문에 팀을 이뤄 일하면 모두에게 보상이 돌아갈 것이다. 전체적으로 볼 때, 상황만 허락한다면 무리와 함께 둥지를 트는 게 이 벌들에게 최고의 방법이지만, 사회성에 대한 꼬마꽃벌들의 유연한 접근 방식은 이들이 조건에 따라 행동을 조정할 수 있음을 의미한다.

둥지를 만들고 군락을 유지하려면 공동의 노력이 필요하기 때문에, 일부 종이 다른 종의 노력에 편승해 이 시스템을 이용하려고 하는 건 그리 놀라운 일도 아니다. 왜알락꽃벌은 자신과 관련 있는 종들의 협력 행동을 교묘하게 이용한다. 사회적 종이 자기 군락에 먹이를 공급하기 위해 사심 없이 노력하는 동안, 왜알락꽃벌은 다른 벌들이 자기 새끼를 먹여 살리도록 해서 일을 쉽게 처리한다. 배에 알이 가득 찬 암컷 왜알락꽃벌은 교활한 임무를 수행하는 곤충이다. 목표는 다른 종의 군락에 들어가 알을 낳는 것이다. 이런 속임수가 통하는 이유는 암컷 왜알락꽃벌이 자기가 목표로 하는 숙주 종의 일벌과 비슷하게 생겼고 냄새도 비슷하기 때문이다. 우선 둥지 입구에 있는 경비원을 통과해야 한다. 경비원들은 이런 속임수를 간파하기 위해 망을 보고 있지만, 수십 마리의 일벌이 동시에 드나들기 때문에 은밀히 변장한 왜알락꽃벌은 경비원을 무사히 통과할 가능성이 크다. 안으로 들어가는 데 성공하면, 숙주 종이 준비해둔 번식용 방에 알을 낳고 속아넘어간 일벌들이 자기 자식을 대신 기르도록 한다. 왜알락꽃벌의 애벌레는 방 안에 있는 꽃가루뿐만 아니라 원래 거주자인 숙주 유충까지 먹어치운다. 어미가 벌써 그 유충들을 먹어버리지 않았다면 말이다. 엎친 데 덮친 격으로, 외부에서 침입한 유충이 성충이 되어 그 방에서 나올 때가 되면, 집에 찾아온 최악의 손님처럼 숙주의 둥지에 계속 머물며 숙주 종의 노력에 기생할 수도 있다.

쇼 미 더 허니

꿀벌은 모든 사회적 곤충 가운데 전 세계 사람들에게 가장 유명하고 또한 가장 사랑받는 곤충이다. 여기에는 타당한 이유가 있는데 그중 하나는 단연 꿀이다. 양봉은 놀랄 만큼 그 역사가 길다. 고고학 기록을 보면 9000년 전 북아프리카에서 인간이 토기 그릇에 벌을 키웠다는 사실을 알 수 있고, 같은 시대의 예술 작품은 고대 이집트인이 4000년 전에 꿀벌을 쳤다는 기록을 보여준다. 벌들이 생산한 꿀은 거의 기적적인 형질을 지녀 사실상 무기한 보관이 가능하다. 부분적으로는 꿀에 함유된 당분 농도와 관련이 있다. 당분은 흡습성이 있어 과도한 수분을 흡수하고, 따라서 음식을 썩게 하는 미생물이 번성하기 어렵게 만든다. 게다가 꿀벌이 꿀을 최종 생산물로 가공한 결과 글루콘산과 과산화수소도 함유되어 있다. 이 모두가 모여 박테리아의 침입을 거의 완벽하게 막아낼 수 있는 물질이 생성된다. 이집트 무덤에서 발견된 꿀 항아리는 묻힌 뒤 수천 년이 지났는데도 완벽하게 식용 가능한 상태로 보존되어 있었다. 박테리아를 퇴치하는 특성 때문에 꿀은 유사 이래로 베인 상처와 화상을 치료하는 천연 붕대로 사용되어왔다(미생물이 통과할 수 없는 장벽을 형성한다). 오늘날에도 상처 난 피부에 직접 바르거나 드레싱용 코팅제로 사용하기도 한다.

물론 꿀을 찾는 가장 큰 이유는 먹기 위해서다. 인간뿐만 아니라 침팬지나 꿀오소리 같은 동물들도 벌집 안에 있는 맛있는 황금빛 당분을 얻기 위해, 격노한 벌들에게 용감히 맞선다. 꿀은 에너지를 저장하는 방법에 대한 환상적인 해결책이고 따라서 다들 원하지만 꿀을 만들 때 들어가는 노력은 상상을 초월한다. 벌이 힘겨운 노동의 상징이라는 건 놀랍지 않다. 모든 일벌은 벌집을 떠날 때마다 약 100송이의 꽃 사이를 돌아다닌다. 그리고 꽃에서 꿀을 빨아들여 꿀주머니에 저장했다가 벌집으로 돌아가 다시 토해낸다. 이어 벌 생산 라인이 꿀을 삼켰다가 뱉어내는 행동을 반복하며 꿀을 가공한다. 이런 과정을 거쳐 꿀이 부분적으로 소화되고 수분 함량도 감소하면서 완전히 가공되고 벌집에 저장할 수 있는 상태가 된다. 벌집에서 생산 가능한 꿀의 양은 한 해 약 40킬로그램 정도인데, 벌 한 마리가 일평생 생산하는 꿀이 티스푼의 극히 일부에 지나지 않는 분량이라는 걸 생각하면 정말 놀라운 일이다.

확고하게 자리잡은 벌집은 4~5만 마리의 곤충이 서로 협력하며 조화를 이루는 기적의 장이다. 여왕벌은 군락 중심부에서 계속 알을 낳는데, 하루에 약 2000개의 알을 생산한다. 벌집의 활동이 가장 왕성한 여름철에는 일벌이 알에서 태어나 죽을 때까지의 수명이 2개월 정도에 불과하기 때문에 개체수 유지가 중요하다. 여왕은 신하 역할을 하는 젊은 일벌들(실은 자기가 낳은 딸들)의 시중을 받는다. 그들은 여왕벌에게 육아벌의 분비물인 로얄젤리를 먹이고, 뒤를 따라다니며 깨끗이 청소하고, 또 (인간의 관점에서 보면 이상한 일이지만) 여왕벌을 핥아주기도 한다. 여왕벌을 목욕시키는 효과도 있겠지만, 더 중요한 효과는 이 일벌들이 여왕의 몸에서 화학적 메시지를 수집한 뒤 군락지를 돌아다니며 그 메시지를 퍼뜨리는 것이다. 이런 화학적 메시지는 해당 군락이 '여왕벌의 소유지'라는 사실을 다시 한 번 주지하는 효과를 발휘한다. 즉, 여왕과 집단 전체가 두루 잘 지내고 있다는 전언이다.

일벌은 수명이 짧을 뿐만 아니라 살아가는 동안의 시간이 매우 엄격하게 짜여져 있다. 여왕이 일벌을 산란하고 약 3주 뒤에 육아방에서 나온 일벌은 일련의 직업을 거치게 된다. 첫 번째 작업은 육아방을 청소해서 다시 사용할 수 있도록 해놓는 것이다. 여왕벌은 청소된 방을 검사하고, 만약 청소 상태가 만족스럽지 않으면 젊은 일벌에게 다시 하라고 강요할 수도 있다. 그런 다음 일벌은 발육 중인 유충에게 먹이를 주고 때로는 여왕벌을 돌보기도 하는 유모의 임무를 수행한다. 서열이 높아진 일벌은 건설자가 되어, 자기 복벽에 있는 분비샘에서 생성되는 밀랍을 이용해 육아방을 건설하거나 수리한다. 몇 주 동안 이런 하급자 역할을 한 일벌들은 이제 다양한 역할을 맡아 침입자들로부터 벌집을 보호하거나, 벌집 내부 온도를 조절하기 위해 날개를 퍼덕이거나, 더운 날씨에 물을 길어오거나, 심지어 장의사 역할을 떠맡아 죽은 일벌이나 유충을 군락지에서 멀리 떨어진 곳에 두고 오는 등의 일을 한다. 그리고 마침내 벌들의 가장 유명한 업무를 수행하게 될지도 모른다. 둥지 너머의 세상에서 꽃가루와 꿀을 찾아 헤매는 것이다. 이 역할을 얼마나 오래 하게 될지는 연중 시기에 따라 다르다. 한창 분주한 시기에는 3주 정도밖에 못 버틸 수도 있다. 먹이 찾기 활동은 몸에 큰 지장을 준다. 기본적으로 일벌은 자기 군락을 위해 죽을 때까지 일하는 셈이다.

무서운 침

벌들이 자신을 돌보지 않는다는 건 둥지를 지키기 위해 가미카제식 방어를 하는 것으로도 입증된다. 침은 암컷 벌에게만 있는데, 원래 알을 낳는 관인 산란관이 변형된 것이기 때문이다. 침에는 가시가 돋아 있어 목표물의 피부에 박힌다. 벌이 몸을 빼면 목표물에 걸린 침 때문에 벌은 내장이 찢어지는 치명상을 입는다. 남겨진 덩어리에는 피해자의 상처에 계속해서 독을 주입하는 한 쌍의 맥동샘이 포함되어 있다. 꿀벌만이 침에 눈에 띄게 큰 가시가 돋아 있고, 결과적으로 꿀벌은 침을 쏜 뒤 죽음을 맞이하는 유일한 벌이다. 하지만 그 침은 우리 같은 포유류를 비롯해 두꺼운 피부를 가진 몸집 큰 동물의 몸에만 박힌다. 둥지를 위협하는 작은 상대에게는 벌의 침이 몸에서 빠지지 않고 다시 회수되는 경우가 많아 벌이 죽지 않고 살아남는다.

꿀벌은 악의적이지 않다. 그들의 침은 선제공격보다는 주로 둥지를 방어하는 수단으로 사용된다. 만약 벌집이 위협받고 있다고 생각되면 이 수동적이고 무해한 생물도 돌변할 수 있다. 벌 한 마리가 침을 쏘면 주변 동지들에게도 공격적인 반응을 유발하는 페로몬이 방출되어 함께 공격에 동참하게 된다. 만화영화를 보면 성난 벌들에게 쫓기다가 물에 뛰어드는 캐릭터가 등장하곤 하지만, 이전에 쏘였을 때 남은 페로몬은 씻어내기 어렵기 때문에 벌들은 페로몬 향이 가장 강한 곳에 남아서 희생자가 나타나기를 기다릴 가능성이 크다. 벌에 쏘이는 건 치명적일 수 있고 특히 알레르기가 있다면 더욱 그렇다. 알레르기가 없어도 대량으로 쏘이면 극도로 위험하다.

1962년 요하네스 렐레케Johannes Relleke보다 오랫동안 곤충의 분노에 시달린 사람은 없을 것이다. 그는 개와 함께 당시 로디지아Rhodesia 령이었던 관목숲을 걷고 있었는데, 무엇 때문인지 벌떼의 공격이 시작됐다. 평범했던 산책은 순식간에 목숨을 건 도주극으로 바뀌었고, 그는 가까운 강으로 전력질주했다 개와 함께 물속에 뛰어든 렐레케는 숨이 막힐 때마다 얼굴과 개의 주둥이만 수면 위로 내놓으며 버텼다. 그러나 벌들은 기회 있을 때마다 그를 가차없이 쏘면서 하류까지 추적했다. 그의 끔찍한 하루는 거기서 끝나지 않았다. 강 속에서 벌떼를 피하던 중, 기회를 엿보던 악어가 개를 낚아채버린 것이다. 벌들의 지속적인 관심에도 불구하고 렐레케는 결국 탈출에 성공했고 몸에서 2443개의 벌침이 제거되었다. 그는 현재 가장 많은 벌에 쏘이고도 살아남은 인물로 기네스 세계 기록에 올라 있다. 당시 그는 한쪽 귀가 들리지 않게 되었는데, 벌에 쏘인 것과의 직접적인 관련성은 없는 증상이었다. 미스터리는 몇 년 뒤 그가 유도 수련 중 바닥에 넘어졌을 때 비로소 풀렸다. 귀에서 오래전에 죽은 벌 한 마리가 떨어져 나온 것이다.

벌들은 위협적인 존재로 인식되면 무엇이든 공격한다. 공동체를 위해 자신을 희생할 뿐만 아니라, 자기 몸에 기생충이 있다는 사실을 알면 스스로를 고립시킨다. 인간에게도 비슷한 사례가 있다. 1912년에 있었던 로버트 스콧Robert Scott의 불운한 남극 탐험에서 가장 유명한 사건 중 하나는 탐험대원인 로렌스 '타이터스' 오츠Lawrence 'Titus' Oates 선장의 이타적인 행동이다. 남극점에서 돌아오는 길에 기상이 악화되고 보급품이 부족해진 상황에서 오츠는 심한 동상에 시달리고 있었다. 자신의 병세 때문에 다른 일행의 전진 속도가 늦어지고 있음을 통렬히 느끼던 그는 스스로 문제를 해결하기로 결심했다. 나중에 찾은 스콧의 일기에 따르면, 3월 17일 아침 눈보라와 영하 40도의 기온을 피해 텐트 안에 숨어 있을 때, 오츠는 동료들에게 '밖에 나갔다 올 건데 아마 시간이 좀 걸릴 것 같다'라고 말했다. 그리고 누구도 그의 모습을 다시 보지 못했다. 반면, 벌은 아마도 죽는다는 개념 자체를 이해하지 못할 것이다.

다른 사회적 곤충과 마찬가지로 벌도 공동체를 위해 헌신하는 것으로 알려져 있지만, 벌집 안의 조화는 아슬아슬하게 균형을 이루고 있다. 그들이 이룬 사회의 주변부에는 무정부 상태의 위협이 도사리고 있다. 이 갈등의 원인은 번식 권리다. 일반적으로 여왕벌만 알을 낳지만, 꿀벌을 비롯한 많은 종의 경우 불임으로 추정되는 일벌도 알을 낳는 능력을 발달시킨다. 짝짓기를 하지는 않지만 수정되지 않은 알을 낳을 수 있고, 이 알은 수컷으로 자란다. 자기만의 아들을 가질 수 있는 기회는 어떤 이들에게는 저항할 수 없는 유혹이지만, 이들의 행동은 기성 질서에 위협이 된다. 그래서 일벌들은 이런 선동적인 행동을 단속한다. 여왕벌이 아닌 다른 벌이 낳은 알을 발견하면 먹어버리는 방법으로 즉결 심판을 내린다. 꽤 효과적이지만 실패할 우려가 전혀 없는 방법은 아니다. 꿀벌 군락에서 키운 수컷 800마리 중 약 한 마리는 일벌의 아들이다. 이렇게 낮은 비율에 태생이 천한 수컷은 그리 문제될 것 같지 않지만, 그중 한 마리가 여왕벌과 짝짓기를 하게 되면 군락 내에 가임 일벌의 비율이 급격히 증가해 무정부 상태가 확산된다. 이런 상황에서 여왕벌과 일벌 사이의 충성심에 갈등이 생기면

식민지의 원활한 운영에 심각한 차질이 발생할 수 있다. 그래서 치안 유지가 사회 안정에 중요한 것이다. 반란에 대한 처분은 대개 일벌의 알을 먹는 것으로 끝나지만 때로는 가혹한 보복을 가하기도 한다. 예를 들어, 일부 개미 종의 경우 번식하는 일개미는 자매들의 공격을 받는다. 다리를 물어 움직이지 못하게 하거나 심지어 군락 밖으로 끌어내 죽게 내버려두기도 한다.

메시지 전달

노벨상 수상자인 카를 폰 프리슈Karl von Frisch는 저서 《벌Bees: Their Vision, Chemical Senses and Language》에서 '꿀벌의 삶은 마치 마법의 우물과도 같다. 퍼내면 퍼낼수록 더 많은 물이 차오른다'라고 썼다. 프리슈는 급성장 중인 동물 행동 분야의 선구자이며, 평생 벌 연구에 매진해 인류가 꿀벌을 이해하는 방식을 근본적으로 혁신했다. 일에 대한 그의 열정은 매우 유명하다. 좋아하는 주제에 진정으로 몰두하는 사람에게 활력을 불어넣는 건 열정이다. 더 많이 알수록 더 흥미로워진다.

폰 프리슈의 관심을 끌었던 중요한 의문 가운데 하나는 벌의 언어, 특히 일벌이 가장 좋은 꽃을 찾을 수 있는 위치에 대한 정보를 전달하는 방법이었다. 먹이 채집 벌들은 둥지로 돌아갈 때 항상 특이한 행동을 한다는 데 주목한 그는 그 벌들이 동료에게 정확히 무엇을 전달하는지 이해하는 데 집중했다. 그가 1927년에 춤추는 벌에 대한 이론을 발표했지만 다들 회의적인 반응을 보였다. 오늘날에는 벌들의 '8자 춤'과 그 의미가 널리 알려져 정설로 받아들여지지만, 폰 프리슈의 주장 중 일부는 그가 죽은 지 17년이 지난 1999년까지 완전히 입증되지 않았다.

8자 춤은 동물의 의사소통 방법을 알려주는 멋진 사례다. 먹이 채집을 마치고 돌아오는 벌은 8자형으로 춤을 춘다. 이 춤에서 중요한 단계는 벌이 복부를 힘차게 흔들면서 일직선으로 움직이는 부분이다. 이때 벌이 움직이는 방향은 자매들에게 벌집을 출발해서 날아가야 하는 방향을 알린다. 벌집에서 벌이 춤을 추는 수직 방향에 대한 각도는 벌집과 태양 위치와의 각도로 환산할 수 있고 자매들은 그 방향으로 날아가야 한다. 따라서 만약 벌이 수직선 오른쪽(또는 시계 방향) 15도 방향을 향해 직선으로 춤을 춘다면, 그 벌은 동료에게 벌집을 기준으로 태양 위치에서 오른쪽 15도 방향에 먹이 공급원이 있다고 알리는 것이다. 이때 벌이 춤을 추는 거리는 먹이 공급원까지의 거리를 나타낸다. 8자 춤을 한 차례 다 추고 나면, 한 번 보고 이해하지 못한 동료들을 위해 처음으로 돌아가 다시 시작한다. 8자 모양을 머릿속에 떠올려보면, 그 숫자의 중간 부분에 중간 막대가 형성된다. 벌은 춤이 끝날 때까지 위쪽 동그라미와 아래쪽 동그라미를 따라 움직이다가 다시 시작점으로 돌아가고, 시계 방향으로 한 번 돌았으면 그다음에는 반시계 방향으로 돈다.

적당한 수준의 대중 연설가라면 누구나 안다. 진짜 효과적인 소통은 단순히 건조한 사실을 전달하는 데 그치지 않는다. 중요한 메시지를 전하고 싶다면 감정을 실어야 한다. 나도 학생들과 대화할 때 이 점을 늘 되새기지만, 그렇다고 춤까지 추지는 않는다. 벌들은 효과적인 의사소통을 위해 어느 정도의 활력이 필요하다는 사실을 사람보다 잘 아는 듯하다. 먹이 채집 벌이 특히 근사한 꽃에 대한 소식을 알리고 싶을 때는 평소보다 더 신나게 춤을 춘다. 그 춤은 단순한 신호가 아니라 정말 굉장한 발견이라는 감정이 실린 메시지다. 이 에너지 넘치는 춤은 다른 벌들을 충분히 자극해 직접 확인하러 가게 만든다. 이 놀라운 춤을 통해 벌은 꽃이 있는 장소와 그들을 기다리고 있는 풍요로운 먹이에 대해 알려준다. 이렇게 말로 풀어내면 간단해 보일지 모르나 실제 상황은 훨씬 복잡하다. 이렇게 한 번 생각해보자. 먹이 채집 벌들은 수만 마리의 벌이 떼지어 복닥거리는 완전히 캄캄한 벌집 안에서 이 춤을 추는 것이다. 러시아워가 한창일 때 불 꺼진 킹스크로스King's Cross 역 플랫폼에서 몸짓 언어로 퀴즈 맞추기를 하는 것과 비슷할 것이다. 벌들은 이런 문제를 어떻게 보완할까? 그 비밀은 꿀벌이 다양한 감각을 동원해 메시지를 전달한다는 점에 있다. 춤추는 벌이 특별히 매력적인 주파수로 윙윙거리면서 가능한 추종자들의 관심을 끌고, 그들에게 음식 공급원에 대해 알려주는 화학적 신호를 생성하는 등 다양한 감각 수단을 이용해 메시지를 전달하며 청중을 끌어들이는 것이다.

게다가 메시지에 이끌려 온 벌들은 춤추는 벌과 매우 밀접하게 접촉하는 경향이 있기 때문에 더듬이를 통해 그 벌이 춤추는 방향까지 느낄 수 있다. 재미있는 사실은 춤추는 벌이 가끔 자기가 가져온 소식에 소유욕을 느끼기도 한다는 것이다. 그래서 다른 벌이 춤을 추고 있으면 그 벌에게 몸을 부딪쳐 춤을 멈추게 하고 모두들 자신을 주목하게 만든다. 그렇게 벌집 속의 디바 댄서는 지식을 전달하고, 추종자들은 태양의 위치에 따라 길을 탐색하면서 어디로 향해야 할지 이해한다. 만약 그들이 벌집 밖으로 나갔는데 태양이 구름에 가려져 있다면 어떻게 될까? 그래도 문제없다. 벌들은 편광된 빛을 볼 수 있다. 즉, 태양을 직접 보지 못하더라도 태양이 지금 어디 있는지 알 수 있다는 뜻이다. 춤을 통해 전달되는 정보의 정확도는 일정하지 않지만, 일반적으로 먼 거리에 대한 지침일수록 더 정밀하게 전달된다. 멀리 갈수록 정확한 길 안내가 필수이기 때문이다.

거주지 결정

또 다른 학술회의에 갇혀 끝없는 순환 논쟁의 소용돌이를 헤쳐나가려고 애쓰던 나는, 연신 시계를 들여다봤다. 왜 이런 회의에서는 결정을 내리기가 이렇게 어려운지 의아했다. 이때뿐만이 아니라 내 경험상 회의 규모가 클수록 결정 속도가 느렸다. 이쯤 되면 인간이야말로 결정을 내리기에 최적화된 존재라고 믿었던 기대를 되돌아보게 된다. 우리는 다양한 선택지의 장단점을 토론하고, 그 뒤 투표로 결론을 도출할 수 있는 능력이 있다. 그러나 난제를 해결하기가 너무 힘들기 때문에 꼼짝 못하게 되는 경우가 많다. 우리 인간처럼 집단생활을 하는 동물들은 결정을 내리거나 선호하는 행동 방식의 차이 때문에 생기는 갈등을 해결해야만 하는 상황을 자주 맞닥뜨린다. 우리(적어도 학자들)와 달리, 동물은 정보를 선별하고 합의에 도달하는 데 놀라울 정도로 능하다.

토론도 할 수 없고 기본적으로 투표도 불가능한 동물들이 이 문제를 어떻게 관리하는 걸까? 이 의문에 대한 답을 찾기 위해, 연구진은 무리 지어 다니는 벌들이 새로운 집을 선택하는 놀라운 과정을 조사했다.

수천 마리의 벌이 나무에 시끄럽게 모여 있는 모습은 그들의 삶에 큰 격변이 일어났다는 징후다. 이런 분봉 행동을 유발하는 원인은 다양하다. 군락 규모가 벌집 크기보다 커질 때 또는 여왕벌이 늙었을 때 일어날 수도 있다. 여왕벌은 보통 자식들보다 훨씬 오래 산다. 여왕벌이 나이가 들수록 군락에 전달하는 화학적 메시지가 점점 감소하다가 결국 일벌들이 새로운 여왕을 키우기 시작해야 하는 수준까지 줄어든다. 일벌들은 배아 중 하나를 골라 로얄젤리라고 알려진 독특한 물질을 장기적으로 공급한다. 로얄젤리는 일벌의 머리에 있는 분비샘에서 생산되며 진기한 단백질이 혼합되어 있다. 다른 유충에게 제공하는 흔한 음식 대신 로열젤리를 주면 발달에 변화가 일어나 여왕벌이 되는 길을 걷게 된다. 그렇게 해서 여왕벌이 두 마리가 되면 그 군락은 분열의 위기를 맞는다. 분봉은 기존 군락을 둘로 나눈다. 원래의 군락은 새로운 여왕 치하에서 재건될 것이고, 일벌의 약 절반은 늙은 여왕과 함께 떠나 다른 곳에 새로운 기지를 세운다.

떠나는 이들은 시간과 경쟁해야 한다. 그들이 가져가는 유일한 식량은 작은 먹이주머니에 담아 옮기는데, 오래가지는 못할 것이다. 나뭇가지에 매달려 있는 벌들을 간혹 볼 수 있는데, 바로 이주 결정을 기다리는 것이다. 정찰병 역할을 하는 일부 벌은 새로운 집을 찾으려고 무리를 떠난다. 그들은 채집한 정보를 보고하고 춤을 추며 선택지를 제시한다. 정찰병이 새 둥지를 짓기에 안성맞춤인 장소를 발견하면 돌아와서 열정적으로 춤을 춘다. 격렬하게 몸을 흔들며 춤을 반복하고 주위를 수백 번씩 맴돌 수도 있다. 발견한 장소가 그리 바람직하지 않을 때는 춤이 더 절제되고 반복하는 횟수도 줄어들 것이다.

열정적인 정찰병의 에너지 넘치는 춤은 지시에 따라 현장을 확인할 다른 정찰병을 끌어들일 것이다. 만약 그들 역시 열정적이라면 더 많은 정찰병이 따라나서서 현장을 살펴보고 올 것이다. 원래의 정찰병은 무리와 자신이 발견한 장소 사이를 계속해서 오간다. 매번 돌아올 때마다 춤을 추지만 두 번째, 세 번째, 그리고 그다음에 돌아와 추는 춤은 처음보다 짧고 역동성이 줄어들 것이다. 만약 정찰병이 돌아올 때마다 처음만큼 열정적으로 춤을 춘다면 매번 다른 벌들을 모집해버리는 결과가 되어 그 무리는 끝없는 순환에 갇히게 된다. 그 첫 번째 정찰벌이 잘못된 장소를 선택했을 수도 있고, 또는 기준이 너무 관대해서 쉽게 만족했을 가능성도 있기 때문이다.

대신, 벌무리는 첫 번째 정찰벌의 정보가 옳은지를 확인하는 과정과 이를 뒷받침하는 긍정적 피드백에 의존한다. 이 과정에서 자기들이 찾은 잠재적인 둥지 후보를 홍보하기 위해 춤을 추는 소규모 정찰단이 여럿 존재할 수도 있다. 먹이 채집을 위한 춤을 출 때와 마찬가지로, 춤추는 벌들은 다른 파벌 출신의 벌들을 들이받거나 밀쳐내기도 한다. 이들의 목표는 상대방이 경쟁 부지를 살펴볼 정찰병을 모집하지 못하도록 가로막는 것인데, 인간이 선거를 치를 때 정적끼리 하는 최악의 행동이 떠오른다. 점차 한쪽이 자신들의 선택지를 살펴볼 정찰병 수를 늘리고 경쟁자들의 열정을 꺾으면서 승리를 차지할 것이다. 특정 장소에 대해 약 15마리 정도의 정찰벌이 모여 합의에 이르면, 그 선택은 전체 벌무리의 집단 결정으로 확정된다. 이 결정이 내려지는 데 걸리는 시간은 후보지의 수와 품질에 따라 달라지지만, 수천 마리에 달하는 벌무리가 단 몇 시간 만에 의견을 모을 수 있을 만큼 효율적이다. 그리고 정찰병들이 무리 사이를 돌아다니면서 이제 다 함께 출발하기 위해 비행 근육을 워밍업할 시간이라는 메시지를 전달하면서 마지막 단계가 시작된다. 다들 열의가 차오르면 무리 전체가 새 집을 향해 곧장 직선으로 날아간다.

흰개미 도시

어린 시절에 소파에 앉아 흰개미에 관한 자연 다큐멘터리에 푹 빠져 눈도 떼지 못하고 본 적이 있다. 조안 루트Joan Root와 앨런 루트Alan Root의 〈신비로운 진흙 성Mysterious Castles of Clay〉이라는 그 다큐멘터리가 내게 끼친 영향은 말로 다 표현할 수 없을 정도다. 특히 건축계의 거대한 걸작인 흰개미 언덕 안으로 들어가 곤충들이 이룩한 문명을 직접 본 순간은 잊을 수가 없다. 기억에서 결코 지워지지 않는 내 어린 시절의 결정적 순간 중 하나였다. 카메라가 기적처럼 나를 거대한 흰개미 요새 안으로 순간 이동시켜 이 작은 곤충들의 놀라운 삶을 목격하게 되었을 때 흘러나오던 초자연적인 음악을 여전히 기억한다.

이 다큐멘터리의 모든 부분이 최면을 거는 듯했다. 나는 더는 곤충이 단순하고 평범하다고 생각하는 어린 소년이 아니었다. 그들은 이제 지각 능력과 협동심을 보여주는 생명체였고, 세상에 대한 이해를 풍부하게 해주는 대안적인 존재를 대표했다. 어린 시절에 곤충을 무심코 무시하는 건 지극히 당연하다. 특히 삶이 우리에게 던져주는 온갖 산만함을 고려할 때 바로 눈앞에 있지 않은 것들을 자세히 관찰하기란 상당히 어렵다. 땅에 사는 흰개미는 높이 날아올라 활기차게 돌아다니는 벌들만큼 매력이 넘치지 않을지 몰라도, 칼 폰 프리슈가 지식의 '마법 우물'이라고 부를 정도의 가치는 있다.

흰개미는 사람들의 머릿속에서 개미, 벌, 말벌과 함께 묶여서 분류되곤 한다. 그러나 이런 벌목류와 공통점이 많긴 하지만 혈통적으로는 구별되며 오히려 바퀴벌레와 더 밀접한 관련이 있다. 지금까지 과학계에 알려진 3000여 종의 흰개미 가운데 대다수는 몸집이 작고(대부분 몸길이 1센티미터 이하) 앞을 보지 못하고 몸이 부드럽다. 종종 혼동되곤 하는 다른 많은 개미와 달리 흰개미는 죽은 나무나 썩어가는 나무를 좋아하는 채식주의자다. 2011년에는 진취적인 흰개미 강도단이 인도의 한 은행에 침입해 1000만 루피 상당의 지폐를 먹어치웠다. 은

행가들도 이제 알았겠지만, 과소평가할 동물이 결코 아니다.

흰개미는 일반적으로 따뜻한 지역에서 발견되며, 발생하는 곳에서는 놀라울 정도로 성공적인 군락을 이룬다. 남아프리카공화국의 크루거ᴷʳᵘᵍᵉʳ 국립공원만 해도 100만 개 이상의 흰개미 도시가 존재한다고 추정된다. 세렝게티ˢᵉʳᵉⁿᵍᵉᵗⁱ와 마사이마라ᴹᵃˢᵃⁱ ᴹᵃʳᵃ 국립보호구에도 비슷한 밀도로 발생하는데, 이곳에서 나는 흰개미를 실물로 처음 봤다. 마사이마라를 생각해보라고 하면, 아마 긴 풀과 꼭대기가 평평한 사바나 나무, 거대 동물들이 자유로이 노니는 광경을 머릿속에 떠올릴 것이다. 그 머릿속 풍경에 흰개미는 존재하지 않는다. 하지만 내가 본 흰개미의 수는 지금까지 목격한 가장 놀라운 자연 현상 가운데 하나였다. 때는 3월이었고 땅과 공중, 덤불, 차량에 온통 날개 달린 곤충들이 가득했다. 사방 어디에나 말이다.

흰개미는 비행에 익숙하지 않다. 길고 보기 흉한 날개라도 네 개나 가지고 있지만, 결코 뛰어난 비행사는 아니다. 그들의 전략은 민첩성이 아니라 숫자에 기반을 둔다. 수많은 흰개미가 지하 둥지에서 폭발하듯 튀어나와 주변 풍경을 다 뒤덮어버린다. 짧은 몇 분 사이에 흰개미들이 지하에 있는 군락의 경계를 벗어나 날아오른다. 짝짓기 비행, 좋은 짝을 만나는 게 목표인 흰개미의 카니발이다. 이 유기체의 폭풍 가운데 서 있던 나는 주변 동물들이 이 넘쳐나는 먹이를 먹으려고 재빨리 움직이는 모습을 보았다. 흰개미를 잔뜩 잡아먹어 거의 움직일 수 없을 상태가 된 동물들도 많았다. 배가 너무 불러 도저히 날아갈 수 없게 된 탐욕스러운 새 수십 마리가 아카시아 관목 주변을 비틀거리며 돌아다녔다. 나이로비 출신의 여행 동료인 존과 조셉도 흰개미 맛을 어느 정도 알고 있는 게 분명했다. 나에게도 한번 먹어보라고 권했으니까.

"파인애플 맛이 나요." 존은 그렇게 말했다. 이 말을 듣고 나는 그가 실제로 먹어보지 않았다는 걸 알아차렸다.

"아니, 당근 맛에 더 가깝대요." 조셉은 이렇게 덧붙였다. "우리 엄마가 그렇게 말씀하셨어요. 난 안 먹을 거예요."

나도 조셉과 같은 심정이었지만 그래도 이런 경험을 할 기회를 놓치고 싶지 않았다. 그래서 너무 생각이 많아지기 전에 얼른 하나를 집어 먹어봤다. 바삭바삭한 식감에 맛도 아주 끔찍하진 않았지만 그 정도가 내가 할 수 있는 최대한의 긍정적 표현이었다. 어쩌면 그날 곁들인 와인이 잘못된 선택이었을지도 모르겠다. 어쨌든 흰개미는 세계 여러 지역에서 진귀한 별미로 여겨지는 식재료다. 내 한입뿐만 아니라 이 지역에 사는 다양한 포유류, 파충류, 조류의 대규모 공격에도 불구하고 흰개미 공급량은 사실상 무제한으로 보였다.

즉석에서 구한 간식을 먹으며, 종말의 날처럼 땅을 뒤덮고 서툰 날갯짓으로 허공을 날아다니는 곤충 떼를 보고 있노라면

이 무리가 식사가 아니라 짝짓기를 목적으로 형성되었다는 사실을 잊기 쉽다. 안타깝지만 내 머리 주위를 날아다니는 흰개미 가운데 성공한 구혼자는 소수일 것이다. 짝짓기 비행에서 짝을 맺는 데 성공한 운 좋은 커플의 다음 과제는 무수한 포식자들로부터 벗어나 최대한 빨리 날개를 떼어내고 지하로 들어가는 것이다. 그리고 이들은 흙 속에 방을 짓고 짝짓기를 한다. 대개는 죽음이 갈라놓을 때까지 함께 지내는데, 이런 제왕 흰개미들은 수십 년씩 살 수도 있기 때문에 놀랄 만큼 긴 시간으로 연장될 수 있다. 새로운 여왕은 짝짓기한 직후부터 알을 낳기 시작한다. 이 알들이 부화하면 새끼들은 부모를 섬기는 데 헌신한다. 그들을 돌보고 먹이며 주위에 거주지를 건설한다. 시간이 지나면 어미는 엄청나게 커진다. 자식들은 쌀알만 한 크기인데 비해 어미는 아마 가운뎃손가락 크기 정도 될 것이다. 이렇듯 거대하게 팽창된 크기 때문에 사실상 움직이지 못하게 된다. 여왕 개미의 반투명한 피부를 통해 지방과 난소 덩어리가 보인다. 한마디로 살아 있는 거대한 알 공장인 셈이다. 여왕은 평생 동안 수초에 한 번씩 알을 낳으며, 시중을 드는 자손들은 끊임없이 형제자매 알들을 다른 장소로 운반해 부화시키느라 바쁘다.

사회 전문가

사회적 곤충을 정의하는 본질적인 측면 중 하나는 이른바 카스트 체계다. 군락 내 개체가 수행하는 다양하고 전문적인 역할과 종종 서로 완전히 다르게 보이는 외모를 설명할 수 있는 개념이다. 놀라운 부분은 이 개체들의 부모가 같고 유전 암호도 매우 유사하다는 것이다. 인간 형제자매들은 외모가 비슷한 경우가 많지만, 사회적 곤충 군락에 속한 여러 카스트는 별개의 종처럼 보일 수도 있다. 흰개미 군락이 처음 만들어질 때, 새끼들은 가장 흔한 유형인 일개미들로 발달한다. 집을 짓고 청소하고 먹이를 채집하고 어린 남동생과 여동생을 기르는 역할을 수행한다. 일개미들은 세심하게 먹이를 찾고 운반하고 만들고 고치지만 가장 효과적인 방어자는 아니다. 성공적인 군락은 머지 않아 경쟁자, 즉 포식자들의 관심을 끌 것이다. 군락에서는 이들을 저지하기 위해 병사를 양성해야 한다. 군락에 사는 젊은이 중 일부는 발달 초기에 환경적, 사회적 조건의 영향 때문에 신체 발달에 변화가 생겨 군인으로 성장하게 된다.

종에 따라 다르긴 하지만, 병정개미들은 거대하고 강력한 턱으로 무장하고 있으며 이 무기를 작동할 근육이 든 초대형 머리가 특징이다. 일부는 군락 입구를 지키면서 자기 군락의 일개미들만 출입을 허용한다. 다른 병정개미는 야외에서 먹이를 모으는 일개미들을 보호하기 위해 수렵 원정대에 동행한다. 또 어떤 병사들은 외부에서 공격을 받으면 큰 머리를 이용해 군락 내 통로를 차단하고, 취약한 여왕과 왕, 내부의 일개미들에게 침입자들이 접근하는 것을 막기 위해 기꺼이 목숨을 바친다. 훨씬 더 놀라운 형태의 병정 흰개미인 코뿔 병정개미는 머리에서 긴 가시가 발달해 마치 흰개미 탱크처럼 보인다. 이 개미들은 위협을 받으면 이 관을 통해 유독하고 자극적이면서 끈적거리는 화학물질을 발사한다. 군락을 위협하는 적들을 제압하기 위해서다.

개미 전쟁

다행히도 흰개미는 스스로를 방어할 능력을 갖추고 있다. 흰개미 군락은 많은 포식자들에게 유혹적인 표적이기 때문이다. 흰개미의 사촌인 개미들도 군락에 필요한 자원을 찾기 위해 흰개미 군락을 습격한다. 이 두 종 사이의 적대 관계는 수백만 년에 걸쳐 이어져 온 장대한 전쟁사다. 모든 군사 작전은 양측의 정보에 의존한다. 먹이를 찾아다니는 개미들은 흰개미 수렵조의 냄새를 맡게 되길 바란다. 단순히 목표물을 찾는 문제가 아니라, 개미들은 그 냄새를 통해 군락의 힘과 획득할 수 있는 잠재적인 부를 측정한다. 흰개미들도 나름의 스파이 활동을 벌여서 주변에 있는 기습조 개미들이 만드는 작은 진동을 모니터링한다. 그리고 개미들도 귀를 기울이고 있을지 모르니, 흰개미들은 존재를 숨기고 발끝으로 돌아다니면서 걸을 때 나는 소음을 줄인다.

개미가 공격을 시작하면 북을 울려 경고한다. 물론 흰개미들에게는 진짜 북이 없지만 문제없다. 그들은 흙더미 벽에 머리를 부딪쳐 즉흥적으로 긴급 신호를 전파한다. 비록 그 소리는 작을지 몰라도, 그 소리를 들으면 병사들은 경각심을 갖추고 요새의 가장 취약한 위치로 집결해 대응한다. 전투를 할 때 가장 나이 많은 흰개미 병사들은 최전선으로 향한다. 경험은 많지만 방어 능력이 더 뛰어나지는 않다. 오히려 나이가 많기 때문에 소모품으로 쓰여 먼저 희생될 수도 있다. 우선적으로 소모될 수 있는 전력, 전장의 첫 번째 방패인 셈이다. 양측 모두 대가가 크기 때문에 전쟁도 치열하다. 사상자가 빠르게 늘어난다. 모든 부상이 다 치명적인 건 아니다. 전투가 한창일 때, 부상당한 마타벨레^{Matabele} 개미는 페로몬을 방출해 화학적인 구조 요청을 한다. 이 페로몬 냄새를 맡은 동료 개미들은 부상자를 군락으로 데려다주고, 그는 나중에 다시 싸울 수 있도록 몸을 회복한다.

개미들은 무서운 적이다. 그들이 흰개미 군대와 싸워 저지선을 뚫는다면 수천, 또는 수백만 마리의 흰개미가 사는 군락 전체가 위험에 처하게 될지도 모른다. 몸집이 가장 큰 병정개미가 흰개미 병사와 교전하는 동안 몸집이 작은 개미 병사는 전투원 무리를 지나 개미 언덕 안으로 들어간다. 일개미들은 병사로 일하는 형제자매들보다 훨씬 덜 무섭지만, 그래도 침입자들을 물어뜯고 개미 다리에 매달리며 스스로를 방어한다.

　이제 안에 들어간 개미들은 둥지 중심부를 향해 나아간다. 군락의 주요 통로를 따라 필사적인 싸움이 벌어지고, 고대의 적들이 생존을 위해 싸우는 동안 혼란이 지배한다. 일개미 일꾼들은 예방책으로 왕실 방을 진흙으로 봉인한다. 진흙이 굳어지면 여왕과 그 배우자를 침입으로부터 보호할 것이다. 그동안에도 격렬한 전투가 계속된다. 흰개미 군인들의 물기와 베기, 화학물질 발사 작전은 비전통적인 전술을 통해 한층 더 강화된다. 한 설명에 따르면, 이 전술에는 적을 향한 분변(곤충 배설물) 발사도 포함된다고 한다. 이런 행동을 통해 무엇을 성취하는지는 말하기 어렵다. 어쩌면 화학적 신호를 통해 공격에 참여할 흰개미를 더 많이 모집하기 위한 것일지도 모르고, 어쩌면 똥을 퍼부어 개미들의 사기를 떨어뜨리려는 의도일지도 모른다. 보다 드라마틱하고 효과적인 방어 방법은 흰개미를 폭발시키는 것이다. 어떤 종의 경우, 나이 든 흰개미가 자살 폭탄 공격자로 변신한다. 습격하는 개미에게 물렸을 때 실제로 폭발하는 것이다. 이런 현상은 가장 나이 든 일꾼 흰개미의 등에 있는 파란색 구리 기반의 결정 주머니 때문에 발생한다. 개미가 흰개미를 물면 주머니가 터지면서 침과 섞여 화학 반응이 일어나고, 결국 공격자에게 해로운 화학물질을 쏟아붓는 소규모 폭발이 발생한다.

불가피하게 양측 모두 큰 희생이 따를 것이다. 개미들의 공격을 간신히 물리친다고 하더라도 흰개미 군락이 약해져 후속 공격에 더 취약해질 것이다. 게다가 개미의 목적이 반드시 흰개미 집단을 완전히 파괴하는 것만은 아니다. 지속적으로 약탈 가능한 먹이처로 남겨두기 위해, 일부 개체군을 의도적으로 살려두는 전략을 쓰기도 한다. 퇴각하는 개미들은 패배한 방어자들의 시체 수천 구를 전쟁 전리품처럼 둥지로 가져간다.

최고의 건축업자

얼마 전 두바이 시내에서 차를 운전하던 중, 나는 고개를 들어 버즈 칼리파Burj Khalifa의 중력을 거스르는 위용을 바라보았다. 사막에서 불어오는 먼지 폭풍 때문에 첨탑 끝이 거의 보이지 않았다. 그 건물은 인간의 엔지니어링 능력과 재료, 힘, 계획 그리고 노력의 승리다. 버즈 칼리파는 내 키보다 약 460배 정도 높다. 하지만 이를 가장 큰 흰개미 언덕과 비교해보자. 어떤 종들은 9미터 높이의 거대한 구조물을 짓는다. 일반적인 일꾼 흰개미를 기준으로 하면 몸 길이의 약 1000배나 된다. 이 놀라운 구조물은 사실상 앞을 제대로 보지도 못하고, 각 개체가 완성될 구조물의 모습조차 알지 못하는 동물들이 짓는 것이다. 그리고 이 놀라운 구조물은 주로 주변에 있는 진흙으로 만들지만 수 세기 동안 버틸 수 있고, 적어도 그중 하나는 수천 년의 세월을 견뎠다.

인간의 관점에서 보면, 흰개미가 거대한 흙더미를 짓거나 보수할 때 어떤 계획이 있을 것이라 상상하는 것이 자연스럽다. 마치 각각의 개미가 전체 구조의 설계도를 이해하고, 그에 따라 작업을 나눠 수행하는 것처럼 보인다. 하지만 개별적인 흰개미는 매우 단순한 내부 프로그램을 통해 작동하며, 건축물의 전체 윤곽이나 목표에 대한 개념조차 갖고 있지 않다. 그렇다면, 어떻게 그런 동물이 스스로 무엇을 짓고 있는지도 모르면서, 게다가 자신의 수천 배 크기에 달하는 거대한 구조물을 만들어낼 수 있을까? 답은 자기 조직화라는 현상과 관련이 있다. 자기 조직화는 중앙 통제나 지도자 없이, 시스템의 작은 요소들이 서로 상호작용하면서 보다 크고 복잡한 패턴이나 구조를 자연스럽게 형성하는 방식을 설명한다. 눈송이의 아름다운 대칭도 수많은 자기 조직화 사례 중 하나다. 물 분자가 눈송이를 만들기 위해 함께 모일 때는 미리 염두에 둔 계획이 없는 게 분명하다. 그보다는 분자끼리 서로 상호작용하는 방식을 통해 결정체가 형성된다.

흰개미 건설업자의 경우, 각각의 작업자가 개미 언덕 내부 조건의 변화를 인지한다. 예를 들어, 기류 증가는 언덕에 구멍이 뚫렸다는 의미일 수 있다. 흰개미는 이에 대응해 먼저 축축한 흙 입자를 모아 침으로 진흙 반죽에 섞은 다음, 구멍을 찾기 위해 바람이 불어오는 쪽을 따라간다. 그리고 건설 현장에 도착하면 이전 건축가가 남겨놓은 진흙 덩어리 옆에 자기가 만든 작은 진흙 덩어리를 놔두고, 물자를 더 구하려고 돌아간다. 작업자들은 공기 흐름이 안정될 때까지 수천 개의 작은 진흙 덩어리를 운반하며 이 과정을 계속한다. 주어진 충분한 시간과 엄청난 수의 흰개미를 생각하면, 이렇게 진흙을 모으고 진흙 덩어리를 만들고 또 다른 진흙 덩어리 옆에 놓는 간단한 작업만 계속해도 지구상에서 동물이 지은 가장 큰 구조물의 일부를 만들기에 충분하다.

흰개미 언덕의 규모보다 더 놀라운 점은 내부 배열이다. 언덕 아랫부분과 지하에서는 흰개미 도로로 연결된 수많은 방들을 발견할 수 있는 반면, 위쪽에 우뚝 솟은 곤충 대성당에는 일반적으로 유지 보수 작업에 종사하는 인부들만 드문드문 모여 있다. 이 언덕 자체도 설계 면에서 매우 경이롭다. 적절한 양의 공기가 들어오고 나갈 수 있는 통로가 있어서 환기가 가능하다. 통로에는 기류를 조절하는 방들이 곳곳에 있다. 그 동안 일꾼들은 아래쪽 둥지의 동료들에게 필요한 서식 조건을 유지하기 위해 통로 구조를 손질하고 조정한다. 쾌속 범선을 타고 항해 중인 선원들처럼 기상 조건에 맞게 돛을 다듬는 것이다. 이렇게 공기를 움직이는 힘은 태양 때문에 발생하는데, 여기에 흰개미의 지능적인 설계가 결합된다. 낮에는 개미 언덕의 외벽이 가열되어 뜨거운 공기가 언덕 측면을 타고 올라가고, 꼭대기를 통해 시원한 공기를 빨아들인다. 밤에 외벽의 열기가 식으면 그 반대 현상이 발생한다. 이렇게 매일 반복되는 주기 속에서 개미 언덕은 폐처럼 숨을 들이마시고 내쉰다.

이 거대한 언덕을 만든 아프리카 흰개미들은 군락 내부 상황에 세심한 주의를 기울여야 마땅하다. 고려해야 하는 중요한 손님이 있기 때문이다. 사실 그들은 손님이라기보다 파트너에 가깝다. 흰개미는 그들 없이는 번성할 수 없고 그 반대도 마찬가지다. 이 손님 또는 파트너는 바로 균류다. 흰개미의 성공담에서 누락된 연결고리다. 흰개미가 둥지로 가져오는 초목의 영양학적 가치 대부분은 식물이 세포를 만들 때 사용하는 질긴 셀룰로오스 안에 갇혀 있다. 흰개미는 이를 소화하지 못하지만 균류는 소화할 수 있다. 그래서 흰개미들은 균류가 편히 지낼 수 있도록 그렇게 노력하는 것이다. 그들은 균류 정원이라고 하는 특별한 구조물을 만들고 인간 농부만큼 헌신적으로 작물을 키운다.

흰개미 언덕을 잘라보면 지면 높이에 이 균류 정원이 보인다. 정원 표면은 산호나 해면처럼 복잡한 소용돌이 모양이라서 균류가 자라면서 셀룰로오스에 마법을 걸 수 있는 최대한 넓은 영역을 제공한다. 밖에 나갔다가 돌아온 식량 채집 개미들은 꼭꼭 씹은 채소를 배 안에 가득 채워 온 뒤 균류 정원에 발라 정원 상태를 유지한다. '가짜 배설물'이라는 근사한 이름이 붙은 잎과 풀, 포자로 만든 이 맛있는 스튜가 자라는 균류의 먹이가 되고, 나중에 흰개미들이 다시 그걸 먹는다. 다른 일개미들은 습도를 관찰한다. 균류는 너무 건조해지면 죽기 때문이다. 그렇다고 또 너무 축축하면 경쟁 관계인 균류가 정원을 장악해 농작물을 망친다. 흰개미는 물을 가져오거나 환기를 관리해서 적절한 상태를 유지한다. 동물인 우리 관점에서는 이 파트너 관계를 흰개미가 균류를 이용하는 관계로 여기고 싶지만, 실제로는 그 반대가 더 정확할지도 모른다. 균류가 흰개미를 조종해서 완벽하고 보호받는 환경을 만들고 필요한 걸 모두 제공받는다. 어느 쪽이든, 이들의 관계는 양쪽에서 모두 근사하게 작동한다.

박물학자 외젠 마레Eugène Marais는 저서 《흰개미의 영혼The Soul of the White Ant》에서, 흰개미 언덕을 여러 부분으로 이루어진 단일 유기체인 키메라의 일종으로 보았다. 그는 개미 언덕의 다양한 구성 요소가 인간의 장기와 유사하다고 했다. 언덕 바깥쪽은 피부, 균류 정원은 위, 숨 쉬는 탑은 폐, 여왕개미는 생식 기관이라는 것이다. 겉보기엔 흰개미 둥지가 마치 고층빌

딩처럼 단단하고 변하지 않는 구조물처럼 느껴질 수 있지만, 실제로는 끊임없이 변화하고, 수리되고, 갱신된다. 마치 하나의 살아 있는 몸처럼, 둥지는 수많은 개체와 여러 세대에 걸친 노동의 결과물이며, 그 움직임은 유기적이다. 이 일꾼들이 우리 몸의 혈구처럼 몸 전체에 영양분을 운반하고 침입자들을 무력화할 수 있을까?

어쩌면 이들의 놀라운 능력이 결합을 통해 발현된다는 점에서, 흰개미 군체는 뇌에 더 가까운 존재일지도 모른다. 우리 뇌는 뉴런이라는 수십억 개의 단일 세포로 구성된다. 개별 뉴런 하나만 놓고 보면 그 기능은 극히 제한적이지만, 서로 연결되어 작동할 때, 그 구조는 위대한 예술과 과학의 원천이 된다. 마찬가지로, 홀로 떨어진 흰개미 한 마리는 무의미한 존재처럼 보일 수 있다. 하지만 수많은 흰개미가 협력해 움직이는 군체는, 그 전체가 단순한 합계를 초월한다. 그 놀라운 조직력 덕분에 이 작은 곤충들이 자연계 전체에서 가장 위대한 승리 중 하나를 거두게 되었다.

살인 개미

지난 한 세기 동안 수많은 영화 제작자들이 자연계에서 공포의 소재를 발굴해왔다. 〈죠스〉, 〈쥬라기 공원〉, 〈피라냐〉 같은 영화를 생각해보라. 인간이 먹잇감이 되는 설정은 언제나 강렬하다. 우리가 세상의 주인이라는 자만심을 무너뜨리며, 신경을 거슬리게 만드는 근원적인 두려움을 자극한다. 나도 어릴 때 자연 다큐멘터리를 보거나 지저분한 장소에서 동물을 찾지 않을 때면, 무자비하고 만족할 줄 모르는 동물들이 부주의한 배우를 쫓아다니거나 재빨리 잡아채는 모습을 소파 뒤에서 훔쳐보곤 했다. 그렇게 〈개미!〉나 〈불의 군단: 킬러 개미Legion of Fire: Killer Ants!〉 같은 영화를 봤다. 줄거리만 보면 조롱의 대상이 되기 쉬운 영화들이지만, 개미를 무자비한 사냥꾼으로 묘사한 설정만큼은 과장이 아니다. 개미는 동물계에서 가장 효율적이고 치명적인 포식자 중 하나다.

이러한 공포영화의 영감은 아마도 대부분 '군대개미'에서 비롯되었을 것이다. 이 용어는 거대한 군락을 형성하는 다양한 개미 종에 두루 적용되는데, 영구적인 둥지를 만들지 않고 먹이를 찾아 대규모 원정을 떠나는 경향이 있다는 두 가지 공통점이 있다. 어떤 개미 종은 축구장 길이만큼 길게 늘어서서 움직이는 열을 이루기도 한다.

그들이 방랑 생활을 하는 주된 이유는 끝없는 식욕 때문이다. 그들은 매일 50만 마리나 되는 먹이를 잡아먹는다. 군대개미가 영구적으로 살 집을 짓는다면 근처의 먹이가 빠르게 소진될 것이다. 따라서 수백만 마리를 먹여 살려야 하는 이 집단은 계속 움직여야만 한다.

군대개미 습격조의 규모와 흉포함은 매우 유명하다. 이들은 메뚜기, 바퀴벌레, 기타 사회성 곤충 같은 무척추동물을 주로 먹지만 특히 아프리카 군대개미(운전개미라고도 한다)는 더 큰 먹이를 먹는다는 설도 있다. 미국 박물학자 토머스 새비지Thomas Savage가 19세기 중반에 남긴 기록을 보면 현재 라이베리아 지역에 사는 군대개미들이 비단뱀, 돼지, 새, 심지어 원숭이까지 제압한다는 이야기가 나온다. 또 프랑스 탐험가 폴 뒤 샤이유Paul Du Chaillu는 마녀로 지목된 사람들이 땅에 묶여 처형되던 잔혹한 전통에 대해 서술했는데, 이때 군대개미가 느리지만 피할 수 없는 처형인 역할을 수행했다는 이야기까지 등장한다.

군대개미는 기회주의적 포식자이지만, 정기적으로 큰 척추동물을 노리는 것은 현실적으로 가능성이 낮다. 군대개미 대열은 시간당 기껏해야 20미터 정도 이동할 수 있기 때문에 움직일 수 없는 부상을 입은 동물이나 갇힌 상황이 아니라면 손쉽게 도망칠 수 있다. 하지만 군대개미는 맹렬한 깨물기와 엄청난 숫자의 힘으로 자신들보다 훨씬 큰 먹이를 제압할 수 있다. 몸집이 큰 거미나 전갈의 강력한 무기는 몸을 깨무는 무수히 많은 개미 앞에서는 아무 소용도 없으니 먹이를 찾는 군대개미 습격조에 압도당할지도 모른다. 군대개미는 제압당한 피해자를 빠르고 효율적으로 토막낸 다음 길게 늘어선 열을 따라 조각조각 옮긴다.

어떤 군대개미 종들은 말벌 같은 다른 사회적 곤충의 둥지를 표적으로 삼는다. 말벌들은 군대개미가 무리 지어 자신들의 군락을 파괴하는 동안 최대한 많은 유충을 데리고 도망치는 것 말고는 거의 방어할 수 없다. 공격조가 이동하면, 위협받던 동물들은 숨어 있던 곳에서 뛰쳐나와 필사적으로 안전한 곳을 찾아간다. 이렇게 먹이를 대량으로 쓸어버리는 행동은 에시톤 부르첼리Eciton burchellii, 즉 군대개미와 다른 많은 종이 서로 밀접한 관계를 유지하고 있는 이유를 설명한다. 놀랍게도 300종 이상의 종이 삶을 이 군대개미들에게 직접적으로 의존하는데, 지구상에서 단일 종이 가장 많은 종과 연결된 사례다. 개미잡이새는 침입자를 피해 도망치는 곤충들을 잡아먹고, 기생파리는 은신처에서 쫓겨난 바퀴벌레들을 목표로 삼는다. 심지어 이 개미들을 흉내내면서 함께 사는 대담한 딱정벌레 종도 있다.

군대개미는 루틴에 따라 움직이는 생물이다. 약 2주간 행진한 뒤 비슷한 시간 동안 한 곳에서 야영한다. 이 패턴은 군체의 어린 개체가 연속으로 태어나는 주기에 맞춰 움직인다. 새끼가 부화하면 군대개미는 탐욕스러운 식욕을 채우기 위해 사냥 기계로 변한다. 낮에 행군할 때는 일개미들이 대열 가운데에 서고 사나운 병사들이 측면을 보호한다. 여왕개미도 일개미 수행원들에게 둘러싸여 군대와 동행한다. 다리가 긴 전문 일개미가 짐꾼 역할을 하면서 귀중한 유충을 몸 아래쪽에 꼭 껴안고 다닌다. 그렇게 군대는 계속 이동하면서 습격하고 죽인다. 땅거미가 지면 비박bivouac이라는 특수한 구조를 형성한다. 개미의 살아 있는 몸으로 만든 둥지인데, 수십만 마리의 개미들이 모여 지름 1미터 가량의 군집을 이룬다. 그 안에는 여왕개미와 수천 마리의 유충이 안전하게 숨어 있다. 이렇게 적의에 찬 무리를 공격할 만큼 무모한 생물은 없을 것이다.

이런 방랑 단계는 유충이 고치를 만들고 성체로 변하기 시작할 때 끝난다. 군대가 더는 유충에게 먹이를 주지 않아도 되기 때문에 약간 휴식을 취할 수 있다. 매일 행군하면서 퍼붓던 맹공격을 멈추고, 이들 군락은 야영지를 만든다. 지금은 무엇보다 4~5일 만에 최대 30만 개의 알을 낳을 수 있도록 몸이 급격히 부풀어 오른 여왕에게 음식을 공급해야 한다. 이 알들이 부화하는 시기와 고치에서 새로운 성체가 등장하는 시기가 일치하므로, 군대는 다시금 동원 신호를 받고 새로운 순환이 시작된다.

약 3년마다 한 번씩 에시톤 부르첼리 군락이 두 개의 새로운 군락으로 나뉘는 경이로운 사건이 일어난다. 이들의 분열은 열대지방의 건기가 시작되고 군락 개체 수가 50만 마리 이상으로 늘어났을 때 일어난다. 여왕개미는 통치 기간 동안 이

전 주기와 똑같이 알을 낳지만, 이번에는 장차 여왕이 되거나 여왕과 짝짓기를 하려는 야망을 품은 번식 가능한 개미들을 낳는다.

말만 들으면 여왕의 권위를 봉건적인 방식으로 계승할 것 같지만 사실 권력은 일개미들이 쥐고 있다. 그들은 누가 여왕이 되고 누가 여왕의 짝이 될지 결정한다. 선택을 잘해야 한다. 군대개미는 무시무시한 존재이긴 하지만, 그들도 적을 습격하는 동안 엄청난 손실을 입으므로 군체가 번창하려면 많은 알을 낳을 건강한 여왕이 꼭 필요하다. 군체를 나누고 새 여왕을 선출하는 건 이 조직의 위대한 업적이다. 새로 태어나는 여왕개미는 6마리 정도밖에 안 되지만 대부분은 왕위를 계승하지 못한다. 이를 감지한 처녀 여왕은 일개미 가운데 지지자를 모으기 위해 아직 유충 상태일 때부터 강력한 페로몬을 생산한다. 이 제왕 유충들이 고무한 충성심 때문에 비박 내에서 라이벌 추종자들 사이에 싸움이 일어날 수도 있다. 여왕개미들이 유충 상태일 때는 영양을 공급받고 보호받지만, 성체가 되어 고치를 나오면 그들의 운명을 판가름할 결정에 직면하게 된다.

준비하는 동안 군체는 두 대열을 이루어 서로 반대 방향을 향하고, 이제 중심부에 있는 비박으로만 연결되어 있다. 여왕이 되려는 자들은 그 안에서 심판받을 준비를 한다. 그중 한 마리가 일개미 수행원들과 함께 한쪽 대열을 따라가려고 한다. 나머지 처녀 여왕들은 다른 일개미들에 의해 제지되어 차례를 기다린다. 만약 그 젊은 후계자의 행진이 잘 진행된다면 일개미들은 새로운 여왕으로 받아들일 것이다. 만약 그렇지 않다면, 후계자는 버려질 것이다. 이 과정은 두 대열이 모두 여왕을 선택할 때까지 계속된다. 아마 늙은 여왕이 역할을 계속하면서 그 대열 가운데 하나를 이끌 테지만 확실하게 보장된 건 없다. 여왕 군대개미의 수명은 약 6년이지만 다음 세대의 여왕개미가 태어나려면 3년이 더 걸린다. 그 사이에 여왕은 수백만 개의 알을 낳아야 할 뿐만 아니라 군대의 습격조들과 함께 엄청난 거리를 걸어야 한다. 일개미들은 여왕이 그럴 수 있는 체력을 갖고 있다는 확신을 얻어야 한다. 만약 그렇지 않다고 판단되면 더 강인한 새 군주를 선택할 테고, 나이 든 여왕은 버려져 반드시 죽음을 맞게 될 것이다. 선택이 완료되면 각 대열의 일개미들은 새로운 통치자 주위에 비박을 만든다. 두 대열은 서서히 분리되어 각기 다른 방향을 향하고, 이렇게 하나의 오래된 군체가 둘로 나뉜다.

수컷은 누이인 처녀 여왕보다 좀 더 오래 고치 속에 머문다. 군체가 분열될 때는 일개미들이 수컷 고치를 운반하지만, 마침내 고치에서 나오면 더는 주변에서 서성거리지 않는다. 수컷은 날개가 있고 새로운 군체를 찾아 날아가서 새로운 여왕과 짝짓기를 하는 임무가 있다. 수컷 개미도 여왕개미처럼 일개미보다 훨씬 크다. 예전에 아프리카에서는 이들을 완전히 다른 종류의 동물이라고 생각했기 때문에 소시지 파리라는 이름까지 붙여줬다. 본질적으로 이들은 날아다니는 거대한 생식선이자 거대한 짝짓기 기계다. 다량의 정자 외에도 새로운 여왕과 군체를 발견했을 때 그들을 유혹하기 위해 화학물질까지 지니고 다닌다.

인간에게 있어 누군가의 마음을 얻는 것도 어렵지만, 그 사람의 가족과 친구들의 인정을 받는 일은 때때로 그보다 더 큰 도전이 된다. 그런 점에서, 여왕개미와 짝짓기를 위해 무리로 들어오는 수개미에게도 조금은 동정심을 가져볼 만하다. 도착한 수컷 개미는 공격적인 일개미들로부터 집중 공격을 받게 되므로, 화학적 메시지를 이용해 자신이 적합한 파트너라는 사실을 이 회의적인 청중에게 납득시켜야 한다. 일개미들이 이를 받아들이면 여왕개미를 만나게 되는데, 어떤 때는 심지어 짝짓기를 위해 먼저 날개를 뜯어 여왕에게 바쳐야 한다. 일개미들이 까다롭게 구는 건 타당하다. 결국 그들의 자식을 기르는 건 일개미들이 할 일 아니겠는가. 수컷은 이 모습을 볼 수 없다. 할 수 있는 일이 하나뿐인 그는 여왕과 짝짓기를 마친 뒤에 곧 죽는데, 부디 교미 후의 몽롱한 상태에서 마지막을 맞길 바랄 뿐이다.

개미의 지혜

군대개미는 열대지방에서 발견되는 모든 동물의 생체량 중 4분의 1 이상을 차지한다. 하지만 열대지방에서만이 아니다. 개미는 어디에나 있고 종종 엄청난 수로 존재한다. 지구에는 언제나 100조 마리 정도의 개미가 살고 있다고 추산된다. 다시 말해, 오늘날 살아 있는 사람 한 명당 1만 5000마리의 개미가 있다는 말이다(물론 호주에서 야외 피크닉을 해본 경험이 있다면 너무 적게 계산한 게 아니냐고 생각할지도 모르겠다). 개미는 남극 대륙을 제외한 거의 모든 지역에 둥지를 틀고 번성하면서 계속 증식한다. 어떤 경우에는 급속히 퍼지는 아르헨티나 개미처럼 거대한 초집단(엄청난 거리에 걸쳐 서로 연결된 둥지 네트워크)을 형성하기도 한다. 이런 초거대 군락 중 하나는 포르투갈에서 이탈리아 북서부까지 약 4000킬로미터에 걸쳐 뻗어 있다.

개미의 성공은 주로 사회성 덕분이다. 흰개미와는 비슷하지만 더 가까운 친척인 벌이나 말벌과는 다르게 모든 개미 종은 사회적이다. 혹시 혼자 있는 개미를 본다면 단기 정찰 임무를 수행하는 중이거나, 완전히 길을 잃었거나, 개미의 성공을 질투한 나머지 개미인 척하는 많은 동물 중 하나일 수도 있다. 앞서 살펴본 것처럼, 공동작업을 위한 많은 개체의 결합된 노력은 성공을 위한 강력한 방안이다. 개미들이 승리할 수 있는 공식의 또 다른 부분은 기회를 활용하는 적응력이다. 다른 동물을 먹고 사는 개미도 있고, 식물을 먹고 사는 개미도 있고, 까다롭게 굴지 않고 엔진오일을 비롯해 눈앞에 있는 무엇이든 먹어치우는 개미도 있다.

그러나 개미의 적응력은 일상생활에서 직면하는 문제에 대한 해결책을 찾는 방법을 통해 가장 분명하게 드러난다. 앞서 이야기한 군대개미 대열은 발달 중인 어린 개체를 위해 신속한 식량 포획과 배달 서비스 역할을 수행한다. 그들은 이 서비스의 효율성을 유지하려고 엄청난 노력을 기울인다. 전문화된 일개미들이 자기 몸을 이용해 경로에 있는 구멍을 메운다. 보급품을 나르는 개미들은 길에 난 울퉁불퉁한 바퀴자국을 통과하기보다 일개미들의 몸 위로 걷는다. 경로를 매끄럽게 하고 대열 전체가 더 빠르게 움직이도록 하려는 것이다. 또 고르지 못한 지형에서는 직선 이동이 힘들 수 있다. 예를 들어, 관목 가지 위로 이동할 때는 나뭇가지 사이의 틈 때문에 멀리 우회해야 하는 경우도 있다. 이에 대한 개미들의 기발한 해결책은 살아 있는 개미들로 그 틈을 가로지르는 다리를 건설하는 것이다. 협곡처럼 보이는 지형의 양쪽에 모인 개미들은 서커스 곡예사들이 인간 피라미드를 만들 듯 서로 몸을 겹쳐 쌓기 시작한다. 결국 양쪽이 가운데에서 만나면 개미들이 서로를 꼭 움켜쥐고 길을 만들어, 먹이를 찾는 대열이 빠르게 지나갈 수 있게 한다. 모두 건너고 나면 살아 있는 다리가 해체되고 곤충 기술자들은 다음 임무로 넘어간다.

범람원에 사는 불개미들은 갑작스럽게 폭우가 내리면 지하 둥지가 침수될 위험에 놓인다. 홍수가 나면 개미들은 둥지 동료들의 살아 있는 몸을 이용해 떠다니는 뗏목을 만든다. 서로 몸을 연결해 일종의 살아 있는 방수 직물을 만들어 군락을 유지하거나 지탱하고, 취약한 어린 새끼들을 뗏목 위에 태워 생명을 보호하는 것이다. 필요하다면 몇 주 동안 계속 이 뗏목을 유지할 수 있다. 홍수는 심지어 유익한 기능을 하기도 한다. 살아갈 수 있는 새로운 서식지로 옮겨주기 때문이다. 물론 둥지 밖에서는 개미들이 평소보다 많이 노출되기 때문에 방어를 강화하고 둥지에 있을 때보다 독성도 훨씬 강해진다.

결국 해안으로 밀려온 불개미들은 영구적인 집을 찾을 때까지 임시 거처 역할을 할 또 다른 놀라운 구조물을 만든다. 식물 줄기 주위에 다닥다닥 모인 개미들은 자신의 몸 수십 배 높이로 일종의 에펠탑을 만든다. 당연히 탑 하부의 하중이 가장 크기 때문에 위로 올라갈수록 점점 더 적은 개미가 모이게 된다. 그 결과 텐트 같은 구조물이 생긴다. 이번에도 바깥쪽에 있는 개미들의 몸이 방수층 역할을 해 빗방울이 들이치지 않도록 하고 안에 있는 개미들의 몸을 건조하게 유지한다. 앞에서 설명한 흰개미 건설업자들과 마찬가지로, 각 개미의 두뇌는 아주 작기 때문에 뗏목이나 텐트를 만든다는 전체 목표에 대한 개념이 없다. 그러나 몇 가지 간단한 경험 규칙을 따르도록 미리 프로그램되어 있다면 아무 장애도 되지 않는다. 이 규칙은 상황에 따라 바뀔 수 있으므로 다른 시간에 다른 구조물을 만들 수 있는 것이다.

동물들은 일상생활을 하면서 여러 결정을 내려야 한다. 때로는 이런 결정이 순서대로 연결되어 각각의 선택이 다른 선택에 연쇄적으로 영향을 미치기도 한다. 인간의 상황을 예로 들어 배송 네트워크를 생각해보자. 택배 기사와 그들이 일하는 회사는 초조하게 기다리는 많은 소비자에게 상품을 배달하기 위해 가장 효율적인 경로를 찾아야 한다. 간단해 보일지 모르지만 실은 전혀 그렇지 않다. 이런 종류의 가장 유명한 예가 이른바 순회 외판원 문제다.

외판원이나 택배 기사가 각기 다른 장소에 있는 고객 10명을 방문해야 한다고 상상해보자. 창고에서 시작해 각 고객을 방문하기 위한 최적의 경로를 찾아야 한다. 고객 수는 단 10명이지만 가능한 경로는 180만 개 또는 그 이상이 될 수도 있다! 최적의 경로를 찾으려는 택배 회사들만 괴롭히는 문제가 아니다. 예를 들어, 회로 기판 드릴링 같은 제조 프로세스를 최적화하거나 창고를 설계하거나 사용자에게 전기를 공급할 때도 이와 유사한 계산이 필요하다. 잘못하면 비용이 많이 들고 시간도 많이 걸릴 수 있다. 인간은 네트워크가 비교적 작을 경우에 한해 외판원 문제를 꽤 잘 해결하는 편이다. 하지만 개미 집단의 수행 능력은 어쩌면 그보다 더 인상적이다.

순회 외판원 문제는 많은 종의 개미들과 관련이 있는데, 택배 기사와 마찬가지로 개미들도 먹이를 찾기 위해 중앙의 창고(둥지)에서 출발해 다양한 장소로 이동하기 때문이다. 가장 효율적인 방법으로 먹이를 둥지로 전달하는 네트워크를 구축하는 것이 중요하다. 하지만 문제를 복잡하게 만드는 요소가 하나 있는데, 먹이가 항상 같은 장소에 있는 게 아니라는 것이다. 새로운 먹이 채집 기회가 나타나고 다른 기회가 고갈되면 개미들은 계속해서 새로운 네트워크를 설계해야 한다. 개미는 이 일을 놀라울 정도로 잘 해낸다.

지난 여름의 어느 더운 날, 막내아들이 우리 아파트 발코니에서 아이스크림을 먹고 있었다. 아들이 녹아서 떨어지는 아이스크림 방울을 막으려고 콘을 돌리는 순간 생각지도 못한 일이 일어났다. 아이스크림이 자유를 얻기 위해 콘에서 탈출해 바닥에 떨어져버린 것이다. 내가 아이를 위로하려고 냉동실에서 아이스바를 꺼내 와 기운을 북돋워주는 동안 개미가 아이스크림을 발견했다. 발코니로 다시 나갔을 때, 녹은 아이스크림 웅덩이는 수백 마리의 개미에게 둘러싸여 있었다. 그리고 아이스크림에서 커다란 화분으로 이어지는 개미들의 대열이 보였다. 내 아파트 발코니에 아파트를 갖고 있는 개미들 사이에 뜻밖의 횡재 소식이 전해진 것이다.

개미의 신속한 대규모 동원과 먹이 찾기 네트워크 개발 능력의 비밀은 서로를 안내하기 위해 만든 화학적 흔적에 있다. 개미는 먹이를 찾으면 그 일부를 모아 둥지로 돌아간다. 이동하는 동안 주기적으로 발길을 멈추고 페로몬을 조금씩 떨어뜨려 다른 개미들을 안내하는 화학적 표지를 만든다. 이 길에 들어선 새로운 구성원은 먹이가 마음에 들면 개척자의 흔적을 지원하기 위해 페로몬 흔적을 추가한다. 소셜 미디어의 '좋아요'에 해당하는 개미식 행동이다. 이런 긍정적인 피드백 덕분에 빠른 속도로 개미 고속도로가 만들어진다. 하지만 음식이 떨어지기 시작하면 어떻게 될까? 페로몬은 휘발성이기 때문에 빨리 증발한다. 기존 흔적에 지속적으로 페로몬을 보충할 필요가 있다는 뜻이기 때문에 중요한 속성이다. 이제 적은 수의 개미로도 먹이를 모아 둥지로 가져갈 수 있게 되면, 페로몬 흔적이 희미해지도록 방치한다. 나중에 온 개미들이 강한 흔적을 따라가지 못하게 방지하는 것이다.

페로몬 흔적은 군체와 먹이 공급원을 연결하는 훌륭한 시스템이지만, 개미들이 효율적으로 먹이를 찾는 문제를 해결하기에 충분하지 않다. 융통성이 부족하기 때문이다. 개미들이 페로몬 흔적을 무작정 따라가기만 한다면 하나의 특정한 행동에 갇힐 수 있다. 1921년에 남아메리카로 탐험을 떠난 미국 박물학자 윌리엄 비브William Beebe가 좋은 예를 제시했다. 그는 100미터가 넘는 거대한 원을 그리면서 계속 걷고 있는 군대개미 대열을 발견했다. 개미들은 이틀 동안 이 원을 따라 계속 행진했고, 결국 이 고리가 끊기기 전에 대열에 속했던 많은 개미가 죽었다.

그러나 이런 사건은 드물다. 개미들이 모두 똑같은 방식으로 행동하지는 않기 때문에 네트워크를 통해 최적의 경로를 찾는 문제 등은 해결할 수 있다. 대부분의 개미는 페로몬 흔적을 따라가야 하는 필요성에 그저 순응할 수 있지만, 어떤 개미는 훨씬 예측하기 힘든 행동을 한다. 문제 해결에 매우 중요한 유연성과 혁신을 만든다. 개성이 강한 몇몇 개미는 정해진 흔적을 따라가는 대신 다른 지역을 돌아다니며 탐험할 것이다. 그렇게 함으로써 새롭고 흥미로운 음식 공급원을 찾아낼 수도 있다.

한 지점에서 다른 지점으로 이동하는 경로는 종종 하나만 있는 것이 아니다. 가장 짧은 경로를 찾는 일은 개미의 성공에 매우 중요하다. 그래야 이동 경로의 효율성이 극대화되기 때문이다. 하지만 개미는 두 개의 대안적 경로에 직면하면 대부분 무작위로 선택한다. 개미 두 마리가 자기네 둥지를 떠나 바닥에 떨어진 아이스크림까지 가는 길에 아무렇게나 버려진 장난감을 발견했다고 가정해보자. 두 마리가 각자 장난감 주위를 돌아가는 다른 경로를 택한다면, 더 짧은 경로를 택한 쪽이 질펀하게 녹은 달콤한 웅덩이에 먼저 도착할 것이다. 그리고 그 개미는 다른 한 마리가 먹이에 도착하기 전에 자기 발자국을 되짚어 돌아올 것이다. 그 사이에 개미는 계속 흔적 페로몬을 떨어뜨려 더 많은 개미들에게 따라오라는 화학 신호를 보낸다. 목표물에 직접 도달할 수 있는 짧은 경로 쪽의 페로몬 농도가 강해지면서 새로운 개미가 그쪽으로 많이 몰린다. 반면, 더 긴 경로의 페로몬 흔적은 농도가 약해 그리 매력적이지 않다. 페로몬은 증발하기 때문에 긴 경로를 택하는 개미는 갈수록 적어지고, 결국 이 길은 잊혀진 채 다들 가장 짧고 효율적인 경로를 이용할 것이다.

개미가 먹이 공급원으로 가는 가장 좋은 길을 찾는 능력을 시험하기 위해 많은 실험이 진행되었다. 우리는 개미가 가장 효율적인 경로를 선택할 때 경로들을 놀랄 만큼 정확하게 구분할 수 있다는 사실을 알게 됐다. 이를 통해 개미들이 어떻게 간단한 문제를 해결하는지 알아냈지만, 이 실험은 6개의 다리를 가진 실험 대상에게 특별히 부담을 주는 실험은 아니었다. 그리고 해결되지 않은 의문이 남았다. 개미들은 단지 유능한 경로 탐색자인 걸까, 아니면 최고의 내비게이터인 걸까? 예전에 시드니 대학에서 나와 함께 일했던 크리스 리드Chris Reid

는 기발하고 악마처럼 어려운 시험을 통해 개미들을 극한까지 밀어붙이기로 했다. 많은 연구에서 이미 추진했던 것처럼, 그는 개미 군체에게 둥지에서 먹이 공급원까지 이어지는 미로를 제시했다. 문제는 둥지에서 먹이까지 가는 잠재적 경로가 3만 2768개나 되는 복잡한 미로라는 점이었다. 물론 그중에서 개미들에게 가장 짧은 여정을 제공하는 이상적인 경로는 단 두 개뿐이었다. 그런데 개미들은 한 시간 안에 미로 문제를 해결했다.

크리스가 이 실험을 진행할 당시만 해도, 개미들은 원래 이런 먹이 탐색로를 만드는 데 능하긴 하지만 상황이 바뀌면 잘 해내지 못한다는 게 일반적인 통설이었다. 당연히 이 또한 힘든 과제였을 것이다. 개미들도 좌절감을 느낄 수 있는지는 잘 모르겠지만, 크리스는 그들에게 좌절감을 안겨주려고 최선을 다했다. 그는 개미가 미로 문제를 처음 해결한 뒤 미로 구조를 바꿔서 다시 그 문제를 풀려면 행동을 조정해야만 하도록 했다. 이번에도 개미들은 인상적인 태도로 난국에 대처해 두 번째 미로 문제도 해결했다.

이러한 실험은 혁신과 긍정적 피드백의 결합에 기반한다. 이를 통해 개미 군집 시스템 또는 개미 군집 최적화 방법이라 불리는 알고리즘이 탄생했으며, 컴퓨터 과학에서 외판원 문제 같은 인간 세계의 퍼즐을 해결하는 데 사용된다. 이러한 최적화 방법은 실제 개미와 같은 규칙과 과정을 따르는 가상 개미를 이용해 도시 교통 흐름 조정, 수백 개 강의를 고려한 대학 시간표 설계, 안테나와 회로 기판 설계, 토양 배수 예측 등 다양한 문제를 해결하는 데 활용된다.

이상한 제휴

개미의 가장 흥미로운 행동 중 몇 가지는 다른 개미들, 그리고 더 넓게는 완전히 다른 종들과의 상호작용에서 확인할 수 있다. 인간 세상과 마찬가지로 자연계에도 성공한 자들 주변에서 떡고물을 찾아 어슬렁거리는 이들과 사기꾼들이 있다. 예를 들어 몸집이 작고 먹음직스러운 곤충의 경우, 개미들에게 자신이 먹잇감도 위협도 아니라는 착각을 일으킬 수만 있다면, 개미 무리 한가운데는 아주 안전한 피난처가 된다. 개미집 귀뚜라미는 집주인에게서 이름만 훔친 게 아니라 무상 보호, 숙소, 먹이까지 제공받는다. 군락에 처음 들어간 귀뚜라미는 개미들의 공격을 받는다. 처음에는 빠르게 움직이는 방법으로 공격을 피하지만 영원히 달아날 수는 없다. 군락 진입에 성공하려면 다른 개미들과 섞여야 하는데, 그들은 매우 독특한 방식으로 이 일을 해낸다. 개미들이 걷는 방식을 모방하는 것이다. 어두운 둥지 안에서는 이런 모방이 위장에 도움이 된다. 호기심 많은 과학자가 다른 보행 패턴을 가진 다른 개미

종의 둥지로 귀뚜라미를 옮겨놓자, 금세 새로운 걸음걸이를 이용하는 적응력과 예술적 능력을 보여줬다. 시간이 지나면 개미들이 서로를 인식하는 주요 수단인 군체 냄새가 귀뚜라미의 몸에도 배게 된다. 그 단계에 이르면, 귀뚜라미는 그저 여왕이 아닌 다른 암컷 일개미인 척하면서 그 속에서 살아갈 수 있게 된다.

다 좋지만, 일단 먹어야 살 수 있다. 개미집 귀뚜라미는 이 문제도 해결했다. 많은 사회적 곤충의 성공에서 중요한 부분은 서로에게 먹이를 준다는 점인데, 공식적으로 영양 교환이라고 알려진 관행이다. 일개미는 먹이 주머니에 음식을 저장해뒀다가 다른 군체 구성원이 요청하면 소량의 액체 먹이를 토해낸다. 개미는 먹이를 얻고 싶은 개미의 머리와 더듬이를 자기 더듬이로 두드리고 쓰다듬어 먹이를 요청한다. 이런 먹이 공유와 보급은 개미 군락의 성공에 필수적이다. 자원이 노동자들 사이에서 분배되도록 보장할 뿐만 아니라, 그 과정에서 군체 페로몬이 개미들 사이에서 전달되어 군체 전체를 공동의 목표 아래 결속할 수 있기 때문이다. 개미의 머리를 빠르게 두드리면 자판기처럼 음식을 내준다는 사실을 잘 아는 개미집 귀뚜라미는 이런 식으로 개미를 속여 음식을 제공받는 능력을 발달시켰다.

노예 사냥

　개미는 뛰어난 팀워크 능력을 가지고 있지만 한편으로는 매우 비열한 전략을 사용하기도 한다. 다른 개미 종들, 심지어 같은 종이라도 다른 군집을 이룬 개미들은 서로에게 매우 적대적이다. 하지만 철저한 착취라는 관점에서 볼 때 노예사냥 개미와 경쟁할 수 있는 종은 거의 없다. 아마존 개미는 이 관행의 전문가다. 무시무시한 낫 모양의 아래턱뼈가 달린 이 개미들은 보통 이들의 희생양이 되는 포마이카속 개미들과 비교가 되지 않는다. 포마이카Formica 개미들이 포마이카formica(가열 경화성 합성수지)로 만들어지지 않은 것처럼, 아마존 개미들도 아마존에서 오지 않았다. 그들은 미국에서 왔다. 새로 짝짓기를 한 여왕 아마존 개미는 사명을 띠고 있다. 개미 군락을 찾아서 점령하고 일개미들을 노예로 만들어야 한다. 보통 개미 군락에 들어가려고 하는 침입자는 인상적인 아래턱뼈가 있든 없든 상관없이 몇 초 안에 난도질을 당하지만, 여왕 아마존 개미는 성공할 가능성이 크다.

　그 이유 중 하나는 여왕 아마존 개미에게는 체취가 거의 없기 때문이다. 개미는 냄새로 서로를 인식하기 때문에 여왕이 집주인의 화학적 레이더를 피하는 데 도움이 되는 부분이다. 또 다른 이유는 여왕 아마존 개미에게 기발한 화학무기가 있기 때문이다. 여왕 아마존 개미는 페로몬을 방출해서 목표로 하는 군락의 병사와 일개미들의 공격을 진정시킬 수 있으며, 그 사이에 둥지로 들어가 자기가 상대해야 할 포마이카 여왕을 찾을 시간을 벌게 된다. 하지만 이 단계에서도 일은 끝나지 않는다. 침략당한 군락의 일개미들에게 받아들여지려면 여왕 아마존 개미는 포마이카 여왕의 냄새 속에 몸을 숨겨야 한다.

끔찍하게도, 여왕 아마존 개미는 포마이카 여왕을 잔인하게 살해해 그 냄새를 얻는다. 희생자가 죽을 때까지 물어뜯고 찌르고 때리는 동안 그 몸을 핥아서 화학적으로 변장하는 것이다. 포마이카속의 몇몇 군락에는 여왕개미가 여러 마리 있기 때문에 여왕 아마존 개미는 포마이카 여왕을 모두 찾아내 무자비하게 죽인다. 이제 포마이카 개미들의 인식 체계는 현실과 타협해 여왕 아마존 개미를 여왕으로 받아들인다. 새로 왕위에 오른 여왕 아마존 개미는 정착해 알을 낳고, 노예가 된 포마이카 개미들이 새로운 여왕개미를 위해 정성껏 새끼를 키운다.

아마존 개미에게는 일반적인 의미의 일개미가 없다. 그들은 먹이를 찾거나 새끼를 기르지 않는다. 그런 일은 노예가 된 숙주의 몫이다. 그러나 육아실을 다음 세대의 노예들로 채워줄 포마이카 여왕이 없으면 노동력이 점점 줄어드는 문제가 발생한다. 건강한 군체를 유지하기 위해 아마존 개미는 더 많은 희생자를 찾아야 한다. 정찰대가 습격할 만한 포마이카 군락을 찾기 위해 정찰에 나선 뒤 적당한 군락을 발견하면 서둘러 둥지로 돌아와서 소식을 전한다. 아마존 개미는 얼른 동원령을 내려서 공격에 나설 개미를 최대 3000마리 정도 모집한다. 놀랍게도 때로는 노예들도 주인과 함께 이런 습격에 동행해서 자신의 동족 개미들과 싸운다. 공격은 맹렬하게 전개된다. 맹공격을 받은 포마이카 개미들은 대개 둥지를 약탈자들에게 내주고 도망친다. 규모가 매우 큰 포마이카 둥지에서만 전투가 길어지지만, 아마존 개미의 공격을 견뎌낼 종은 거의 없다.

　노예를 사냥하는 다른 개미 종들은 숫자의 힘에만 의존하지 않고 비밀 무기를 개발했다. 어떤 종은 방어자들을 공포에 떨게 하거나 심지어 서로를 공격하게 만드는 화학물질인 '프로파간다 물질'을 사용한다. 다른 노예 사냥 종은 해리 포터^{Harry Potter}가 쓴 것 같은 일종의 투명 망토를 사용하는데, 화학적인 위장이라는 점만 다르다. 습격당한 둥지의 개미들은 자기들 가운데 침략자가 있다는 사실을 알아차리지 못하는 것 같다. 공격자들은 매우 자신만만하기 때문에 공격조 규모가 겨우 개미 네 마리 정도밖에 안 될 때도 있다. 그러나 어떤 수단을 사용하든 최종 결과는 대개 동일하다. 노예사냥개미들은 공격한 둥지의 어린 개체들을 손에 넣은 뒤 둥지로 데려간다. 시간이 지나면 아마존 개미의 군락 하나가 포마이카 유충 수천 마리를 납치할 수도 있다. 납치된 어린 개체들은 성체로 성장하는 동안 노예사냥개미 군락에 각인된다. 그곳의 익숙한 냄새를 집처럼 느끼고, 함께 자라는 노예사냥개미들을 자매로 인식하게 된다.

어떤 이야기를 접할 때 자연스럽게 약자(또는 약한 개미)를 응원하고 싶어하는 독자들에게 좋은 소식이 있다. 개미 군락이 근처에 노예사냥개미가 있다고 의심하기 시작하면, 낯선 개미들을 경계하면서 점점 더 적대감을 품게 된다. 때로는 예방 차원에서 군락을 이동해 노예사냥개미들의 약탈로부터 자신들을 보호한다. 하지만 최악의 상황이 벌어져 개미 군락이 전부 노예가 된다면 어떻게 될까? 대부분 그로써 게임이 끝나지만 예외는 있다. 때로는 지하 저항운동이 전개되어 노예들이 반란을 일으키기도 한다. 이 저항은 보육실을 중심으로 진행된다. 노예 일개미들은 어린 개체들을 기르고 돌본다. 보육실 안에는 자신들의 원래 여왕이 노예사냥개미 여왕에게 죽임을 당하기 전에 낳은 유충, 다른 둥지에서 포획해 데려온 유충, 그리고 주인인 노예사냥개미의 유충이 있을 것이다. 지금은 아주 어린 노예사냥개미들에게 위험한 시기다. 그들의 목숨이 노예의 손에 달려 있기 때문이다. 어린 노예사냥개미들은 살아남기 위해 함께 자라는 어린 노예들과 같은 냄새를 풍기는 방법에 의존한다. 그들의 변장은 훌륭하지만 완벽하지는 않다. 보육실에서 일하는 일개미들이 자신의 냄새와 노예사냥

개미의 유충이 내뿜는 냄새의 미세한 차이를 알아차리면 죽일 것이다. 대단히 흥미로운 군비 경쟁이다. 일개미들은 노예와 노예사냥개미를 구별할 수 있는 복잡한 화학적 인식 단서를 발전시켜야 한다는 부담감이 있고, 노예사냥개미는 갈수록 정교하게 냄새를 흉내 내고 숙주를 모방해 보조를 맞춰야 한다.

농부 개미

이런 속임수는 모두 교활하지만, 다른 종류의 개미 관계에서는 그와 대조되는 모습을 찾아볼 수 있다. 자연계에서 가장 놀라운 협의 방식 중 하나를 보여주는 관계다. 진딧물이나 매미충처럼 수액을 빨아먹는 곤충은 정원사와 농부들의 골칫거리다. 그들은 날카로운 입 부분을 잎맥에 찔러 넣고 식물의 생명소인 수액을 마신다. 사람 몸의 혈액과 마찬가지로 식물도 압력에 의존해 수액과 포함된 영양분을 몸 전체에 전달한다. 수액을 빨아먹는 곤충이 입 부분을 식물에 찔러 넣으면 압력 때문에 수액이 곤충 몸속으로 흘러들어간다. 이때 흘러나오는 양이 워낙 많기 때문에 곤충들은 먹고 남은 여분의 액체는 버려야 한다.

감로라는 이 액체는 대부분 진딧물의 몸을 통과하는 동안 부분적으로만 소화되기 때문에 영양분이 가득하다. 감로 1티스푼을 만들려면 진딧물 1만 마리가 1시간 정도 일해야 한다.

수액을 빨아먹는 곤충과 숙주 식물이 충분히 많다면 인간이 수확해도 괜찮을 것이다. 감로는 수천 년 동안 호주 원주민과 중동 사람의 식단의 일부였다. 구약성서에 나오는 '하늘에서 내려온 만나manna'가 감로라는 말도 있다. 그 이름이 암시하듯이 이 물질의 주성분은 당이지만 단백질, 비타민, 미네랄도 포함되어 있다.

인간에게 좋다면 대개 개미에게도 좋다. 어떤 개미 종은 진딧물이 일하는 식물 아래에서 감로를 채취하지만 다른 개미들은 더 기발한 방법으로 접근한다. 유럽불개미 같은 종은 진딧물이 식물을 먹을 때 인간 낙농가에서 활용하는 방식으로 진딧물 떼를 돌본다. 일개미는 종류에 따라 저마다 다른 특기를 가지고 있는데, 어떤 종류는 진딧물을 보호하고 어떤 종류는 젖을 짜며 감로를 운반하는 일을 맡는다. 특히 '젖 짜는 개미'의 일은 특별하다. 그들은 진딧물을 쓰다듬고 어루만지면서 감로를 생산하도록 격려한다. 어떤 개미들은 심지어 날씨로부터 보호하기 위해 진딧물 무리 주위에 은신처를 만들어주기도 한다.

개미는 이런 방법으로 엄청난 양의 먹이를 모을 수 있다. 한 추정치에 따르면 개미 군락 하나가 일 년에 약 0.5톤의 꿀을 수확할 수 있다고 한다. 진딧물이 자라 성숙해지면 결국 날개가 발달해 날아갈 수 있게 된다. 하지만 가축이 사라지면 분명히 문제가 생길 터이니 개미들은 진딧물의 날개를 자르거나 날개 달린 진딧물의 발달을 지연하는 화학물질을 이용해 이 문제를 처리한다. 개미는 심지어 가축이 너무 많이 돌아다니지 않도록 방지하는 화학물질도 생산할 수 있다. 어떤 개미들은 겨울에 진딧물 알을 군락으로 가져갔다가 봄이 오면 새끼들을 목초지로 내보낸다. 그리고 진딧물이 먹는 식물이 시들기 시작하면 진딧물 떼를 새로운 식물로 옮길 수도 있다. 대체로 이 가축 사육 개미들의 근면성은 놀라운 수준이다. 인간 농업인과 비슷하다고 할지도 모르지만 사실은 그 반대다. 개미는 우리가 농경 생활을 시작하기 수백만 년 전부터 이 일을 해왔다.

우리 농장과 집에 사는 친숙한 가축과 마찬가지로, 진딧물도 중요한 행동 변화를 겪었다. 어떤 진딧물 종은 수많은 세대 동안 개미와 공존하면서 개미의 보호에 의존하게 됐다. 그러는 사이에 몇몇 종은 야생성을 잃었다. 특히 '가축화된' 진딧물은 포식자로부터 도망치기 위해 뛰어내리는 데 능숙하지 못하다. 몸을 보호하는 데 중요한 역할을 하는 밀랍 코팅 생성에도 덜 투자하는 경향을 보인다. 결국 이런 변화는 진딧물이 보호 면에서 개미에게 더 많이 의존한다는 뜻이다. 하지만 개미들은 가축에게 감상적인 태도를 보이지 않는다. 진딧물 무리가 너무 커져 감로가 과잉 생산되면 개미는 남는 개체를 먹어치운다. 더 나아가 다른 먹이가 나타나면 일부 개미 종은 진딧물 무리를 통째로 먹기도 한다.

타인 속에 있는 우리 자신

사회성 곤충은 지구상에서 가장 매력적인 동물 중 하나다. 그들은 우리와 매우 다르지만 그들이 형성한 사회는 인간 사회와 분명 유사점이 있다. 우리처럼 그들도 농업가이자 건설자다. 그들은 세상을 필요에 맞게 조정한다. 자기 구역을 방어하고 다양한 역할을 전문화한다. 인간 외에 수백만 마리 규모의 조직화된 집단을 형성하는 동물은 사회성 곤충뿐이다. 그들은 또 노예 착취를 비롯해 인간 본성의 그리 매력적이지 않은 측면들도 일부 공유한다. 또 다른 놀라운 유사점도 있다. 우리는 사회성 곤충을 성실한 일꾼으로 여기지만, 우리 사회와 마찬가지로 개미 군체 내부에서도 노동 윤리에 큰 차이가 있다. 예를 들어 바위개미에서는 전체 일개미 중 3퍼센트 정도만이 끊임없이 노력하고 집단을 위해 헌신하며, 약 4분의 1은 거의 전혀 일하지 않는다. 나머지는 때때로 일하고, 때때로 쉰다.

사회성 곤충은 알수록 더 매혹적인 존재의 전형이다. 그리고 그들은 우리에게 매우 중요하다. 인류를 먹여 살리기 위해 광범위하게 이용되는 100여 종의 농작물 중 약 70종이 꿀벌의 수분 작용에 의지한다. 꿀벌이 없다면 인류는 진정한 위기에 직면할 것이다. 개미와 말벌은 인간과 직접 얽혀 있지는 않지만 해충 조절에 매우 중요한 역할을 한다. 그러니 다음에 둘둘 말아놓은 신문이나 벌레 퇴치용 스프레이에 손을 뻗을 때는 다시 한번 생각해 보자. 항상 아주 친밀하게 지내지는 못할지도 모르지만, 사회성 곤충은 우리가 마땅히 존중해야 할 존재다.

3장. 도랑에서 결정까지

물고기 떼는 정교한 선택을 할 수 있다.

재미는 잊어버려라

나는 영국 외딴 지역의 허허벌판에 있는 냄새 나는 도랑에서 그물을 움켜쥐고 있다. 11월의 추운 저녁이고 가랑비가 내리고 있다. 물고기를 찾기 위해 9시간 동안이나 이 도랑을 따라 1센티미터씩 전진하는 중이다. 허벅지까지 물에 잠긴 상태인데 무릎 아래는 전부 걸쭉한 진흙이다. 내 몸에 있는 줄도 몰랐던 근육 하나하나가 다 아프고, 긴 고무장화를 신었는데도 한참 전부터 발에 감각이 전혀 없었다. 몸에서 오물로 덮이지 않은 부분이 거의 없었다. 수백 미터 떨어진 도랑의 다른 부분에 있는 동료 마이크 웹스터Mike Webster도 마찬가지다.

이제 햇빛이 점점 희미해지고 있으니 도랑에서 나와 호텔로 돌아갈 시간이다. 우리 몸에 달라붙은 썩은 달걀과 메탄 향이 섞인 도랑 냄새를 풍기며 돌아간다면 틀림없이 바에 있던 사람들이 다 도망갈 것이다. 상관없다. 온종일 이런 일을 했으니 우리에게는 술을 마실 자격이 충분하다. 하지만 어스름한 빛 속에서 온화하면서도 근심 어린 얼굴을 한 노인이 관절염에 걸린 개를 산책시키며 다가오는 광경이 보였다. 그는 나를 보지 못한 게 분명하다. 내가 서 있는 도랑 위치상 내 머리 윗부분을 제외하면 그의 시야에서 가려져 있을 것이다. 그래서 걱정이 됐다. 내가 갑자기 늪의 괴물처럼 도랑에서 튀어나가 노인의 눈앞에 나타난다면, 그의 불쌍하고 친절한 심장이 멈춰버릴지도 모른다.

특히 그의 늙은 개는 기민하게 움직일 수 없는 상태처럼 보이기 때문에 내가 여기 있다는 걸 알려야 했다. 그래서 크고 거슬리는 소리가 나는 호루라기를 불며 천천히 도랑에서 몸을 빼냈다. 그리고 위협적이지 않은 존재처럼 보이려고 진흙투성이 얼굴에 미소를 띄우며 말했다. "멋진 날이네요!"

여기까진 좋았다. 노인은 놀라서 퍼뜩 발길을 멈추고는 놀라움과 혐오감이 뒤섞인 표정을 지었다. 그리고 놀란 마음이 좀 가라앉자 대꾸했다. "정신 나간 사람한테는 그럴 수도 있겠군." 약간 기분이 상한 나는 그의 뒤통수에 대고 외쳤다. "좋은 저녁 되세요!" 그는 내게 몇 마디 더 거친 말을 던진 뒤 자리를 떴다.

내가 동물 행동을 연구한다고 말하면, 날 게으름뱅이라고 생각하지 않는 사람들조차 대부분은 이국적인 장소에서 멋진 야생 동물들과 마주하는 근사한 장면을 떠올린다. '동물 행동이요? 그렇다면 틀림없이 링컨셔의 도랑에 익숙하겠군요!'라고 말하는 사람은 아직까지 만나본 적이 없다. 멋진 장소에서 멋진 것들을 많이 본 것도 사실이지만, 외부인이 보기에 카리스마 넘치는 동물이나 시각적인 매력이 부족한 현장에서도 배울 게 많다. 마이크와 함께 도랑에서 지저분한 긴 여정을 거친 결과, 우리는 연구 중이던 큰가시고기 개체군이 어떻게 조직되는지 알아냈다. 그들 각자가 풍기는 냄새는 먹이와 서식지에 따라 정해진다. 우리가 마늘 또는 아스파라거스를 먹거나 튀김 가게 위에 살면 몸에서 나는 냄새가 달라지는 것처럼 말이다. 그들이 경험하는 조건의 미세한 차이, 단 몇 미터 차이의 환경 차이도 이 물고기들에게는 뚜렷한 냄새 차이를 만든다. 그리고 이들은 자기와 같은 냄새가 나는 개체들과 어울리기를 선호한다.

인간은 후각이 상대적으로 좋지 않아서 타인과 관계를 맺을 때 후각을 이 정도 수준으로 활용하지 않지만, 상당수(어떤 이들은 대부분이라고 주장할 것이다)의 사회적 동물들은 그렇게 한다. 물고기가 믿을 수 있는 지역 주민과 사악한 이방인을 구별하기 위해 냄새를 사용하는 방식을 인간에게 대입해보면, 아마 억양과 사투리를 통해 서로를 구분하는 것과 비슷하겠다. 내가 자란 영국 북부에서는 사람들이 말하는 것만 들어도 그들이 어떤 지역, 어떤 도시, 심지어 어떤 계곡 출신인지 쉽게 알 수 있다. 도랑 속 큰가시고기들은 냄새를 이용해 그와 비슷한 일을 하며, 특정한 개체군과 어울려 익숙한 지역에 사는 걸 선호한다. 다른 장소에 옮겨놓으면 매우 빠르게 집으로 돌아간다.

다시 물고기 떼를 찾아

난 항상 동물에 관심이 많아서 연못이나 초목, 통나무 아래에서 동물을 찾아다녔다. 하지만 어릴 때 요크셔 계곡에 있는 에이스가스Aysgarth 폭포에 갔던 날이 특히 기억에 남는다. 여름이 되면 유어Ure 강이 무성한 삼림지대를 통과하면서 방문객에게 영국 시골에서 가장 아름다운 풍경을 선사한다. 보다 격동적인 겨울의 강은 여름에 선보일 모습을 위해 여러 작은 폭포를 만들어낸다. 더운 날을 보내기에 완벽한 장소다. 무더운 날엔 그 폭포가 등을 타고 흐르게 하거나, 물줄기 뒤에 숨어서 있을 수 있다. 나는 그날 폭포 뒤에 서서 마치 도망자라도 된 듯, 적들에게서 몸을 숨기는 상상을 했다.

당시 시험해봐야 하는 새로운 장난감이 있었는데, 바로 잠수부 마스크였다. 처음으로 착용하고 물속에 머리를 넣었을 때, 그때까지 본 어떤 수족관보다 대단한 광경을 만났다. 수백 마리의 물고기(피라미) 떼가 나무뿌리와 수초 사이를 돌아다니면서 머리 위 나뭇잎 사이로 비치는 얼룩덜룩한 햇빛을 받아 빛났다. 나는 그 모습에 넋을 잃었다. 그리고 잔뜩 흥분해서 둑에 서 있는 아버지에게 소리를 질렀다. 진정한 영국 사람인 아버지는 내가 소란을 피우자 창피해했다. 하지만 난 신경 쓰지 않았다. 그저 감격스럽기만 했다. 나는 그 강에 몸을 띄우고 물고기가 몇 시간 동안 내 주위를 맴돌게 두었다.

그 이후로 영국 북부 전역의 강에서 스노클링을 했고, 그때마다 눈부시게 아름다운 광경을 만났다. 추위 때문인지 다른 사람들이 이런 행동을 하는 건 거의 보지 못했지만, 매번 세계 곳곳에서 방문했던 이국적인 암초나 바다에 필적하는 광경을 봤다. 물속 풍경은 대부분 사람들이 알아채지 못한 자연의 경이이며, 시야 너머에 숨어 있는 풍부한 보물이다.

물론 물고기 떼나 새 떼, 또는 대규모 동물 무리에 매료된 사람은 나뿐만이 아니다. 그들이 강력하지만 자비로운 군대처럼 대규모로 집결한 다음 마법처럼 다양한 모양과 대칭으로 변신해 일제히 움직이거나 회전하는 모습을 지켜보는 건, 정말 매력적인 일이다. 내가 피라미떼를 봤을 때 느꼈던 경외감은 야생에서 동물들의 집단 행동을 보는 많은 사람이 공통으로 느끼는 감정이다. 그게 내 인생행로를 결정했다고까지 말하기는 힘들겠지만, 결국 생물학자가 됐을 때 무엇을 연구하고 싶은지는 확실했다. 난 동물 집단을 이해하고 싶었고 물고기는 그렇게 할 수 있는 좋은 방법을 알려줬다.

자동차 회사 닛산이 1세대 자율주행차를 개발할 당시, 개발자들이 늘 그러했듯이 그들은 영감을 얻고자 자연계로 눈을 돌렸다. 물고기 떼나 새 떼 같은 동물 집단을 지켜본 적이 있는 사람이라면 동물들은 서로 충돌하지 않는다는 사실을 알아차렸을 것이다. 실제로 그들의 움직임은 마치 집단에 속한 모든 동물이 보이지 않는 지휘자에게 반응하듯이 움직이도록 사전에 꼼꼼하게 안무가 짜인 것처럼 보인다. 닛산은 이런 충돌 회피를 재현하고자 했다. 최근 몇 년 사이 특히 물고기 떼에 대한 면밀한 연구를 통해, 많은 개체가 모여 만들어내는 우아한 움직임의 정체가 밝혀졌다.

우선, 이 움직임을 조율하고 지시하는 보이지 않는 지휘자 같은 존재는 없다는 점이 중요하다. 각 개체는 매우 단순한 규칙의 집합에 따라 행동할 뿐이다. 이 규칙의 기본을 중요도에 따라 나열하면 다음과 같다. 가장 가까운 이웃과 너무 가까우면 멀어져라, 가장 가까운 이웃과 너무 멀리 떨어지면 다가가라, 가장 가까운 이웃과 적당한 거리에 있다면 그 상태를 유지하라. 집단 내 어떤 개체든 서로 간의 거리 차이에 따라 반응방식이 달라진다. 그들은 골디락스가 원하는 것처럼 '딱 좋은' 상태가 될 때까지 서로의 간격을 미세하게 조정한 다음, 서로의 행동을 따라 한다. 닛산은 첫 번째 시제품 자동차를 만들었을 때 이런 작업을 수행할 수 있는 센서를 장착했다. 실제로 작은 로봇 자동차들은 마치 동물 떼처럼 움직였고, 그 결과는 인간 운전자보다 훨씬 효율적인 주행이었다.

동물과 로봇이 한 장소에서 서로 충돌하지 않고 이리저리 움직이려면 이 세 가지 법칙만으로도 충분하다. 하지만 동물들이 사는 환경, 즉 집단 밖의 세상에 반응하는 데는 도움이 되지 않는다. 만약 위협적인 위험이 존재한다면 서로 협력해서 대응해야 한다. 많은 동물이 무리를 이루는 이유 중 하나는 어느 정도 보호 기능을 제공하기 때문이다. 한 무리의 동물에게 접근하는 포식자는 '혼동 효과'를 겪는다. 많은 수의 동물을 앞에 두면 감각 과부하가 발생한다. 피식자 집단의 크기가 커질수록 포식자의 성공률이 줄어든다는 걸 보여주는 여러 연구 결과에서 찾아낸 한 가지 이유다. 사냥꾼은 희생양을 한 마리 골라야 하는데, 당황스러울 만큼 많은 동물 무리를 앞에 두고 어떻게 그렇게 할 수 있겠는가? 운 좋게 희생양을 잡을 수 있을 거라고 기대하며 닥치는 대로 무리에 뛰어들어서는 거의 효과를 볼 수 없다. 그래서 포식자는 무리를 쫓아다니고 괴롭히면서 동물을 고립시키려고 한다. 산호초에 사는 일부 포식자들은 관련된 현명한 전략을 가지고 있다. 작은 물고기 떼를 바위 돌출부까지 쫓아가서 그들이 더 작은 무리로 나뉘도록 하는 것이다. 또 다른 비법은 동물들 가운데 하나에서 눈에 띄는 특징을 찾는 것이다. 그런 특징이 있으면 포식자가 희생자를 추적해서 붙잡을 확률이 매우 높아진다. 이를 '특이점 효과'라고 한다.

동물 연구에 대한 윤리적 규제가 훨씬 덜 엄격했던 50여 년 전에, 몇몇 연구자가 영양 무리에서 일부 영양의 뿔에 흰 페인트를 칠해서 특이점 효과를 실험했다. 아니나 다를까, 이 이상하게 생긴 영양은 포식자들에게 금세 잡혀갔다. 따라서 무리에 속한 다른 개체들과 똑같아 보이는 것이 자기방어의 측면에서 매우 중요하다. 또 공격받는 동물이 쓸 수 있는 또 하나의 방어 전술은 다른 동물들과 행동을 조정하는 것이다. 그들은 가까운 이웃에게 각별한 관심을 기울이면서 그들이 하는 대로 움직이거나 방향을 바꾼다. 동작이 너무 빨라서 인간이나 포식자의 눈으로는 움직임을 따라갈 수 없을 때가 많다.

소문 퍼뜨리기

동물 집단에서 정보가 퍼지는 방식은 1805년에 영국 해군 함선들이 트라팔가르 곶에 길게 늘어선 뒤, 깃발 게양을 통해 서로 신호를 보냈던 것에 비유할 수 있다. 그들은 이 방법을 통해 스페인과 프랑스 함대가 카디스를 떠나 전투 준비를 하고 있다는 메시지를 HMS 빅토리호에 탑승한 넬슨 제독에게 전달했다. 무리 가장자리에 있던 동물이 포식자를 감지하고 갑작스런 움직임으로 반응을 보이면, 근처에 있던 다른 동물들도 이 동작을 모방하면서 반응하고 그 이웃들도 연이어 똑같이 따라 하게 된다. 우리가 생각하는 의미에서의 정보, 즉 명시적인 메시지가 아니다. 그보다는 가장 넓은 의미에서의 정보, 즉 현상 변화를 나타내는 데이터라고 생각해야 한다.

의미에 관계없이 그 정보는 들불처럼 집단 전체에 퍼질 수 있으며, 그 어떤 동물이 이동할 수 있는 속도보다 더 빠르다. 그러나 이런 정보에는 문제가 있다. 잘못된 정보일 수도 있기 때문이다. 구성원 중 한 마리가 경련을 일으킬 때마다 집단 전체가 반응한다면 다들 몸과 마음이 탈진할 것이다. 집단에는 이 문제에 대한 깔끔한 해결책이 있다. 첫째, 이들은 갑작스럽게 방향을 바꾸거나 급격하게 속도를 올리는 이웃에게 더 강하게 반응할 가능성이 크다. 이런 행동은 중요한 일을 가리키는 경향이 있기 때문이다. 둘째, 정보가 원출처에서 외부로 퍼져나가 동물들 사이에서 확산되는 동안, 각각의 정보 교환에 대한 반응 강도가 조금씩 줄어들다가 서서히 사라진다. 초기 메시지를 강화하는 더 많은 정보가 생기지 않는 이상 말이다.

하지만 동물들은 그냥 주위를 빙빙 돌면서 포식자를 피하기만 하는 게 아니라 주변 환경을 돌아다녀야 한다. 만약 그들 중 일부에게 가고 싶은 곳이 있다면? 동물들은 환경 내의 경사, 즉 자극의 변화 방향을 따라간다. 분명한 예는 배고픈 동

3장. 도랑에서 결정까지

물이 먹이를 찾으려고 할 때다. 이런 동물이 어떤 먹이 신호를 감지하면 해당 신호가 오는 방향으로 움직일 것이다. 하지만 이때 딜레마가 생긴다. 먹이를 향해 가고 싶지만 혼자 가고 싶지는 않다. 만약 무리와 떨어져 움직인다면 혼자 고립되어 위험에 노출될 것이다. 다음 장에서 만나게 될 포유동물 같은 일부 동물에게는 집단의 이동 방향을 지시할 수 있는 리더와 명확한 계층 구조가 존재한다. 그러나 물고기 떼나 대부분의 새 떼에는 위계질서가 없고 영구적인 지도자도 없으므로 이들은 합의에 도달해야 한다. 대규모 집단에서는 이런 일이 거의 불가능하다고 생각하겠지만 실제로는 잘 작동한다. 먹이 신호를 감지한 소수의 배고픈 물고기들만 있어도 큰 무리를 움직일 수 있다. 그룹의 5퍼센트 정도가 먹이를 향해 움직이기 시작하면 나머지도 따라갈 것이다.

대부분 물고기 떼에게는 남에게 이끌려 간다는 개념이 없다. 대다수 개체에게 다른 방향으로 가고 싶다는 강한 기호가 없기 때문에, 그냥 가까운 이웃에 동조하면서 다른 모든 개체가 하는 일에 반응할 뿐이다. 그러니 최종 결과는 당연히 다들 협조하게 된다. 예전에 학생들과 현장 수업을 하면서 동기화된 소수의 개체들이 어떻게 물고기 떼나 다른 동물 집단을 이끌 수 있는지 설명한 적이 있다. 기발하게도 학생 두어 명이 다른 학생들을 실험 동물로 사용해 직접 시험해보기로 했다.

현장 수업에 참여한 학생들은 매일 아침 뉴사우스웨일스주 펄비치의 현지 조사 센터에서 조용한 시골길을 따라 그들이 일하는 해변까지 걸어갔다가, 매일 저녁 발자취를 되짚어 돌아오곤 했다. 이 길을 따라 반쯤 가면 나무와 덤불이 있는 작은 섬을 중심으로 약 50m 동안 길이 둘로 갈라진다. 두 학생은 계획을 아무에게도 알리지 않은 채, 그 섬에 다다를 때마다 반드시 일행의 맨 앞에 서서 섬의 왼쪽으로 갈지 오른쪽으로 갈지를 무작위로 정했다. 약 30명의 학생이 그들 뒤로 100미터가량 늘어서서 따라오고 있었는데, 그들은 항상 이 은밀한 실험자들이 선택한 방향을 따라갔다. 리더들이 왼쪽으로 가든 오른쪽으로 가든 상관없이 학생들은 항상 그 뒤를 따랐다. 실험자들이 나머지 그룹에게 그들의 실험 주제를 실토할 때까지 이 산책은 며칠 동안 계속되었다.

사람들이 가장 싫어하는 것 중 하나는 자신이 양처럼 행동하고 있다는 생각이다. 그래서 자신들의 행동이 정확히 그런 식이었다는 사실이 드러났을 때, 그 집단은 극심한 불편함을 느꼈다. 사람들이 그동안 어떻게 행동했는지 밝혀진 다음 날, 자칭 리더인 두 사람은 다시 그룹의 맨 앞으로 갔다. 그들이 섬의 왼쪽으로 가자 다른 사람들은 모두 독립성을 저항적으로 표시하기 위해 오른쪽으로 갔다. 물론 두 리더가 여전히 다른 이들이 택할 경로를 결정했다는 점만 제외하면 말이다. 다른 학생들이 리더에게 아무 영향력도 없다는 걸 보여주고 싶었다면, 섬의 왼쪽이나 오른쪽으로 무작위로 걸었어야 했다.

사람들은 자기가 하는 일의 상당 부분이 다른 사람의 행동에 대한 단순하고 무의식적인 반응에 좌우된다는 사실을 인정하고 싶어 하지 않는다. '집단 사고', '군중 심리', '양처럼 쉽게 이끌려 다니는 사람' 같은 말은 매우 부정적으로 보이지만, 많은 상황에서는 이런 잠재의식에 내재된 사회적 상호작용 규칙이 매우 유익할 수 있다. 예를 들어, 혼잡한 횡단보도를 이용할 때면 같은 방향으로 길을 건너는 앞 사람들을 따라 줄을 형성한다. 이를 늘 의식하는 것도 아니며, '반대 방향에서 걸어오는 사람과 부딪칠 것 같으면 왼쪽으로 이동하라' 같은 엄격한 경험 법칙이 작용하는 것 같지도 않다. 우리는 그저 스스로를 조직한다. 합의된 규칙이 없으면 그때 작용하는 사회적 힘에 대응해 문제를 해결할 가장 효율적인 방법을 만든다. 만약 그렇지 않다면 혼란스러운 결과가 발생할 것이다. 많은 충돌이 생길 수도 있고 낯선 사람과 댄스텝을 밟는 것처럼 왼쪽, 오른쪽, 다시 왼쪽으로 똑같이 왔다갔다 하다가, 마침내 교착 사태가 끝나고서야 유감스러운 미소를 지으며 헤어지는 당황스러운 상황에 처하게 된다.

내 박사 과정 지도교수인 옌스 크라우제는 우리의 물고기 연구에 기반한 대규모 실험을 사람들을 대상으로 진행했다.

그는 쾰른에서 자원봉사자 수백 명을 모집한 뒤, 어느 일요일 아침에 그가 이 실험을 위해 예약한 큰 강당에 모이도록 했다. 그리고 이들 각자에게 앞서 설명한 것처럼 물고기의 집단 행동에 대한 실험에 기초한 간단한 규칙 두 가지를 알려줬다. 그 규칙은 '계속 움직여야 한다', '팔을 뻗으면 닿을 거리에 사람이 적어도 한 명은 있어야 한다'는 것이었다. 물론 이 두 번째 규칙은 물고기가 이동할 때 가까운 이웃과 거리를 가깝게 유지하는 모습을 흉내 내려는 것이다.

그 결과는 옌스조차 놀라게 했다. 처음 한동안은 사람들이 일정한 패턴 없이 그냥 움직였지만, 곧 일종의 질서가 형성되었고 사람들은 자신들이 커다란 고리 모양의 구조 안에서 움직이고 있다는 사실을 깨닫게 되었다. 그 사실을 알아차린 일부 참가자들은 웃기 시작했지만, 그 패턴을 깨기 위해 할 수 있는 일은 거의 없었다. 아무도 의식적으로 그런 행동을 하려고 하지 않았다. 그 패턴은 저절로 형성되었다. 이런 고리 모양 구조의 정식 명칭을 원환체torus라고 하는데, 꼬치고기 떼를 비롯해 많은 동물의 집단 운동에서 나타나는 특징이다.

다음에 옌스는 새로운 자원봉사자들과 함께 이 실험의 변형을 시도했다. 참가자들 대부분은 앞서와 동일한 규칙 두 가지를 지키라는 지시를 받았지만, 무작위로 선정된 소수의 사람들은 강당 가장자리에 미리 정해진 지점에 도달하는 추가 임무를 몰래 부여받았다. 문제는 이 소수의 사람이 팔을 뻗으면 닿을 거리에 사람이 적어도 한 명은 있어야 한다는 규칙을 지키면서 많은 이를 이끌 수 있을지 여부였다. 이번에도 적어도 전체 그룹원의 5퍼센트에게 목표 지점을 향해 움직이라고 지시하자, 다른 사람의 목표에 대해 잘 모르는 나머지 사람들을 그곳으로 인도할 수 있었다.

전체의 5퍼센트가 특정한 방향으로 움직이기 시작하면 동물 집단이 모두 그들을 따른다는 마법의 불문율은 없다는 사실을 먼저 지적해야겠다. 작은 그룹에는 더 큰 비율이 필요하다. 그리고 이 값은 종에 따라, 상황에 따라 다르다. 이동이 일어나기 전에 그룹 구성원 대다수의 동의가 필요하지 않다는 사실을 보여주는 증거다. 이는 곧 동물 집단이 꽤 효율적으로 결정을 내릴 수 있다는 뜻이다. 하지만 전체의 5퍼센트가 한 집단을 움직이는 데 필요한 대략적인 숫자라면, 1000마리로 구성된 큰 집단의 경우 50마리의 리더가 필요할지도 모른다는 뜻이기도 하다. 일을 진행시키기 위해 필요한 리더 수가 적어진다면 틀림없이 더 효율적일 것이다. 하지만 이런 방식이 겉보기엔 좋아 보여도, 일정 수 이상의 개체가 함께 움직여야 한다는 조건은 잘못된 정보의 확산과 잘못된 결정을 방지하는 장치 역할을 한다. 이는 집단 전체를 위험으로부터 보호하는 필터이기도 하다.

올바르게 이해하자

집단 생활을 하는 데 있어 결정을 내리는 일은 필수적인 과정이고, 여러 연구 결과는 동물 집단이 이 일을 매우 잘해낸다는 사실을 보여준다. 생각할수록 이 사실은 더욱 놀랍게 느껴진다. 나는 동물 집단이 이런 일을 이렇게 잘 해낸다는 점이 늘 경이로웠고, 그 과정이 어떻게 이루어지는지를 알아내는 것이 내 연구 경력의 중요한 부분을 차지했다. 옌스와 함께 박사 과정을 마친 후, 레스터Leicester 대학에서 폴 하트Paul Hart와 함께 일하기 시작했다. 아마 우연은 아니었을 것이다. 당시 나는 내 삶에서도 중요한 결정을 앞두고 고민하고 있었고, 단기 학술 계약이 이어지는 불확실한 상황 속에서 미래를 계획하려 했다. 동물 집단이 이런 도전에 어떻게 대응하는지를 살펴보기로 했고, 다시 물고기로 연구 방향을 돌렸다. 자연스러운 선택이었다. 나는 물고기를 잘 알고 있었고, 그들은 실험 대상으로도 훌륭했다. 다른 사회성 척추동물들과 달리 이들은 실험실에서 무리 단위로 쉽게 실험할 수 있고, 다른 동물들로 일반화도 가능하다. 행동의 유사성이 차이보다 훨씬 크다.

내가 레스터에서 일하던 초기에, 폴이 멜튼 브룩Melton Brook이라는 그림 같은 이름이 붙은 인기 있는 물고기 채집 장소를 소개해줬다. 이 개울의 일부가 레스터 시내 중심가와 상당히 가까운 곳을 흐른다. 아마 이곳도 한때는 정말 그림 같은 풍경을 자랑했겠지만 지금은 아니다. 나보다 조금 늦게 폴의 연구팀에 합류해서 나중에 링컨셔 도랑에 연구를 하러 갈 때 동행한 마이크와 나는 이 강을 '쓰레기 강'이라고 불렀다. 하지만 이런 이름조차 현실을 제대로 반영하지 못한다. 쓰레기가 가득하고 축제 현장의 화장실 냄새가 풍기는 이곳에서 물고기를 찾기 위해 음료수 캔, 포장지, 버려진 기저귀를 제거해야 했다. 한번은 부풀어 오른 죽은 쥐가 우리 곁에서 둥실둥실 떠내려가기도 했다. 쓰레기 강에서는 물고기 떼가 살 수 있는 가능성이 거의 없어 보였지만, 실제로는 큰가시고기가 가득했다. 내 실험에 안성맞춤이었다. 그들을 대학 수족관으로 데려올 때마다 마치 도시 지옥에서 구해내는 듯한 기분이 들었다.

동물이 잘못된 결정을 내리는 이야기는 대중의 상상력을 강하게 자극한다. 가장 유명한 예는 레밍 무리가 절벽에서 뛰어내리는 장면이다. 그래서 '레밍처럼 행동한다'는 말은 무분별하게 잘못된 행동을 따라 하는 사람을 뜻하는 비유가 되었다. 하지만 레밍은 그런 행동을 하지 않는다. 이런 오해는 디즈니에서 제작한 〈화이트 와일드니스White Wilderness〉라는 영화 때문이다. 영화에 등장하는 레밍은 캐나다 북극에서 이누이트 아이들이 잡아 앨버타까지 옮겨 온 개체들이었다. 제작진은 이들을 강 쪽으로 몰아넣어 영화를 위한 장면을 연출했고 그렇게 신화가 만들어졌다.

하지만 난 사회적 순응의 압력 때문에 물고기가 레밍처럼 행동하게 될 수 있을지 알고 싶었다. 그래서 쓰레기 강에서 피난해 온 큰가시고기들을 이용해, 작은 물고기 무리가 경기장 한쪽 끝에서 반대쪽 끝의 엄폐 구역으로 이동하는 실험을 했다. 경기장 길이를 부분적으로 나눠 물고기들에게 두 가지 대안 경로를 제공했다. 몇 년 뒤에 학생들이 남몰래 인간 대상 실험을 했던 도로 위 섬과 약간 비슷한 형태였다. 흥미를 더하기 위해 한쪽 경로에는 모형 포식자를 배치하고 물고기들이 어떤 선택을 하는지 지켜보았다. 무모한 물고기 두어 마리를 제외하고는 모두 포식자가 있는 경로를 피해서 안전한 선택을 했다. 놀랄 일은 아니다. 다음에는 약간의 사회적 압력이 영향을 미칠 수 있는지 알아보려고 했다. 그래서 큰가시고기 모형을 물에 집어넣고 포식자기 있는 경로를 따라 헤엄치게 했다. 진짜 큰가시고기들은 어느 길로 갈지 선택하기 전에 모형 물고기가 이 길을 따라 헤엄치는 모습을 볼 수 있었다. 결과는 거의 동일했다. 그들은 모형 물고기를 무시하고 이번에도 대부분 안전한 길을 선택했다. 하지만 내 실험은 아직 끝나지 않았다. 그들에게 영향을 미치려면 뭐가 필요한지 알아내기 위해 사회적 압박을 계속 늘렸다. 모형 큰가시고기 두 마리가 위험한 경로를 선택하는 모습을 보여주자 갑자기 진짜 큰가시고기들이 이 모습에 반응하기 시작했다. 아직까지는 이 개척자 두 마리를 따라 가짜 포식자를 지나가려는 통일된 의지를 보이지 않았지만, 물고기들의 행동에 상당한 변화가 생겼다. 특히 개체 수가 적은 집단에서 그 경향이 두드러졌다. 한 마리 지도자는 무력했지만 두 마리는 행동을 바꾸게 할 수 있었다.

인간을 비롯한 모든 동물 집단에서는 항상 무모한 개인이나 나쁜 선택을 하는 독불장군이 있다. 그러므로 어떤 한 개인이 하는 일은 무시하는 편이 낫다. 이런 간단한 규칙은 나쁜 정보를 거르는 필터 역할을 한다. 하지만 두 사람이 동시에 같은 일을 한다면? 그럴 때는 귀 기울일 가치가 있을 것이다. 그렇다고 해서 영화 속 레밍의 모습처럼 융통성 없이 노예처럼 따라야 한다는 뜻은 아니다. 모형 물고기 두 마리를 이용한 실험에서, 물고기들은 처음에는 마치 두 리더를 따라가는 것처럼 출발했지만 그중 상당수는 겁에 질려 안전한 경로 쪽으로 방향을 틀었다.

이를 정족수 반응이라고 한다. 한 개체나 소수의 개체가 먼저 움직일 때 이를 무시하려는 경향이다. 실수를 피하는 간단하고 멋진 방법이다. 무리를 지어 사는 동물들은 종종 새로운 정보에 반응하기 전에 정족수(그룹 구성원의 임계 수)에 도달할 때까지 기다린다. 내 실험에서도 한 무리의 큰가시고기가 잘못된 결정을 내리도록 하는 데는 성공했지만, 사회적 순응의 압박을 이용해 방어 기제를 무너뜨린 경우에만 가능했다. 현실에서는 애초에 진짜 리더 두 마리가 포식자 옆을 지나가는 실수를 저지를 가능성이 거의 없다.

마리 장 앙투안 니콜라 드 카리타Marie Jean Antoine Nicolas de Caritat 콩도르세 후작Marquis de Condorcet(이제부터 그를 콩도르세라고 부르자. 안 그랬다가는 밤새워야 하니까)은 프랑스 혁명 중에 목이 잘리는 바람에 사상가로서의 경력이 갑자기 단절되기 9년 전인 1785년, 하나의 정리를 생각해냈다. 콩도르세는 수학자이자 철학자였으며, 그로서는 불행하게도 귀족 집안 출신이었다. 그가 남긴 유산 중에는 규모가 큰 배심원단이 작은 배심원단보다 나은 결정을 내린다는 수학적 증명도 있다. 매우 뻔한 이야기처럼 들리므로, 좀 더 복잡한 문제라고 말하는 게 콩도르세에게 공정할 것이다. 각 배심원이 독립적으로 피고인의 유무죄에 대한 판단을 내릴 경우, 배심원 규모를 늘리면 일반적으로 그들이 투표할 때 다수결 결정이 옳을 가능성이 높아진다. 즉, 배심원 수가 증가할수록 전체적으로 더 나은 결정을 내릴 수 있다. 많은 나라에서 배심원단을 열두 명의 '정직하고 공정한 시민'으로 구성하는 것은 바로 이 목적에 부합한다.

이런 방식으로 두 가지 선택지 중 하나를 고르는 일은 동물들이 자주 마주하는 과제이며, 올바른 결정을 내리는 일은 그들에게 매우 중요하다. 이 주제에 관심을 갖기 시작했을 무렵 나는 미국 대통령 선거와 관련된 이상한 통계를 하나 들었다.

결국 미국 대선은 두 후보 중 하나를 고르는 문제로 귀결된다. 그 통계는, 정책 차이나 각종 화려한 요소와 무관하게 미국 유권자들은 두 후보 중 키가 더 큰 사람을 뽑는 경향이 뚜렷하다는 것이었다. 재빨리 사실관계를 확인해본 결과, 확실히 그런 추세가 강하게 나타나긴 하지만 사실이 아닌 것으로 밝혀졌다. 하지만 난 자연스럽게 물고기를 떠올렸다. 만약 물고기에게 두 리더 중 하나를 고르게 한다면 어느 쪽을 선택할까? 그래서 포토샵을 이용해 도시에 사는 큰가시고기들에게 큰 물고기와 작은 물고기, 뚱뚱한 물고기와 마른 물고기, 얼룩덜룩한 물고기와 흠 하나 없이 말끔한 물고기 등 다양한 선택지를 줬다. 각각의 이미지를 만들어 물고기들에게 보여준 다음, 두 이미지를 반대 방향으로 움직여 물고기가 어떤 리더를 따라갈지 선택하도록 했다. 우스꽝스럽게 들리겠지만 이런 각각의 선택지는 물고기에게 영향을 미친다. 큰 물고기는 작은 물고기보다 나이와 경험이 많고, 뚱뚱한 물고기는 마른 물고기보다 먹이를 잘 찾을 수 있으며, 얼룩이 없는 물고기는 기생충에 덜 시달렸을 확률이 높다. 이렇게 지도자 후보 사이의 미묘한 차이들이 뒤따르려는 개체들에게는 고려할 요소가 된다.

실험 결과, 규모가 작은 집단에게 리더를 선택하도록 했을 때는 어느 쪽으로든 특별히 강한 선호도를 드러내지 않았지만 집단 규모가 커질수록 더욱 결정적이고 나은 선택을 했다.

그들은 대부분 빠르게 합의에 도달한 뒤 선호하는 리더 뒤에 결집했다. 당시에는 이 문제를 그리 깊이 생각하지 않았다. 그저 재미와 과학적 호기심이었을 뿐이고 콩도르세의 배심원 정리에 대해서도 전혀 몰랐다. 동료 수학자 데이비드 섬터David Sumpter는 내가 자기도 모르는 사이에 물고기를 이용해 배심원단이 작동하는 원리를 멋지게 입증했다고 지적했다. 내가 어떻게 알았겠는가?

무리에 속한 물고기 수가 늘어날수록 결정을 내리는 능력도 향상된다. 선택은 더 정확해지고 결정 속도도 빨라진다. 물고기에게 큰 이점이지만, 무리를 이루는 이유는 그것만이 아니다. 대부분의 물고기는 날카로운 가시나 딱딱한 껍질이 없고 독성도 없다. 게다가 맛도 좋은 편이다. 물리적인 방어 도구가 전혀 없는 그들은 사냥꾼들을 피하기 위해 빠른 움직임에 의존해야 한다. 물고기는 척추동물 가운데 몸에서 근육이 차지하는 비율이 가장 높다. 전체 몸무게의 약 80퍼센트가 근육인데, 인체 근육량의 약 두 배다. 덕분에 아주 빠르게 움직일 수 있다. 하지만 아무리 빠르고 날렵해도 몸을 숨길 곳이 거의 없는 탁 트인 물속에서는 한계가 있다. 무리를 이루면 개체별 위험이 분산되고 혼동 효과(포식자가 겪는 정신없는 감각 과부하)를 이용할 수 있다. 게다가 무리는 일종의 초감각 기관처럼 작용해 먹이를 더 잘 찾아낸다. 개체들의 탐색 능력이 합쳐지기 때문이다. 배가 고플 때 일부 물고기 무리는 앞뒤보다 좌우로 넓은 전열 형태를 이루는데, 마치 경찰이 증거를 찾기 위해 현장에서 일렬로 수색하는 모습과 비슷하다. 한 마리가 먹이를 발견하면 다른 개체들이 그쪽으로 몰려가 몫을 차지하려 한다.

곤경에 빠지다

무리를 이루는 전략이 널리 퍼져 있는 이유는 그 많은 이점 덕분이다. 2만 종이 넘는 어류 중 절반 이상이 유년기처럼 취약한 시기에 보호를 위해 무리를 이루고, 전체 어류의 약 4분의 1은 일생 동안 무리를 이룬다. 이 물고기들에게는 무리를 짓고 싶은 충동이 뿌리 깊이 박혀 있다. 같은 종의 대규모 무리를 보면 이들의 뇌에서 사회적 행동을 조절하는 전시각 전구라는 뇌의 한 부분이 밝게 빛난다. 참고로 물고기의 뇌와 포유류의 뇌는 인간을 포함해 여러 중요한 차이가 있지만, 그 근저에는 공통된 기본 요소들이 존재한다. 포유류에서도 이 부위는 사회적 행동과 성적 행동에 중요하다. 평생 무리 지어 다니는 물고기 중에는 대구, 정어리, 고등어, 참치, 멸치처럼 우리에게 가장 친숙한 물고기들이 있다. 이들이 형성하는 무리의 규모는 믿기 어려울 정도로 거대하다. 흑해에서 발견된 한 멸치 무리는 거의 700만 입방미터의 물을 차지하고, 수억 마리의 청어로 구성된 무리가 수십 제곱킬로미터에 걸쳐 퍼져 있기도 하다. 하지만 이 거대한 집단도 새롭고 매우 다른 종류의 포식자인 인간 때문에 크릴새우처럼 큰 위험에 처해 있다.

5억 3천만 년에 이르는 진화 역사 동안 물고기는 포식자의 위협에 대응하며 적응해왔다. 하지만 오늘날의 어업 기술 앞에서는 아무런 대응책이 없다. 유압 윈치로 길이 2킬로미터, 깊이 200미터에 달하는 자망을 펼칠 수 있는 현대 어선이나, 창고 크기의 공간도 삼킬 수 있을 만큼 거대한 입처럼 바다를 가르며 그물을 끄는 저인망 어선 앞에서 물고기는 속수무책이다. 인간은 음파 탐지기를 이용해 수중 탐색의 불확실성을 줄이고 대규모 어군을 정밀하게 추적한다. 이런 장비는 무리 지어 사는 물고기의 방어 체계를 무너뜨릴 뿐만 아니라 이런 습성을 역이용한다. 다수가 한데 모이는 경향을 이용해 모여 있는 물고기를 한꺼번에 다 잡아버리는 것이다. 어류를 보호하기 위해 어획 할당량을 정해놓고 있지만 이 방법이 항상 현실적이지도 않고 강제할 수 있는 것도 아니다. 잘못된 시간, 잘못된 장소에 있었던 어종들은 혼획되었다가 버려질 뿐이다.제빙 기술 덕분에 어획물은 선상에서 장시간 보관이 가능해졌고, 항구로 복귀하지 않고도 더 오래 조업할 수 있다. 간단히 말해, 물고기를 잡을 수 있는 인간의 능력이 물고기들이 대처할 수 있는 수준 이상으로 증가했다.

아메리카 대륙을 방문한 최초의 유럽인들은 고향에 돌아온 뒤 엄청난 부를 누리게 될 것이라고 말했다. 베네치아 출신 탐험가 조반니 카보토Giovanni Caboto는 바다에 물고기가 너무 많아서 바구니를 물에 담그기만 해도 잡을 수 있을 정도라고 설명했다. 포르투갈과 바스크 어부들은 뉴펀들랜드 해안에 있는 그랜드뱅크스Grand Banks(뉴펀들랜드 동남쪽에 있는 수심이 얕은 광대한 대어장—옮긴이)의 잠재력을 발견한 최초의 유럽인 중 하나이며, 1400년대부터 대서양을 건너 고기를 잡고 있다. 1600년대에 그 지역을 방문한 영국 어부들은 배를 젓기 힘들 정도로 물고기가 많다고 말했다. 뉴펀들랜드 해안의 생물학적 풍요는 몇 가지 독특한 해양학적 조건 때문이다. 멕시코 만류는 멕시코 만에서 북쪽으로 흘러나와 따뜻한 물을 운반하다가 뉴펀들랜드에서 남쪽으로 흐르는 차갑고 영양분이 풍부한 래브라도 해류와 충돌한다. 충돌하는 지점에서 해저면이 대략 아일랜드 정도 크기의 해역인 그랜드뱅크스의 천해역까지 상승하면서 해류가 위로 밀려올라간다. 해류가 상승하고 섞이는 과정에서 더 많은 영양분을 끌어들여, 생산적인 먹이 그물의 토대를 이루는 미생물의 풍부한 군집을 뒷받침한다.

이 먹이 그물의 정점에 대서양 대구가 있다. 이 물고기는 인간과 해양 생물과의 불편한 관계를 상징한다. 우리는 육즙이 많은 흰 살 때문에 대구를 높이 평가하는데 한 마리는 많은 살점을 제공할 수 있다. 대구는 성인 인간 정도의 크기까지 자랄 수 있고 최대치까지 자라면 길이 2미터, 몸무게 100킬로그램까지 늘어나기도 하지만 요즘에는 이 정도 크기의 괴물 같은 물고기는 거의 찾아볼 수 없다. 암컷 대구는 놀라울 정도로 많은 알을 낳을 수 있다. 개체군에서 가장 큰 암컷은 20살 정도이고 1년에 1000만 개의 알을 낳는 반면, 작고 어린 암컷은 그 10분의 1도 못 낳는다. 개체군에서 가장 큰 물고기를 잡으면 해당 개체군의 회복 능력이 과도하게 감소하지만, 가장 큰 물고기일수록 사람들에게는 가장 큰 상품으로 여겨진다.

덩치가 크고 경험이 풍부한 대구는 알을 낳는 능력이 뛰어날 뿐만 아니라 무리가 이동할 때 주도적인 위치를 차지하기도 한다. 1990년대 초에 캐나다 해양수산부에서 일하던 연구원 엘리자베스 드블루아Elisabeth DeBlois와 조지 로즈George Rose는 해마다 뉴펀들랜드 북쪽으로 이주하는 거대한 대구 떼를 따라갔다. 이 대구 무리는 20킬로미터 이상 길게 뻗어 있었고 가장 큰 물고기가 선봉에 있었다. 뒤따라가는 젊은 물고기들은 오래전부터 정해져 있는 경로에 대해 배우고, 이런 방법을 통해 지식이 세대에서 세대로 전달된다. 이런 양상은 청어, 고등어, 정어리 같은 다른 대형 먹이 어종의 거대 무리에서도 나타난다. 따라서 가장 큰 물고기를 잡아들이는 것은 개체군 전체에 심각한 손실을 초래할 수 있다.

그랜드뱅크스에는 대서양 대구가 무한히 많이 사는 듯했고 몇 세기 동안은 실제로 그랬다. 뉴펀들랜드가 영국 식민지가 되고 해안가에 어촌이 생겨났지만, 대구는 아주 많고 어획 능력은 제한적이라서 대구 수에 거의 영향을 미치지 않았다. 그러다가 1900년대 초반에 균형이 기울기 시작했다. 어선들은 더는 바람에만 의지하지 않고 처음에는 석탄으로 움직이는 증기기관, 다음에는 디젤엔진을 이용하게 되었다. 나무배는 금속 선체를 가진 더 큰 배로 바뀌었다. 사람 힘으로 돌리던 윈치에도 엔진이 장착되었다. 더 많은 배가 그랜드뱅크스로 몰려와서 소규모 지역 어부들과 합류했다. 천천히 그러나 거침없이 어획량이 증가하기 시작했다.

그러다가 20세기 중반에 모든 게 엉망이 되었다. 배와 배가 끌 수 있는 그물 크기도 커졌고, 제2차 세계대전 이후 개발된 선내 냉장 기술의 발전이 슈퍼 저인망 어선의 탄생을 예고했다. 캐나다 정부는 자국 해안에서 12마일 이내에 있는 해역에 대해서는 배타적 권리를 주장할 수 있었지만, 그 너머의 바다에서는 모든 게 자유였다. 공장형 저인망 어선들이 전리품을 나누기 위해 전 세계에서 그랜드뱅크스로 몰려왔다. 당시 뉴펀들랜드 사람들의 목격담에 따르면 바다로 나가는 어선들의 불빛 때문에 마치 뱅크스 위에 도시가 세워진 것처럼 보일 정도였다고 한다. 1968년에 그랜드뱅크스에서 80만 톤의 대구를 잡으면서 어획량이 절정에 달했지만, 그 후 몇 년 동안 어획

강도는 그대로 유지되었어도 대구 어업은 급격히 감소했다. 1974년에는 어획량이 1968년의 절반에도 미치지 못했다. 대구 개체수가 빠르게 줄어들고 있었기 때문이다.

1977년부터 캐나다인들은 영해선을 200마일로 늘렸지만 이제 지역 주민들도 이 노다지를 통해 큰돈을 벌고자 했기 때문에 대구잡이는 전혀 줄어들지 않았다. 그들의 논리는 간단했다. 오랫동안 외국 어선들이 이득을 챙겨왔는데, 이제는 캐나다 어민들이 자기 몫을 챙길 차례라는 생각이었다. 이제는 어획량이 절정기에 비해 크게 줄었지만 어부들은 호황을 맞았다. 어획 한도가 정해졌지만 그들은 어장이 유지될 수 있다는 데 매우 낙관적이었다. 어획량과 잡은 물고기 크기가 모두 줄었다는 소규모 연안 어부들의 경고는 무시되었다. 대규모 조업을 막으려는 정치적 의지도 부족했다.

1990년이 되자 상황이 심각해졌다. 정부 연구선에 탑승해 있던 과학자 조지 로즈는 자신과 동료들이 북극에서 그랜드 뱅크스로 남하하던 거대한 대구 무리를 발견한 일을 회고했다. 그 규모는 45만 톤에 달했고, 아마도 마지막 대구 초대형 무리였을 것이다. 로즈는 당시 남아 있던 개체군의 약 80퍼센트가 이 한 무리에 집중되어 있었을 것으로 추정한다. 대구처럼 무리를 이루는 어종의 개체군이 급감할 때 두 가지 일이 일어날 수 있다. 무리 수는 거의 같지만 각 무리의 규모가 작아지거나, 각 무리에 속한 물고기 수는 동일하게 유지되지만 무리 개수가 감소할 수 있다. 조지는 후자가 진실에 가깝다고 믿는다. 결국 조지는 북극에서 내려온 마지막 대구 무리가 어장을 지나 트롤어선 대열의 환영 속으로 그대로 헤엄쳐 들어가는 모습을 지켜볼 수밖에 없었다.

곧 종말이 찾아왔다. 1992년에 캐나다 정부는 마침내 불가피한 상황을 인정하고 그랜드뱅크스에서의 대구 조업을 중단한다고 발표했다. 대구의 번식 자원 중 99퍼센트가 그 지역에서 사라진 것으로 추정된다. 단숨에 수천 명이 일자리를 잃었고 캐나다의 수입 손실은 수십억 달러에 이를 것으로 예측됐다. 뉴펀들랜드 사람들의 삶에 끼친 즉각적인 손해는 헤아릴 수 없을 정도다. 공유지의 비극을 극명히 보여주는 사례다. 대구 자원은 모두의 것이자 동시에 누구의 것도 아니었다. 어부들 입장에서는 그들이 잡지 않고 남겨둔 물고기를 다른 사람이 쓸어갈 게 뻔했기 때문에 포획을 억제할 인센티브가 전혀 없었다. 붕괴 직전 몇 년 동안 결정적인 조치를 취할 정치적 의지는 수익성 높은 산업이 위협받는다는 현실 앞에서 무너졌다. 게다가 대구에게는 투표권도 없다.

처음에 조업 중단을 발표했을 때는 어류 자원이 회복될 시간을 주고자 2년 동안만 중단할 계획이었다. 그러나 기대했던 즉각적인 회복은 이루어지지 않았다. 생태계가 돌이킬 수 없을 정도로 변한 듯했다. 저인망 어선들이 주요 포식자를 효과적으로 제거했을 뿐만 아니라 시간이 지나면서 대구와 그들의 피식자 종이 자라는 해저면에까지 피해를 입혔기 때문이다. 시간이 지나도 여전히 회복될 기미가 보이지 않았기 때문에 조업 중단 기간을 연장하는 것 외에는 다른 대안이 없었다. 그 후 2000년대 중반에 대구가 다시 돌아오고 있다는 첫 번째 징후가 나타났다. 숫자는 적었지만 분명히 있었다. 첫 번째 조업 중단 조치 이후 거의 30년이 지난 지금도 대구 개체수는 기껏해야 호황기의 3분의 1 수준이다. 하지만 수산업계에서 강한 압력을 가한 결과 포획 한도가 늘었다. 과학자들은 너무 많다고 말하고, 어민들은 너무 적다고 말한다. 앞으로 어떻게 될지는 아무도 모른다. 우리가 과거의 실수에서 교훈을 얻을 수 있을지도 불확실하다. 확실한 것은 단 하나, 그랜드 뱅크스의 대구 붕괴는 인간과 물고기 모두에게 비극이었다.

무리를 이루는 습성은 많은 어종의 생존에 필수적이지만, 그랜드뱅크스의 북대서양 대구에게는 몰락의 원인이 되었다. 그렇다면 왜 대구는 그 습성을 버리지 못했을까. 시간이 충분했다면, 좀 더 구체적으로 말해 여러 세대에 걸쳐 일이 진행되었다면 대구의 행동이 진화하고 적응했을 수도 있다. 그러나 집단을 이뤄 이주하려는 충동은 수천만 년에 걸쳐 형성된 그들 행동의 근본적인 부분이다. 공장형 저인망 어선들이 거대한 그물을 가지고 나타나자 대구는 너무 새롭고, 너무 빠르고, 너무 파괴적이어서 도저히 대처할 수 없는 맹공격에 대처할 수 없었다.

비록 대구는 헤어나올 수 없는 상황에 처했지만, 동물들은 행동을 바꾸거나 필요에 맞게 조정할 수 있다. 물고기는 때로는 더 강하게 무리를 짓고 때로는 독립적으로 행동한다. 낮에 활동하는 종들은 밤이 시작되면 무리가 뿔뿔이 흩어진다. 시각을 이용해서 사냥하는 포식자들을 교란시키는 무리의 역할 때문이다. 밤의 어둠 속에서는 이러한 포식자들이 활발하지 않기 때문에 무리를 이루어야 할 필요도 줄어든다. 그러나 해가 떠오르고 위험이 다시 다가오면, 물고기들은 다시 무리를 형성한다. 위험이 클수록 더 촘촘하게 모여 응집력이 강해진다. 영국의 한 강에서 피라미 떼를 관찰한 결과, 이 물고기들은 포식자로부터 겨우 수 미터 떨어진 곳에서 평생 살아간다는 사실을 발견했다. 그럼에도 피라미는 서식지에서 가장 성공한 물고기 중 하나가 되었다. 이는 무리 짓기가 방어 수단으로서 얼마나 효과적인지 알 수 있는 결과다. 반면 위협이 사라지고 물고기가 긴장을 풀 수 있게 되면, 무리를 지어야 할 필요성은 줄어든다.

교역소

트리니다드의 뜨겁고 습한 열대 우림을 관통해 흐르는 개
울에서는 자연계에서 진행 중인 진화 가운데 가장 흥미로운
사례 중 하나를 확인할 수 있다. 카리브해의 이 섬은 어항에
서 자주 볼 수 있는 물고기인 구피guppy의 고향이다. 몸길이가
2~3센티미터를 넘지 않는 이 작은 물고기는 지칠 줄 모르고
끈질기게 섹스에 집착한다. 쾌락을 위해서가 아니라 짧고 위
험한 삶을 사는 종들의 생존 전략이다. 그들은 빠른 번식 속도
덕에 수족관 사업 초기부터 즉시 히트 상품으로 자리잡았고,
인공적인 선택을 통해 자연을 개선할 수 있다고 믿는 이들의
노력을 촉진했다. 애완동물 가게에 가면 동계 교배의 화려한
결과물을 볼 수 있는데, 수컷 구피는 길고 화려한 꼬리를 가진
반면 암컷 구피에게는 이런 특성이 나타나지 않는다. 하지만
야생에서 사는 구피는 수족관을 오염시키는 너풀거리는 지느
러미가 달린 흉물과는 거리가 멀다. 그들은 훨씬 더 미묘하게
패턴화되어 있는데, 그럴 만한 이유가 있다. 트리니다드에서
는 다양한 포식자 집단과 나란히 살아가기 때문이다. 애완용
구피는 모든 포식자에게 공격당하기 쉬운 표적이 될 것이다.
화려한 색은 어디서나 눈에 잘 띄고 그런 과장된 꼬리를 달고
는 느리게 헤엄칠 수밖에 없다. 부지런한 사육자들은 각 집단
에서 가장 화려한 개체를 골라 다음 세대를 번식시키는 데 사

용하는 반면, 포식자들은 그와 반대되는 방향으로 선택한다. 즉, 가장 눈에 띄는 개체는 살아남지 못하고 먹힌다. 호주에서 진행된 의도치 않은 자연 실험에서 그 결과를 확인할 수 있다. 수년간 무책임한 어항 주인들이 열대 북부 지역의 수로에 구피를 방류한 것이다. 구피는 적응력이 뛰어난 동물이라서 새로 옮겨간 서식지에서도 열심히 적응해 현재는 골칫거리 외래종이 되었다. 방류된 개체는 대부분 애완용으로 길러진 매우 화려한 품종이었을 거라고 가정하는 게 합리적이겠지만, 그 후손들은 거의 트리니다드의 야생 구피와 똑같은 모습으로 돌아갔다.

호주에서는 현지 포식자들이 세대를 거듭하며 구피의 모습을 변화시켰다. 한편 트리니다드에서는 개울이 산과 언덕에서 바다로 흘러갈 때 폭포가 되어 흐른다. 폭포 위쪽에서는 구피가 비교적 평온한 삶을 산다. 파이크시클리드나 블루 아카라 같은 대형 포식자들이 폭포 아래쪽에만 있기 때문이다. 반면 폭포에 휩쓸려 들어간 구피들은 온갖 위험이 도사린 세상에서 훨씬 힘든 삶을 살게 된다. 따라서 구피 개체군은 자연 장벽에 의해 확연히 다른 두 생활환경으로 나뉜다. 한쪽은 물고기의 천국이고 다른 한쪽은 포식자가 들끓는 지옥이다. 다행히 구피들은 이런 환경에도 충분히 대처할 수 있을 만큼 적응력이 뛰어나다. 개별적인 유연성과 자연 선택의 결합으로 인해 이

두 개체군 사이에는 분명한 차이가 나타난다. 폭포 위에 사는 구피는 덩치가 크고 색이 화려하며 무리 지어 돌아다니는 경향이 적은 멋쟁이들이고, 폭포 아래에 사는 구피는 부랑자처럼 외모가 칙칙하고 떼를 지어 포식자들을 피한다. 하지만 하류의 수컷은 너무 칙칙한 모습으로 지낼 수도 없다. 암컷은 화려한 색을 지닌 짝을 선호하기 때문에, 번식 기회를 얻으려면 수컷은 주황색과 검은색의 선명한 무늬를 드러내야 한다. 물론 이는 포식자에게 더 쉽게 눈에 띈다는 의미이기도 하다. 자연계에서 흔히 그렇듯, 이 역시 일종의 균형이다. 폭포 아래의 구피는 빨리 살고 일찍 죽는다. 굶주린 포식자들에게 둘러싸여 있기 때문에 더 이른 나이에 번식하고, 전 생애가 짧은 몇 주 안에 집중된다.

이 자연 진화가 이루어지는 호된 시련의 장은 수십 년 동안 생물학자들을 매료시켰다. 이렇게 공존하는 구피 개체군에게 가해지는 서로 다른 압력이 시간이 지나면서 다양한 특성을 만들어냈다. 두 서식지에 사는 물고기를 서로 바꾸면 어떻게 될까? 동물들은 살아가며 발생하는 다양한 문제에 적응하기 위해 융통성 있게 행동하는 경향이 있다. 하지만 우리 인간과 마찬가지로 그들 또한 젊을수록 변화에 잘 적응한다. 포식 위협이 낮은 구피를 포식 위협이 높은 구피와 함께 기르면, 그들도 포식 위협이 높은 구피처럼 행동하고 특히 더 많이 결집하는

경향이 강해진다. 다시 말해, 주변 동물들의 행동에 동조하게
된다.

유전자의 통제를 받는 행동 측면처럼 보다 장기적인 변화
가 일어나려면 시간이 더 오래 걸린다. 서로 다른 개체군에서
온 구피를 사육 상태에서 번식시키면 통제된 환경에서 길러낼
수 있다. 이 방법을 통해 '본성'과 '양육'을 분리할 수 있다. 본
성은 동물의 행동 중 유전자에 의해 통제되는 부분을 뜻하고,
양육은 환경이 행동에 어떤 영향을 미치는지를 의미한다. 구
피의 경우 야생 개체군으로부터 두 세대 떨어진 개체들도 안
전하고 통제된 환경에서 살고 있음에도 여전히 조부모와 유사
한 행동을 보였다. 다시 말해, 조부모가 포식자 많은 환경에서
온 구피는 포식자 적은 환경 출신의 구피보다 더 무리를 지었
다. 그들의 행동은 부분적으로 유전에 의해 미리 정해져 있다.
즉, 어느 정도 유연성은 있지만 동물은 완전히 백지 상태에서
환경에 따라 자유롭게 행동을 형성할 수 있는 존재는 아니다.
이전 세대에게서 물려받은 습성이 있다. 유전학자들이 유전력
추정이라고 하는 방법을 써보면, 동물의 행동 가운데 얼마나
많은 부분이 유전자에 기인하는지 평가할 수 있다. 물고기의
무리 행동에 대해 이 연구가 수행된 바 있으며, 유전의 영향은
약 40퍼센트로 나타났다. 즉 개체군 전체를 놓고 볼 때 행동의
약 40퍼센트는 유전자에 의해 결정되며, 나머지 60퍼센트는

환경 또는 적어도 비유전적 요인에 의해 좌우된다.

 야생의 척추동물처럼 복잡한 동물은 진화가 진행되는 모습을 보기 힘들다. 시간이 너무 오래 걸리기 때문이다. 하지만 구피는 라이프사이클이 진행되는 속도가 매우 빠르기 때문에 진화 과정도 빠르게 진행되는 것처럼 보인다. 1957년에 포식자가 많은 환경에 살던 구피들을 포식자가 드문 새로운 하천으로 옮겼다. 1976년에도 비슷한 이주가 이루어졌다. 1992년에 이 구피의 후손들을 다시 조사해보니 행동은 바뀌어 있었다. 각각의 후속 세대가 부모에게 물려받은 행동 특성이 자연선택에 의해 수정되었다. 결과적으로, 구피의 행동이 전형적인 높은 포식 환경의 행동에서 낮은 포식 환경의 행동으로 바뀌려면 약 30~60세대를 거쳐야 한다. 물론 여기서 말하는 조건은 포식자의 위협 제거이므로 선택과 도태가 그리 일사불란하게 진행되지는 않는다. 다시 말해, 조상들의 극도로 조심스러운 행동을 물려받은 구피들은 여전히 번식에 집착한다. 만약 구피를 반대 방향으로 이주시켜서 낮은 포식 환경에서 높은 포식 환경으로 옮겨놓으면 선택 압력이 더 극심해질 것이다. 효과적인 포식자 회피 행동을 취할 수 있는 개체만이 번식할 만큼 오래 살아남을 수 있기 때문에, 진화 속도는 더 빨라지게 된다.

 시내 중심가에서 호랑이를 본다면, 우리는 호랑이와 최대한 거리를 두려고 노력할 것이다. 하지만 구피나 다른 많은 무리 생활을 하는 물고기들은 그렇지 않다. (물론 이들이 보는 것은 호랑이가 아니라 물고기 세계의 호랑이에 해당하는 포식자이지만, 핵심은 같다.) 그들은 서둘러 안전지대로 달아나기보다는 적을 예의 주시한다. 왜 그런 식으로 행동하는 걸까? 보이지 않는 포식자가 가장 위험한 존재이기 때문이다. 게다가 정보는 모든 동물에게 있어 매우 중요한 자산이다. 먹이 물고기가 처음 포식자를 감지했을 때 일어나는 일은 놀랍기조차 하다. 먼저 그들은 위협에 집중하기 위해 하던 일을 멈춘다. 그리고 때때로 물고기 몇 마리 또는 한 마리가 무리를 떠나 위협적인 대상에게 접근한다. 이런 행동을 포식자 관찰이라고 한다. 위험한 일이니까 신중하게 해야 한다. 포식자에게 접근하는 동안 상황을 평가하고 또 다른 관찰 무리가 있다면 따라올 수 있도록 수시로 멈춘다. 관찰자들은 또한 포식자의 공격 구역, 즉 이빨을 드러낸 입 앞 공간을 피한다. 그러면 사냥꾼은 돌진하기 전에 방향부터 틀어야 하므로 관찰자들은 그 사이에 안전하게 도망칠 수 있다.

이 관찰의 목적은 포식자가 가하는 위협 수준을 파악하는 것이다. 그들은 관찰하는 동안 포식자가 배가 고픈지, 최근에 어떤 먹이를 먹었는지 등의 정보를 수집한다. 이런 정보는 포식자가 발산하는 단서(배가 불러 보이는지, 어떤 냄새가 나는지 등)에 주의를 기울이면 얻을 수 있다. 자신과 같은 종을 좋아하는 포식자가 배가 고프다는 건 나쁜 소식이므로 경계해야 하지만, 배가 잔뜩 부른 포식자는 별 문제가 되지 않는다. 이런 정보를 얻은 관찰단은 무리로 돌아가 보고하고, 보고받은 소식이 괜찮다면 그들은 탐색이나 구애 같은 정상적인 활동을 계속할 수 있다.

치명적인 위협에 다가가는 일은 본질적으로 위험하므로 개울 속 모든 물고기가 포식자 관찰에 나서는 것은 아니다. 그렇다면 관찰자들은 왜 스스로를 위험에 빠뜨리는 걸까? 많은 동물들에게 있어 위험을 감수하는 행동은 매력 요소가 될 수 있기 때문이다. 인간의 복잡한 성적 행동을 분석하는 연구에서는 사람들이 위험한 행동을 매력적으로 받아들인다는 사실을 일관되게 지적한다. 이는 여성들이 남성의 매력을 평가할 때 가장 명백하게 드러나는데, 이때 말하는 위험은 안전벨트를 매지 않는 등의 현대적 위험이 아니라, 위험한 동물이나 불과 맞서는 것처럼 수렵 채집 시대의 위험과 관련된 경우에 한정된다. 이와 유사하게, 포식자 관찰에서 돌아온 수컷 구피들도 그 대가로 암컷에게 더 큰 매력을 얻게 된다. 암컷은 이들의 구애 시도에 더 잘 반응한다. 일반적으로 암컷 구피는 수컷이 표현하는 색상 패턴을 기준으로 짝을 선택한다. 강하고 건강하고 먹이를 잘 찾는 수컷은 화려한 색을 뽐낼 수 있다. 그들의 상징 색은 암컷이 좋은 유전자를 지닌 수컷을 가려낼 수 있는 신호다. 칙칙한 색을 띤 수컷들에게는 어떤 기회가 있을까? 포식자를 관찰하는 위험한 행동에 참여하면, 암컷들은 색은 화려하지만 소심한 수컷보다 단조로운 색의 용감한 수컷을 선호하게 된다.

낙원으로의 여행

에이스가스 폭포에서 소년의 눈으로 경탄한 이후 25년이 지난 지금, 나는 새로운 여정을 시작하고 있다. 퀸즐랜드 글래드스톤 항에서 출발해 생애 처음으로 그레이트 배리어 리프Great Barrier Reef로 향하는 34미터 길이의 쌍동선 헤론 아일랜더Heron Islander를 타고 출발했다. 난 그냥 배를 탄 게 아니라 뱃머리 앞에 서 있었다. 마치 제일 앞에 서 있으면 더 빨리 도착할 수 있을 것만 같다. 그리고 나와 이 배가 가고 있는 지구상에서 가장 유명한 해양 서식지 사이에 있는 80킬로미터 길이의 산호해Coral Sea를 바라봤다. 난 세상에서 가장 운 좋은 사람이라는 기분이 든다. 이것은 내가 지금껏 해온 모든 노력의 절정이다. 물고기를 연구하는 나에게 그레이트 배리어 리프는 지상 낙원 같은 곳이다. 쌍동선이 목적지까지의 거리를 좁히면서 그레이트 배리어 리프의 내륙 전초 기지인 마스트헤드Masthead와 위스테리 리프Wistari Reefs를 지나자 바다가 짙은 파란색에서 밝은 청록색으로 바뀐다. 드디어 헤론섬에 도착했다. 한때 거북이를 잡아 통조림으로 만들던 공장이 있던 곳이다. 호주에서는 더는 그런 일을 하지 않는다. 통조림은 콩으로 만들고 거북이는 정처없이 돌아다니도록 놔두는데 나는 그게 올바른 방식이라고 생각한다. 헤론은 이제 리조트 섬이지만 여기가 여행의 종착지는 아니다. 선착장에서는 또 다른 배가 우리를 기다리고 있다. 헤론섬 부두에서 마지막 20킬로미터를 달려 우리가 향하는 목적지, 원트리 섬One Tree Island까지 데려다 줄 배다.

원트리 섬 연구소 관리자인 러스와 젠이 두 번째 배의 선장이다. 원트리 리프의 바깥쪽 가장자리에 도착할 때까지는 수월한 항해였다. 석호에 들어가려면 이곳을 건너가야 하는데, 만조 때 특정한 장소 한 곳에서만 가능하다. 하지만 배의 선체와, 비록 소중하지만 배를 파괴하는 산호 사이에 공간이 거의 없는 곳이다. 여기를 통과하려면 러스와 젠이 확실히 가지고 있는 배짱과 항해 기술이 모두 필요하다. 다행히 오늘은 바다가 잔잔해서 석호로 쉽게 건너갈 수 있었다. 몇 킬로미터만 더 가면 섬에 도착한다. 원트리 섬은 기본적으로 수백만 개의 산호 조각이 쌓여 만들어진 산호섬이다. 시간이 지나면서 강건한 초목과 작은 나무들이 이곳에 뿌리를 내렸다. 나무가 몇 그루인지는 잘 모르겠지만 섬의 이름(원트리)과 다르게 한 그루는 분명히 넘을 것이다. 원트리 섬은 상당히 작다. 만조 때는 축구장 열 개 정도 크기밖에 안 된다. 게다가 대부분의 구역은 출입금지다. 우리는 가장 깨끗한 산호초가 있는 지역 중 한 곳에 와 있고 여기에서는 보존이 최우선 과제다. 연구소에는 연구원들만 출입할 수 있고, 이 섬은 산호초에서 가장 엄격하게 보호되는 구역 중 한 곳에 있기 때문에 낚시도 전면 금지된다. 1970년대 초반에 소박한 오두막 한 채로 시작된 연구소는 현재 사무실, 실험실, 침실 등이 포함된 작은 건물들의 집합체로 확장되었지만, 그래도 여전히 섬의 한쪽 구석에 옹기종기 모여 있고 나머지 공간은 야생 동물들이 자유롭게 쓰도록 남겨두었다.

원트리 섬은 외진 곳에 있지만 많은 동물이 해안으로 떠밀려 와 오랜 기간에 걸쳐 스스로 자리를 잡았다. 도마뱀붙이, 거미, 그리고 독이 있는 거대한 지네는 사람들이 기억하는 한 늘 그곳에 있었다. 물론 새들도 아무 어려움 없이 섬을 깡충깡충 뛰어다닌다. 흰눈썹뜸부기가 덤불 아래를 지나가고 왜가리는 날카로운 부리로 방심한 물고기를 잡으려고 물가에서 기다리고 있다. 제비갈매기 수천 마리가 모여 섬의 거의 모든 나무 가지마다 어수선한 둥지를 틀고 산다. 여기 원트리 섬에 사는 동물들은 인간을 두려워하는 법을 배운 적이 없다. 그래서 꼭 반짝이는 화장이라도 한 듯 은빛 테두리를 두른 눈으로 사람들을 가만히 응시하기만 한다. 그 옆을 지나가도 도망치지 않지만 너무 가까이 가면 코를 쪼아댈 수도 있다.

하지만 그들도 맹금류는 무서워한다. 흰배바다수리 한 쌍이 윈트리 섬에 둥지를 틀고 사는데, 이 중 한 마리가 날개를 펴면 제비갈매기들 틈에서 엄청난 경보가 울린다. 해질녘에 새부리슴새 몇 마리가 섬에 도착했다. 미신을 믿는 선원들은 이 깃털 달린 방문객의 섬뜩한 울음소리가 어둠 속에서 들려오면 공포에 떨곤 했다. 죽은 아기의 유령에 홀렸다고 생각했던 것이다.

새들도 물론 멋지지만 나는 수중동물을 관찰하러 온 것이다. 그래서 가방을 내려놓자마자 물속으로 성큼성큼 들어갔다. 그레이트 배리어 리프에는 1500종 정도의 물고기가 사는데, 그들과 친해지고 싶었다. 수면 아래로 잠수했을 때 거품이 걷힌 뒤 처음 눈에 들어온 해양동물은 거대한 붉은바다거북이었다. 나중에 알고 보니 그때 내가 만난 거북이는 아스트로Astro였다. 커다란 수컷 거북인 아스트로는 등딱지에 잔디 같은 해조류가 뒤덮여 있기 때문에 그런 이름이 붙었다. 아스트로는 구슬픈 눈으로 나를 잠시 바라보더니 다시 거대한 조개를 먹기 시작했는데, 몇 센티미터나 되는 단단한 껍질을 웨이퍼 과자처럼 물어뜯었다. 모험을 계속하면서 한 시간 동안 평생 본 것보다 더 다양한 종류의 물고기를 만났다. 내가 꿈꿔왔던 모든 것 그 이상이었다.

그날의 수중 활동은 정말 눈부셨고 내 연구에 무한한 가능성을 제공했다. 내가 바라보는 모든 곳에서 뭔가가 진행되고 있었다. 숨기, 사냥하기, 분쟁 벌이기, 추적하기, 과시하기, 전희와 반칙 등 모든 것이 내 주변 몇 미터 안에서 일어났고 석호 전체에서 계속 반복된다. 여기서 뭐든 고를 수 있지만 나는 평소 사회적 행동에 가장 관심이 많기 때문에 그중 한 종에 특히 마음이 갔다. 석호 모래 바닥에는 화분 크기부터 정원 헛간 크기에 이르기까지 다양한 크기의 산호 무리가 흩어져 있다. 어떤 산호는 당당하게 고립되어 홀로 서 있고 어떤 산호는 한데 모여 해저 정원을 이루었다. 이 산호들은 살아 있는 폴립과 석회암 골격이 혼합된 덩어리로, 물고기들에게 미로 같은 은신처를 제공하기도 한다. 내가 작은 산호 무리를 지나갈 때마다 자기 집의 움푹 들어간 안전한 곳에 숨어 있던 작은 얼굴들이 나를 훔쳐본다. 호기심에 사로잡힌 나는 그들이 숨은 은신처에서 약간 떨어진 곳에서 기다렸다. 1분 정도 지나자 그 얼굴의 주인들이 나타나 주위를 바쁘게 돌아다녔지만 대개 피난처에서 멀리 벗어나지는 않았다. 이들은 자리돔과 물고기다. 그 강렬한 흑백 줄무늬가 박하사탕을 닮아 험버그humbug(박하사탕)라는 이름이 붙었다. 각각의 산호 무리마다 험버그가 몇 마리씩 사는데 보통 6마리 정도다. 크기가 작은 편이라서 무리에서 가장 큰 개체라 해도 내 손바닥 크기 정도다. 일반적으로 각 무리마다 대장 물고기부터 가장 작은 물고기에 이르기까지 다양한 크기의 개체가 포함된다. 때로는 손톱만큼 작은 것도 있는데 크기는 작아도 몸의 전체적인 디테일이 매우 훌륭하다.

험버그는 대부분의 사회성 물고기와 매우 다르기 때문에 흥미롭다. 첫 번째이자 가장 눈에 띄는 차이는 이미 언급한 바와 같이, 일반적으로 물고기 무리는 크기가 비슷한 개체들로 이루어지지만 험버그는 그렇지 않다는 점이다. 이로 인해 두 번째 독특한 행동 특성이 나타난다. 매우 엄격한 서열 구조가 존재한다는 것이다. 모든 개체는 자신의 위치를 알고 있으며, 만약 잊는다면 다른 개체들이 곧바로 그것을 상기시킨다. 가장 큰 개체는 보통 수컷이며, 더 작은 동료 개체들은 암컷이다. 그러나 많은 산호초 어류와 마찬가지로 험버그는 자웅동체다. 암컷으로 태어나 성장하면서 수컷으로 성이 바뀐다. 무리 안에서는 수컷의 공격성이 다른 암컷들의 성전환을 막아 하렘을 엄격하게 통제한다. 디즈니 영화에서 니모Nemo로 유명해진 험버그의 가까운 친척 흰동가리의 상황과 정반대다. 흰동가리에서는 암컷이 가장 크고, 더 작은 수컷들을 견제한다.

험버그와 다른 사회적 물고기의 또 다른 차이점은 대부분의 경우 무리가 매우 폐쇄적이라는 점이다. 그들은 무리를 떠나지도 않고 새로운 신참을 환영하지도 않는다. 그 집단이 매우 안정적이라는 뜻이다. 그들은 집으로 삼은 산호에서 몇 달 또는 심지어 몇 년씩 함께 머문다. 부랑자가 찾아오면 그 무리에 속한 물고기 중 크기가 가장 비슷한 물고기가 부랑자를 쫓아내려고 할 것이다. 어떤 험버그도 외부에서 온 놈에게 자리를 빼앗기고 싶어 하지 않지만, 큰 험버그는 새로운 구성원에게 쫓겨나지 않을 테고 작은 험버그는 맞서 싸울 만큼 크지가 않다. 그래서 가장 직접적으로 영향을 받는 물고기(크기가 가장 비슷한 물고기)가 자신의 권리를 지키기 위해 싸운다.

대부분의 산호초 어류와 마찬가지로, 험버그 유어는 부화 후 바다로 퍼져나갔다가 몇 주 뒤에 서식지를 찾아 돌아온다. 이 작은 물고기들은 그동안 생존 확률이 매우 낮지만, 만약 험버그 무리를 찾는 데 성공하면 가장 어린, 말 그대로 가장 하위 구성원으로 받아들여진다. 더 큰 암컷들은 수컷의 지배를 피해 무리를 떠나기도 한다. 그러면 이들은 수컷으로 성전환하고 다른 암컷 무리를 찾아가 자신이 새로운 지배자가 된다.

이토록 많은 갈등과 공격성이 있는 무리라면 험버그가 집단으로는 잘 협력하지 못할 것처럼 보일 수도 있다. 산호초는 아름답지만 살기에 가장 힘든 서식지 중 하나다. 험버그 같은 작은 물고기는 다양한 포식자 무리 때문에 거의 끊임없는 위협에 직면해 있다. 잠시라도 하던 일에서 눈을 떼면 치명적일 수 있다. 예전에 험버그 한 쌍이 격렬하게 다투면서 산호에서 튀어나오는 광경을 본 적이 있다. 포식자인 양놀래기가 이 기회를 놓치지 않고 두 마리 다 집어삼켰다. 그들은 싸우느라고 단한 순간 위험을 깨닫지 못했을 뿐인데 결국 그들이 저지른 마지막 실수가 되어버렸다. 하지만 이건 예외적인 상황이다. 험버그는 평소 위험에 직면하면 공동의 적에게 맞서서 함께 싸우는 경향이 있다. 무리의 모든 구성원은 각자 해야 하는 역할이 있고, 매우 많은 눈이 주변을 감시하고 있기 때문에 포식자가 공격 가능한 거리 내에서 몰래 다가오기는 어렵다. 한 마리가 위험을 감지하고 산호 속으로 갑작스레 돌진하면, 나머지도 포식자를 보았는지 여부와 상관없이 즉시 반응한다. 눈 깜짝할 사이, 모두가 피난처 안에 숨어든다.

요즘 같은 소셜 미디어 시대에는 다들 사일로silo라는 것을 걱정한다. 사일로는 온라인상에서 한 무리의 사람들이 모여 편견을 강화하는 곳이며, 곧 그들의 의견이 한 점으로 수렴된다. 이는 소속감을 강화하는 긍정적인 효과를 줄 수 있지만, 동시에 다른 관점을 받아들이지 못하게 만드는 부정적인 결과를 낳는다.

험버그 무리에서도 이런 경향성의 토대를 찾아볼 수 있다. 그들의 작은 사교계는 상호 의존적이고 오랫동안 지속된다. 그 집단이 구성원의 행동 방식을 정하는 건 놀랄 일이 아니다. 비록 각 집단은 같은 지역에 있는 다른 집단들과는 다르게 행동하지만, 특정한 집단 내에서는 모든 개별 물고기가 동료들과 매우 비슷하게 행동한다. 즉, 사회적으로 정해진 자기들만의 고유한 방식으로 도전과 기회에 대응하는 것이다. 험버그는 어릴 때 기성 군락에 합류한 뒤 대부분 같은 집단에서 평생 산다. 그들의 행동 패턴은 성장하는 동안 다른 구성원들에 의해 형성되며, 그 결과 개성은 사라지고 다들 획일화된다. 각무리의 물고기들은 친족 관계가 아니기 때문에 그들의 행동은 사회적 환경의 결과다. 천성이 아니라 양육의 결과물인 것이다. 인간 사회에서는 사일로의 명백한 단점들을 볼 수 있지만, 물고기는 모두가 한 집단으로 융합되어 같은 입장에 처하며 발생하는 일관성과 순응성이 많은 포식자에게 대항하는 귀중한 무기가 된다.

　야생에서 험버그 무리는 인접한 산호 두세 개가 포함된 영역을 차지할 수 있다. 집단 자체가 자신의 연장선처럼 보이는 험버그들의 경우, 이 산호 사이를 이동하는 가장 안전한 방법은 함께 움직이는 것이다. 나는 이 작은 물고기들이 집단적인 결정을 내리기 위해 어떻게 행동을 조정하는지 자세히 살펴보고 싶었다. 그래서 험버그 무리 몇 개를 채집해 원트리의 수족관으로 데려갔다. 먼저 각 험버그 무리에게 아주 기본적인 형태의 산호 조각을 줬다. 그들이 처음 장만한 집인 셈이다. 그리고 그들이 정착한 뒤, 수족관 반대편 끝에 있는 아주 근사한 험버그 저택으로 그들을 유혹했다. 험버그보다 사회적이지 않

은 동물이라면 아마 한 마리씩 찾아와서 새 집을 살펴보려고
할 텐데, 이 물고기들은 그렇지 않았다. 새 집을 살펴보는 데
열심이긴 했지만 한 마리씩 온 게 아니라 단체로 접근했고, 우
선은 처음 정착한 집에 계속 머물렀다. 나는 그들의 결정 과정
이 진행되는 동안 처음 살던 집 주변을 빙빙 도는 행동(거의 흥
분 상태에 가까운 모습이었다)이 늘어나는 과정을 지켜봤다. 잠
재적인 새 집을 보고 싶어 안달이 난 물고기는 더 신나게 움직
이면서 때로는 원을 그리거나 새 집으로 건너갈 듯한 시늉을
하기 시작했다. 하지만 아무도 함께 가지 않으면 물러났다. 그
러다가 마침내 다들 흥분이 고조되면 함께 무리 지어 새 집으
로 가보곤 했다.

두어 번 정도는 무리가 건너편으로 헤엄쳐 가도 뒤에 남는
물고기가 한 마리씩 있었다. 그러면 고립된 물고기는 동요하
기 시작하지만, 오래지 않아 한 마리가 없다는 걸 알아차린 무
리가 원래의 집으로 돌아온다. 그러고 나서 이탈했던 물고기
를 챙겨 함께 새롭고 사치스러운 거주지로 향했다. 이런 집단
움직임이 증가하는 건 험버그에게만 나타나는 현상이 아니다.
날아오를 때를 기다리는 거위 떼부터 말이나 심지어 고릴라에
이르기까지 많은 집단 거주 동물들에게서 이런 모습을 확인할
수 있다. 활동이 증가하면 모든 구성원이 행동에 나설 준비를
한다. 그룹이 응집력을 유지하고 출발 시기가 됐을 때 다들 준

비를 갖추도록 하는 게 중요하다. 단순해 보이지만 새와 포유류에 의해 나타나는 더 많은 사회적 행동의 전조이기도 하다.

무리가 함께 하는 사냥

　모든 물고기 무리가 구성원을 보호하기 위해 형성된 건 아니다. 때로 물고기들은 사냥을 위해 뭉치기도 하는데, 이때 놀라운 결과를 얻을 수 있다. 노랑촉수는 일반적으로 작고 안정적인 무리를 이루어 생활하며 그들의 사냥은 협력적인 특징을 보인다. 노랑촉수 한두 무리가 자기들보다 더 작은 물고기인 사냥감을 뒤쫓는다. 산호초 지대에서는 먹이가 아마 산호 속으로 사라질 것이다. 그러면 무리의 다른 구성원들이 탈출을 막기 위해 산호초 옆으로 이동해서 먹이를 포위한다. 그리고 노랑촉수는 입 아래쪽에 있는 수염을 이용해 산호를 조사한다. 그들이 목표물을 겁먹게 하면 산호에서 튀어나와 기다리던 환영 위원회의 입 속으로 곧장 뛰어들지도 모른다. 협력해서 사냥하는 다른 물고기들과 다르게 노랑촉수는 먹이를 공유하지 않지만, 혼자 사냥하는 것보다 함께 했을 때 모두에게 돌아가는 몫이 커지므로 좋은 전략이다.

　붉은배 피라냐만큼 악명 높은 물고기는 없을 것이다. 이 남아메리카 민물고기는 정찬용 큰접시 같은 모양새에 커다랗고 날카로운 이빨을 지니고 있다. 수족관에서 흔히 볼 수 있는 작고 온순한 테트라와 가까운 친척인 피라냐는 무리를 지어 살아간다. 그들이 인간과 짐승을 모두 잡아먹는 광기 어린 킬러라는 명성은 1913년에 전 미국 대통령 시어도어 루스벨트^{Theodore Roosevelt}가 쓴 아마존 여행 회고록에서 비롯되었다. 현지인들은 고위 방문객에게 깊은 인상을 남기고자 매우 이례적이고 잔혹한 방법을 택했다. 그들은 한 마리 소를 강으로 몰아넣었고, 루스벨트가 지켜보는 가운데 물은 끓어오르듯 요동쳤다. 피라냐는 몇 분 만에 불운한 소를 뼈만 남기고 모조리 뜯어먹었다. 그날의 사건을 기록한 루스벨트의 이야기가 전 세계로 퍼지자, 피라냐는 지구에서 가장 무시무시한 동물 가운데 하나로 자리잡게 되었다.

피라냐는 이런 평판을 들을 만한 물고기일까? 아니, 그렇지 않다. 소가 맞이한 소름 끼치는 운명은 연출된 것이다. 잊을 수 없는 경험을 위해 현지인들은 강 일부에 그물을 치고 그 안에 피라냐를 가득 채웠다. 그리고 묘기를 부리기 전까지 오랫동안 모든 먹이 공급원을 차단했다(물론 피라냐들은 서로 잡아먹는 걸 거리끼지는 않았겠지만). 한참 굶다가 그들의 식욕을 채워줄 쇠약한 동물을 던져주자 유혈 사태가 발생한 건 그리 놀랍지 않다.

그렇다고 해서 피라냐가 전적으로 무해하다고 결론지어서는 안 된다. 이들의 무시무시한 이빨과 강한 턱은 확실히 심각한 피해를 줄 수 있으며, 먹이에 몰려드는 광란 상태가 전형적인 행동은 아니지만 발생하지 않는 것은 아니다. 최근에도 피라냐로 인해 사람이 사망한 안타까운 사례가 있었고, 특히 손과 발에 상처를 입은 사례는 훨씬 더 많다. 하지만 이미 약해진 대상이 아닌 이상, 자신보다 큰 먹이를 공격하는 일은 드물다. 보통 그들은 다른 물고기를 사냥하고, 때로는 거주지를 공유하는 거대한 메기를 물어뜯기도 한다. 피라냐가 무리를 이루어 사는 경향은, 다른 사회성 어류와 마찬가지로 주로 방어와 관련이 있다. 피라냐는 카이만, 가마우지, 그리고 다른 큰 물고기들의 맛있는 먹잇감이다. 무리가 적을 때는 다른 취약한 먹이 어종과 마찬가지로 불안을 드러내며, 특히 호흡이 빨라진다. 하지만 큰 무리 속에서는 그 불안이 줄어든다. 전설 속 무시무시한 사냥꾼인 이들은, 사실은 안전을 위해 함께 모이고 있는 것이다.

그와 대조적으로, 돛새치는 오직 사냥을 위해 모인다. 1월부터 3월까지 멕시코 유카탄 반도 인근의 무헤레스 섬Isla Mujeres에서 대규모로 발생하는 플랑크톤을 먹으려고 거대한 정어리 떼가 북쪽으로 이동한다. 정어리가 도착하면 돛새치를 비롯한 많은 포식자들도 찾아온다. 이들은 길이가 최대 3미터에 이르는 경이로운 해양 사냥꾼이다. 그들 몸의 앞쪽 4분의 1은 끝이 점점 가늘어지는 형태라서 칼이나 부리라고도 하지만, 연단이라는 이름이 더 적절할 듯하다. 그들은 비범한 방법으로 이 무기를 사용한다. 더 많은 걸 알아내기 위해, 옌스 크라우제가 이끌고 알렉스 윌슨Alex Wilson이 포함된 생물학자 팀이 멕시코 유카탄 반도에 있는 칸쿤에서 배를 빌렸다.

넓디넓은 바다에서 어떻게 돛새치를 찾을 수 있을까? 새를 찾으면 된다. 돛새치가 먹이를 먹는 곳이라면 어디든지, 그 요란한 소동이 군함새 같은 깃털 달린 물고기 사냥꾼들을 끌어모은다. 새들은 공중으로 솟구쳐 올랐다가 물고기 떼를 향해 뛰어들어서 자기 몫의 현상금을 챙긴다. 새들의 무리는 수 킬로미터 밖에서도 볼 수 있는 표지 역할을 한다. 외해를 향해 50킬로미터를 달려간 팀은 원하는 걸 찾을 수 있었다.

정어리 떼는 밝게 빛나는 수면에서 맞닥뜨린 위험을 피하기 위해 깊은 물속으로 들어간다. 연구원들이 보지 못하는 곳에서, 돛새치는 깊은 곳까지 먹잇감을 뒤쫓았다. 알렉스는 돛새치가 깊은 물속에 있는 정어리를 괴롭히면서 수면으로 끌어내기 위해, 칼 같은 입을 휘둘러 휙휙 소리를 낸다고 설명한다. 목표는 정어리 일부를 전체 무리에서 분리하는 것이다. 만약 이 시도가 성공한다면 그 정어리들은 정말 곤경에 처하게 된다. 수백만 마리의 동족과 떨어진 작은 무리는 사방에서 공격을 받는다. 도망갈 곳도 숨을 곳도 없는 정어리들은 서로 바짝 달라붙은 채 공황 상태에 빠져 이리저리 헛돌기만 한다. 돛새치들은 이제 이 고립된 정어리 미끼 공에 집중한다. 그들의 가차 없는 추적은 질서정연하게 이루어진다. 그들은 차례로 접근한다. 먹잇감은 정신없이 서두르며 달아나지만 돛새치의 속도와 상대가 안 된다. 정어리 무리를 뒤쪽에서 따라잡은 돛새치는 그들 사이에 연단을 집어넣고 한쪽으로 휘두른다. 연단에는 이빨 모양의 융기선이 박혀 있어, 옆으로 휘두르면 정어리가 상처를 입으면서 비늘이 떨어지고 살이 깊게 베인다. 다친 정어리는 순간적으로 불안정한 상태가 되지만, 공격자에게 잡아먹히기 전에 빨리 정신을 차리고 다시 무리에 합류한다. 하지만 숨 돌릴 틈이 없다. 또 다른 돛새치가 이 기술을 반복하고 다른 정어리가 부상을 입는다. 상처가 커지고 피로가 쌓일수록 정어리들을 공격하기 쉬워진다. 서서히 정어리 떼가 줄어든다. 몇 마리만 남으면 돛새치의 질서정연한 추격이 중단되고 난투극이 벌어진다.

트인 바다에서 정어리가 숨을 곳은 거의 없지만, 이들은 나름의 기지를 발휘한다. 때로는 포식자의 끈질긴 공격에 밀려 정어리 무리는 점점 좁아지는 미끼 덩어리를 버리고, 그중 하나의 포식자를 중심으로 살아 있는 담요처럼 몸을 펼친다. 사냥의 소동에 이끌려온 호기심 많은 상어는 겁에 질린 정어리들로 둘러싸인다. 상어의 입만 피한다면, 이 위치는 당장은 꽤 안전한 피난처다. 돛새치는 주둥이가 다른 대형 포식자에 부딪혀 부러질 위험을 감수하면서까지 공격하지 않기 때문이다.

때때로 정어리들은 같은 이유로 연구자들에게 몸을 바싹 붙이기도 한다. 이것은 대부분 일시적인 조치일 뿐이며, 결국 피할 수 없는 운명을 잠시 늦추는 데 불과하다. 그렇다 해도 옌스와 알렉스의 조사 여행 중에는 뜻밖에도 한 마리 정어리가 살아남았을지도 모르는 순간이 있었다. 물 위에 무언가 떠 있는 것을 보고 알렉스가 다가가보았다. 처음에는 죽은 거북처럼 보였고, 그 주위를 돛새치 한 마리가 돌고 있었다. 알렉스가 다가가자 돛새치는 미끄러지듯 헤엄쳐 가버렸고 죽은 줄 알았던 거북은 결국 살아 있었다. 거북이 껍데기에서 머리를 빼내고 쏜살같이 달아나자 그 자리에는 정어리가 한 마리 남아 있었다. 알고 보니 이 정어리는 마지막 수단으로 거북을 방패 삼아 돛새치를 견제하며 필사적으로 버티고 있었던 것이다. 거북이 사라지자 최후의 정어리는 깊은 바닷속에 있는 동료들의 거대한 무리와 합류하기 위해 아래로 돌진했다. 어쩌면 그 정어리는 끝까지 살아남았을지도 모르겠다.

4장. 거대한 군집 비행

끼리끼리 모인 새들은 붙어 있을 뿐만 아니라
나쁜 짓도 함께한다.

군무

몇 년 전, 내가 과학계에서 동물을 연구하며 밥벌이를 할 수 있다는 사실을 깨닫기 전에는 영국 북부의 브래드퍼드란 도시에서 소소한 일을 하며 살았다. 기차역까지 터벅터벅 오가는 길에서 매일의 힘들고 단조로운 노동이 시작되고 끝났다. 하지만 11월의 어느 늦은 저녁에 그 평범한 통근이 놀라운 일로 바뀌었다. 지금도 그때의 상황이 머릿속에 생생하게 떠오른다.

브래드퍼드에 황혼이 깔리면, 나도 다른 사람들처럼 외투와 목도리를 두르고 잔뜩 웅크린 채 사무실을 나와 역으로 향했다. 늦가을에는 어느 영국 도시나 우울한 분위기가 감돈다. 밤이 깊어가고 포장도로와 건물은 늘 축축하며 공기 중에서는 다가오는 겨울의 얼얼한 추위가 느껴진다. 거리에 있는 동물이라고는 손이 언 누군가가 케밥을 떨어뜨리기를 기대하는 떠돌이 개와 고약한 비둘기 몇 마리뿐이다. 하지만 포스터 광장에 다다르자, 위쪽에서 들려오는 커다란 불협화음이 주위에 있는 모든 사람의 관심을 끌었다. 우리 머리 바로 위에서 거대한 찌르레기 떼가 경외감을 자아내는 공중 발레 공연을 하고 있다. 계속해서 형태를 바꾸는 그 장관에 완전히 넋을 잃었다. 모든 새가 신비로운 안무와 조화를 이루는 듯했다. 새 떼 전체가 하나로 뭉쳐 빙빙 돌고 곤두박질하고 공중으로 솟구치면서 운동 에너지를 뿜어냈다. 새들의 울음소리가 너무 커서 자동차 소리가 들리지 않을 정도였다. 몇 분 동안, 지상에 묶여 있는 우리 관중은 자연계에서 가장 경이로운 대규모 공연 중 하나인 찌르레기의 군무를 보는 특권을 누렸다. 마침내 찌르레기들이 쉴 준비가 되었다. 이 저녁 공연의 마지막 파트는 하강을 시작하는 소수의 리더가 주도한다. 새들이 가까이 있는 다른 새들에게 신호를 받으면 움직임이 빠르게 전파되고, 군무 무리는 거의 완벽하게 조화를 이룬 움직임을 보이며 하늘을 떠난다.

브래드퍼드 상공에서 새들이 펼치는 쇼는 1년 중 가장 추운 달인 10월부터 3월까지 다른 장소에서도 자주 펼쳐진다. 어떤 곳에서는 모이는 찌르레기 숫자가 어마어마해서 최대 100만 마리에 이르기도 한다. 그래서 덴마크인들은 이렇게 모인 새 떼를 소트 솔sort sol, 즉 검은 태양이라고 한다. 새들은 황혼이 지기 시작하면 모여서 약 30분 동안 조화된 움직임을 보이다가 밤을 보내기 위해 단체로 내려앉는다. 이런 무리들은 멀리서 동료 찌르레기들을 모집해 서로 행동을 조정하는 것으로 추정된다. 그리고 아마 착륙 후에도 함께 옹기종기 모여 추운 날씨를 피할 것이다.

그러나 새들이 무리를 형성하는 주된 이유는 포식자 때문이다. 찌르레기 한 마리 또는 작은 무리는 새매나 개구리매 같은 맹금류에 취약하지만, 많은 수가 모이면 강해진다. 치명적인 적들이 있는 곳에서는 군무 규모가 더 커지고 더 오래 지속되는 듯하다. 이런 멋진 공연으로 사냥꾼들을 혼란스럽게 하거나 빠른 속도로 빙글빙글 도는 무리 속에서 희생자를 고르려는 시도를 방해할 수 있다.

무리가 조화를 이뤄 움직이면 포식자를 교란시키는 데 매우 효과적이지만, 수백 또는 수천 마리가 모인 거대한 집합체에서 각 새가 어떻게 모든 동료의 행동을 모니터링할 수 있을까? 실은 불가능하다. 사실 이제 우리는 각 새가 가장 가까이에 있는 7마리 정도에게만 반응한다는 사실을 알고 있다. 어떤 동물이든 행동을 조정할 때는 근처에 있는 동물에게 세심한 주의를 기울인다. 우리도 길을 걸을 때나 운전할 때 그렇게한다. 이는 찌르레기들에게 치명적인 공중 충돌을 피하기 위한 필수 조치이며, 모든 새가 자신의 행동을 가까운 동료들과 통일할 수 있다. 그런데 왜 7마리일까? 인생의 많은 것과 마찬가지로 일종의 절충안이다. 새가 더 많은 이웃에 주의를 기울이면, 행동을 조정하거나 갑작스러운 방향 전환에 반응하는 능력은 더 좋아진다. 그러나 주의를 기울여야 하는 새의 수가 너무 많이 늘어나면 그들의 움직임을 추적하고 파악하기는 어려워진다. 가장 가까이에 있는 6~7마리에 반응할 때 완벽한 균형을 맞출 수 있다고 밝혀졌다. 그래야 새들이 최소한의 비용으로 최대의 반응성을 유지할 수 있다.

각 찌르레기가 가장 가까운 새들에게만 세심한 주의를 기울여도 새 떼 전체가 거의 순간적으로 속도와 방향을 바꿀 수 있다. 놀라운 업적이다. 이를 설명하려면 임계 개념을 철저히 탐구해야 한다. 시스템이 한 상태에서 다른 상태로 전환하기 직전의 전환점을 가리키는 말이다. 눈이 쌓이면서 무게가 늘어나 점점 불안정해지다가, 어느 순간 고요하던 산비탈에 치명적인 눈사태가 일어나게 된다. 또 지각판끼리 서로 밀어내면서 임계점에 도달할 때까지 에너지를 축적하다가 판이 이동하면 마치 갑자기 일어난 양 지진이 발생한다.

물리학에서 차용한 이 아이디어로 찌르레기 군무의 행동을 설명할 수 있다. 공격을 경계하는 새 떼는 항상 임계점 가까이에 있으므로 언제든 비행 경로를 갑작스럽게 바꿀 태세를 취하고 있다. 만약 새 한 마리의 비행에 갑자기 변화가 생기면 무리 전체가 따라서 행동을 바꾼다. 따라서 각각의 새는 비행 방향이나 속도의 변화 같은 정보 형태를 통해 무리에 있는 모든 새에게 영향을 끼치고 이 정보는 군무 팀 전체로 확산된다. 또 하나 주목할 만한 사실은 새들의 숫자가 그리 중요하지 않아 보인다는 점이다. 포식자의 주의를 혼란스럽게 할 때 가장 중요한 건 무리의 조정 능력이다. 브래드퍼드의 추운 저녁에 찌르레기 떼가 놀라운 속도로 모양을 바꾸는 광경을 보노라면, 동물 예술의 훌륭한 사례를 목격했다고 생각할 것이다. 하지만 찌르레기 무리에게는 생사가 달린 일이다.

장거리 이동

새들은 무리를 지어 날아갈 때, 익숙하지만 서로 다른 두 가지 형태의 떼를 이룬다. 그중 하나가 바로 혼란형 군집 비행이다. 새들이 명확한 배열 없이 구름처럼 밀집해 있으면서 끊임없이 패턴을 바꾸는 것이다. 찌르레기 군무도 극적인 예 중 하나이며 다른 새들에게서도 많이 볼 수 있다. 특히 날아가다가 맹금류의 공격을 받을 수 있는 위협을 안고 사는 작은 새 종류가 그렇다.

다른 종류의 무리는 혼란형 군집 비행의 자유분방한 형태와 극명한 대조를 이루면서 날아다닌다. 오리, 기러기, 백조 같은 큰 새들은 특히 장거리 여행을 할 때 엄격한 V자 대형을 이룬다. 새들 가운데 한 마리가 항상 V자의 꼭지점에 있으면서 길을 인도하지만 이 역할은 일정한 간격을 두고 교대한다. V자 대형의 선두에서 나는 새는 투르 드 프랑스Tour de France(프랑스에서 해마다 열리는 국제 사이클 대회-옮긴이)에 참여한 주요 그룹(펠로톤)의 앞쪽에서 달리는 라이더들과 똑같은 역할을 한다. 바람의 저항에 정면으로 맞서면서 뒤따르는 라이더들에게 중요한 공기역학적 이점을 제공하는 것이다. 그래서 새들(그리고 펠로톤의 라이더들)은 리더의 부담을 나누기 위해 자리를 자주 바꿔야 한다. 우리가 손목에 착용하는 것과 비슷한 심박수 모니터를 새들에게 채워놓으면 이런 공기 역학이 얼마나 중요한지 알 수 있다. 뒤따라가는 위치에 있는 새들은 리더보다 심박수가 약 10퍼센트 낮다. 그리 대단치 않은 수치처럼 들릴지도 모르지만, 장거리 비행은 새들을 능력의 한계치까지 몰아붙일 수 있다. 어린 흰기러기의 3분의 1은 이주 도중에 죽는다. 따라서 에너지를 조금이라도 아껴야 무사히 도착할 수 있지 아니면 여행 중에 에너지가 고갈되어 버린다.

그런데 새들은 왜 V자형으로 나는 걸까? 새들은 날개를 퍼덕이면서 날개로 공기를 아래로 밀어낸다(하강기류). 이렇게 밀려난 공기 때문에 다른 에어 포켓이 상승한다(상승기류). 이런 상승기류는 하강기류 바로 뒤쪽의 양옆으로 약간 떨어진 지점에서 가장 강하게 발생한다. 그러므로 새들이 다른 동료들 뒤에서 약간 옆으로 벗어나 난다면 상승하는 공기를 타고 에너지를 절약할 수 있다. 이론과 풍동wind tunnel 속에서 새를 한 마리씩 날려보는 연구를 통해 이런 사실을 알게 됐다. 이 연구 분야의 성배는 자유롭게 나는 새들 무리가 실험실에서 형성된 기대에 부합하는지 확인하는 것이었다. 과학계 동료이자 만능 조류 천재인 스티브 포르투갈Steve Portugal이 조류의 이주를 이해하는 과정에서 직면한 도전이었다. 새들이 나는 동안 자세한 데이터를 수집하기 위해 새에게 작은 데이터 기록 장치를 달아주는 건 간단하다. 그러나 새들이 수백 수천 킬로미터를 날아간 뒤에 회수하기가 쉽지 않다는 점이 스티브의 딜레마였다.

그 해결책은 오스트리아의 환경보호론자들에게서 나왔다. 그들은 중부 유럽 지역에서 멸종한 지 수 세기가 지난 대머리 따오기들을 다시 들여오고자 했다. 신기하게 생긴, 아니 솔직히 끔찍하게 못생긴 새다. 철새 재도입은 쉽지 않다. 우선 새들은 개체군의 연장자를 통해 이주 경로를 배우는데, 재도입된 철새의 1세대에게는 그 일을 할 연장자가 없기 때문에 길을 알려줘야 한다. 오스트리아인들은 따오기들이 초경량 항공기를 따라가도록 훈련해 이 작업을 수행한다. 새들에게 경로를 안내할 수 있고, 새들이 목적지에 도착한 뒤 데이터 기록 장치를 회수할 수 있다는 점에서 스티브에게 해결책이 되었다.

이제 필요한 기술과 연구 종을 갖춘 스티브와 그의 팀은 V 자 대형이 자유롭게 날아가는 철새에게 어떤 작용을 하는지 알게 되었다. 그들이 발견한 사실은 정말 놀라웠다. 연구진은 새들이 앞에 있는 새가 만들어낸 작은 상승기류를 통해 이익을 얻으리라고 예상했지만, 기류의 정확한 위치를 맞추는 능력은 마구잡이식일 거라고 추측했다. 하지만 이는 새를 무시한 처사로 판명되었다. 따오기는 앞에 있는 새의 위치에 따라 위치를 조정할 것이라는 예측에 부합했을 뿐 아니라, 공중에서 계속 상승기류를 타기 위해 날개를 거의 완벽한 각도로 움직였다. 새의 날개는 조금 전에 앞의 새가 움직인 것과 거의 똑같은 경로를 따라 움직였다. 깊은 눈 속을 걷는 아이들이 앞서 걸어간 어른들이 만든 발자국을 따라가는 것과 같다고 스티브는 이를 비유했다. 바람과 난기류를 고려해야 하고 따라갈 가시적인 경로도 없는 공중에서 이루어졌다는 걸 감안하면 정말 엄청나게 정밀한 움직임이다.

따오기의 비행에서 또 하나 놀라운 점이 있다. 이 비행의 V 자 대열에서 따오기들은 피곤한 리더 역할을 맡을 때 서로 협력하는 듯하다. 투르 드 프랑스에서는 라이더들의 역할이 명확하게 정의되어 있다. 어떤 이들은 경주 내내 바람의 저항에 정면으로 맞서고, 다른 이들은 힘을 아끼기 위해 그들의 그림자를 따라간다. 이론적으로 따오기도 이와 비슷한 일을 할 수 있다. 부하들을 괴롭혀 그들이 자기 몫 이상으로 오랫동안 무리 맨 앞에서 날게 할 수도 있다. 하지만 실제로는 놀라울 정도로 공정한 방식으로 작업량을 분배한다. 각 새가 에너지가 소모되는 앞쪽에서 나는 시간과 파트너의 뒤에서 타성으로 나는 시간은 동일하다. 어떤 새도 무임승차는 불가능하다.

조류의 이동에 대한 우리의 이해도 매우 긴 여정을 거쳐 지금에 이르렀다. 요즘에는 이상하게 보일지도 모르지만, 예전에는 연간 특정 시기에만 나타났다가 사라지는 새들의 모습은 신비로움 그 자체였다. 그들은 어디로 갔을까? 자연 철학자들은 이 과제에 주의를 기울였고 여러 재미있는 제안을 내놓았다. 아리스토텔레스는 그들이 아마 지하에서 동면에 들어갔거나 마법처럼 다른 종으로 변했을 거라고 주장했다. 다른 이들은 이 의견을 비웃으면서 물속으로 사라졌을 거라고 했다. 존경할 만한 한 자유 사상가는 그들이 달로 날아갔다고 말했다.

우리가 이 훌륭한 이론들을 쓰레기통에 버릴 수 있게 된 때는 겨우 2세기 전이다. 봄이면 유럽 전역의 굴뚝과 옥상에 잔가지로 만든 커다란 구조물이 나타난다. 날개 길이가 2미터에 달하고 검 모양의 부리를 가진 황새의 둥지다. 이 커다란 새들은 매년 유럽의 번식지로 이동해 다소 무질서한 서식지를 만들기 시작한다. 1822년에 황새 한 마리가 목에 창이 꽂힌 채로 독일에 나타났는데, 그 창은 아프리카에서 만든 것임이 확실했다. 사냥꾼은 목표물을 정확하게 겨냥했지만, 그 용감한 새는 극적인 맞춤형 피어싱을 단 채로 사하라 사막과 지중해를 건너 독일까지 날아왔다. 그 새는 최악의 상황은 끝났다고 생각했겠지만, 북유럽에 도착하자마자 총에 맞았다. 그 황새는 박제되었고 지금은 불운을 상징하는 기념비가 되어 로스토크 대학의 동물 컬렉션에서 중요한 자리를 차지하고 있다. 나중에 '화살 황새'가 25마리나 더 보고되자, 마침내 황새들이 어디에서 겨울을 나는지에 대한 의문이 완전히 해소되었다.

목을 관통한 발사체 같은 방해물이 없어도, 황새처럼 크고 무거운 동물에게 장거리 여행은 도전이다. 그들은 일을 수월하게 하기 위해 다양한 방법으로 열을 활용해 고도를 높인다. 태양이 지면을 뜨겁게 달구면 열이 발생한다. 땅의 일부는 다른 부분보다 더 뜨거워지는데, 그러면 뜨거운 공기 기둥이 형성되어 대기중으로 높이 상승한다. 황새들은 그런 열 기둥을 발견하면 그 안에서 원을 그리면서 고도를 높인다. 그러면 다음 열 기둥까지 활공하면서 에너지를 절약할 수 있고, 다음 열 기둥을 만나면 다시 고도를 높였다가 활공을 계속한다. 새들은 이동 중에 이런 공기 기둥을 디딤돌이나 연료 공급소로 효과적으로 활용한다.

문제는 열 기둥이 육안으로는 보이지 않고 구름층이 도움이 되기는 하지만 우연의 일치처럼 찾기 어렵다. 항공기 조종사들도 황새처럼 열 기둥을 찾지만, 새와는 다르게 조종사들은 이를 피하려고 한다. 우리가 기내에서 커피를 마시다가 옷에다 쏟게 만드는, 바로 그 무서운 난기류의 원인이기 때문이다. 그러나 수중에 다양한 장비가 있는데도, 문제가 있는 공기 상태를 감지하는 건 앞서 동일한 경로를 지나간 비행기가 전해준 정보에 의존하는 경우가 많다. 무리를 지어 나는 황새들도 비슷한 방법으로 정보를 수집할 수 있다. 어떤 새가 이 거대한 공중 엘리베이터 중 하나를 발견하면 공기 기둥 안에서 원을 그리며 날기 시작한다. 다른 새들에게 합류하라는 신호를 보내는 것이다.

하지만 열 기둥을 발견한다고 끝나는 게 아니다. 바람이 변하면 바람이 거센 날 모닥불 연기가 흔들리듯이 이 기둥들도 이리저리 춤을 춘다. 황새들은 다같이 힘을 모아 이 문제를 해결하는 방법을 안다. 무리의 위치와 변덕스러운 상승기류의 위치에 맞춰 자기 위치를 조정하는 것이다. 결국 모든 새가 이 조건을 효과적으로 이용해 살아 있는 나선처럼 상승하고 긴 여행의 다음 단계를 위한 고도를 잡는다.

'다수의 오류'가 정답으로 이어질까?

1906년에 열린 잉글랜드 서부 지역의 가축과 가금류 박람회는 그 시대에 열린 다른 유명한 가축 박람회보다 과학 연대기에 잘 기록되어 있다. 플리머스에서 열린 그 에드워드 시대의 시골 축제에 나이 든 과학자이자 통계학자인 프랜시스 골턴Francis Galton이 참석했다. 그는 '가능한 상황에서는 항상 수를 세라'는 좌우명에 따라 살던 사람이다. 도살해서 다듬은 황소의 무게를 추측하는 대회가 골턴의 관심을 끌었다. 참가비가 6펜스나 되어 재미 삼아 한번 맞춰보려던 사람들은 모두 참가를 포기했다. 당시 6펜스면 맥주를 3파인트나 살 수 있는 돈이었다. 그런데도 800명 가까운 사람들이 대회에 참가해 카드에 자기가 추측한 무게와 이름과 주소를 적었다. 제출한 카드 가운데 13장은 글씨를 도저히 알아볼 수 없었기 때문에 폐기해야 했다. 아마 참가자 중 일부는 벌써 맥주를 3파인트쯤 마시고 온 모양이었다. 골턴은 남은 카드를 입수해서 몇 가지 계산을 해봤다. 소의 무게를 맞추는 문제의 정답은 1198파운드였고, 모든 추측값의 평균은 1197파운드라는 게 밝혀졌다. 플리머스 사람들이 머리를 모은 결과 황소 무게를 놀랍도록 정확하게 추측한 것이다.

이 시점에서는 소의 무게를 추측하는 게 새와 무슨 관련이 있느냐고 묻는 게 당연하다. 이는 정보를 통합할 수만 있으면 놀라운 정확성을 달성하는 집단의 능력을 보여주는 사례다. 일부 참가자가 매우 부정확하더라도 문제가 되지는 않는다. 추측에 참여한 사람수가 충분하면, 집단은 이런 종류의 예측을 매우 잘한다. 특히 그룹 전체는 일반적으로 어떤 개인보다 뛰어나다. 군중의 지혜 또는 집단 지성 등 다양한 이름으로 알려진 이 현상은 구글 같은 검색 엔진이 효율적으로 작동하는 기초가 된다. 하지만 이는 인간 집단에게만 국한된 현상이 아니다. 동물 집단도 집단 지성을 통해 이익을 얻을 수 있으며 군집 비행이 좋은 예다.

새들은 이동을 위해 출발할 때 경로를 설정하기 위해 지구 자기장, 태양이나 별의 위치, 저주파 소리, 냄새, 산맥과 해안선 같은 주요 지형지물 등 다양한 신호 중 하나를 사용한다. 이런 능력에도 불구하고 각 새들은 경로를 계산할 때 약간씩 부정확할 수 있다. 만약 그 때문에 1~2도 정도 차이가 난다면, 긴 이동 기간 동안 그들이 향하고 있는 육지를 놓치게 될 수도 있다. 하지만 다같이 이주하는 경우에는 플리머스 사람들이 소 무게를 추측했던 것과 유사한 방식으로 정보를 모을 수 있다. 새마다 비행 방향에 대한 선호도가 조금씩 다르지만, 이론적으로 무리가 함께 모여 있으면 새들은 모든 새가 선호하는 방향의 대략적인 평균 방향으로 이동하는 경향이 있다. 이런 일이 발생하면 결과적으로 무리 전체가 놀랍도록 정확한 집단 항법의 이점을 누리게 된다.

이론이지만, 실제로 그런 일이 일어날까? 증거는 결과도 그렇다는 걸 시사한다. 예를 들어, 종달새와 바다오리의 일종인

검둥오리는 더 큰 무리를 지어 날 때 더 효과적으로 길을 찾는 듯하다. 아마 가장 좋은 증거는 비둘기에게서 얻을 수 있겠다. 이 새들은 요즘 너무 흔해서 관심을 거의 두지 않기 때문에, 집으로 가는 길을 찾는 그들의 기적에 가까운 능력을 잊기 쉽다. 하지만 인간이 늘 비둘기를 무시해온 것은 아니다. 비둘기는 인간이 길들인 최초의 조류로 추정되며, 수 세기 동안 중요한 서신과 의약품, 심지어 밀수품까지 시속 100킬로미터의 속도로 정확하게 운반하는 전령으로 사용되었다. 비록 지금은 거의 전화와 인터넷으로 대체되었지만, 지구상의 일부 외딴 지역에서는 여전히 비둘기를 같은 용도로 활용하고 있다. 실제로 아프가니스탄의 탈레반과 중동의 ISIS에게는 비둘기가 심각한 우려의 대상이기 때문에 비둘기 사육이 금지되었다. 비둘기에게는 여전히 열성적인 애호가들이 있으며 그들의 면면도 꽤 다양하다. 역사상 유명한 비둘기 애호가로는 엘비스, 마이크 타이슨, 엘리자베스 2세 여왕 등이 있다. 비둘기를 전령으로 사용하는 관행은 대부분 역사 속으로 사라졌지만, 비둘기 경주는 여전히 인기가 높아 수만 파운드씩 주고 비둘기를 거래할 정도다(최근에는 100만 파운드 이상에 거래되기도 했다고 한다).

비둘기들은 확실히 혼자서도 길을 찾을 수 있지만, 그들은 사회적 조류이고 무리 지어 움직이면 성과가 더 높아진다. 최근 GPS 기술이 획기적으로 발전하면서 이주 동물들이 이동하는 경로를 연구할 수 있게 된 덕분에 이들의 놀라운 행동을 처음으로 이해하게 되었다. 비둘기들이 무리를 지어서 길을 찾으면 혼자 길을 찾을 때보다 도움이 되는지 조사하기 위해, 한 무리의 새들에게 소형 GPS 장치를 장착하고 풀어준 뒤 그들이 풀려난 지점에서부터 충실하게 집으로 돌아가는 모습을 추적했다. 결과는 확실했다. 비둘기는 무리를 지어 날 때 가장 빠르고 직접적인 경로를 통해 둥지로 돌아갔다. 뿐만 아니라 무리를 지으면 혼자일 때보다 빠르게 이동했다. 대조적으로, 혼자 풀려난 비둘기들은 방향을 잡기 위해 한동안 빙빙 돌다가 지형지물을 따라 집으로 향하는 다른 방식을 택했는데, 이 경우 늘 최단 경로로 날아가지는 못했다.

'다수의 오류' 전략은 어디로 가야 할지를 판단하는 문제에 있어 깔끔한 해결책처럼 보일 수 있지만, 새들이 이 방식만을 전적으로 의존하지 않는다는 사실은 놀랍지 않다. 특히 잘못된 판단이 생과 사를 가를 수 있는 상황이라면 더욱 그렇다. 이 전략의 한 가지 문제는, 무리에 속한 새들이 모두 같은 방향으로 편향된 선호를 가질 경우 전체 무리가 잘못된 경로로 함께 이동할 수 있다는 것이다. 사람들의 정치적 신념과도 비슷하다. 같은 의견을 가진 사람들끼리만 이야기하다 보면, 기존의 편향이 오히려 더 강화된다. 철새에게는 각 개체가 자신의 정보를 수집하고 계속해서 갱신하며, 그에 따라 항로를 조정하는 것이 매우 중요하다. 무리 전체는 방향 변화에 통합적으로 반응하며, 이런 과정을 통해 집단 항법의 효과가 유지된다. 게다가 새 무리는 거대한 공중 센서처럼 작동하는 것처럼 보이기도 한다. 무리 중 한 마리가 미약한 단서를 감지해 속도나 방향을 바꾸면, 다른 새들도 보통 그에 따라 움직인다. 이런 방식으로 수많은 개체가 각자 단서를 찾아 목적지를 향해 나아가고, 그중 하나가 유의미한 단서를 발견하면 전체가 그 이득을 함께 누리게 된다. 단순하면서도 놀랍도록 효율적인 항법 방식이다.

우유병 습격 사건

다른 개체와의 연결을 통해 아이디어를 확산시킬 수 있다. 시드니 대학의 내 사무실 책상 뒤쪽에는 분주한 거리가 내려다보이는 창이 있다. 그 길 양옆에는 나무들이 늘어서서 새들을 위한 도로 역할을 한다. 2년 전, 계절에 어울리지 않게 눅눅하던 어느 봄날이었다. 후줄그레하고 음산하게 생긴 새 한 마리가 사무실 창턱에 나타나 나를 애처롭게 바라보았다. 내 사무실에는 필수품이 비교적 잘 갖춰 있다고 생각했지만, 그 순간 새 모이는 없다는 사실을 깨달았다. 다른 게 없어서 마침 그 자리에 있던 귀리 죽을 주었더니 그 새는 게걸스럽게 받아

먹었다. 비록 아름답지는 않아도 적어도 효율적이라고 할 만한 우리 우정의 시작이었고, 그 우정은 지금도 굳건히 이어지고 있다.

내 친구 켄은 노이지마이너noisy miner다. 유행에 뒤떨어진 회색 깃털이 몸을 뒤덮고 있어서 '시끄러운 광부'라는 이름이 붙었다고 한다. 노이지마이너는 둥지를 트는 시기에 사람들을 공격하는 성향 때문에 호주에서 인기 없는 종이다. 나 또한 호주에서 인기 없는 포미Pommie(영국 출신 이민자) 종이기 때문에 그 새와 동질감을 느꼈다. 물론 나는 번식기든 아니든 사람들을 공격하지는 않지만 말이다. 문제는 노이지마이너가 사교적인 새라는 점이다. 내 사무실에서 음식이 나온다는 소문이 돌자, 점점 더 많은 노이지마이너에게 음식을 대접해야 하는 상황이 되었다. 그래서 창문을 닫아둘 수밖에 없었다. 이제 유리를 부드럽게 두드리는 암호와 응답하지 않을 경우 괴성을 지르는 백업 암호를 아는 새는 켄뿐이다. 하지만 노이지마이너의 사회 연결망 내에는 긴밀한 연결고리가 있기 때문에 그 비밀이 퍼지는 것도 시간 문제일 것이다.

동물계에서 진행되는 자연 학습의 가장 유명한 예는 내 사무실을 방문하는 몇 마리 새보다 훨씬 큰 규모로 진행된 사건이었다. 박새라는 사랑스러운 새(이런 사건만 일으키지 않았다면)에게서 유래한 이 사건의 시작은 이러했다. 약 100년 전, 영국 남부 해안의 사우샘프턴 인근에서 박새들이 우유 배달부가 이른 아침에 문 앞에 놓고 간 우유병의 밀랍 뚜껑을 열었다는 보고가 들어왔다. 박새들은 이 방법을 통해 우유 위에 떠 있는 크림을 훔쳐 먹으면서 식사를 공짜로 해결했다. 항상 그렇듯 필요는 모든 발명의 어머니다. 새들은 먹이가 부족하고 진하고 풍부한 크림이 가장 가치 있는 겨울철에 이런 일을 할 가능성이 가장 높다. 불과 몇 년 사이에 이 새의 독창적인 행동이 영국 제도 전체로 퍼져 나갔고, 사회 학습이라는 과정을 통해 이 새에서 저 새로 전달됐다. 다른 새가 크림을 얻는 방법과 관련된 문제를 해결하는 모습을 지켜본 새가, 정말 좋은 아이디어라고 생각했는지 다른 집 문간에서 그 행동을 흉내 냈다.

이 행동이 얼마나 널리 퍼졌는지 알고 싶어 영국 조류학 재단은 전국의 회원, 자연사 학회 지부, 심지어 언론사에까지 설문지를 보내서 이와 유사한 행동을 본 적이 있는지, 만약 봤다면 언제 처음 목격했는지 물었다. 재단에서는 20세기 전반 내내 이 문제에 관심을 갖고 설문조사를 계속했기 때문에, 우리는 그 행동이 어떻게 확산되었는지 알 수 있다. 이 작은 새들은 자란 곳과 가까운 지역에 계속 머무는 경향이 있지만, 이 행동은 수백 킬로미터 떨어진 곳에서도 발생했다. 이를 보면, 각각 다른 장소에 사는 영리하고 문제를 해결할 줄 아는 새 한 마리가 스스로 방법을 알아내서 지역 개체군의 모방 행동에 영향을 미쳤을 가능성이 있다. 코번트리와 라넬리처럼 멀리 떨어진 곳에서도 소수의 개별 사례가 급격히 퍼져나가면서 곧 일상적인 유제품 강탈로 발전했다. 우유 도둑질은 지역의 박새 개체군 전체에 빠르게 확산되었는데, 흥미롭게도 새들이 도둑 식사를 위해 집집마다 돌아다닌 탓에 교외 지역을 연결하는 주요 도로를 따라 사건이 퍼져나갔다.

영국 일부 지역에서는 법을 준수하는 새들 덕분에 이런 범죄가 발생하지 않았다. 버밍엄 근처의 리틀 애스턴에서는 이런 범죄가 흔했지만 근처의 스트리틀리나 서튼 콜드필드 마을까지 확산되지는 않았다. 다른 곳에서는 새들이 우유 마차를 따라다니면서 배달도 하기 전에 병을 공격하는 매우 뻔뻔한 모습까지 보였다. 도둑질을 막으려고 병 위에 돌이나 뒤집은 깡통을 올려놓기도 해봤지만, 이런 방법으로는 새들을 오래 저지할 수 없었다. 병뚜껑을 따는 방법과 관련된 첫 번째 문제를 해결한 이 예리하고 작은 두뇌는 새로운 장애물도 곧 극복했다.

박새 개체군에서의 범죄 확산이 훌륭한 일화를 만들기는 했지만, 사회 학습의 엄격한 과학적 증거로 받아들여지기 위해 필요한 시험을 완전히 통과하지는 못했음을 밝혀야겠다. 새들이 그 방법을 서로에게서 배웠는지 아니면 각자 스스로 문제를 해결했는지 완전히 확신할 수 없기 때문이다. 마찬가지로,

그 행동의 확산이 박새 개체군 내에서 정보가 공유되었기 때문인지 그저 사람들의 경계심이 높아지거나 작성된 설문지가 늘어났기 때문인지도 확신할 수 없다. 그래도 그 패턴이 영국의 다양한 지역에서 확산되는 방식, 즉 단일 사건에서 시작해 바깥쪽으로 뻗어나가는 것, 처음에는 천천히 진행되다가 점점 속도가 빨라지는 것 등은 적어도 조류에 의한 대규모 우유 강탈이 사회 학습에 기반을 두고 있음을 시사한다.

헝가리에서 박쥐 뇌를 파먹는 새들은 박새가 보여준 독창성과 관련해 더 소름 끼치는 사례를 제공한다. 박새에게는 맹금류 같은 새가 가진 무시무시한 무기가 장착되어 있지 않지만 대신 기회를 포착할 줄 안다. 집박쥐들이 겨울잠을 자는 동굴은 큰 박새들의 겨울철 식품 저장실로도 사용된다. 박쥐들이 긴 잠에서 깨어나기 시작할 때 내는 울음소리가 박새들의 관심을 끌면 그들은 소리가 나는 곳으로 곧장 날아간다. 아직 겨울잠에서 깨지 못하고 졸고 있는 이 박쥐들은 새들에게 쉬운 먹잇감이 된다. 새들은 박쥐의 얇은 두개골을 쪼아 그 안의 즙이 풍부한 뇌를 먹는다. 우유병을 여는 박새들(이제 이런 경범죄는 그리 사악해 보이지도 않는다)처럼, 이 행동도 새들 사이에서 그리고 세대를 통해 전파된다는 주장이 있다.

다른 개체의 행동을 보고 배울 수 있는 능력 덕분에 동물들은 집단에 축적된 지혜를 이용할 수 있다. 우유를 마시거나 박쥐를 무는 행동은 사회 학습을 암시하긴 하지만 어떻게 확신할 수 있을까? 과학적으로 인정되는 방법으로 이를 입증하려면 무엇이 필요할까? 그 답은 주어진 패턴에 대한 대안적 설명을 체계적으로 배제하는 실험을 수행하는 것이다.

몇 년 전에 옥스퍼드 대학의 루시 애플린Lucy Aplin이 이끄는 팀에서 이 연구를 시작했다. 다양한 박새 개체군을 연구 대상으로 삼은 연구진은 새들에게 문제를 제시했다. 맛있는 밀웜을 제공했지만, 모이통에 침입하는 방법을 알아내야만 먹을 수 있다. 그들에게 도움을 주기 위해, 새 몇 마리를 골라 모이통을 여는 방법을 집중적으로 교육했다. 모이통에는 빨간색 문과 파란색 문, 두 개의 문이 있었다. 어떤 새들은 파란색 문을 왼쪽에서 오른쪽으로 밀면 모이통을 열 수 있다고 배웠고, 다른 새들은 빨간색 문을 반대 방향으로 밀면 모이통을 열 수 있다고 배웠다. 그리고 세 번째 그룹에게는 모이통을 보여주기만 하고 여는 방법은 알려주지 않았다. 그런 다음 새로운 지식을 얻은 새들을 야생으로 다시 풀어 지역 개체들과 섞이게 하고, 앞으로 어떤 일이 생길지 예상하며 모이통을 설치했다.

믿을 수 없는 결과가 펼쳐졌다. 이를 통해 새들의 사회 학습 능력뿐만 아니라 정보가 어떻게 퍼지는지 확실히 알게 됐다. 각 개체군마다 모이통을 여는 방법을 아는 새를 두 마리씩만 풀어줬지만 3주 뒤에는 각 개체군의 약 4분의 3이 이 기술을 배웠다. 모이통을 보여주기만 하고 여는 방법은 알려주지 않은 새들도 자기 개체군에 풀어줬는데, 그들은 그리 잘 해내지 못했다. 하지만 박새는 꽤 괜찮은 문제 해결사라서 모이통을 여는 노하우를 배우지 않은 개체군도 점차 밀웜을 얻는 방법을 알아냈다. 물론 모이통 개봉 학교의 졸업생들에게 직접 배운 개체군만큼 효과적인 방법을 쓰지는 못했지만 말이다.

이 실험에서는 다른 주목할 만한 사실도 밝혀졌다. 모이통을 여는 방법은 파란색 문을 여는 것과 빨간색 문을 여는 것 두 가지 방법이 있는데, 두 방법 모두 똑같은 보상을 받을 수 있는데도 각 개체군은 연구진이 처음에 새들에게 가르쳐준 한 가지 해결책을 채택해서 계속 고수했다. 시행착오를 거치면서 실제로 모이통을 여는 방법이 두 가지임을 알아낸 뒤에도 그들은 여전히 같은 집단의 동료에게 배운 방법을 고수했다. 이 새들이 우리처럼 사회적 순응에 민감한 전통주의자라는 걸 보여주는 결과다.

4주간의 실험이 끝난 뒤, 다음 겨울에 다시 갖다놓기 위해 모이통을 치웠다. 박새처럼 작은 연작류 새들은 오래 살지 못한다는 건 슬픈 사실이다. 새들이 모이통을 마지막으로 본 지 약 9개월이 지나자, 예전의 문제 해결사들 가운데 아직 살아 있는 개체는 3분의 1 정도뿐이었다. 하지만 남아 있는 새들은 방법을 잊지 않았기에 즐거운 마음으로 모이통을 찾았고, 경험 많은 개체에서 순진한 개체로 전달되는 사회 학습 과정이 다시 시작되었다. 놀랍게도 이 시기에는 퍼즐을 푸는 방법에 대한 선호도가 더 높아졌다. 파란색 문을 선호하는 새와 빨간색 문을 선호하는 새의 전통이 더욱 확고히 자리 잡은 것이다.

도구 사용

태평양에 있는 아름다운 뉴칼레도니아 섬들은 호주 북동쪽 해안에서 약 1200킬로미터 떨어져 있다. 제임스 쿡^{James Cook} 선장은 눈부시게 희고 햇빛을 흠뻑 받으면서 야자수로 둘러싸인 해변을 보자 즉시 스코틀랜드를 떠올렸고, 그래서 그 섬들에 그런 이름이 붙었다. 나는 아무래도 쿡 선장 같은 상상력이 부족한 모양이다. 2018년에 방문했을 때 어디를 봐도 스코틀랜드가 떠오르지 않았다. 그래도 실망감을 한쪽으로 두고, 잠수용 마스크를 쓰고 나가 눈부시게 맑은 물속에서 스노클링을 하며 위안을 얻었다. 두어 시간 정도 지나자 물고기를 보고 싶다는 욕구가 일시적으로나마 충족되었다. 몸을 말리면서 이 섬의 가장 유명한 동물, 적어도 괴짜 생물학자들 사이에서는 가장 유명한 동물인 뉴칼레도니아 까마귀를 찾으러 갔다. 인정한다. 사실 그리 눈여겨볼 만한 동물은 아니다. 중간 크기의 검은 새일 뿐이다. 하지만 가장 눈에 띄지 않는 곳에도 빛이 존재할 수 있다는 걸 증명하듯이, 이 까마귀는 극소수의 동물만이 할 수 있는 일을 한다. 도구를 사용하는 것이다.

　나는 험난한 길을 따라 울창한 숲으로 들어갔고, 그 즉시 탐험가 같은 인상적인 고립감을 느꼈다. 어떤 이국적인 짐승이 나타나지는 않을까 싶어서 눈을 이리저리 굴리면서 사방을 날카롭게 경계했다. 이렇게 비옥하고 풍요로운 자연 속에서는 틀림없이 멋진 것을 볼 수 있을 것이다. 몇 분 뒤, 숲 깊숙한 곳까지 이어진 길을 따라가다 보니 개간지가 나왔다. 불만스러워 보이는 소가 막대기에 묶여 있고 주변에는 쓰레기에 쌓여 있었다. 쿡 선장은 아마 이곳에 딱 맞는 이름을 생각해낸 게 확실하다. 소와 내가 서로 마주보는 동안 우리는 실망감을 공유하는 듯했고, 지명과 관련된 영감은 어느새 사라졌다. 의기소침해지긴 했지만 탐색을 계속했다. 어느 순간, 까마귀들이 내는 쿠아쿠아 소리(이곳 사람들은 그 소리에 따라 까마귀 이름을 지었다)가 들린 것도 같았다. 하지만 결국 난 그 유명한 새와 그들의 도구를 보지 못했다. 다행히 다른 사람들은 자주 목격했다고 한다.

　뉴칼레도니아 까마귀는 동물의 지능에 관한 규칙서를 다시 썼다. 그들은 도구를 사용할 뿐만 아니라 누적된 문화 진화라는 현상을 통해 자신들의 혁신과 수정된 내용을 대대로 전수하는, 유일한 비포유동물이다. 까마귀는 육즙이 풍부한 유충을 먹지만 이런 유충은 식물의 갈라진 틈새나 깊숙한 구멍 속에 숨어 있기 때문에 잡기가 어렵다. 그들은 스크루파인screwp-ine 같은 나무의 길고 질긴 잎을 따서 부리로 악착같이 잘라 조류계의 예술 작품을 만든다. 이들이 원하는 이상적인 도구는 길고 손잡이가 있어야 한다. 길이가 길어야 새들이 도달하는 범위가 넓어져 구석진 장소에 있는 유충에게 접근할 수 있다. 잎을 벗겨내면 남는 자연스러운 톱니 모양의 끄트머리로 먹이를 잡는데, 버둥거리는 곤충을 꺼내기에 충분하지 않다면 여기에 갈고리까지 만든다. 오랫동안 인류의 전유물로 여겨져온 놀랍도록 능숙하고 유연한 문제 해결 방법이다.

까마귀들이 섬 전체에 남겨놓은 도구를 살펴보면, 이 놀라운 새들이 시간이 지남에 따라 어떻게 서로에게 배우며 점점 더 효율적인 유충잡이 도구를 발전시켰는지 알 수 있다. 뉴칼레도니아의 여러 지역에서 사용하는 도구가 조금씩 다른 걸 보면 공학적인 지식이 일정한 지역 내부, 특히 가족 집단 내에서 전달되는 듯하다. 뉴칼레도니아 까마귀는 가장 사교적인 까마귀는 아니지만, 까마귀 부부는 새끼들이 자라는 동안 1년 정도 새끼와 함께 산다. 그 정도면 도구 제작 유산을 물려주기에 충분한 시간이다. 그들은 우리에게도 뭔가 가르쳐줄 게 있을지도 모른다. 인간을 비롯한 대부분의 동물이 지닌 지식은 노인이 젊은이에게, 교사가 학생에게 등 한 방향으로 흐르는 경향이 있다. 심지어 자기보다 어린 자에게 배우는 것에는 저항감까지 느낀다. 늙은 개에게는 새로운 재주를 가르칠 수 없는데, 특히 당신이 어린 개라면 더욱 그렇다. 하지만 뉴칼레도니아 까마귀들이 모인 작은 무리에서 새로운 문제를 해결할 때는, 나이 든 새들이 어린 새들에게 새로운 지식을 배울 가능성이 그 반대의 경우만큼이나 높다.

사회 학습은 전략을 짜거나 길을 찾을 때만 진행되는 게 아니다. 새들이 내는 놀랍도록 다양한 울음소리와 노래는 그들이 사는 공동체를 통해 형성된다. 새들은 그런 소리를 이용해서 영역을 주장하고, 짝을 유혹하고, 경보를 퍼뜨린다. 그 정확한 방법은 장소마다 다를 수 있다. 인간 사회에서도 사회 환경의 가장 명백한 영향 중 하나를 지역 방언과 억양의 채택을 통해 확인할 수 있다. 이는 집단 정체성과 구성원의 자격을 증명하는 배지 같은 역할을 하고, 남들을 모방하면서 어울리고자 하는 열망과 어느 정도 관련이 있다. 이런 지역별 억양은 비교적 일찍부터 발전한다. 아이들은 이 부분에 있어서 꽤 유연하기 때문에 이민자 가족의 경우 부모와는 확연히 다른 억양을 발달시킬 수 있다. 또 이렇게 어린 나이에는 어른보다 훨씬 직관적이고 효과적으로 외국어 언어 패턴을 받아들일 수 있다. 내 아들 샘은 세 살 때 중국 아이와 친구가 되었다. 샘은 그전에는 중국어를 해본 적이 없지만, 친구의 말을 따라 하는 능력과 특히 정확한 발음에 친구 부모님까지 놀랐다. 하지만 이는 매우 짧은 시기 동안에만 가능하고, 그 시기가 지나면 제2외국어를 원어민처럼 잘하기란 거의 불가능하다. 10대가 될 때쯤에는 이 분야에서의 유연성이 거의 사라진다. 규칙을 증명하는 예외가 항상 있긴 하지만, 그 나이쯤 되면 대부분 구어 억양 면에서는 완제품 상태가 된다.

새들도 비슷한 사회적 영향을 받기 때문에 그들 역시 어법이나 발음에 지역적 차이가 있다. 북아메리카의 숲에 사는 어린 흰줄무늬 참새들은 태어나 처음 두세 달 동안 이웃의 노래를 들으면서 노래 레퍼토리를 습득한다. 이런 지역화된 사회 학습의 결과 고유한 방언이 발달한다. 한 나라의 다른 지역, 심지어 다른 숲에 사는 참새 무리들은 저마다 특유한 울음소리가 있다. 이는 단순히 사회적 환경에 적응할 때만 중요한 게 아니다. 성적 행동과 관련해서도 차이가 발생한다. 암컷 참새들은 일반적으로 자신과 비슷한 소리를 내는 수컷을 선호한다. 이런 선택의 힘은 거의 나란히 살면서도 다른 소리를 내는 같은 종의 새가 존재할 수 있다는 뜻이다. 캘리포니아 일부 지역에서는 서로 다른 방언을 가진 집단이 불과 몇 미터 정도 떨어져 있을 수도 있다. 이 경우, 젊은 수컷들은 교활하게도 두 방언을 모두 습득해, 암컷을 유혹할 시기가 되면 양쪽으로 베팅을 한다.

머리 모으기

조류들이 보여주는 사회성의 가장 매혹적이고 극적인 사례 중 일부는 새들이 번식하거나 잠을 자기 위해 한데 모일 때 나타난다. 개별적인 새들이 일상생활이나 계절생활을 할 때는 외로운 혼자만의 길을 걷지만, 때로는 시간 맞춰 한 자리에 모여 무리를 이루기도 한다.

요크셔 동부 해안의 뱀턴Bempton에는 깎아지른 듯한 절벽이 100미터 높이로 우뚝 솟아 있다. 이 절벽은 북동풍에 휩쓸리고 천둥 같은 파도에 강타당하는 북해에 대한 방어벽이다. 그 꼭대기에는 몇 그루 안 되는 튼튼한 관목이 강풍에 휘청거리면서 부서진 배처럼 육지를 향해 돌진한다. 플램버러Flamborough 주변의 이 곳은 내 마음에서 특별한 위치를 차지한다. 어릴 때 가족과 함께 여름 휴가를 보내러 왔던 곳이고, 이곳 마을에 머물면서 처음으로 숨막힐 정도로 다양한 자연의 모습을 엿볼 수 있었기 때문이다.

하지만 한겨울에 절벽 꼭대기를 걸으면 이 춥고 소금기 가득한 바위 벽에는 생명이 전혀 없는 것처럼 보인다. 이런 장소에 뭔가가 존재하리라고는 상상하기 어렵다. 한 해의 주기에 따라 변화가 생길 거라고 예상할 수는 있지만, 불과 몇 주 후에 펼쳐지는 대조적인 모습은 거의 믿을 수 없을 정도다. 멀리 떠났던 50만 마리의 바닷새들이 번식을 위해 돌아오면, 이 절벽은 요란하고 활기찬 활동이 가득한 축제의 장으로 변신한다. 그 새들은 몇 달 동안 광대한 지역에 흩어져서 지내지만, 둥지를 틀고 싶다는 충동에 사로잡히면 다들 뱀턴으로 모인다. 세가락갈매기, 바다오리, 풀마갈매기, 큰부리바다오리, 퍼핀의 울음소리에는 명금 같은 선율은 없을지 몰라도, 그들이 뿜어내는 에너지에는 마법 같은 힘이 있다. 위풍당당한 가넷도 와 있지만 이런 큰 새들은 다른 새들과 약간 거리를 두며, 주변의 부드러운 바위가 침식되고 절벽이 뒤로 물러난 뒤 도전적으로 고립되어 있는 석회암 더미의 평평한 꼭대기에 마련된 고급 부동산을 선호한다. 이 바닷새 도시에 정말 자주 와봤지만, 새들이 절벽 주위를 빙빙 돌거나 튀어나온 바위에 위태롭게 앉아 있는 광경을 볼 때마다 정말 경탄스러웠다. 이렇게 얇고 현기증 나게 높은 바위턱에서 알을 품는 데 성공한다니. 새끼 새들의 삶은 위험으로 가득하고, 높은 절벽 위의 한 손너비도 안 되는 틈새에서 버티고 있다. 하지만 이 위태로운 서식지에는 역설적인 안전이 있다. 그 절벽을 넘어올 수 있는 포식자는 거의 없다. 때때로 알과 새끼를 잡아채 가는 재갈매기가 둥지 튼 새들을 괴롭히지만, 이 절벽은 번식하는 새들에게 은신처와 더불어 배고픈 새끼를 먹이는 데 필요한 풍부한 먹이 공급지를 제공한다.

왜 이렇게 새들이 많이 모일까? 새들에게는 부화된 곳이나 과거에 새끼를 성공적으로 키웠던 곳으로 돌아가는 전통이 있기 때문이다. 지금은 지구 반대편에 살지만, 내게도 비슷한 전통이 작용해서 여전히 나를 그곳으로 이끈다. 다소 모호한 그 끌림을 강하게 느끼는 이유는, 나를 만든 것들의 일부가 항상 이곳에 뿌리를 내리고 있으리라는 느낌 때문이다. 아마 새들도 비슷한 충동을 경험하는 듯하고, 그 사실이 실제로 증명된 장소이기 때문에 그런 충동이 한층 강해질 것이다. 검증된 레시피를 굳이 바꿀 필요는 없다. 또 무리 지어 번식하는 새들의 경우 군중이 군중을 끌어들인다. 심지어 평소에는 자기 동족과 살 생각이 그리 없는 종들도 무리는 강력한 유인력을 발휘한다. 먼 곳에서 나는 무리의 소리나 냄새에 이끌려 그쪽으로 다가가거나 다른 귀환자들의 안내를 받은 경험 없는 새들은 자신과 같은 종류의 새들이 많이 있다면 가정을 꾸리기에 좋은 장소라는 확신을 얻는 듯하다.

이런 신호는 강력하다. 작은 찌르레기의 일종인 어린 쌀먹이새에 대한 연구만 봐도 알 수 있다. 나이 많고 노련한 새들의 소리를 녹음해서 틀어주면 이 작은 새는 저항할 수 없을 정도로 그 소리에 이끌린다. 사실 그 끌림은 너무나도 설득력이 강해서 좋은 번식지의 조건에 대한 본능을 이길 정도다.

모든 어미 새는 번식기 동안 굶주리고 만족할 줄 모르는 새끼들 때문에 심한 압박에 시달린다. 하지만 먹이 채집 기술을 완벽하게 익히고 먹이를 찾기 위한 최적의 장소를 알아내려면 시간이 걸린다. 때문에 가장 요령 있고 경험이 풍부한 부모만이 새끼를 키우는 데 성공할 때가 많다. 이것이 많은 바닷새가 번식 전에 비정상적으로 긴 발달 단계를 거치는 이유 가운데 하나일 수 있다. 예를 들어, 가넷은 나이가 들면서 점점 먹이를 찾는 데 능숙해지기 때문에 가정을 꾸리기 전에 현명하게도 5년을 기다린다. 하지만 이웃들이 뭘 하고 있는지 잘 알기 때문에 자신의 지식에만 의존할 필요가 없다. 성공적인 사냥 여행을 마치고 군락지로 돌아온 가넷은 동료들의 관심을 유도한 뒤, 바다로 나가 유망한 어장으로 가는 길을 되짚어 가보자고 부추긴다. 여기에는 그럴 만한 이유가 있다. 바닷새는 무리 지어 둥지를 트는 다른 많은 새들과 마찬가지로 물고기 떼처럼 군데군데 모여 있는 동물을 먹고 산다. 넓디넓은 바다에 양미리 같은 먹잇감이 잔뜩 몰려 있는 물고기 떼는 단 몇 개만 숨어 있을지도 모른다. 그래도 바다의 일부 지역은 다른 곳보다 확실히 더 나은데, 그래서 경험이 중요하다. 지식이 풍부한 새가 물고기를 잡으러 출발하면 베테랑의 노하우를 전수받고 싶어 하는 추종자들이 뒤를 따른다. 그리고 그 무리는 앞으로 새들의 정보 센터 역할을 한다. 성공한 새를 주목한 다른 새들은 그가 하는 대로 따라한 덕분에, 이제 먹이를 찾을 때 추측에만 의지할 필요가 없다.

뱀턴에 있는 백악 절벽의 구석구석까지 꽉 차 있는 바닷새들은 서식지를 완전히 포화 상태로 만든 듯하다. 하지만 바닷새들이 주위가 너무 혼잡하다고 생각한다면, 베짜는새가 둥지를 몇 개 더 쑤셔 넣는 방법을 가르쳐줄 수 있을 것이다. 베짜는새는 핀치와 친척 관계인 작은 새다. 그들의 이름은 둥지를 만드는 놀라운 솜씨에서 유래되었다. 수컷은 이름 그대로 베를 짜듯 수백 가닥의 풀잎을 엮어 복잡한 건축학적 걸작을 만들고 정교한 둥지를 완성한다. 이들의 둥지는 다른 새들이 만드는 컵 모양 구조와 달리 대부분 구형이라서, 베짜는새들은 아래쪽뿐만 아니라 위쪽에서도 보호를 받는다. 때로 그들은 불청객의 접근을 제한하기 위해 현관홀과 비슷한 튜브형 구조물을 만들기도 한다. 암컷은 아름답게 짜여진 구조를 기준으로 번식 상대를 선택하기 때문에, 이런 둥지를 짓기 위한 노력은 보상을 받는다. 하지만 구체 모양의 사랑의 신전을 다 지은 수컷 베짜는새는 쉬지 않고 바로 다음 둥지를 만들기 시작해 보통 한 계절에 최대 50개까지 만든다. 수컷은 어떤 이유로든 암컷에게 감동을 주지 못한 둥지는 부숴버리고 집요하게 다시 시작한다.

베짜는새들은 대부분 남과 어울리기 좋아하기 때문에 둥지를 가까운 곳에 지어서 군락을 형성한다. 그중에서도 남아프리카의 사교적인 베짜는새들은 크기가 10입방미터가 넘는 거대한 둥지를 짓는데, 거의 VW 캠핑카와 맞먹는 크기다. 이 정도 규모의 둥지에는 새를 수백 마리 수용할 수 있으며 각 부부마다 별도의 방이 있는 조류 아파트 같은 느낌이다. 새들이 만든 이 멋진 건물은 세대를 거듭하며 수십 년 동안 지속될 수 있다. 포식자로부터 보호해줄 뿐만 아니라 외부의 극단적인 기온도 막아준다. 베짜는새와 함께 살려고 이사 오는 도마뱀, 딱정벌레, 쥐 그리고 다른 새들도 이 사실을 잘 알고 있다.

　새들의 아파트도 대단하지만 베짜는새들의 집단 거주지는 지금은 멸종한 나그네비둘기의 둥지에 비하면 아무것도 아니다. 개중 가장 큰 것은 200평방킬로미터에 걸쳐 퍼져 있으며 수십억 마리의 새가 들어가 살 수 있다. 당시 기록에 따르면 무수히 많은 새가 모여 공간을 빈틈 없이 채우고 있었다고 한다. 의연한 비둘기들은 앉을 공간이 없으면 그냥 다른 비둘기 위에 앉았을 것이다. 너무 많은 새가 몰린 탓에 사람 다리만큼 굵은 나뭇가지가 새 무게로 부러지는 일도 잦았다. 그리고 그 밑에는 비둘기 똥이 악취 나는 눈처럼 무릎 깊이로 쌓일 것이다. 무리 지어 다니는 새들은 종종 함께 앉아 있곤 하지만 혼자 먹이를 먹는 새들은 거의 그러지 않는다. 나그네비둘기가 함께 앉아 있는 모습은 극단적인 예이지만 수백 또는 수천 마리씩 모이기도 한다. 둥지를 만들 필요도 없고 먹이를 물어다 줘야 하는 새끼도 없기 때문에, 번식기에 걸핏하면 다투는 새들도 지금은 나란히 앉아 즐거워한다.

녹색제비는 하루 중 많은 시간을 혼자 또는 느슨하게 무리를 지어 날아다니면서 곤충을 쫓는다. 하지만 밤이 되면 항상 자기 동족끼리 모여 휴식을 취하는데 엄청난 숫자가 모이곤 한다. 이 새들은 해가 지기 약 한 시간 전부터 습지나 숲에 모여들기 시작한다. 둥지를 틀기 위해 군락을 이루려고 하는 새들과 마찬가지로 제비도 같은 동족의 존재에 이끌리기 때문에, 이 무리는 몇 킬로미터 떨어진 곳에 있는 새들까지 끌어들인다. 똑같은 새들이 매일 저녁 똑같은 잠자리로 돌아오곤 하기 때문에, 그곳으로 끌어당기는 힘이 두 배로 강해진다. 그들은 우리가 알 수 없는 어떤 신호에 따라 느긋하게 자리를 잡고 쉬기 전까지는 서식지 주변을 빠르게 날아다닌다. 모이는 수가 많아야 잠자리가 안전하다. 규모가 큰 잠자리에서 일어나는 소동이 포식자들을 유혹할지라도, 제비는 매복으로부터 어느 정도 안전한 잠자리를 고르고 매일 저녁 자리를 잡기 전에 주변의 위험 징후를 주의 깊게 확인한다.

조정은 사회생활에서 필수적인 부분이다. 일상적인 업무 패턴과 식사 시간부터 연례 축제와 명절에 이르기까지 우리 일상과 달력의 일부다. 새들에게 잠자리는 사회적 존재의 응집력을 유지하는 데 도움이 되는 리듬을 제공한다. 그들은 매일 저녁 모였다가 아침이 되면 헤어진다(칡올빼미 같은 야행성 새의 경우에는 그 반대겠지만). 새들의 잠자리도 군락처럼 정보 센터 역할을 하며 먹이를 찾을 수 있는 장소에 대한 중요한 정보를 제공한다. 새들은 매일 밤 같은 장소에서 휴식을 취하고, 사회적 매력을 통해 자기 종족에게 이끌린다는 걸 생각하면 전통이 새들이 쉴 곳을 정하는 역할도 수행한다. 어떤 새는 끌어당기는 힘이 다른 새들보다 강하다. 유명인들이 돈을 받고 상품을 홍보하는 인간 사회와 마찬가지로 새들도 지위의 매력에서 자유롭지 못하다. 지위가 가장 높은 새가 장소를 정하면 어린 새들은 그곳에 마음이 끌릴지도 모른다. 나이가 많고 노련한 새들은 잠자리와 먹이 채집 장소에 대해 최고의 정보를 가지고 있기 때문에 그들의 판단이 옳을 것이다. 물론 인간 세계에서 유명인들의 제품 홍보에 대해서도 똑같은 말을 할 수 있느냐는 별개 문제다.

추종자를 끌어들이는 높은 지위의 새들에게는 군중을 끌어모으는 이점이 있을지도 모른다. 종종 최고 지위의 새들은 무리의 중심이나 나무 꼭대기 등 그 보금자리에서 가장 좋은 장소에서 발견되곤 한다. 그들 주위나 아래에 모인 새들은 포식자를 막는 완충 역할을 한다. 또 지위가 낮은 새들은 괴롭힘을 당하는 대가를 치르기도 한다. 다소 굴욕적일 뿐만 아니라 깃털을 손상시켜서 비행과 단열 효율이 떨어진다. 튼튼한 깃털 고르기가 필요하다는 말이다.

꽤 많은 종의 경우, 함께 잠자리를 마련하는 행동은 가장 추운 시기에 자주 발생한다. 새들도 함께 모여 온기를 나누는 이점을 누린다는 뜻이다. 여기에는 단순한 편안함 이상의 의미가 있다. 새들은 기온이 낮으면 동작이 느려질 수 있어서 결국 포식자들에게 더 쉬운 표적이 된다. 이때도 좋은 자리를 차지하는 게 중요하다. 무리의 중간에 있는 새들은 기회를 노리는 사냥꾼에게 맞설 살아 있는 방패가 생길 뿐만 아니라, 단열재도 가장 많이 얻는다. 오목눈이는 밤에 나뭇가지를 따라 줄지어 늘어서는데 이때 우두머리는 가운데에 있고 지위가 낮은 새들은 줄 끝에서 비바람에 노출된다. 추운 겨울에는 모든 새가 체온을 유지하려고 애쓰느라 매일 밤 몸무게의 10분의 1이 감소할 정도지만, 비바람에 가장 많이 노출된 새들은 남들보다 특히 심한 고통을 겪는다.

남극 고위도 지역에서는 이런 사회적 단열이 예술의 형태에 근접한다. 황제펭귄이 느끼는 온도가 영하 40도에 이를 수 있는 남극의 펭귄 번식지만큼 추운 곳은 드물다. 새들이 이곳에서 살아남으려면 심부 체온을 약 37도로 유지해야 하므로 단열의 필요성이 절실하다. 어느 정도의 단열은 가능하다. 몸에서 가장 추운 부분으로 흐르는 혈액에서 온기가 손실되는 것을 막기 위한 혈관 내에서의 열 교환과 외부 깃털층 아래에 있는 매우 가는 솜털 등 펭귄의 놀라운 적응 능력 덕분이다. 또 복사냉각의 물리학을 통해서도 어느 정도 단열이 가능한데,

펭귄 몸의 가장 바깥 부분이 실제로 주변 공기보다 차가워 열을 흡수한다는 말이다. 심지어 그들은 발 뒤꿈치에 해당하는 부분에 체중을 실어서 대부분의 시간 동안 발 전체로 얼음을 딛는 걸 피한다.

이런 적응도 중요하지만 함께 뭉쳐 있는 게 필수적이다. 펭귄들이 처한 조건이 가혹한 건 낮은 기온뿐만 아니라 그들의 몸에서 온기를 끌어낼 수 있는 차가운 바람과도 관련이 있다. 빽빽하게 모여 있는 황제펭귄들은 일시적으로나마 찬 바람을 피할 수 있다. 사실 이렇게 옹기종기 모여 있으면 가운데에 있는 새들은 지나치게 더워질지도 모른다. 그래서 펭귄들은 가운데에 있던 새들이 가장자리로 이동하고 몸이 얼어붙은 동료를 무리 안쪽으로 이동시키며 자주 위치를 바꾼다.

조류 사회

먹고, 날고, 자고, 번식하기 위해 모이는 새들은 많지만, 이를 더 발전시켜서 진정한 사회의 기초가 되는 강력한 관계로 발전시키는 새들도 있다. 암수 한 쌍의 관계가 오랫동안 지속되는 새들이 많은데, 이들은 비록 1년 중 많은 시간을 떨어져 지내지만 번식기가 시작될 때마다 재회해 일련의 복잡한 의식을 통해 사랑의 맹세를 다시 확인한다. 그러나 덤불어치가 보여주는 가족생활에 대한 헌신을 따라갈 만한 새는 없다. 그들이 사는 자연 서식지의 가혹한 환경에서 근근이 생활을 유지하려면 모든 개체가 힘을 모아야 한다. 이 매력적인 청회색 새는 대가족이 함께 살면서 그 과업을 해낸다. 인간 사회에서는 대가족 생활이 매우 익숙해서 표준으로 받아들일 수도 있지만 자연계에서는 드문 일이다. 어린 덤불어치는 부모뿐 아니라 둥지를 떠나지 않고 가족과 남아 집안일을 돕는 형제자매가 함께 힘을 모아 기른다. 구역의 둥지에서는 최대 8마리의 어른 새가 함께 살기도 한다. 부모새 두 마리와 다 자란 자식 6마리인데, 이 자식 새들을 둥지 조력자라고 한다. 조력자들은 가족 중 가장 어린 구성원을 위해 귀한 먹이를 모으고 포식자와 이웃들에 맞서 집을 지키는 끝없는 임무에 동참하는 등, 중요한 역할을 한다.

우리 눈에는 이 모든 것이 매우 문명화되고 인식 가능한 상황으로 보이지만, 조력자들 입장에서는 단순히 필요한 타협일 수 있다. 어쩌면 인간 사회에도 학자금 대출과 치솟는 부동산 가격 때문에 어쩔 수 없이 부모님 집에 머물러야 하는 젊은 성인이 증가하는 등, 유사한 현상이 있을 것이다. 조력자들은 선택권이 제한적이라서 집에 머무는지도 모른다. 덤불어치들의 주택 시장에서도 사다리 진입이 어려울 수 있다. 조력자들이 오랫동안 집안일을 돕다 보면 언젠가 가족의 거주지를 물려받을 것이다. 그동안에는 번식 기회가 늦춰지겠지만 어린 동생들을 부양하며 위안을 얻을 수 있다. 이렇게 다 자란 뒤에도 집을 떠나지 않고 계속 머무는 종들도 스스로 자리를 잡을 기회가 생기면 얼른 그 기회를 잡곤 한다.

조력자의 중요성 때문에 때로는 어미 새들이 다 자란 자식에게 집에 계속 머물도록 요구하기도 한다. 따라서 집에 머무르는 것이 조력자의 선택이 아니라 강제가 될 수도 있다. 아프리카 흰목벌잡이새의 부모들은 집을 떠나 독립적으로 번식하려는 아들들의 시도를 방해한다. 빅토리아 시대 멜로드라마에 나오는 사악한 등장인물 못지않다. 그들은 아들의 구애 시도를 방해하거나 젊은 커플의 둥지 입구를 막기도 하고, 심지어 둥지에 나타나서 괴롭히기도 하는 등 여러 기발하고 지독한 방법을 쓴다. 이런 끊임없는 괴롭힘에 직면한 젊은 수컷은 그냥 포기하고 가업으로 돌아갈 수도 있다. 때로는 조력자들도 부정직한 전술을 쓴다. 젊은 수컷 벨마이너는 부모를 도와 어린 새끼들을 먹이는 일을 하지만, 가끔은 그들의 후광이 약간 흐트러질 때도 있다. 먹이를 둥지로 가져오는 척하고는 몰래 먹어버리는 것이다. 아연실색한 새끼새들 외에는 아무도 보는 이가 없을 때 이런 짓을 하는 경향이 있기 때문에 교활하다.

위계 서열

사회적 지배 계층을 가리키는 '위계 서열pecking order'이라는 말은 너무 유명하기 때문에 그 기원을 생각하는 사람은 거의 없다. 우리는 서로를 거의 쪼지(peck) 않는데도 일상생활, 특히 직장에서의 계층을 설명하기 위해 이 말을 자주 사용한다. 그래서 사람들은 이 말이 노르웨이의 영웅 전설인 토를레이프 셸데루프 에베Thorleif Schjelderup-Ebbe와 이름이 같은 헌신적인 노르웨이인이 거의 100년 전에 진행한 닭 연구에서 비롯되었다는 사실을 알면 놀란다. 어릴 때 부모님 집의 닭장에 살던 거주자들의 사회적 역학 관계에 매료된 그는 결국 박사 학위 논문을 쓰기 위해 그들을 연구하게 되었다.

토를레이프는 특정한 새들이 둥지에서 가장 좋은 장소를 차지하고 모이도 가장 먼저 먹는다는 사실을 알아차렸다. 또 다른 닭들이 그들을 쪼거나 깃털을 잡아당기면서 힘으로 밀어붙이려고 하면 자신의 특권을 공격적으로 옹호한다는 것도 눈치챘다. 이런 공격성 분출이 취하는 패턴을 관찰하면서 그는 닭들 사이에 계층 구조, 즉 위계 서열이 있다는 사실을 깨달았다. 지배적인 닭은 자기 주장이 강한 새들을 전부 쪼아버리는 반면, 다음 계급에 속하는 닭은 지배적인 새에게 대항하지 않고 대신 자기보다 계급이 낮은 새를 쪼아댄다. 이런 식으로 이어지다 보니 계급이 가장 낮은 운 없는 새는 빈약한 모이와 가장 형편없는 주거지에 만족해야만 했다.

우리가 인간 사회의 위계질서에 대해 엇갈린 감정을 가질 수는 있지만(보통은 그 안에서 우리가 차지하는 위치에 따라 달라지지만), 동물의 위계 서열은 집단 내의 공격성을 감소시키는 효과가 있기 때문에 대부분 동물에게 직접적인 이득이 된다. 예를 들어, 닭들의 경우 서열이 일단 정해지면 몇 달 또는 심지어 몇 년 동안 지속되는 안정적인 경향을 보인다. 그렇다고 해서 새들이 반드시 자기 위치를 순순히 받아들이는 건 아니다. 특히 어린 새들은 성장하면서 지배적인 계층으로 올라가고자 책략을 쓰기도 한다. 이러한 권력 다툼에는 족벌주의의 기미도 보인다. 적색 야계(닭의 야생 조상) 무리에서 지배적인 암컷이 암컷 병아리를 낳으면 그 새끼는 일반적으로 어미보다 한 단계 아래인 지배 계급에 합류한다. 그러면 다른 새들은 한 단계 아래로 밀려난다. 이런 상황에 저항하는 새들은 무리를 지배하는 어미닭을 상대하게 된다.

길들여진 닭들의 세계에서는 이런 상황이 자주 발생하지 않는데, 해당 무리가 어미 없이 자란 새끼들로 구성되는 경향이 있기 때문이다. 이 경우, 병아리들은 생후 3~6주 정도 되면 사회적 특권을 차지하기 위해 다투기 시작한다. 이 보잘것없는 솜털 뭉치들이 서로 뒤쫓고 부딪히고 깃털을 부풀려 크기와 힘을 강조하는 모습은 우스꽝스럽게 보이지만, 병아리들은 이를 매우 진지하게 받아들인다. 무리의 모든 새가 자기 위치를 알고 서열이 정해지면 상황이 가라앉는다.

야생 적색 야계는 최대 20마리 정도가 모여서 무리를 형성하는데, 지배적인 수탉 한 마리와 그보다 많은 암컷과 새끼들이 있다. 이 정도 크기의 집단에서는 서열이 안정적이고 모든 새가 서로를 인식할 수 있다. 가축화된 닭도 서열이 확립되면 이 정도 규모의 무리들끼리 꽤 잘 지내는 것처럼 보인다. 그러나 상업용 닭들은 훨씬 대규모로 사육된다. 만약 닭들이 사회적 관계를 해결하지 못한다면 서열이 확립되지 않고 이로 인해 무정부상태와 지속적인 공격이 발생할 수 있다. 닭을 대규모로 기르려면 새들의 자연스러운 행동에 맞서 싸워야 한다. 그래서 가금류 농부들은 공격성을 제한하는 조치를 취해야만 한다. 새들의 싸움을 유발하는 것으로 알려진 계기 중 하나는 붉은색이다. 새 한 마리가 상처를 입으면 나머지 새들까지 다 서로 쪼아대는 광란 상태가 발생할 수 있다. 이에 대한 창의적인 해결책은 모든 걸 빨갛게 만드는 것이다. 새들에게 빨간색 콘택트렌즈를 끼우거나(정말이다) 빨간색 조명을 계속 켜둬서 빨간색을 잘 식별할 수 없게 하기도 한다. 아니면 농부들이 새 부리의 날카로운 끝을 잘라 공격 효과를 제한할 수도 있다.

닭을 연구하면서 위계 서열이라는 말이 생기긴 했지만, 계층 구조는 새를 비롯한 수천 종의 다양한 동물의 삶에서 중요한 측면이다. 큰까마귀는 알래스카에서 동부 시베리아에 이르기까지 북반구를 가로지르는 넓은 지역에 사는 크고 카리스마 있는 동물이다. 어떤 지역에는 큰까마귀가 흔하지만, 그렇다고 해도 이 멋진 동물을 볼 때 느끼는 전율이 사라지지는 않는다. 최근에 유라시아와 북아메리카가 위치한 거대한 지각판이 거대한 지질학적 힘 때문에 가차없이 떠밀리고 있는 아이슬란드의 싱벨리르^{Thingvellir}로 여행을 갔다. 그곳 풍경은 원시적이고 험준하지만 지극히 아름답다. 이곳은 사형 집행장이자 고대 의회가 있던 장소였다. 지구상에 이보다 더 큰까마귀에게 어울리는 장소가 있으리라고는 상상할 수 없다. 아니나 다를까 그곳에는 그 새들이 매우 많았다. 그들은 불길한 풍경 위를 미끄러지듯 날면서 목이 쉰 듯 저음으로 까악거렸는데, 내 기억보다 몸집이 훨씬 컸다. 그들은 역사적으로 늘 불길한 징조의 동물, 저주받은 영혼이 새의 형태를 취한 것으로 여겨져왔다. 내가 지켜보고 있는 사이에 이 윤기 흐르는 검은 새 한 마리가 근처의 바위 노두에 내려앉았다. 난 곧 낭랑하게 울려퍼지는 낮은 울음소리가 들릴 거라고 예상하며 기다렸다. 하지만 그 새는 예상과 다르게 휴대전화 벨 소리와 매우 비슷한 고음으로 울었다. 내가 그 소리에 답하면서 말을 걸 수만 있다면 얼마나 좋을까.

사실 큰까마귀들은 상황에 따라 다르게 사용하는 자연 음향이 최소 30가지나 되어 어휘가 다양한 편이다. 또 그들은 능숙한 모방을 통해 어휘력을 늘릴 수 있는 게 분명하다. 옛이야기에 나오는 흉측하고 사악한 묘사와 다르게 이 새들은 지적이고 호기심과 장난기가 많다. 큰까마귀는 복잡한 사회 구조와 서로를 부르는 소리로 측정 가능한 계층 구조를 가지고 있다. 지배적인 큰까마귀는 부하들에게 큰 소리로 싸움을 걸고, 계급이 낮은 새는 대개 고분고분한 목소리로 대답한다. 그러면 만사가 순조롭고 삶은 예전처럼 계속된다. 그러나 지위가 낮은 새가 그날 운이 좋다고 느끼거나 자만심에 차 있다면 도전을 제기할 수 있는데, 이를 지배권 역전 울음이라고 한다. 지배적인 위치의 새는 앉아서 당하고만 있을 수 없다. 체면을 잃으면 지위가 손상될 수 있으므로 현장은 충돌 직전의 상태가 된다. 무리의 다른 새들은 동요한다. 그들은 이로 인해 격변이 발생할 수 있다는 사실을 안다. 하지만 그들이 스트레스를 드러내는 정도는 주인공이 누구인지에 따라 다르다. 다른 수컷에게서 지배권 역전 울음을 들은 수컷 큰까마귀는 암컷에게 비슷한 소리를 들었을 때보다 더 심한 스트레스를 나타낸다. 큰까마귀 사회에서는 수컷이 암컷보다 높은 지위를 차지하므로 두 암컷끼리의 경쟁은 그리 신경 쓰이지 않기 때문이다. 암컷은 지배권 역전 울음을 들으면 어떤 성별의 새가 낸 소리든 상관없이, 계층 구조에서 자신이 차지하는 낮은 지위 때문에 심한 스트레스 반응을 보인다. 또 큰까마귀는 다른 무리에서 나는 지배권 역전 울음을 들어도 스트레스를 받지만, 자기 무리에서 나는 소리를 들었을 때보다는 훨씬 스트레스가 덜하다. 그들이 자기 공동체뿐 아니라 다른 공동체의 관계에 대해서도 생각하고, 보다 폭넓은 사회 환경을 가장 똑똑한 동물과 비슷한 수준으로 놀랍도록 세밀하게 이해하고 있다는 뜻이다.

큰까마귀는 전 세계에 약 120여 종이 존재하는 까마귀과에 속한다. 까마귀는 매우 영리하고 충실한 새다. 까마귀 사회의 기본적인 구성 요소는 함께 새끼를 낳아 기르는 부부 새다. 많은 새들처럼 까마귀도 일부일처제이며 죽음이 그들을 갈라놓을 때까지 파트너에게 헌신한다. 까마귀는 특정 계절에만 파트너와 함께 사는 것도 아니다. 이들은 일년 내내 함께 지내며, 서로의 깃털을 골라주거나 인간의 키스와 비슷하게 서로의 부리를 무는 동작(부리 휘감기라고 한다)을 통해 유대감을 재확인한다. 커플이 함께 살면 영역을 지키거나 이웃과 사소한 다툼이 벌어졌을 때 서로 도울 수 있다. 새끼를 키울 때도 혼자 키우는 것보다 둘이 함께 하면 훨씬 쉽다. 팀워크를 발휘해 새끼들에게 더 많은 먹이를 가져다줄 수도 있고 필요하면 한쪽이 남아서 둥지를 보호할 수 있기 때문이다.

갓 태어난 큰까마귀가 짝을 이뤄 자신만의 공간을 소유하는 건 꽤 먼 훗날의 일이다. 둥지를 떠나면 독립의 첫발을 내딛게 된다. 하지만 부모의 영역을 벗어난 이 어린 새들의 삶은 힘겹다. 이들은 인간 사회의 10대 갱단과 비슷한 방식으로 청소년끼리 함께 뭉쳐 서로를 지원하며 어려움을 이겨낸다. 그들은 다른 구성원들과 강력하고 매우 중요한 유대관계를 맺을 수 있을 만큼 오랫동안 이런 집단에서 살 수 있다. 불가피한 일이 발생하거나 집단 내에서 싸움이 벌어져도 결국 서로 나란히 앉아 상대의 깃털을 다듬어주는 감동적인 화해의 표현으로 갈등을 해결한다. 충돌이 발생할 위험이 있으면 파트너들을 도우러 가고 공격의 희생자가 된 이들을 위로한다. 그러다가 결국 이 무리를 떠나 성숙한 새로서 자기 영역을 지키는 다음 단계의 삶을 시작한다. 하지만 그들은 동료들과 헤어지고 몇 달 또는 몇 년이 지난 뒤에도 어린 시절에 맺었던 유대를 잊지 않는다. 이를 통해 우리는 사회적 관계가 큰까마귀에게 미치는 강렬한 영향과 서로를 인식하고 다른 개체의 감정을 이해하는 능력을 확인할 수 있다.

기온이 영하 20~30도까지 떨어지는 메인 주 겨울의 혹독한 추위 속에서, 큰까마귀들은 먹이를 찾고 살아남기 위해 지혜에 의존해야 한다. 그 상황에 굴복한 더 큰 동물들의 사체가 가장 큰 상이지만 흔하지 않다. 큰까마귀들은 단 하나의 사체를 찾기 위해 수백 킬로미터를 정찰해야 할지도 모른다. 하지만 만약 찾아낸다면 생명선, 눈과 얼음뿐인 사막에서의 잔치를 의미한다. 이상하게도 어린 큰까마귀는 그런 보물을 발견하면 큰소리로 울어 다른 동료들을 부르거나 위치를 기억해두고 그냥 떠났다가 나중에 동료들과 함께 돌아온다. 동물 사체는 곧 수십 마리 까마귀들의 먹잇감이 되고 일주일 안에 뼈밖에 남지 않는다. 큰까마귀는 왜 이런 행동을 하는 걸까? 만약 남들과 나누지 않기로 한다면, 동물 사체 한 구는 큰까마귀 한 마리가 겨울을 날 수 있을 만큼 충분한 먹이를 제공할 것이다. 가까운 가족 구성원들과 협력하는 건 별개 문제다. 진화론에서는 유전자를 공유하는 동물들끼리는 이런 식의 도움을 선호할 것이라고 예측했다. 하지만 위와 같은 대규모 모임에 참석한 새들이 서로 친척 관계일 것 같지는 않다.

생물학자 베른트 하인리히Bernd Heinrich는 바로 이 의문을 풀기 위해 겨울철 황야에서 위풍당당한 새들을 관찰하며 몇 개월을 보냈다. 그리고 《겨울의 까마귀Ravens in Winter》라는 놀랍도록 감동적인 책에서 자신의 경험을 설명했다. 하인리히는 거대한 고깃덩어리, 심지어 동물 사체를 통째로 까마귀들 영역에 갖다놓고 가까이에서 그들을 연구했다. 그리고 이 경험을 바탕으로 그는 까마귀의 공유 행동이 반드시 사심 없는 행동은 아니라는 결론을 내렸다. 첫째, 그 사체는 코요테 같은 육식동물들에게 발견될 가능성이 높으며, 따라서 까마귀가 오랫동안 그 먹이에 의존할 수 있는 가능성이 낮다. 정보를 공유하면 먹이를 혼자 다 먹을 수도 없고 장기간 비밀로 간직할 수도 없는 첫 발견자는 그리 힘 들이지 않고도 넓은 지역의 큰까마귀들 모두에게 이익이 되는 통신 네트워크를 구축할 수 있다. 게다가 만약 젊은 까마귀가 어른 까마귀 부부의 영역 경계 내에서 사체를 발견했다면 곧 부부에게 쫓겨날 것이다. 하지만 다른 청소년 큰까마귀들을 부른다면 이 무리는 영토 소유자에게 맞서 성공적으로 사체를 방어할 확률이 높아질 것이다. 이 청소년들은 소리가 들리는 거리에 있는 다른 청소년들에게 발견한 식량을 알리기 위해 특정한 소리를 사용한다. 사체 앞에 떼지어 모인 젊은 새들을 마주한 영토의 어른 새들은 그들을 전부 쫓아낼 의지가 거의 없다. 자존심을 꺾고 식탁에 합류할 수밖에 없다.

서로를 애타게 그리다

몇 년 전, 라스베이거스 인근의 국립공원 등산로를 걷다가 붉은 돌 협곡을 가로지르는 높고 전망 좋은 지점에서 주변 풍경을 바라보며 그 순간의 고요를 즐기고 있었다. 그때 약 백 마리의 청회색 새 떼가 소나무 숲 근처의 공터로 날아 들어와 평온한 분위기를 깼다. 그들은 먹이를 찾기 위해 땅을 헤집으면서 기뻐하는 듯한 목소리로 꽥꽥거리며 떠들어댔다. 시끄럽긴 했지만 그들에게는 뭔가 깊은 매력이 있었다. 그 새들은 짧은꼬리푸른어치pinyon jay라고 하는데, 크기는 큰까마귀보다 훨씬 작지만 까마귀과에 속하는 새다. 이들의 삶은 이름을 따온

피논 소나무의 열매, 즉 잣을 중심으로 전개된다. 이제 가을이 되면 분주하게 잣을 비축한다. 일부는 먹기도 하지만 그보다 훨씬 많은 양을 모아서 은신처에 숨겨두고 일년 내내 먹는다. 그들은 식료품점에서 가장 안목 높은 고객처럼 각 씨앗의 품질을 저울질하는 것 같다. 테스트를 통과한 씨앗은 꿀꺽 삼켜서 목구멍에 있는 저장소에 추가한다. 내가 지켜보는 동안 이 새들은 마치 토마토를 씹지도 않고 통째로 꿀꺽 삼킨 것처럼 목이 부풀어 오를 때까지 계속 씨앗을 쑤셔넣었다. 몇 분간 활기차고 질서정연하게 채집을 마친 그들은 잣을 푸짐하게 가지고 날아갔다. 등산로가 다시 평화로워지자 난 짧은꼬리푸른어치에 대해 더 알고 싶어졌다. 그들은 일편단심으로 잣만 추구했지만 그들의 활동에서는 일종의 조직력이 엿보였고, 비둘기 같은 새들이 먹이를 찾으면서 벌이는 다툼과는 다른 협동심과 사교성이 있었다. 이후 며칠 동안, 이 매력적인 새들을 다시 볼 수 있기를 바라면서 여행을 계속했다.

그동안 책을 좀 읽다가 존 마즐러프John Marzluff와 러셀 발다Russel Balda가 쓴 《짧은꼬리푸른어치: 무리 지어 사는 협력적인 까마귀의 행동 생태학The Pinyon Jay: Behavioral Ecology of a Colonial and Cooperative Corvid》이라는 완벽한 책을 찾았다. 이 새들에게 뭔가 특별한 점이 있다는 생각이 잘못된 게 아니라는 것이 밝혀졌다. 그들은 매우 사교적인 새지만, 그보다 중요한 건 그들이 무리 속에서 매우 조화로운 삶을 살아간다는 것이다. 짧은꼬리푸른어치도 진정한 까마귀답게 파트너와 평생 유대관계를 이어간다. 부부 까마귀는 다른 부부나 그들의 자손들과 함께 계속 같은 무리 안에서 산다. 무리 안에는 각 가족 단위가 3대까지 존재하며, 이걸 전체적으로 보면 가족과 씨족으로 이루어진 일종의 모자이크라고 할 수 있다. 비록 어떤 새들, 특히 어린 암컷은 데이트 지평을 넓히기 위해 무리를 떠나 다른 새들과 합류할 수도 있지만, 대개는 같은 새들이 평생 함께하는 경향이 있다. 그 결과 형성된 친밀한 사회적 관계는 이 무리를 완전히 발달된 하나의 조류 사회로 결속시킨다.

짧은꼬리푸른어치와 관련해 내가 정말 놀란 건 그들이 활동을 조정하는 방식이다. 그들 삶의 모든 부분이 어떤 집단 시간표에 따라 진행되는 것처럼 보이지만, 이런 조정을 지휘하는 개체는 따로 없는 듯하다. 이들 무리는 지어 넓은 서식지 주변을 돌아다니면서 먹이를 모을 기회를 찾는다. 일단 가능성 있는 곳에 도착하면 지배 계급의 새들이 보통 먼저 먹이를 먹지만, 먹이를 다 먹은 뒤에는 나머지 새들이 모두 배를 채울 때까지 예의 바르게 기다렸다가 함께 떠난다.

이들은 땅바닥에서 먹이를 먹기 때문에 포식자에 취약하다. 그래서 종종 한 번에 여러 마리의 보초가 근처의 높은 나뭇가지에 올라가 위험을 경계한다. 망보는 새들은 가만히 앉아서 평소 시끄러운 어치답지 않게 신기할 정도로 조용하며, 이 경계 임무를 매우 진지하게 받아들인다. 그리고 뭔가 잘못된 점을 발견하는 순간 아래에 있는 새들에게 경고를 보낸다. 위험의 긴급성은 경고음의 강도를 통해 전달된다. 우리 인간들과 마찬가지로 보초가 겁에 질릴수록 비명 소리가 더 높아진다. 미리 경고를 받은 무리는 포식자들이 공격하기 어려운 나무로 피신한다. 단순히 경보를 울리는 것에 만족하지 않는 용감한 보초는 포식자에게 날아가 계속 따라다니면서 질책하고 때로는 다른 새들을 불러 모아 달갑지 않은 손님을 쫓아내기도 한다. 그건 매우 효과적인 방어 전략이기 때문에 다른 종의 새들도 때때로 보초들의 보호 아래 먹이를 먹기 위해 짧은꼬리푸른어치 무리에 합류한다.

짧은꼬리푸른어치는 무리를 보호해야 할 때는 공격적일 수 있지만 서로 상호작용을 할 때는 상당히 여유로워 보인다. 그 등산로에서 짧은꼬리푸른어치를 처음 만난 뒤로 그들을 두 번 더 봤다. 두 차례 모두, 새들이 잣을 더 모으러 왔을 때 들리는 활기찬 울음소리 덕분에 그들의 존재를 알게 됐다. 그들이 도착한 직후에 현장에 도착한 나는 새들이 모이를 주워 먹으면서 바쁘게 돌아다니는 모습을 봤다. 망보는 새가 날 감시하고 있었지만 나는 위협적인 존재가 아니라고 판단한 게 분명했다. 새들은 끊임없이 서로를 향해 재잘거렸지만 공격적인 모습은 전혀 보지 못했다. 새들은 잣을 수확하느라 너무 바빴다.

그렇긴 해도 이들 사회는 평등한 사회가 아니다. 짧은꼬리 푸른어치 무리에는 사회적 규칙과 위계질서가 있다. 성체 수컷이 서열 1위고 성체 암컷이 그 뒤를 이으며, 성체 암컷은 다시 한 살배기 암컷과 수컷을 지배한다. 앞에서 언급한 닭들처럼, 짧은꼬리푸른어치의 어린 새끼들은 서로 옥신각신하면서 무리 안에서 자기들만의 지배 관계를 정착시킨다. 성체 수컷집단 내에도 경쟁이 있다. 지위가 높은 새들은 먹이를 먼저 먹으며 부하들만큼 씨앗을 많이 저장하지도 않는 듯하다. 이는 먹이가 부족한 계절이 되면 자신의 계급에 의존해서 더 불쌍한 새들의 저장소에 접근한다는 뜻일 수도 있다. 그래도 혼자서 몰래 먹이를 먹지 않고 매일 무리 지어 먹는다는 건, 그런 속임수가 좋은 보상을 받지 못한다는 뜻이다. 지위 고하를 막론하고 성체들은 가장 어린 새들에게 싸움을 걸지 않는다. 마치 생후 1년차에게는 관대하게 대하라는 무언의 규칙이 있는 것 같다. 짧은꼬리푸른어치 무리 내에서도 각종 경쟁이 발생하지만, 그들의 성공은 협력과 조정을 기반으로 하기 때문에 결국은 함께 붙어있어야 한다.

연말에는 새로운 쌍들이 맺어지고 오래된 관계에 다시 불이 붙으면서 무리에 변화가 찾아온다. 암컷에게 홀딱 반한 수컷은 마치 계약서에 도장을 찍으려는 듯이 조용히 수줍어하는 모습으로 짝에게 먹이를 건넨다. 시간이 지나면 암컷이 더는 수줍어하지 않고 수컷에게 먹이를 구걸하거나 쫓아다니기 때문에 구애를 위한 먹이 주기 과정이 부드럽지 않고 부담이 커진다. 알을 만드는 데는 많은 에너지가 필요하므로 그들의 요구는 불합리한 게 아니다. 게다가 암컷들은 파트너가 믿음직한 먹이 배달원이라는 확신을 얻고 싶어 한다. 새끼가 태어나면 그렇게 해야만 한다. 몇 주 후, 둥지 만들기가 본격적으로 시작되면서 번식기 준비가 속도를 낸다. 짧은꼬리푸른어치 무리가 여전히 아침과 저녁에 함께 먹이를 먹는 사이에 부부 새들은 가족 계획에 집중한다. 그들의 둥지를 군락이라고 표현하기는 하지만 다음 세대를 기르기 위해 어른 새들이 한데 모이는 그런 식의 군체 번식과는 다르다. 짧은꼬리푸른어치는 보통 나무 한 그루당 둥지를 하나씩만 지어서 공간을 넓게 확보한다. 이곳이 군락이 되는 이유는 번식하는 새들의 행동이 믿을 수 없을 정도로 동시에 진행되기 때문이다. 어떤 새는 다른 새들보다 먼저 알을 낳을 준비가 되지만 모두들 준비를 마칠 때까지 기다린다. 이는 짧은꼬리푸른어치의 무리 생활이 얼마나 밀접하게 동반되고 상호 의존적인지 보여주는 또 다른 신호다. 알을 낳고 나면 암컷들은 모두 둥지에 틀어박혀서 가끔 몸을 펴거나 화장실에 갈 때만 밖으로 나온다. 짝이 둥지에 있는 동안 수컷은 자신뿐만 아니라 파트너와 부화한 새끼를 위한 먹이까지 모아야 하는 부담을 짊어진다.

이들의 둥지는 쉽게 발견할 수 있는 군락보다는 흩어져 있지만 그래도 취약하다. 포식자의 관심을 끌 위험을 줄이기 위해, 무리 지어 먹이를 찾아 나선 수컷들은 다 함께 먹이를 가지고 돌아올 수 있도록 자신들의 행동을 놀라운 수준으로 조정한다. 수컷은 한 시간에 한 번 정도 둥지로 돌아오는데, 이때 곧장 둥지로 날아가는 대신 대감시의 훌륭한 전통에 따라 들킬 위험이 없는지 확인하기 위해 둥지에서 좀 떨어진 곳에 착륙한다. 포식자를 둥지로 안내하는 것만은 절대로 피해야 한다. 주변 상황이 만족스러우면 수컷은 재빨리 둥지로 향한다. 포뮬러 원Formula 1 피트 크루 같은 효율성과 속도로 암컷에게 물자를 전달한 후, 다른 수컷들과 함께 먹이를 더 모으기 위해 다시 출발한다. 새끼들이 자라면 암컷도 먹이 조달을 돕기 시작하지만 암컷과 수컷에게는 각자 분명한 역할이 있다. 수컷은 먹이를 가져오고 암컷은 새끼 돌보기와 둥지 청소를 맡는다. 부화하고 3주가 지나 새끼들에게 깃털이 다 나면 일종의 보육 시설인 탁아소로 옮긴다. 다음 한 달 동안, 수십 마리의 어린 새들은 부모가 먹이를 모으러 간 동안 몇몇 어른 새들의 보살핌을 받는다. 어린 새들이 서로 밀치락달치락하고 있는 혼잡한 곳에서 자기 새끼를 찾는다는 건 쉬운 일이 아니지만 그들은 어떻게든 해낸다. 자기 자식을 다 돌본 부모들은 때때로 다른 새끼새에게 음식을 전달한다. 이건 보기 드물게 관대한 행동처럼 보이겠지만 한편으로는 아이들을 조용히 시키는 역할도 한다. 배고픔에 항의하는 시끌벅적한 새끼새들로 가득한 시끄러운 탁아소는 포식자들의 관심을 끌 가능성이 높다.

짧은꼬리푸른어치의 놀라운 사교성은 그들의 삶 전체를 관통하는 실이다. 그건 형제자매들끼리 서로 깃털을 골라주는 둥지에서 시작되어, 어린 새들이 더 넓은 무리 속에서 살아가는 경험을 처음 하게 되는 탁아소에서도 계속된다. 그곳을 졸업하고 주요 무리와 합류한 뒤에는 인간 사회와 마찬가지로 자기 코호트 내의 또래 새들과 가장 강하게 상호작용할 것이다. 무리 내의 긴밀한 관계를 고려하면 짧은꼬리푸른어치들이 서로를 알아보는 능력이 뛰어나다는 건 아마 놀라운 일이 아닐 것이다. 하지만 단지 알아보는 것만으로는 한계가 있다. 자기가 사는 복잡한 사회를 잘 헤쳐나가려면, 짧은꼬리푸른어치는 직접적으로 관여하는 상호 작용뿐만 아니라 주변에서 일어나는 모든 상호 작용을 해석하고 이해할 수 있어야 한다. 그것은 크고 긴밀한 집단에서 사는 동물에게 중요한 기술이다. 각 개체는 무리와 어울리는 방법을 알아야 한다. 관찰자들이 자기 사회 집단 구성원들 사이의 관계를 평가하는 능력은 가장 세련된 사회적 동물의 특징이다. 공식적인 명칭은 이행 추론이라고 하는데 짧은꼬리푸른어치는 다른 사교적인 새들처럼 이 능력이 매우 뛰어나다.

하지만 짧은꼬리푸른어치는 어떻게 그런 공동체 의식을 갖게 된 걸까? 그들은 왜 무리가 먹이를 먹는 동안 계속 망을 보거나 군중의 행동에 동참하거나 먹이 주기와 번식 행동을 남들과 동시에 진행하는 걸까? 그 모든 활동에 상당한 희생이 따를 수도 있는데 말이다. 가능성 있는 답 하나는 그들이 자기 친척을 도우려고 한다는 것이다. 하지만 짧은꼬리푸른어치 무리에서 무작위로 뽑은 두 마리 새들 사이의 평균적인 연관성은 매우 낮은 편이다. 또 다른 답은 이런 공적인 행동을 함으로써 무리 동료나 잠재적인 번식 파트너로서의 지위가 향상되기 때문이라는 것이다. 거기에 뭔가가 있을지도 모른다. 하지만 무리의 성공은 네가 내 등을 긁어주면 나도 네 등을 긁어주겠다 같은 일종의 조건부적 상호주의에 기반을 둔 것 같다.

우리는 포유류의 사회적 행동이 옥시토신^{oxytocin}이라는 호르몬 수치의 영향을 받는다는 사실을 알고 있다. 인간은 옥시토신이 증가하면 더 관대해지고 원숭이와 개는 더 사교적으로 행동한다. 조류에게는 이에 상응하는 호르몬인 메조토신^{meso-tocin}이 있는데 이것이 짧은꼬리푸른어치에게 비슷한 역할을 하는 것으로 보인다. 짧은꼬리푸른어치는 평소에도 때때로 이웃과 음식을 나눠 먹지만 메조토신 수치가 올라가면 더욱 관대해진다. 어치 몸에서 자연적으로 발생하는 높은 수준의 메조토신 때문에 이들은 원만하게 무리 생활을 하고 다른 새들과 강한 유대를 형성하며 심지어 더 협조적으로 행동할 수 있다.

짧은꼬리푸른어치 관찰자들을 놀라게 하는 또 하나의 특징은 그들이 절대 입을 다물지 않는 것처럼 보인다는 것이다. 라스베이거스 외곽의 등산로에서 만난 짧은꼬리푸른어치들이 먹이를 먹으며 쉴 새 없이 떠들어대는 모습은 불필요하게 요란해 보였지만, 인간 집단의 경우와 마찬가지로 의사소통은 모든 집단에서 결정적으로 중요한 역할을 한다. 부부 새가 새끼를 기를 때 서로 활동을 조정할 수 있고, 대규모 무리에서는 대화를 통해 이웃과의 접촉을 유지하고 서로를 식별하며 다른 새가 하는 활동과 동기를 이해하고 다가오는 위험을 경고할 수 있다.

지금까지는 동물 언어를 이해하기 위한 시작 단계에 불과하지만, 우리는 많은 사회적 까마귀들이 뚜렷하게 구별되는 수십 가지 울음소리를 가지고 있고 음높이와 음량을 이용해서 이를 강조할 수 있다는 사실을 안다. 그들의 다양한 울음소리는 관계를 관리하고 사회를 구축하는 데 중요한 역할을 한다. 매우 영리한 이 새들은 음성 정보를 즉각적으로 주고받을 수 있을 뿐만 아니라 기억력도 뛰어나다. 예를 들어, 짧은꼬리푸른어치가 일년 내내 먹기 위해 저장해둔 수천 개의 잣을 찾으려면 이런 능력이 필요하다. 그들은 또 과거에 벌어진 일을 회상할 수 있는 능력이 있고, 이런 경험을 바탕으로 미래 행동과 다른 이들을 대하는 방식을 정한다. 이런 조류들이 형성하는 복잡한 관계와 사회는 그들의 정교한 행동 레퍼토리 덕에 가능하다. 이는 다시 매우 똑똑한 새의 두뇌 발달과 그에 대한 의존을 촉진한다.

5장. 사고뭉치 생쥐

가장 사랑받지 못하는 포유류 중 하나가
살아가는 방식에 대한 교훈을 준다.

이 더러운 놈!

시드니 대학 생물학과 건물 바깥에는 나무로 둘러싸인 잔디밭이 있고 매우 호주스러운 느낌의 연단처럼 서 있는 공용 바비큐 시설이 있다. 몇 달 전에 우리 연구실 사람들이 이 멋진 그릴 주위에 모였는데 다들 약간 취한 상태였다. 크리스마스 시즌이었고 우리는 명절 분위기에 맞게 먹고 마시며 즐겼다. 땅거미가 지자 모기떼가 나타나 시간을 알렸다. 시드니의 모기는 무자비하고 탐색적이며 예민한 코를 가진 놈이라서 순식간에 인간의 팔이나 다리를 핏기 없는 소시지 껍질처럼 축 늘어지게 만든다. 내가 좀 과장해서 말한 걸지도 모르지만, 어쨌든 모기가 출몰하자 모임을 얼른 끝내고 정리해야겠다는 다급한 기분이 들었다. 새로운 쓰레기가 가득 채워진 쓰레기통에서 나는 바스락거리는 소리가 우리 주의를 끌었다. 콩콩 냄새를 맡으면서 실룩거리는 수염 난 코가 쓰레기 잠수함에서 튀어나온 잠망경처럼 시야에 들어왔다. 조심스럽게 머리의 나머지 부분도 나타났다. 나트륨 보안등의 작은 오렌지색 불빛을 받아 반짝이는 까만 눈 한 쌍이 우리를 유심히 쳐다봤다. 잠시 행동을 멈추고 교착 상태에 빠졌던 쥐는 축제용 소시지 덩어리를 입에 물고 쓰레기통에서 튀쳐나와 그림자 속으로 사라졌다. 갑자기 우리는 잔디밭을 둘러싼 덤불 속의 움직임을 알아차렸다. 쥐는 한 마리가 아니라 수십 마리였다. 잠시 후 쓰레기통은 쥐떼로 들끓었다. 생물학자들인 우리가 밀려오는 설치류 무리를 알아차리지 못했다니 믿을 수가 없었다.

하지만 우리에게 너무 엄하게 굴면 안 될 것 같다. 전 세계 사람들도 전혀 눈치채지 못한 채 쥐와 함께 살아가는 경우가 많다. 한때는 사방 2미터 안에는 반드시 쥐가 산다는 말도 있었다. 실제로 그럴까? 세상에 쥐가 얼마나 많은지 누가 알겠는가? 은밀한 곳에서 살고 밤에 돌아다니며 일반적으로 눈에 잘 안 띄는 쥐들의 숫자는 도저히 헤아릴 수가 없기 때문에 추정에 의존해야 한다. 쥐 공포증인 사람이 그 숫자를 보면 아무런 위안도 얻지 못할 것이다. 보수적으로 추측해도 전 세계에 수십억 마리 이상 사는 듯하다. 쥐는 남극 대륙과 몇몇 작은 섬들을 제외하면 인간이 사는 모든 곳에 존재한다. 그건 우연이 아니다. 우리는 그들이 번성하는 데 필요한 조건을 만들었고 쥐의 적응력이 나머지 일을 해냈다. 도시 쥐들은 도시와 함께 진화해서 시골에 사는 친척들보다 더 빨리 자라고 더 일찍 성숙한다. 그들은 우리가 쥐를 통제하기 위해 사용하는 방법에 정통하고, 그 숫자는 그들이 사는 도시의 인구와 함께 급증했다. 우리는 쥐의 존재에 분개할지도 모르지만 쥐의 성공은 우리 인간의 성공과 밀접한 관련이 있다. 지금과 같은 쥐의 모습은 우리가 만들어낸 것이다. 그들은 인간 삶의 대항마이고 인간 문명의 원치 않는 동반자이며 그래서 우리는 쥐를 싫어한다.

쥐에 대해 말할 때는 실제로 매우 다양한 종에 대한 이야기가 나올 수 있다. 하지만 가장 흥미로운 건 시궁쥐다. 그 학명인 라투스 노르베기쿠스Ratus norvegicus는 이 쥐의 기원과 관련해 예로부터 전해진 오해에서 비롯되었다. 노르웨이 쥐라고 부르는 사람도 있지만 그 나라와는 코코넛만큼의 관련도 없다. 시궁쥐는 피요르드 출신이 아니라 원래 아시아의 스텝 지대와 평원, 그리고 현재의 중국 북부 지역에 서식했을 가능성이 있다. 그것은 씨앗과 식물을 먹으며 근근이 살아왔지만 눈에 띄는 성공을 거두지는 못했다. 하지만 인간과 만나자 그 모든 게 바뀌었다. 쥐들은 집안으로 들어와 편하게 살면서 행동을 줄였다. 인간과 연합을 형성한 쥐들은 우리의 무역로를 따라 퍼져나갔고 다른 나라로 여행하는 동안 히치하이킹을 했다. 우리는 무심코 쥐들에게 숙식뿐만 아니라 승차권까지 제공했다. 그것이 번성해 모든 쥐 가운데 가장 성공한 쥐가 되었을 뿐만 아니라 지구상의 우점종 중 하나가 된 것은 놀랄 일이 아니다.

유리한 조건에 사는 암컷 쥐는 새끼 생산라인이라고 할 수 있다. 임신 기간은 약 3주이며 보통 한 번에 8마리의 새끼를 낳는다. 새끼들은 5~6주 안에 성숙기에 도달할 수 있다. 따라서 1년에 쥐 한 마리가 수백 마리를 낳을 수도 있다는 말이다. 자기도 모르는 새에 쥐를 키우고 먹여온 우리의 관심은 그걸 죽이는 쪽으로 쏠린다. 하지만 아무리 노력해도 쥐들은 사라지지 않을 것이다. 독이 든 미끼나 가스, 심지어 드라이아이스까지 동원한 도시의 집중적인 쥐 통제 프로그램은 일시적으로 개체 수를 90퍼센트까지 줄일 수 있지만, 쥐는 1년 안에 이전의 세력을 회복할 것이다.

1960년대에 유명 연예인 공연단에게 '패거리rat pack'라는 모욕적인 호칭이 처음 붙여진 이후 이 말은 대중의 의식 속에 계속 남아 있지만, 사실 시궁쥐는 무리를 지어 움직이지 않는다. 먹이를 찾기 위한 쥐의 은밀한 탐사는 혼자 진행하는 경향이 있다. 하지만 그들 존재의 핵심은 군락이다. 전형적인 군락은 여러 개의 지하 굴과 방으로 이루어져 있으며, 도시 쥐들이 고속도로로 사용하는 지하철이나 하수구의 소규모 버전이라고

241

5장. 사고뭉치 생쥐

할 수 있다. 굴 하나를 6마리 정도의 암컷 쥐가 공유하는데 그들 모두 주변에서 훔쳐 온 편안한 소재로 만든 자기만의 둥지를 가지고 있다. 암컷은 그곳의 공장 같은 내실에서 새끼를 낳아 기른다. 새끼는 눈이 안 보이고 털도 없는 무방비 상태로 태어나지만 3주도 채 되지 않아 기능이 완전히 발달한 자율적인 쥐가 되어 둥지를 떠날 준비를 마친다. 하지만 새끼들은 자기 집을 만들기 위해 멀리까지 가지 않는다. 대부분 자기가 태어난 곳에서 몇 미터 안에 남아있다. 그래서 시간이 지나면 굴은 첫 번째 방에서 시작해 사방으로 퍼져나가고, 우리 도시의 공원과 거리 아래에서 쥐들의 도시가 확장된다.

쥐의 성공은 단순히 숫자가 늘어나는 것 이상이다. 그들은 환경에 적응할 수 있는 영리한 동물이다. 2015년에 피자 한 조각을 들고 뉴욕 지하철을 타는 한 진취적인 쥐의 모습이 담긴 유튜브 동영상이 화제가 되면서 유명해졌다. 피자 쥐라는 별명이 붙은 이 설치류는 공짜 점심을 먹기 위해 획기적인 방법을 고안했지만 이런 능력은 그리 이례적인 게 아니다. 전 세계의 쥐들은 먹이를 얻기 위해 놀라운 전략을 이용한다. 이탈리아에서는 쥐들이 강바닥에 잠겨 있는 조개를 잡기 위해 포(Po)강에 잠수하는 모습이 목격되었다. 미국 특정 지역의 쥐들은 물고기 부화장의 골칫거리이며, 물가에 내려가 배고픈 송어에게서 먹이를 빼앗기도 하고 어떤 경우에는 심지어 직접 송어 낚시를 하기도 한다. 독일에서는 쥐들이 통통하고 작은 참새가 땅에 내려앉을 때 몰래 접근하거나 매복했다가 습격하는 등 작은 사자처럼 행동한다고 알려져 있다. 쥐는 처음에는 씨앗만 파먹으면서 살았을지 모르지만, 더 폭넓은 먹이 선택의 기회를 놓치지 않는 똑똑한 기회주의자다.

게다가 그들은 사회적 접촉 네트워크를 이용해서 자기 사회 내부의 다른 개체들에게 새로운 정보를 배운다. 쥐들의 학습은 일찍부터 시작된다. 그들은 태어나기도 전부터 모체의 혈류를 통해 전달되는 식단에서 단서를 얻는다. 그리고 태어난 뒤에는 그와 똑같은 음식을 선호하면서 어미의 취향을 따라가게 된다. 젖을 빨 때도 같은 원리가 작용한다. 어미의 젖에서는 어미가 먹은 음식의 맛이 나기 때문에 나중에 먹이를 선택할 때 영향을 미친다. 쥐는 이런 현상이 처음 드러난 종 가운데 하나지만, 이런 방식을 통해 한 세대에서 다음 세대로 식이 선호성을 물려주는 유일한 포유류는 아니다. 우리 인간의 경우에도 비슷한 일이 일어난다. 우리는 인간의 모유에서 바닐라, 마늘, 민트, 당근, 치즈 등 다양한 맛이 날 수 있다는 걸 알고 있으며 알코올과 니코틴도 마찬가지다. 이것이 소위 말하는 향미 기억을 형성해 나중에 우리의 음식 기호에 영향을 미치는 듯하다.

새끼는 둥지를 떠난 뒤에도 자기 사회의 연장자들과 함께 계속해서 배운다. 어른들과 가까운 곳에서 먹이를 먹는 젊은 이들은 그들의 음식 공급원을 공유하고 따라다니면서 배운다. 이들은 수동적인 관찰자가 되는 것에 만족하지 않고 때로는 관대한 성인 쥐의 먹이를 낚아채기도 하는데, 이건 정확히 어떤 음식이 먹기에 좋은지 배우는 한 가지 방법이다. 쥐들은 먹이를 구할 때 대부분 혼자서 모험을 떠나지만 그래도 다른 쥐들에게 정보를 넘겨주기는 한다. 굴과 훌륭한 식사 장소 사이를 오갈 때, 쥐들은 벽이나 경계를 따라 이동하는 경향이 있다. 이건 탐색에 도움이 될 뿐만 아니라 공격이 발생할 수 있는 방향이 준다. 샛길을 따라 이동할 때는 자신과 벽 사이에 거리를 거의 두지 않기 때문에 달리는 동안 털과 수염이 벽에 스친다. 그러면 희미한 냄새로 경로가 표시되고, 다른 쥐들은 그 뒤를 따라가면서 냄새를 강화할 수 있다. 새로운 먹이 공급원을 시식하고 굴로 돌아간 쥐의 숨결에는 그 음식의 특정한 향이 배어있다. 쥐들은 다양한 냄새가 나는 곳에 살기 때문에 그게 무슨 냄새인지 파악하기 위한 강력한 비강 기능을 갖추고 있다. 먹이를 먹고 돌아온 사냥꾼이 풍기는 새로운 먹잇감 냄새는 그들의 흥미를 자극하고 심지어 그 음식을 광고하는 역할까지 해서 직접 시도해보게 만든다.

하지만 쥐는 조심스러운 동물이다. 새롭고 흥미로운 먹이 출처를 발견하면 배고픈 쥐들이 모여들어서 배를 채울 것이라고 예상하는 게 합리적이지만 그들은 그렇게 하지 않는다. 대신 달려들기 전에 신중하게 확인하면서 조금씩만 시식해 본다. 쥐를 통제하기 어려운 이유가 바로 이런 경계심 때문이다. 만약 쥐가 미끼를 먹고 반응이 나타난다면 그 다음부터는 해당 먹이를 주도면밀하게 피할 것이다. 그리고 계속 쥐약을 놓으면 쥐들은 조심성이 커져서 우연히 발견한 새로운 음식을 피하고 다른 쥐들이 뭘 먹었는지 주의 깊게 관찰할 것이다. 쥐잡이의 미끼를 너무 잘 피하니까 19세기 사람들은 쥐들이 독약을 발견하면 관청의 포고 사항을 알리고 다니는 관리처럼 둥지로 달려가 친구들에게 이 사실을 경고한다고 생각했다. 이런 메신저 쥐는 상상 속의 존재지만, 쥐들이 그 동네 메뉴 중 뭐가 맛있고 뭐가 맛없는지와 관련해 이웃들에게 엄청난 양의 정보를 수집한다는 걸 생각하면 진실과 그리 먼 이야기도 아니다.

나는 항상 쥐를 좋아했고 예전에는 애완용 쥐를 기르기도 했다. 집에 찾아온 사람들을 맞이하기 위해 고양이나 개가 걸어 나오면 호감도 수준은 달라도 대부분 환영을 받는다. 하지만 방문객에게 설치류를 보여주면 전혀 다른 반응이 나온다. 쥐에 대한 사람들의 반응은 혐오에 가까운 경향이 있다. 갑자기 구역질을 하거나 마치 우리에 독물총코브라라도 들어 있는 것처럼 펄쩍 뛰어 물러날 것이다. 이런 태도의 일부는 쥐의 외모, 특히 털 없는 꼬리에 대한 본능적인 반응이다. 이 꼬리는 매력적이지는 않지만 쥐가 살아가는 데 필수적인 도구다. 꼬리는 쥐가 달리거나 점프할 때 자세를 안정시키고 심지어 물건을 잡을 수도 있는데, 이건 털이 북슬거리는 꼬리로는 절대 불가능한 일이다.

아마 설치류를 혐오하는 보다 합리적인 이유는 야생 설치류들이 건물 안으로 침입하기 위해 나무를 갉아 먹거나 식품 저장실을 약탈하면서 생기는 피해와 그들이 퍼뜨리는 다양한 질병 때문일 것이다. 쥐에게는 계속 자라는 데다가 놀랍도록 단단한(인간보다 단단하고 사실 철보다도 단단하다) 이빨이 있어서 이걸로 나무와 플라스틱을 씹을 수 있다. 쥐들은 어딘가에 들어가기 위해 구멍을 크게 만들 필요가 없다. 대부분 겨우 1인치 정도의 틈도 비집고 들어갈 수 있기 때문이다. 때로는 아예 구멍을 뚫을 필요도 없이 하수구에서 욕실로 이어지는 악취나는 길을 대담하게 탐색해 우리 집으로 들어오는 길을 찾는다. 따라서 쥐들에게 화장실은 천국으로 향하는 입구가 된다. 쥐들은 집에 들어올 때 살모넬라균, 출혈열, 심지어 페스트 같은 질병을 가지고 온다. 쥐의 소변에 있는 박테리아에 오염된 물에 노출될 경우 감염되는 바일병Weil's disease은 내가 물고기를 찾아 호수나 연못을 돌아다닐 때 우려되는 질병이다. 학생 중 한 명에게 시드니에서 교사로 일하던 자기 어머니가 야외 개수대에서 아이들이 쓴 붓을 씻다가 그 병에 걸렸다는 말이를 들은 이후로 이 병에 대한 막연한 우려가 고조되었다. 그녀는 혼수상태에 빠졌고, 나중에 혼수상태에서 깨어나긴 했지만 걷고 말하는 법을 다시 배워야 했다. 다행히 그녀는 시간이 지나면서 완전히 회복했지만 그렇게 운이 좋지 않은 사람들도 있다. 점점 더 많은 사람들이 도시로 몰려들면서 두 종 사이의 접촉이 증가하고, 이에 따라 쥐가 매개하는 질병에 노출될 위험도 커졌다.

쥐의 도시

우리는 쥐와 도시를 공유하고 있지만, 야생 쥐는 연구하기 어렵기로 악명 높다. 그들의 활동 징후는 마름모꼴 모양의 똥이나 씹어놓은 물건, 심지어 그들이 습관적으로 사용하는 경로를 따라 흙이 약간 평평해진 것까지 매우 다양하다. 하지만 실제로 보는 경우는 드물다. 이게 문제가 되는 이유는 쥐를 효과적으로 통제하는 능력을 방해하기 때문이다. 쥐약을 쓰면 일시적으로 수가 줄어들 수는 있지만 이건 만병통치약이 아니다. 바로 이 문제 때문에 동물 행동에 관한 20세기의 가장 유명하고 영향력 있는 연구 중 하나를 진행하게 되었다.

존 캘훈John Calhoun은 미국 남부 테네시 주에서 보낸 어린 시절 내내 동물 연구에 대한 열정을 불태웠다. 이 열정을 바탕으로 대학에 진학하고 결국 볼티모어에 있는 존스 홉킨스 공중보건대학에서 일하게 된 건 자연스러운 수순이라고 할 수 있다. 동물을 수집하고 식별하는 그의 기술은 쥐를 이해하고 통제하기 위해 시 당국과 존스 홉킨스 대학이 함께 진행한 연구 프로그램뿐만 아니라 그가 주도한 북미 소형 포유동물 개체 조사에도 사용되었다. 캘훈이 볼티모어에서 연구를 시작한 1946년에도 이미 쥐약을 써야 많은 성과를 거둘 수 있고 그러려면 쥐와 쥐의 서식 환경을 보다 폭넓게 이해해야 한다는 걸 알고 있었다. 대학의 지원과 자기가 적합하다고 생각하는 방향으로 조사를 이끌 수 있는 자유가 있었던 캘훈은 상상력을 마음껏 펼쳤다. 그는 1947년에 자기 집 뒤쪽 부지에 울타리를 친 공간을 만들고 랫 시티Rat City라는 이름을 붙였다. 그의 목표는 가까운 곳에서 쥐의 행동을 연구하고 쥐들이 개체군이 어떻게 작용하는지 이해하는 것이었다. 그는 자기가 만든 쥐 도시에 쥐 다섯 쌍을 넣어두고 필요한 걸 모두 제공한 뒤 2년가량 멋대로 하게 내버려뒀다. 그리고 이 기간 동안 감시탑에서 그들을 면밀히 관찰했다.

캘훈은 쥐들에게 충분한 음식과 피난처를 제공하고 포식자로부터 보호해주면 쥐 도시의 개체 수가 5000마리에 이를 것이라고 추정했다. 처음에는 그의 예상대로 동물들이 번성하면서 빠르게 도시를 채웠다. 모든 게 괜찮아 보였다. 그러나 숫자가 150마리에 이르자 이상한 일이 일어나기 시작했다. 쥐의 행동이 근본적으로 바뀐 것이다. 평화롭던 쥐들이 극도의 공격성을 보였고, 많은 쥐들은 너무 큰 충격을 받아 번식을 할 수 없는 건 물론이고 심지어 정상적으로 기능하지도 못했다. 쥐 도시의 쥐들은 번성하지 못했고, 2년 동안 개체 수는 추정치보다 훨씬 낮은 200마리를 넘지 못했다. 흥미를 느낀 캘훈은 이후 몇 년 동안 쥐뿐만 아니라 생쥐까지 이용해서 이 실험을 여러 차례 반복했다. 그는 첫 번째 실험의 결과를 바탕으로, 인구 크기와 밀도가 행동에 미치는 영향이라는 관점에서 연구의 틀을 짜기 시작했다. 캘훈은 수많은 우리를 만들었고, 그때마다 거주자들에게 충분한 음식을 주고 거주 가능한 다양한 구역과 고층 블록 등 인간의 도시와 비슷한 주거 환경을 꾸밀 수 있는 구조물을 제공했다. 그가 제공하지 않은 유일한 것은 무한한 공간이었다. 동물들이 번식하면서 이용 가능한 공간이 채워지기 시작하자 그들의 사회 구조가 붕괴되기 시작했다.

매번 설치류의 유토피아로 시작했던 것이 일종의 생지옥으로 변했다. 이웃간의 정상적인 상호 작용 패턴은 깨졌고 악몽 같은 혼란으로 대체되었다. 폭력이 난무하고 공격적인 수컷이 취약한 개체들을 공격했다. 어미들은 새끼를 제대로 돌보지 않고 심지어 버리기까지 했다. 유아 사망률이 96퍼센트에 달했다. 섹스가 무기화되고 짝짓기 행동은 수컷이 마주치는 거의 모든 동물에 마운팅하는 수준으로 바뀌었다. 점점 더 많은 개체들, 특히 하위 계급에 속하는 동물들은 심리적인 트라우마의 징후를 보이면서 살아있지만 망가진 상태로 한곳에 멍하니 뭉쳐 있었다. 캘훈은 유기체가 겪을 수 있는 두 가지 종류의 죽음에 대해 썼다. 하나는 육체적 죽음이고 다른 하나는 정신적 죽음이다. 지나치게 붐비는 캘훈의 실험용 우리에서 쥐와 생쥐는 이 두 번째 운명을 경험했다. 그 상태에서 풀려난 뒤에도 쥐들은 건강한 정신 상태로 돌아가지 못했다. 그 변화는 돌이킬 수 없었고 그들은 보통 쥐나 생쥐처럼 기능하지 못했다. 실험의 마지막 단계에서는 다들 똑같은 경로를 따랐다. 일반적인 설치류 사회처럼 운영될 수 없었던 개체군은 붕괴되어 소멸했다.

캘훈은 자신의 실험을 설명하면서, 과밀화가 행동에 미치는 병리학적 영향을 설명하기 위해 '행동 싱크behavioural sink'라는 용어를 만들었다. 캘훈은 특히 이런 쥐 사회의 모습이 현대 도시에서 살아가는 인간 사회의 쇠퇴나 붕괴와 유사하다고 주장했기 때문에 이 실험은 대중의 인식에 깊게 뿌리를 내렸다. 그는 1972년에 이 실험을 언급하면서, '나는 주로 쥐에 대해 이야기하겠지만 내 생각은 인간에게 가 있다'라고 썼다. 그가 대부분의 실험에 쥐를 사용한 것은 특히 미국과 서구 사회 전반의 중요한 사회적 변화를 배경으로 하는 강력한 은유를 제공했다. 1960년대와 1970년대에는 사회적 격변, 시위, 베트남 전쟁 등이 일어났고 사람들이 도시로 몰려들면서 도시화가 증가했다. 시 당국은 공간 부족 문제를 해결하기 위해 고밀도 고층 주택 단지에 사람들을 몰아넣어서 해결책을 찾았다. 캘훈의 연구는 이 조치에 대한 끔찍한 결과를 예견하는 것처럼 보였다. 그는 심지어 개별 동물이 건강하게 관리할 수 있는 긴밀한 사회적 상호 작용 수에 상한선이 있다면서, 쥐와 인간 모두 그 수를 12개로 설정했다. 이 수를 초과하면 사람들이 위축되고 심지어 적대적으로 변하는 행동 싱크의 위험이 생긴다.

이건 작가와 시나리오 작가가 상상력을 발휘하기에 좋은 자료로, 쥐들이 예언하는 인간의 미래와 일탈적이고 반체제적이며 폭력적인 사람들이 살아가는 거대한 도시 중심부에 대한 불길한 비전을 제공했다. 캘훈의 연구 결과에 깔끔하게 요약되어 있는 불길한 예감은 대중 언론과 〈소일렌트 그린Soylent Green〉, 〈로건의 탈출Logan's Run〉 같은 영화, 톰 울프Tom Wolfe, J. G. 밸러드J. G. Ballard, 앤서니 버제스Anthony Burgess의 글, 그리고 〈2000 AD〉에 나오는 저지 드레드Judge Dredd 같은 등장인물을 통해 반향을 일으켰다. 이런 창작 분야에서만 우려가 제기된 건 아니다. 사회평론가와 정치인도 인류가 나아가고 있는 방향에 대해 걱정했다. 하지만 캘훈 본인은 좀 더 낙관적이었다. 그는 설치류 실험의 결과는 인간의 피할 수 없는 끔찍한 미래를 예측한다기보다 쥐들이 겪는 운명을 피하기 위해 창의적인 해결책을 개발할 필요성을 보여줬다고 말했다. 그의 미묘한 시도는 실패로 돌아갔다. 하지만 결국 대중의 관심을 끌기에는 나쁜 소식만큼 좋은 게 없다.

존 캘훈의 실험은 쥐 연구의 빙산의 일각에 불과하다. 지난 세기 동안 쥐는 행동 연구 분야에서 가장 중요한 동물 중 하나였다. 심리학을 공부하는 학생들은 수 세대에 걸쳐 '쥐와 통계'라는 학문적 식단을 먹으며 자랐다. 이 유순한 설치류들은 학습, 발달, 지능, 놀이, 섹스, 양육, 공격성을 조사할 수 있는 수단을 제공해줬다. 우리는 쥐를 낮게 평가하지만 쥐에게 많은 빚을 지고 있다. 쥐에 대한 선구적인 연구는 우리 자신의 행동을 훨씬 잘 이해할 수 있는 길을 열어주었다.

우리가 왜 스스로를 이해하기 위해 쥐를 연구해야 하는지 물어볼 수도 있는데, 아주 적절한 질문이다. 쥐는 우리가 모델 생물(생물학적인 의문에 답하고 난제를 풀기 위해 연구하는 동물 또는 식물)이라고 부르는 선택된 종들 중 하나다. 쥐는 우리처럼 포유동물이다. 그 말은 곧 우리가 그들과 많은 공통점이 있다는 말이다. 우리 몸은 비슷한 방식으로 만들어지고 작동한다. 동기와 자극에 대한 반응에도 공통점이 많다. 물론 존 캘훈이 희생을 통해 배운 것처럼 쥐의 행동을 통해 항상 사람의 행동을 직접 추정할 수는 없다. 몇 가지 중요한 차이점이 있기 때문이다. 그래도 인간 주제에 대한 상세한 조사를 위한 출발점이 될 이해의 틀을 구축할 수 있다. 어미에서 자식으로 음식 선호도가 전달되는 것이 한 가지 예이지만 그 외에도 여러 가지가 있다.

존 캘훈의 실험은 쥐를 격렬하고 공격적인 동물로 묘사하는 것처럼 보이지만, 그건 정상적인 상황에서 쥐의 모습을 관찰하는 실험이 아니라 과잉 밀집의 영향 때문에 발생하는 사회 붕괴에 관한 실험이기 때문이다. 쥐는 우리 인간이나 다른 많은 사회적 동물처럼 친구, 친척, 이웃과 함께 일생의 대부분을 보낸다. 일정 기간 동안 동일한 개체들과 교류하다 보면 착한 행동이나 적어도 '네가 내 등을 긁어주면 나도 네 등을 긁어주겠다'는 식의 호의 교환을 중요시하게 된다. 그렇다면 쥐가 매우 협조적일 수 있고 평소에 비열하게 굴지 않는다는 건 놀랄 일이 아니다. 하지만 그들이 누구를, 언제 도와야 할지 결정할 때 보여주는 정교함에는 놀랄 수밖에 없다. 때때로 그들이 베푸는 도움은 기분 좋은 요인, 최근에 자기가 도움을 받은 덕분에 생긴 전염성 있는 친절에서 비롯된다. 우리 인간 사회에서도 이런 협조적인 태도가 만드는 도미노 효과를 종종 볼 수 있다. 예를 들어, 출퇴근 시간에 누군가가 우리를 혼잡한 교차로에서 벗어나게 해주면, 다른 사람이 옆 차선으로 빠져나가려고 기다리고 있는 걸 봤을 때 그를 배려해줄 가능성이 커진다.

이건 그들에게 도움이 될 뿐만 아니라 우리 기분도 좋아진다. 하지만 우리도 쥐도 바보는 아니므로 상대방과의 과거 경험을 바탕으로 그에게 잘해주기 위한 노력을 조정한다. 쥐는 최근에 자기를 골탕 먹인 상대보다는 친절하게 대해준 상대에게 더 많은 도움을 준다.

이를 공식적으로는 상호 이타주의라고 하는데, 동물 사회, 특히 같은 집단의 개체들끼리 함께 사는 동물 사회에서 친족이 아닌 개체들의 협력을 촉진한다. 모든 동물은 과거에 받은 도움이나 미래의 이익에 대한 기대를 바탕으로 이웃을 도울 수 있다. 그와 동시에, 안정된 사회 환경에서 얼간이처럼 구는 건 장기적으로 나쁜 전략이기 때문에 이기적인 행동은 다 걸러낸다. 상호 이타주의라는 개념은 전반적으로 매우 훌륭하지만 동물 사이에서 그렇게 흔한 건 아니다. 겉으로는 협력하는 것처럼 보여도 실제로는 지위가 높은 유력한 개체가 상대의 비위를 맞추려는 약자의 간절함을 이용하는 것일 수도 있다. 친절한 행동은 숨은 동기를 위장할 수 있다. 게다가 상황을 잘 모면한 어떤 이들은 반사회적인 행동에 대한 대가를 치를 필요가 없기 때문에 무임승차라는 보상을 거부할 수 없는 듯하다. 인간 사회에서 사회적 규범은 도덕적인 행동 강령을 강화하는 역할을 할 수 있다. 남들의 반감은 우리가 도덕적으로 바르게 살게끔 하는 강력한 수단이 될 수 있다. 어릴 때 부모님에게 '난 너한테 화가 난 게 아니야. 그냥 실망했을 뿐이란다' 라는 핵폭탄 같은 발언을 듣고 내심 풀이 죽었던 경험이 다들 있지 않은가?

동물들은 자신에게 기대되는 여러 사회적 규칙에 따라 자신의 행동을 이해하거나 만들어가는가? 어떤 동물은 그럴지도 모른다. 솔직히 말해서, 우린 모른다. 하지만 쥐들, 특히 수컷 쥐보다 사교적인 암컷 쥐는 매우 협조적인 것처럼 보인다. 흥미로운 점은 쥐들이 상황에 따라 협력 방식을 바꾼다는 것이다. 예를 들어, 그들은 배고픈 이웃에게 음식을 제공할 가능성이 더 높은데 이는 그들이 파트너의 필요에 따라 도움을 제공한다는 걸 보여준다. 그렇긴 해도, 배고픈 쥐들도 먹이를 요구하는 걸 부끄러워하지 않는다. 그들은 잠재적 기증자에게 음식을 달라고 간청하면서 손을 내밀고 큰소리로 부르기도 한다. 하지만 인간은 배고픈 쥐들이 애원하는 소리를 들을 수가 없다. 그들이 음성으로 하는 의사소통은 대부분 인간이 들을 수 없는 높은 음조로 이루어지기 때문이다. 어떤 상황에서는 배고픈 쥐들도 더 협조적인 모습을 보이는데, 이는 그들이 자신의 곤경뿐만 아니라 쥐들 사이에 존재하는 거래 시스템의 경제성을 인식하고 있음을 나타낸다.

음식은 이런 교환에서 필수적인 통화지만 쥐가 거래하는 유일한 상품은 아니다. 기분 좋은 털 손질을 받은 쥐는 다음에 쥐 마사지사에게 음식을 주거나 자기도 상대방의 털을 손질해 주는 것으로 보답하려고 한다. 이런 시스템 내에서는 좋은 평판이 단순히 음식을 제공하려는 의지보다 중요하다. 쥐는 누군가에게 음식을 제공할지 여부를 결정할 때 받는 자가 최근에 자기에게 한 행동을 고려한다. 공격적인 쥐는 협력 네트워크에서 제외되는 상황에 처할 수 있기 때문에 좋은 시민이 되는 편이 이득이다. 쥐는 기만적인 부도덕의 대명사지만, 사실 그들은 남을 돕는 행동을 보상하기 위해 만들어진 놀랍도록 정교한 협력을 보여준다.

조건부적 상호주의 네트워크를 구성하는 것은 쥐들이 살아가는 사회의 필수적인 부분이지만, 가장 밀접한 관계는 어미와 새끼 사이의 관계다. 사실 어미와 새끼의 강한 유대감은 인간을 비롯한 포유류에게서 상당히 보편적이다. 가냘픈 소리로 우는 신생아에게 젖을 먹이는 것만으로는 충분치 않다. 어릴 때 어미와 나눈 신체적, 정서적 친밀감은 아이들의 건강한 발달에 중요한 요소다. 우리는 힘든 어린 시절이 한 사람의 인생에 평생 사라지지 않는 흔적을 남길 수 있다는 걸 예전부터 알고 있다. 슬프게도 우리 사회는 정신적 외상을 초래할 정도의 불안정한 양육 때문에 성인기에도 불안 증세를 호소하는 사람들로 가득하다. 또 교도소에 수감된 사람들 중에는 어린 시절에 고통을 겪은 이들이 불균형하게 많다.

이상하게 보일지 모르지만, 그 이유를 처음 밝혀낸 것도 쥐에 관한 연구에서였다. 쥐 중에는 훌륭한 어미가 되어 새끼를 잘 기르고 털 손질을 해주면서 알뜰살뜰 보살피는 쥐들도 있다. 그런가 하면 엄격한 사랑이 도움이 된다는 생각을 믿고 자손을 소홀히 하는 쥐들도 있다. 이런 다른 경험은 새끼들에게 심오한 영향을 미친다. 자상한 엄마의 세심한 보살핌을 받은 쥐는 차분하고 잘 적응하는 쥐로 자라지만, 방만한 어미의 새끼는 불안감이 가득한 성체로 자란다. 뿐만 아니라 그런 쥐는 쥐들의 계급 사회에서 낮은 위치에 있고 심각한 병을 앓을 가능성도 크다. 물론 불안해하는 쥐에게 나쁜 소식만 있는 건 아니다. 위험으로 가득한 세상에서 조마조마한 마음으로 항상 조심하며 사는 건 유용할 수 있지만, 이걸로는 위안이 되지 않는 것 같다.

우리는 유전학을 발달이라는 오케스트라의 지휘자로 여기는 데 익숙하다. 유전자는 신체 구성 방법에 대한 설명서라고 하는 DNA로 이루어져 있다. 여기에는 성장하는 유기체에 엄격하고 고집스러운 운명을 지시하는 유전학의 개념이 내포되어 있다. 물론 유전자가 중요하긴 하지만 만능은 아니다. 발달 중인 동물의 주변 환경은 유전자 발현 여부와 그 시기를 결정하는 데 중요한 역할을 한다. 다시 말해, 성장하는 개체를 그가 살아갈 세상에 맞게 유연하게 형성할 수 있다는 말이다. 바로 이 부분에서 어미 쥐의 행동이 중요한 역할을 한다. 양육하는 어미의 관심은 훗날 새끼가 스트레스에 대처하도록 도와주는 유전자의 발현을 증가시킨다.

쥐와 관련된 이야기인데, 그렇다면 우리 인간은 어떤가? 인간의 아기에게서도 매우 유사한 일이 발생한다는 걸 암시하는 잠정적인 증거가 있다. 엄마가 모유를 먹이고 더 많이 껴안아 준 사람은 좋은 보살핌을 받은 쥐의 새끼와 유사한 유전자 발현 패턴을 보인다. 자기 자녀나 애완용 쥐가 어릴 때 충분한 사랑을 받았는지 전전긍긍하고 있는 이들에게는 다행스럽게도, 유아기의 애정 결핍으로 인해 생긴 영향은 역전시킬 수 있다는 좋은 소식이 있다. 고집스러운 어미의 부주의로 고통받은 설치류도 자라는 동안 쾌적한 환경 조건을 경험하면 스트레스에 대한 반응이 점점 개선된다. 물론 새끼 쥐와 인간 아이들이 똑같지는 않지만, 어릴 때 좋은 보살핌과 자극을 받은 아이가 행복한 성인이 될 가능성이 높다고 말해도 그리 논란이 되지는 않을 것이다. 쥐에 대한 선구적인 연구 덕분에 우리는 이제 그 이유를 알게 되었다.

새끼 쥐들이 어미 둥지에서 나와 더 넓은 공동체 세계로 들어가서 동료들과 어울리기 시작하면 그때부터 무시무시한 새 경험에 노출된다. 다른 쥐의 존재는 쥐들이 이런 상황에 대처하는 방식에 근본적이고 유익한 차이를 만든다. 다른 쥐들과 함께 있는 새끼 쥐는 치명적인 위험을 직접 겪지 않고도 생명의 위험에 대해 간접적으로 배울 수 있는 기회가 생긴다. 또 다른 쥐들과 함께 있는 것 자체가 스트레스를 받는 쥐의 신경에 위안이 된다. 이런 공동의 이익은 쥐에게만 국한된 게 아니라 물고기부터 사람에 이르기까지 모든 사회적 동물에게서 볼 수 있으며 그런 동물들의 성공에 결정적인 역할을 한다. 하지만 좋은 양육에 관한 과학적 연구의 경우와 마찬가지로, 쥐는 이것이 작동하는 방식에 대한 놀랍고도 상세한 통찰력을 제공한다.

어린 쥐에게는 매일매일이 학교생활이다. 사회의 다른 구성원들이 자기 일을 하는 모습을 지켜보는 동안 삶의 좋은 점과 나쁜 점에 대한 정보를 수집할 좋은 기회가 생긴다. 앞서 말했듯이, 쥐는 맛있고 안전한 음식에 대해 배운다. 또 그 주변의 위험과 함정에 대한 증거를 흡수한다. 자기 무리 중 하나가 뭔가에 놀라거나 넘어지는 걸 본 쥐들은 그걸 기억해뒀다가 똑같은 실수를 저지르지 않기 위해 자신의 행동을 조정한다. 그들은 자기가 직접 겪지 않은 일에 대해서도 적색 경보를 울린다. 겁에 질린 쥐가 자신의 두려움을 다른 이들에게 전달하기 때문이다. '얘들아, 레지를 잡아간 고양이 알지? 그 고양이가 밖에서 주변을 살피고 있어' 같은 직접적인 말로 커뮤니케이션이 이루어질 필요는 없다. 그들 중 하나가 스트레스를 받으면 다른 쥐들도 분명히 알아차리기 때문이다. 불안한 쥐는 행동에 변화가 생기고 이웃들이 본능적으로 알아차리는 특정한 냄새를 발산해서 공포를 나타낸다.

이런 공포감은 다른 쥐들에게도 전염되어 다들 심장 박동이 빨라지고, 자기도 곤경에 처하지 않도록 더욱 경계하게 된다. 이런 반응은 동료의 두려움을 그걸 유발한 대상(이상한 포식 동물이나 쥐가 갉으면 전기 충격을 느끼게 되는 비피복 전선 등)과 연관시킬 수 있을 때 가장 강력해진다. 다른 쥐들은 원인과 결과를 구체적으로 이해하게 되고 쥐 동료가 겪는 고통의 근원을 피하는 법을 배운다. 여담이지만 사람들도 두려움을 느끼면 특정한 냄새를 풍긴다. 우리가 그걸 잘 깨닫지 못하는 이유는 후각이 다른 동물들에 비해 좋지 않기 때문이다. 우리가 겁을 먹었을 때 생성되는 화학물질은 땀으로 배출된다. 개와 다른 많은 생물체들은 실제로 우리가 발산하는 공포의 냄새를 맡을 수 있다. 어떤 사람들은 공포영화를 본 사람과 보지 않은 사람의 냄새, 또는 초보 스카이다이버의 땀 냄새와 헬스클럽에 다녀온 사람의 땀 냄새를 구별할 수 있다. 여성들이 특히 이 구별에 능숙한데, 평균적으로 여성이 남성보다 후각이 좋다는 사실을 보여준다.

감정적 전염은 사회적 동물들에게 매우 중요하지만, 적절히 억제하지 않으면 대혼란을 야기하거나 집단 히스테리를 일으킬 수도 있다. 중세 시대에 유럽 전역에 무도병이 퍼지면서 때로는 수백 명이 무리를 지어 몇 시간씩 미친 듯이 춤을 췄고, 그러다가 탈진하거나 심지어 죽는 사람까지 생겼다. 특이하게도 수녀원에서 이런 일이 많이 발생했다. 어떤 경우에는 수녀들이 매우 수녀답지 않게 행동하면서 욕설을 퍼붓거나 성적으로 도발하기도 하고, 다 같이 고양이 울음소리를 내기 시작한 적도 있다. 중세 시대였던지라 비난의 손가락질은 전부 악마를 향했다. 확실히 그건 퇴마사나 성직자들에게 좋은 일거리였지만, 그들은 히스테리를 잠재우는 실력이 형편없다는 게 증명되었다. 최근에도 전 세계 학교와 공장에서 집단 실신, 히스테릭한 비명, 통제할 수 없는 웃음이 전염병처럼 번졌다는 기록이 여러 개 있다. 밀접하게 연결된 사람들이 모여 있다가 감정이 고조되는 바람에 생긴 일일 수 있다. 한 사람에게서 시작된 일이 빠르게 확산되어 그룹 전체를 히스테리 상태로 몰아넣을 수 있다. 동물들 사이에서도 이와 비슷한 일이 생기긴 하지만 놀라울 정도로 드물다. 대규모 양계장에서 키우는 닭들이 다같이 패닉 상태에 빠진 경우도 몇 번 있고, 2013년에는 네덜란드의 한 동물원에 사는 개코원숭이들이 평소에 하던 행동을 전혀 하지 않은 채 아무 반응 없이 모여 앉아 있었던 적이 있다.

폭주하는 감정적 전염과 집단 히스테리에 대해서는 다들 알고 있지만, 우리 거리에 미친 듯이 춤을 추는 사람들이 가득하지도 않고 자연계가 영양 무리의 집단 기절 같은 문제에 시달리지도 않는다. 내가 소개한 보기 드문 일화를 제외하면 다른 예는 거의 없다. 많은 사회적 동물이 다른 그룹 구성원들의 고통이나 두려움을 알아차리기는 하지만 통제 불가능한 수준으로 확산되지는 않는다.

이것 자체도 흥미로운 현상이다. 이는 무언가가 두려운 감정이 전염되는 걸 억제한다는 사실을 암시한다. 그걸 사회적 완충이라고 하는데, 집단생활을 하는 동물들에게 매우 중요하다. 간단히 말해, 사회적 동물들은 자기 종족의 진정 효과를 통해 이익을 얻는다. 불안과 스트레스가 때로는 극적인 수준으로 감소하고, 처음에 신경질적인 반응을 보였던 동물의 회복이 가속화된다. 쥐의 경우에는 어릴 때부터 다른 개체들과 가깝게 접촉하는 게 일반적이다. 무력하고 털도 없는 상태로 태어난 새끼들은 따뜻함을 얻기 위해 어미 옆에 옹기종기 모여든다. 그들이 둥지를 떠난 뒤에도 같은 공동체에 있는 다른 쥐들의 물리적인 존재가 세상의 걱정과 염려를 완화시켜 준다. 외로운 쥐가 낯선 개체와 함께 있을 때도 약간의 이익은 얻을 수 있지만, 쥐들이 소속감을 느낄 때 그 효과가 가장 강해진다. 쥐들이 마음을 진정시키기 위해 가장 가까운 동료를 찾는다고 말할 수도 있지만, 사실 쥐들은 자신을 진정시키는 효과가 가장 뛰어난 개체를 가까운 동반자로 선택한다고 말하는 편이 나을 것이다. 미묘한 차이지만 잠재적으로 중요한 차이이며 그것이 우리를 비롯한 모든 사회적 동물의 관계 네트워크를 형성할 가능성이 매우 높다. 쥐 군락지의 왁자지껄한 상황에서 근처에 있는 동물들의 모습, 소리, 촉각뿐만 아니라 심지어 태평스러운 친구의 냄새만 맡아도 초조해하는 설치류를 진정시킬 수 있다. 쥐는 이런 사회적 자극이 공포 반응을 일으키는 뇌 부위의 활동을 억제한다는 사실을 알고 있다. 그래서 우리가 사회적 완충에 대해 말할 때는 막연한 침착함과 행복감에 대해 설명하는 게 아니라 동물의 생리와 사고방식에 직접 영향을 미치는 것들을 말하는 것이다.

사회적 완충은 우리 사회에서 중요한 역할을 한다. 유아기부터 유년기까지는 부모, 특히 엄마가 옆에 있으면 뇌에서 스트레스가 해소된다. 흥미롭게도, 고무 젖꼭지가 아기를 조용히 시킬 수는 있지만 엄마가 옆에 있을 때만큼 아기의 뇌에서 일어나는 불안감을 달래주지는 못한다. 나이가 들면 사회적 동료들이 점점 더 이 역할을 맡게 된다. 하지만 친구가 부모의 사회적 완충 역할을 물려받는다는 건 말처럼 간단하지 않다. 그래도 아이들이 어릴 때 부모와 형성한 애착이 친밀한 우정을 쌓을 수 있는 능력의 토대를 제공하므로 성인이 되면서 사회적 완충이 제공하는 스트레스 해소의 이익을 누린다.

심리학자들이 사람들의 불안감을 테스트할 때 가장 좋아하는 방법 하나가 트라이어 사회적 스트레스 테스트Trier Social Stress Test다. 이 테스트에 참가한 피실험자들은 짧은 연설을 준비해서 청중들 앞에서 한 뒤, 암산 문제를 몇 개 풀어야 한다. 이런 작업은 매우 확실하게 지속적으로 스트레스를 유발한다 (즉, 여러분만 스트레스를 느끼는 게 아니라는 말이다). 그래서 이게 좋은 테스트인 것이다. 트라이어 테스트가 사람들에게 어떤 영향을 미치는지 이해하려면 불안 수준을 나타내는 타액에 섞여 있는 코티솔 호르몬 수치와 심박수를 측정해보면 된다. 그러면 부모, 친구 또는 파트너의 존재가 스트레스를 얼마나 완화하는지 확인할 수 있다. 부모들은 청소년기 직전 또는 그 후까지 아이들이 이런 상황에서 겪는 긴장을 완화시킨다. 친구들과 함께 있을 때는 상황이 좀 더 복잡한데, 특히 청소년들의 경우에는 두 가지 방식으로 작용할 수 있다. 청소년이 이 테스트를 받을 때 친한 친구들이 곁에 있으면 스트레스가 줄어들기도 하지만, 일부 테스트 참가자의 경우에는 테스트를 받는 동안 근처에 친구나 동료가 있으면 오히려 스트레스가 증가했다. 10대로 살아간다는 건 정말 쉽지 않은 일이다. 성인의 경우에는 상황이 약간 안정되지만, 아직 몇 가지 이상하고 완전히 설명되지 않은 성별간 차이가 있다. 이성애자 남성은 트라이어 테스트를 준비할 때 여성 파트너가 있으면 스트레스가 줄어드는 효과가 그 반대의 경우보다 큰 듯하다. 여성은 일반적으로 이런 상황에서 남성 파트너를 지지하지만 일부 남성은 (의도하지 않았더라도) 여성 파트너의 상태를 오히려 약화시킬 수 있다. 이건 테스트를 준비하는 동안 남녀가 상호 작용하는 방식, 특히 곧 있을 과제에 대해 논의하는 방식과 관련이 있다. 여성들을 상대로 진행된 다른 테스트에서는 남성 파트너가 손을 잡아주거나 조용히 마사지를 해주기만 해도 여성의 불안이 감소했다. 아마 남자들은 조용히 입 다물고 그냥 '그 자리에 있기만' 하는 게 최선이라는 뜻 같다. 흩어진 점들을 연결해서 우리를 움직이게 하는 게 뭔지 제대로 이해하려면 아직 갈 길이 멀지만, 이번에도 쥐에 대한 연구가 사회적 동물이 어떻게 움직이는지 알아낼 수 있는 토대를 제공했다.

동물들이 서로에게 불안감과 침착함을 모두 전달할 수 있다면, 우리는 이 두 가지 대조적인 힘 사이에서 패권을 차지하기 위한 전투가 벌어질 거라고 상상할 수 있을 것이다. 홍코너에서는 겁에 질린 쥐가 공포를 조장하는 온갖 신호와 냄새를 발산한다. 청코너에는 안심시키는 분위기를 내뿜는 침착한 쥐가 있다. 누가 이길까? 침착한 쥐가 겁을 먹을까, 아니면 겁 먹은 쥐가 침착해질까? 둘 사이에는 균형이 잘 잡혀 있다. 쥐는 항상 일관된 답을 내놓는 작은 컴퓨터 프로그램이 아니라 매우 다양한 변이가 존재하는 복잡한 생물체다. 스트레스를 받은 쥐는 확실히 혼자 있을 때보다 동료들과 함께 있을 때 더 차분해진다. 반대로 생각하면, 스트레스를 받은 쥐는 불안의 신호를 발산할지도 모르지만 그 존재만으로도 침착한 쥐에게 사회적 완충 역할을 한다. 그렇더라도 침착한 쥐는 이전보다 불안해질 가능성이 크다. 다른 쥐의 초조한 모습은 침착한 쥐에게 주의해야 한다고 알려주기 때문이다. 만약 침착한 쥐가 동료가 신호하는 위험의 가능성에 무관심한 채 계속 심드렁한 태도를 유지한다면, 아마도 머지 않아 죽은 침착한 쥐가 될 것이다. 결국 한 쥐에서 다른 쥐로 확산되는 공포은 다른 쥐들의 존재 때문에 약해지고 완충되지만 완전히 소멸되지는 않는다. 그래서 쥐 군락은 집단공황에 빠지지는 않지만 경계심이 강해진다.

쥐들은 다른 쥐의 존재가 제공하는 사회적 지원을 통해 이익을 얻지만, 인간과 그들의 상호 작용에 있어서는 같은 말을 할 수 없다. 내가 10대 때 우리 집 야외 헛간에 쥐가 대량으로 발생했던 기억이 난다. 쥐 한 마리가 대낮에 침착하게 지붕 위에 앉아서 몸 단장을 하고 있었다. 우리 아빠는 커다란 망치를 들고 몰래 다가갔다. 쥐에게 유일한 진짜 위험은 너무 웃어서 숨이 막히는 것뿐이었다. 위대한 사냥꾼이 다가가는 동안, 희생자가 될 예정인 쥐는 태연하게 위생 절차를 마치고는 한가롭게 걸어가 다른 쥐들에게 멍청이를 봤다고 경고했다. 물론 우리 아빠는 멍청이가 아니다. 그냥 쥐의 입을 빌려서 말한 것 뿐이지만, 쥐를 봤을 때 보인 아빠의 반응은 인간들의 일반적인 반응이다. 쥐가 일으키는 피해와 퍼뜨리는 질병을 생각하면 사람들이 쥐에게 강하게 반응하는 건 이해할 수 있다. 하지만 나는 우리가 마지못해서라도 그들을 존중해야 한다고 생각한다. 쥐는 똑똑하고 혁신적이며 서로 협력한다. 이 정도는 이미 알고 있던 사실이지만, 쥐를 완전히 새로운 관점에서 조명한 최근 연구 결과에는 나도 놀랐다는 걸 인정해야겠다.

비 내리는 우울한 날에 집에서 창밖을 내다보고 있다고 잠시 상상해 보자. 밖에 흠뻑 젖은 사람이 보인다. 여러분은 어떻게 하겠는가? 집에 들어와서 몸을 말리라고 하겠는가? 어떤 사람은 그럴지도 모르지만, 다른 사람들은 커튼을 치고 다시 읽던 책이나 플레이스테이션, 또는 비오는 날 집에서 즐기는 다른 오락거리로 돌아갈 것이다.

쥐는 문을 열어주는 동물인 것으로 드러났다. 최근 실험에서, 인접한 구역에 쥐를 한 쌍 수용했다. 한쪽 생활공간은 건조하고 쾌적했지만 다른쪽은 축축하고 그리 쾌적하지 않았다. 쥐들은 수영을 할 줄 알지만 가급적 하지 않는 편이 낫다. 두 구역을 연결하는 통로는 건조한 주택에 사는 쥐만 열 수 있는 문 하나뿐이었다. 그 결과 후줄그레하게 젖은 쥐와 문을 열어서 다른 쥐를 들어오게 할지 결정할 수 있는 뽀송하게 마른 쥐가 생겼다. 이 실험에 참여한 마른 쥐들은 문을 열어줬고, 게다가 자기가 같은 상황에서 고통을 받은 적이 있는 경우 문을 여는 속도가 더 빨랐다. 그건 그들이 다른 쥐의 불편함을 알아차릴 수 있고 상대를 돕기 위해 재빨리 발을 내밀 수 있다는 걸 암시한다. 비슷한 상황에서 물을 없애면 쥐들은 문을 열지 않았다. 다시 말해, 이웃을 자기 집에 들이려는 동기는 함께 시간을 보낼 동료를 원하는 그들 자신의 욕구보다 상대의 필요에 기반한 것이다.

다른 실험에서 쥐들은 덫에 걸린 동료 쥐와 만나게 되었다. 그들은 다른 쥐를 자유롭게 풀어줄 수도 있고 풀어주지 않을 수도 있는 선택권이 있었다. 하지만 풀어주기로 한 쪽이 압도적으로 많았다. 그 이유는 뭘까? 덫에 쥐가 걸려 있지 않은 경우에는 덫을 열지 않았기 때문에, 그냥 장비를 가지고 놀고 싶어서 그런 건 아니었다. 그보다는 갇혀 있는 쥐의 곤경을 인식하고 도와주기로 결정한 것 같았다. 공감(다른 이의 감정 상태와 동일시하는 능력)은 우리 인간들은 당연하게 여기는 것이지만 쥐의 경우는 어떨까? 더럽고 도둑질하고 멍청한 쥐들은? 흠, 그들도 공감 능력이 있는 것 같다. 사실 도우려는 의지가 매우 강해서, 곤경에 처한 설치류를 돕기 위해 가장 좋아하는 초콜릿을 먹을 기회마저 포기했다.

이 연구에 대한 논쟁과 비판이 많다. 특히 쥐들이 고통받는 동료를 보면 도와주려는 동기가 생겨서 문을 열어주거나 덫에 갇힌 쥐를 풀어준다는 결론에 대해서 말이다. 도움을 준 쥐들은 사실 다른 쥐들과 어울리고 싶어서 그렇게 했다는 게 더 간단한 설명인데, 그렇게 되면 그들의 동기가 전적으로 이기적이라는 뜻이 된다. 그들이 정확히 어떤 이유 때문에 어떤 일을 하는 건지 그 수수께끼를 풀기 위해 동물의 마음속에 들어가는 건 엄청난 도전이다. 공감 문제는 우리의 진화적 기원을 밝혀주기 때문에 중요하다. 그건 인류와 사회의 근원에 대해 알려줄 수 있다. 그게 큰 그림이고, 스트레스가 이타주의의 표현에 어떤 식으로 영향을 미치는지 살펴본다면 여기서 다른 것도 배울 수 있다.

사회적 동물이 일상적인 스트레스에 맞서 어떻게 서로 완충 작용을 해주는지는 앞에서 이미 설명했다. 우리는 스트레스를 부정적인 것으로만 생각하는 데 익숙하지만, 사실 적당한 양의 스트레스는 우리에게 좋을 수도 있다. 나도 학생들을 생물학적 경이의 눈부신 별자리로 끌어들이기 위해 강의실로 향할 때면, 아드레날린이 약간 분비되는 편이 강의를 잘하는 데 도움이 된다. 몇 년 전에 처음 강의를 했을 때처럼 아드레날린이 너무 과도하면 말을 계속 더듬다가 정신적으로 막다른 골목에 빠지게 된다. 반대로 너무 적으면 재미없고 지루해서 청중들을 사로잡지 못한다. 그냥 최고의 성과를 올릴 수 있을 정도로만 긴장하는 최적 지점이 있다. 정치인부터 스포츠맨에 이르기까지 대중들 앞에 서는 일을 하는 수많은 사람들도 이와 비슷한 말을 했다. 그게 동물 사회의 운영과 무슨 관계가 있느냐고? 적당한 양의 스트레스가 쥐의 좋은 행동을 촉진한다는 사실이 밝혀졌다. 그들은 다른 동료들을 적극적으로 찾고 그들과 더 굳건한 관계를 맺을 가능성이 높으며, 그 결과 덜 공격적으로 행동하고 자원을 공유한다. 또 서로를 더 많이 돕는다. 반면, 완전히 침착하고 스트레스가 없는 쥐들은 공동생활의 핵심적인 부분에 관여할 동기가 적다. 그들은 불안감을 덜기 위해 사회적 지원을 받을 필요가 없다. 스트레스를 심하게 받는 쥐도 공동생활에 그리 관여하지 않는데, 이건 다른 이유 때문이다. 심각한 격변이나 위협을 겪으면 자기만의 심리 세계로 빠져들 수 있다. 쥐 네트워크에서 사회적 유대를 만들고 유지하는 데 실패하는 바람에 고립된 그들은 인간의 우울증이나 외상 후 스트레스 장애와 유사한 모습을 보인다. 쥐의 생태를 바탕으로 인간의 상황을 추정하는 건 분명히 신중해야 할 일이지만, 스트레스를 받은 쥐의 기본적인 생리와 스트레스를 받은 인간의 생리 사이에는 겹치는 부분이 많다. 심한 스트레스가 사람들에게 해를 끼친다는 건 뉴스거리도 아니지만, 쥐도 스트레스에 민감하다는 걸 알면 놀랄지도 모른다. 그러나 우리 삶에서 스트레스를 완전히 없애려고 하는 건 사회적 동물인 우리에게 해로운 영향을 미칠 수 있다. 다른 많은 분야와 마찬가지로 이 분야에서도 쥐가 놀라운 통찰력을 안겨준다. 아무래도 복잡하지만 혐오스러운 이 생물을 발견했을 때 자동으로 망치에 손을 뻗어서는 안 될 것 같다.

뻔뻔스러운 쥐

찰스 다윈은 많은 사람들이 자연의 영광 속에서 느끼는 영감을 '더없이 아름답고 놀라운 무한의 형태'라는 불후의 명언 안에 완벽하게 담아냈다. 하지만 인간의 마음에서 시의 샘을 퍼올릴 수 있는 피조물도 수없이 많지만, 반대로 우리 심장을 그와 같은 방식으로 뛰게 하지 못하는 생물도 많다. 그중에서도 특히 한 동물은 그 소름끼치는 모습 때문에 숨이 턱 막히는 것으로 유명하다. 바로 벌거숭이두더지쥐다. 시궁쥐의 먼 친척인 이 동물을 연구한 어떤 연구원은 이빨 달린 음경이라고 표현하기도 했다. 독일 서부에 있는 한 대학에서 벌거숭이두더지쥐를 처음 봤을 때 그 생각이 가장 먼저 떠오른 건 아니다. 그래도 일단 머릿속에 어떤 생각이 주입되면 피하기란 어렵다. 이를 갈아대는 작은 남근들이 서식지 주변을 허둥지둥 돌아다니는 모습을 보면서 그들의 독특한 외모에 경악하는 동시에 매료되었다. 하지만 그들 면전에서 대놓고 못생겼다고 말하지는 못할 것이다. 덩치가 가장 큰 벌거숭이두더지쥐는 심각한 피해를 줄 수 있다고 들었다. 듣자 하니 그들이 뻐드렁니로 한 번만 깨물어도 당근이 반으로 쪼개진다고 한다. 그게 사실이든 아니든, 한번 안아보라는 제안을 거절하기가 쉬워졌다. 이 동물은 무릎 위에 올려놓고 만지작거리고 싶은 그런 동물이 아니다.

하지만 그들이 생물학 카탈로그에서 만남을 거부당할 가능성이 가장 큰 동물일지는 몰라도, 아름다움은 보는 사람의 생각에 달린 것이다. 벌거숭이두더지쥐를 연구하는 과학자들에게는 감탄할 일이 많다. 일단 이 쥐는 30대까지 살 수 있다. 그에 비해 시궁쥐는 몸집은 크지만 보통 1년 정도밖에 못 산다. 벌거숭이두더지쥐는 인간은 목숨을 잃을 정도로 산소 레벨이 낮은 곳에서도 살 수 있다. 그들은 암에 거의 완전히 면역이 되어 있고 피부에는 통각이 없다. 너무나 다양한 부분에서 특출난 동물이기 때문에 그들의 지독히 운 나쁜 외모만 무시하다면 배울 수 있는 게 무수히 많다. 특히 그들의 몸이 히알루로난hyaluronan이라는 화학물질을 사용해서 암세포를 억제하는 방식은 인간 의학에 사용될 가능성이 높다. 하지만 이 모든 특징에도 불구하고 행동주의자들이 보기에 벌거숭이두더지쥐의 가장 흥미로운 부분은 그들의 생활방식이다.

벌거숭이두더지쥐 무리는 동아프리카의 건조한 토양 아래에 전문적으로 건설한 광대한 굴에서 포유류 특유의 방식으로 살아간다. 그들은 사회적 곤충 집단을 본받아 그들의 승리 공식을 채택했다. 개미, 벌, 흰개미처럼 두더지쥐도 사회성이 강하며 그들의 집단은 사회 조직의 정점을 나타낸다. 그 군락 안에는 여왕의 지위를 차지한 어미 쥐가 한 마리 있는데, 번식할 권리를 가진 유일한 암컷이다. 그녀 주위에는 소수의 선택된 수컷 배우자가 있지만, 이 게으르게 살아가는 일부 무리를 제외한 수백 마리의 나머지 두더지쥐들은 생식력이 없는 계약직 노동자들이다. 그들의 불임은 군락의 지배적인 존재인 여왕이 노동자들에게 강요한 통제 수단이다. 노동자들이 여왕의 억압적인 영향권에서 빠져나오면 다시 생식력이 생기지만, 그녀의 봉건적인 체제에서 벗어날 수 있는 쥐는 거의 없다. 덩치가 작은 일꾼 두더지쥐들은 무리 전체를 먹여 살릴 뿌리와 덩이줄기를 찾아 미로를 돌아다니는 일을 하고, 덩치가 큰 두더지쥐들은 군락을 방어하는 임무를 맡는다. 군락 중심부에는 잠자는 방이 하나 있는데, 먹이를 모으고 나르느라 힘든 낮과 밤(지하에서는 낮밤이 그리 중요하지 않다)을 보낸 두더지쥐들은 모두 이곳에 모인다. 이 공동 침실에는 왕족, 일꾼, 새끼 등 모든 설치류가 옹기종기 모여 있다. 그들은 또 식품 저장실과 화장실도 있다. 두더지쥐는 똥을 많이 먹기 때문에 식품 저장실과 화장실 사이에는 겹치는 부분이 꽤 많다. 새끼들이 여왕의 젖을 떼면 그때부터 똥을 먹이고 일꾼들도 똥을 먹는다. 먹고 배설한 것을 다시 먹는 것은 음식을 최대한 활용하기 위한 특별히 매력적인 방법은 아니지만 매우 효율적이다. 뿐만 아니라 여왕의 몸을 통과하면서 호르몬에 푹 절여진 배설물을 먹으면 일꾼에게도 에스트로겐이 공급되어 여왕의 새끼들에게 더 좋은 대리 부모가 되도록 유도한다.

수십 년 동안 똑같은 굴에서 거의 똑같은 무리들과 어울려 지내면 안심은 될지 몰라도, 개중에는 굴 너머의 더 큰 세상을 꿈꾸는 소수의 벌거숭이두더지쥐들이 있게 마련이다. 근친교배를 끝없이 계속할 경우 유전적 불이익이 극심할 수 있기 때문에 일부가 밖으로 눈을 돌린다는 건 오히려 다행스러운 일이다. 하지만 막 시작된 방랑벽에도 불구하고, 외부로 나가려는 자들은 아직 자기가 태어난 군락 안에 사는 동안에는 눈에 띄게 게으르다. 그들은 바쁘게 돌아가는 두더지쥐들의 업무에 관여하지 않고, 대신 일부러 나태하게 굴면서 위대한 탈출에 대비해서 지방을 축적한다.

하지만 지상 세계는 위험으로 가득하다. 놀랍게도 두더지쥐까지 잡아먹을 만큼 배고픈 포식자들이 많다. 그들이 다른 군락에 도착해서 그곳의 번식자가 되거나 직접 군락을 설립할 가능성은 작다. 하지만 실제로 성공하는 자들도 있고, 일단 여왕의 지배적인 영향력에서 벗어나면 일꾼들에게 강요된 불임에서 벗어나 마침내 성숙기에 도달할 수 있다. 때로는 소규모 무리가 함께 떠나기도 하고 때로는 혼자 세상에 나가 자기 길을 개척하려고 하기도 한다. 작은 굴을 파고 구멍 주변의 흙에 똥을 싸서 우연히 이 길을 지나가게 될 다음 모험가에게 '이리 와서 같이 지내자'라는 메시지를 전한다. 벌거숭이두더지쥐는 이렇게 특이한 방법으로 주변에 퍼져나가 새로운 활동의 장을 개척한다.

삶이 제기하는 도전을 해결할 잠재적인 방법이 여러 가지 있다. 시궁쥐는 인간들 옆에 깃발을 내걸었고, 작고 연약한 동물로 살아가는 데 따르는 일상적인 고난에 대처할 완충 장치를 마련하기 위해 다른 쥐들과 가까운 관계를 유지했다. 두더지쥐는 여기서 한 걸음 더 나아가, 자기 개성의 일부를 희생하면서까지 자신의 존재를 군락에 사는 다른 개체들과 연결시켰다. 비록 어느 쪽도 인간의 마음을 얻을 수 있을 것 같지는 않지만 그래도 둘 다 믿을 수 없을 정도로 성공한 사회적 동물이다.

6장. 무리를 따르라

무리 지어 사는 동물들 간의 긴밀한 유대는
공감의 기초가 된다.

농장 생활

내가 10대 초반이었을 때 우리 가족은 도시를 떠나 시골로
이사했다. 더 많은 생물을 볼 수 있다는 뜻이었기에 내게는 희
소식이었다. 그리고 이제 농지에 둘러싸여 있다는 건 완전히
새로운 냄새의 팔레트(표현하자면 '향기의 50가지 그림자'랄까?)
에 노출된다는 뜻이기도 하다. 그 냄새는 대부분 형편없었지
만 농장 근처에 살다 보면 어쩔 수 없는 일이다. 난 들판에서
친구들과 축구를 하다가 완벽한 하프 발리 동작을 취한 순간
공이 끈적끈적한 소똥 때문에 굴러가지 않고 완전히 멈춰버리
거나 양똥에 맞아 정신 사납게 튕겨 나갈 때 좌절하던 것 외에
는, 동물 자체에 대해서 별 생각이 없었다. 그 동물들은 내 스
포츠 인생이 산산조각 나는 모습을 완전히 무심하게 바라보았
다. 사실 그들은 모든 걸 무관심하게 바라보는 것 같았다. 심

지어 나같은 동물 애호가에게도 그들은 그냥 배경에 섞여 있는 존재일 뿐이었다. 하지만 시간이 지나자 그들의 행동에서 내 무심한 초기 평가가 놓친 미묘한 점들이 보이기 시작했다. 그들은 무감각하게 움직이는 고깃덩어리가 아니라 기발함과 개성을 지닌 개별적인 존재였다. 세상 모든 게 다 그렇듯이, 더 많이 알수록 그 진가를 더 인정하게 된다.

처음부터 시작해보자. 이 경우 시작점은 마지막 빙하기 이후 인간이 수렵 채집인에서 목축민과 농부로 전환된 것이다. 신석기 시대에 진행된 이 농업 혁명이 큰 사건이었다. 우리 인류종이 언제 처음 출현했는지에 대해서는 상당한 논쟁이 있지만, 타당한 추정치는 30만 년 전이다. 하지만 우리가 자연을 이용하고 농작물을 재배하고 동물을 기르기 시작한 때는 대략 1만 2천 년 전이다. 이 변화와 함께 우리가 사는 방식에도 또 다른 변화가 찾아왔다. 떠돌아다니는 생활방식을 점점 포기하고 한곳에 머물러 살 정착지를 건설했다. 우리는 경작자, 수확자, 목동이 되었다. 더 크고 집중된 집단을 이뤄 살기 시작하면서 우리 사회도 변했다.

전 세계적으로 가축화된 포유류의 주요 종은 30종 정도다. 모두 무리를 짓는 동물이고 다들 사회적 행동을 한다. 이는 우연이 아니라 사실 전제 조건에 가깝다. 다윈은 이 사실을 한 세기 반 전에 깨달았다. '완전한 예속은 일반적으로 동물의 습성이 사회적이고 인간을 무리나 가족의 우두머리로 받아들이는 데 달려 있다.' 큰 무리를 지어 사는 동물들은 풍경 속에 조용히 모여 있다가 함께 이동하기 때문에(따라서 사람이 몰고 다닐 수 있기 때문에) 가축화하기에 적합하다. 신석기 혁명의 진원지는 비옥한 초승달 지대라는 곳인데, 나일강 유역에서 지중해 연안을 거쳐 오늘날의 튀르키예까지 뻗어나갔다가 다시 남쪽으로 구부러져 티그리스 강과 유프라테스 강을 따라 페르시아만으로 흘러 들어가는 둥근 활 모양의 땅이다. 문명의 요람인 이 비옥한 초승달 지대에서 우리 인류가 역사상 가장 위대한 전환 중 하나를 이룬 것이다. 비옥한 토양과 유익한 기후가 합쳐져 농작물을 재배할 수 있었고 동물을 키우는 데 필요한 풀도 무성하게 자랐다.

소위 '빅4'에 속할 만한 가축 포유류는 전부 1만 년~1만 2천 년 전에 비옥한 초승달 지대에서 처음으로 가축화되었다. 현대의 양들은 지금의 이라크 지역에서 키우던 아시아 무플론 산양의 후손이다. 아이벡스^{ibex}(길게 굽은 뿔을 가진 염소)의 후손인 염소와 멧돼지의 후손인 돼지도 같은 지역에서 여정을 시작했다. 소도 마찬가지다. 놀랍게도 소들의 DNA 증거는 겨우 80마리의 야생 황소 또는 야생 소 무리 하나에서 오늘날의 가축화된 소가 탄생했음을 가리킨다. 등에 특유의 혹이 있고 귀가 축 늘어진 혹소^{zebu} 같은 다른 형태의 소들은 세계 각지의 야생 소 개체군을 길들여서 가축화한 것으로 생각된다. 하지만 소들이 사방으로 퍼져나가면서 이종 교배를 했는데도, 전세계 10억 마리가 넘는 소들의 대다수는 예전에 비옥한 초승달 지대에 살던 80마리의 야생 동물에게서 그 기원을 추적할 수 있다. 초기 농부들은 주변에 사는 동물들하고만 일할 수 있었다. 그 지역의 동물상이 달랐거나 신석기 혁명이 지구상의 다른 지역에서 진행되었다면 우리가 지금 어떤 농장 동물을 키우고 있을지 누가 알겠는가?

이 농업 핫스팟에서 일하던 초기 농부들이 다른 지역으로 퍼져나갈 때, 그들은 키우던 동물도 데려갔다. 우리는 목축업을 생각할 때 흔히 동물을 가두기 위한 울타리나 벽도 함께 떠올리지만 그건 비교적 현대에 들어와서 생긴 것이다. 농경 역사 내내 동물들을 한데 모아놓기란 쉽지 않았고 목동과 소치는 사람들은 정말 힘들게 일했다. 그건 또 가축이 야생 동물과 우연히 마주치면 야생 동물이 가축 무리에 편입되어 동물들끼리 이종 교배를 할 수도 있었다는 뜻이다. 모든 소의 조상인 야생 소는 17세기 초에 멸종되었다(최후의 야생황소 뿔은 폴란드 지그문트 3세의 술잔을 만드는 데 쓰였다. 즉, 고귀한 짐승이 새로운 형태의 식기가 된 것이다). 그러나 야생 소는 오늘날의 소들안에 유전적으로 살아 있다. 특히 영국 제도에서는 DNA 분석 결과 현지의 야생 소들이 중세까지 가축화된 소들과 특히 우호적인 관계를 유지했다는 사실이 밝혀졌다. 이 때문에 일부 사람들은 유럽의 잃어버린 생물학적 유산을 되찾고 야생 소를 되살리기 위해 가축 소를 역번식시키겠다는 꿈을 꾸게 되었다. 하지만 야생 소 같은 경우, 멸종된 동물의 완전한 복제품을 만들기 위해 살아남은 DNA 조각을 조립할 수는 없다. 이런 일을 하는 동기는 유럽의 일부 지역을 다시 야생 상태로 되돌려 기존 생태계를 재건하려는 것이다. 야생 소는 한때 이곳의 중요한 일부였고 활발한 활동을 통해 풍경을 형성했다. 대규모 방목업자의 역할 중 하나는 관리되지 않는 서식지에서 나무의 성장을 통제하는 것이다. 방목업자가 없으면 숲만 남게 된다. '야생 소 2.0'를 포함시키면 목초지와 숲이 어우러진 진짜 자연의 모자이크를 만들 수 있다. 어쨌든 아이디어일 뿐이다. 네덜란드, 독일, 헝가리에서는 이미 관련 프로젝트가 경쟁적으로 진행 중이며, 버려진 농지에 유럽 황무지를 복원하기 위한 노력에 박차를 가하고 있다.

소나 다른 짐승이 사람과 친밀하게 지내기 전에는 야생 사냥감으로 사냥을 당했기 때문에 당연히 인간에게 혐오감을 느꼈을 것이다. 우리는 가축화 과정을 추측만 할 수 있을 뿐이지만, 합리적인 시나리오는 사냥꾼들이 동물 공급을 꾸준히 유지하고 경쟁 상대인 육식동물이 먹잇감을 재빨리 채가지 못하도록 막을 전략을 세우면서 사냥에서 농사로 전환되기 시작했다는 것이다. 시간이 지나면서 동물들이 가는 곳까지 통제하다가 결국 사람들이 직접 동물을 몰고 다니게 됐다. 간단해 보이지만 지금처럼 그때도 야생 동물들이 사냥꾼의 접근을 기뻐하며 반겼을 것 같지는 않다. 창을 날카롭게 다듬는 낌새만 느껴져도 재빨리 도망가던 겁 많고 날뛰는 동물을 현대 농업의 순종적이고 태평스러운 생물로 전환하려면 시간이 걸렸다. 게다가 야생 소나 멧돼지 같은 동물은 크고 튼튼하면서 위험한 존재다. 야생 소는 덩치가 거대해서 키 큰 사람과 똑바로 마주볼 수 있을 정도고 1미터 길이의 위험한 뿔도 달고 있었다. 율리우스 카이사르는 갈리아 전쟁에 대한 이야기를 할 때 야생 소에 대해 감탄하면서 이렇게 묘사했다. '그들의 힘과 속도는 놀랍다. 그들 눈에 띄면 사람도 야생동물도 모두 험한 꼴을 당하게 된다.' 하지만 동물마다 온순한 정도와 유순함과 길들여지는 성향이 다양한데, 아마 생활 방식의 변화에 가장 잘 적응한 동물이 가장 유순했을 것이다. 오늘날에도 가장 다루기 힘들고 공격적인 동물이 먼저 도살되는 게 일반적이다. 현대인들은 유전학을 알기 때문에 특정한 행동을 선택하는 방식을 쉽게 이해할 수 있지만, 고대 사람들은 이 방식이 어떻게 이루어지는지를 거의 또는 전혀 몰랐다. 하지만 특정 동물을 선호하거나 죽이는 초기 농부들의 계획되지 않은 행동 때문에 보다 순종적이고 다루기 쉬운 가축 쪽으로 서서히 이동하는 결과를 낳았다.

특정한 품종을 개발하기 위해 의도적으로 동물을 계통 번식시키기 시작한 역사는 그리 길지 않지만, 수천 년에 걸친 가축화로 인해 농장 동물의 행동이 상당히 달라졌다. 오늘날의 농장 동물들은 야생의 선조에 비해 더 길들여지고 덜 활동적이며 공격성도 적다. 또 뇌 크기도 더 작은데, 어떤 경우에는 뇌의 회백질 양이 조상에 비해 3분의 1 정도 적다. 소는 그 정도 크기의 포유동물에게 기대할 수 있는 뇌 크기의 절반 정도밖에 되지 않고 돼지는 그보다 더 적다. 우리가 그 동물들을 바보로 키웠다는 뜻일까? 아니, 그렇지는 않다. 우리는 그저 그들을 불균형하게 무겁고 고기량이 늘어나도록 길렀을 뿐이다. 고기량을 늘리기 위해 동일한 강도의 선별 과정을 거치지 않은 염소와 양은(이 동물들은 살을 덜 찌운다) 뇌와 신체 크기의 비율이 대체로 적절하다. 이 문제의 또 다른 측면은, 요즘 우리가 비참할 정도로 자극이 적은 산업 환경에서 동물을 기른다는 것이다. 이렇게 키운 동물의 뇌는 행동에 대한 보상이 따르는 복잡한 환경의 혜택을 받은 동물들의 뇌에 비해 크기나 복잡성 면에서 결함이 있다. 하지만 농장 동물들도 바보는 아니다. 아무리 우리가 그들을 먹을 때 위안을 얻기 위해 그렇게 생각하고 싶더라도 말이다.

몇 년 전에 물리학자 닐 디그래스 타이슨Neil deGrasse Tyson이

트위터에 올린 '소는 인간이 풀을 스테이크로 바꾸기 위해 발명한 생물학적 기계다'라는 글은 소에 대한 많은 이들의 생각을 그대로 담아냈다. 물론 다소 노골적인 발언이라서 예상대로 엄청난 반발을 불러일으키긴 했지만 동의하는 사람도 상당히 많았다. 그렇다면 그의 말이 맞는가? 의문이 남는다. 어떤 면에서 그렇다. 문제는 그 말의 논리가 아니라 환원주의에 있다. 그의 트윗은 살아 있고 지각이 있는 동물을 단순한 개체로 재정의한다. 소에게 관심이 없다는 말은 조금 차갑게 들리기는 해도 전적으로 합당한 표현이다. 하지만 소가 고통을 느낄 수 있는 지능을 가진 동물이 아니라고 말하는 것은 부당하다.

서로를 식별하는 그들의 능력을 예로 들어보자. 사회 집단의 일원이 된다는 건 관계를 발전시키고 유지한다는 걸 의미하는데 이는 인식 능력에 의존한다. 따라서 소들이 서로를 구별할 수 있다는 건 놀랍지 않다. 놀라운 점은 소가 단순한 2차원 이미지로 만든 다른 소들의 얼굴 초상화를 보고도 이 작업을 할 수 있다는 점이다. 우리는 얼굴 인식을 당연하게 여기지만 그렇게 간단한 문제가 아니다. 얼굴을 인식하는 방법은 얼굴 상태(우리가 보는 각도, 조명, 그 사람이 움직이는지 여부 등)와 얼굴에 드러나는 감정이나 표정에 따라 변한다. 우리 뇌는 사람 얼굴의 고정된 이미지를 저장하지 않는다. 그래서 누군가의 얼굴을 머릿속에 되새기려 하면 대부분 상당히 흐릿한 인상을 떠올리게 된다. 하지만 군중 속에서 친한 친구의 얼굴을 보면 즉시 가려낼 수 있다. 어떻게 작동하는 과정일까? 뇌에는 얼굴 인식에 전념하는 구체적이고 고도로 전문화된 영역이 있다. 이 영역에 있는 뇌세포들은 각각 얼굴의 특정한 속성에 초점을 맞춘다. 예를 들어, 어떤 세포는 코의 크기와 상대적인 위치에 집중하고 다른 세포는 입술 모양에 집중하며 눈 사이의 거리에 집중하는 세포도 많다. 기본적으로 얼굴 전체를 하나의 그림 이미지처럼 외우는 게 아니라 얼굴의 일부분을 외우는 것이다. 다른 사람들을 볼 때마다 뇌의 여러 부분이 힘을 합쳐서 얼굴 특징으로 독특한 모자이크를 만들어 인식한다. 놀랍게도 얼굴을 보고 있는 영장류의 뇌에서 세포가 활성화되는 상세 패턴을 연구해 그들이 보고 있는 얼굴 이미지를 만들 수 있게 되었다.

결론적으로 얼굴 인식은 복잡하지만 소는 그림만 보고도 서로를 식별할 수 있다. 심지어 사람들이 똑같은 옷을 입어도 그들을 구별할 수 있다. 소는 자기를 나쁘게 대했던 사람과 맛있는 먹이 모양의 선물을 들고 온 사람을 인식하고 기억한다. 양도 이런 일을 할 수 있는데, 아마 소보다 더 나을 것이다. 그들은 최소 50마리의 무리 동료를 얼굴만 보고도 식별할 수 있으며, 2년 동안 떨어져 있어도 그 얼굴을 확실하게 기억한다. 게다가 고립되어 있을 때처럼 불안할 때 익숙한 얼굴을 보면 마음이 진정되어 심장 박동수가 느려지고 혈액 속 스트레스 호르몬 수치가 감소한다. 소와 마찬가지로 양도 머그샷을 통해 인간을 구별할 수 있다. 재미있게도 그들은 일렬로 놓인 사진에서 가장 친숙한 특정 인물을 골라낼 수도 있다. 당연한 말이지만 양과 소는 사람을 구별하는 것보다 자기 종족의 구성원을 인식하는 능력이 더 뛰어나다. 뇌가 그런 식으로 진화했기 때문이다. 그런 모든 과제를 훌륭히 수행할 수 있다는 사실만으로도, 그들이 많은 사람들이 생각하듯 어리석은 동물과는 거리가 멀다는 분명한 증거다.

사진을 통해 서로를 알아보는 능력은 소와 양이 무리 내 관계를 파악하며 살아가는 방식, 즉 사회적 인지를 이해하는 데 도움이 된다. 지능의 또 다른 측면은 개인이 주변 환경과 관계를 맺고 자신의 길을 찾아가는 방법과 관련이 있다. 야생에 사는 동물들은 음식이나 물을 어디서 구할 수 있는지, 위험이 닥쳤을 때 어디에 은신처가 있는지 알아야 한다. 들판에 있는 소는 풀이 어디 있는지(풀을 밟고 서 있으니까) 또 은신처가 어디 있는지(농부가 그곳으로 데려다줄 테니까) 알 필요가 없다고 합리적으로 주장할 수 있다. 맞는 말이지만 수백만 년 동안 이루어진 진화가 겨우 수천 년의 가축화에 의해 완전히 소멸되는 건 아니다. 특히 오늘날처럼 소들이 외양간과 들판을 오가며 사는 생활방식이 정착된 때가 겨우 몇 세기 전부터라는 사실을 고려하면 더욱 그렇다.

공간 학습 능력을 테스트하는 한 가지 방법은 미로를 사용하는 것이다. 이를 위한 표준화된 방식이 있어서 동물 크기에 맞게 작업 규모를 확대하고 종끼리 서로 비교할 수 있다. 동물들은 미로를 빠져나가야 맛있는 여물 같은 보상을 받을 수 있다는 걸 배운다. 문제는 외워야 하는 미로 구성이 12가지나 된다는 것이다. 테스트가 시작되면 소들에게 이 12개의 미로 중 하나를 무작위로 제시한다. 그러면 소들은 보상을 얻기 위해 그 특정한 미로를 어떻게 빠져나가야 하는지 회상하고 기억해야 한다. 소는 이런 특정한 형태의 정신적 능력이 꽤 뛰어나다는 사실이 밝혀졌다. 어떤 테스트에서는 심지어 영리한 쥐나 집에서 키우는 고양이보다 나은 성과를 올렸다. 다시 한번 말하지만, 단순한 생물학적 기계치고는 나쁘지 않다.

아마 닐 디그래스 타이슨은 소에 대한 생각을 트위터에 올릴 때 소의 지능을 진지하게 고려하지는 않았던 것 같다. 그보다는 표현력이 부족하고 무심해 보이는 소들의 모습을 떠올렸을 것이다. 소는 언뜻 보면 감정을 잘 드러내지 않는 게 사실이고 따라서 소와 동질감을 느끼기가 어렵다. 지속적인 위험과 위협을 겪으며 진화해온 많은 동물의 특징이다. 인간 사회에서도 종종 처음으로 교도소에 들어가는 사람은 약한 모습을 보이지 말아야 한다고들 한다. 그렇지 않으면 표적이 되기 때문이다. 처음에 이런 경험을 한 수감자들은 속마음을 감추기 위한 수단으로 감옥 가면이라는 걸 개발한다. 육식동물의 먹잇감이 되는 동물에게도 비슷한 점이 있다. 그들은 적에게 정면을 보여야 한다. 고통이나 연약함을 드러내면 손쉬운 희생자를 찾는 포식자에게 좋은 신호가 된다. 야생 소는 다른 농장 식구들의 조상처럼 많은 육식동물과 서식지를 공유했다. 소란을 피우는 자는 남들의 주의를 끌게 된다. 따라서 그들의 후손은 그런 약점을 감추도록 미리 프로그램되어 있다. 소는 감정을 표현하는 데 있어 매우 영국 사람 같다. 고통 앞에서도 꿋꿋하고 극기심이 강하다. 그래도 예민한 관찰자는 특정한 '말'을 알아차릴 것이다. 그들의 눈뿐만 아니라 귀와 꼬리도 비밀을 발설한다. 흰색이 많이 보일수록 그 동물이 심하게 괴로워하고 있다는 뜻이다.

이 책에 등장하는 다른 많은 동물처럼 소에게도 어미와 새끼 사이의 유대감이 매우 중요하다. 소들이 야생에서 살거나 적어도 길들여지지 않은 상태로 살 때는 송아지가 대개 생후 6개월 정도에 젖을 떼고 어떤 경우에는 더 늦게 떼기도 한다. 그리고 젖을 뗀 후에도 송아지는 적어도 1살이 될 때까지 어미와 친밀한 관계를 유지한다. 낙농업계에서는 태어난 지 하루 만에 송아지를 어미에게서 떼어내고 때로는 개별 우리에서 키우는 게 일반적이다. 타당한 이유 없이 무분별한 잔인함 때문에 벌어지는 일이 아니다. 송아지를 어미와 함께 두면 우유 생산량이 줄어들기 때문에 분리시키는 것이다. 낙농업자들은 터무니없이 낮은 우유 가격 때문에 어떻게든 비용을 절감해야 한다는 압력을 받는다. 우유값보다 병에 든 생수 값이 더 비싸 다는 건 어딘가 잘못된 것이다.

소와 송아지를 떼어놓는 일은 양쪽 모두에게 영향을 미친 다. 서로의 울음소리를 들을 수 있는 거리 안에 있으면 어미소 와 송아지는 장벽 너머로 서로를 부른다. 양쪽 모두 혈중 스트 레스 호르몬 수치가 증가한다. 송아지를 잃은 어미소는 불안 을 해소하기 위해 물체에 몸을 비비는 행동을 보인다. 한편 송 아지는 성장 속도가 느려진다. 또 다른 문제도 있다. 고립된 상태에서 자란 송아지는 이후 사회적 유대 형성을 어려워하 고, 스트레스에 더 취약하며, 더 공격적이고 반응이 예민해지 는 경향이 있다. 낙농업에서 사육되는 수소가 육우보다 훨씬 더 위험한 이유 중 하나다. 어미와 분리시킨 송아지들을 함께 지내게 하면 훨씬 나아지는 경향이 있다. 이들은 때때로 어미 젖의 만족스럽지 못한 대체물로 서로의 젖을 빨려고 한다. 이 때문에 감염이 되거나 종기가 생길 수 있다. 집약적이고 현대 적인 낙농업 관행은 농부들에게 경제적으로 꼭 필요하지만 동 물들이 감당해야 하는 대가가 크다.

그래도 가능한 해결책이 있다. 우유 생산량을 유지해야 하는 수요와 동물 복지 사이의 타협안 중 하나는 적어도 하루 중 일부만이라도 소와 송아지의 접촉을 허용하는 것이다. 하지만 아무 대가 없이 해낼 수 있는 일이 아니다. 결국 이 문제의 핵심은 '우유값을 더 내겠는가?'라는 질문이다.

이런 순간적인 장면만 본다면, 들판에 흩어진 덩치 큰 동물들이 끝없이 이어지는 풀 뷔페에 집중하며 '걷고, 씹고'를 반복하는 단조로운 생활을 하고 있다고 생각할 수도 있다. 때때로 들려오는 방귀나 다른 배설음이 그나마 활기와 변화를 주는 요소처럼 느껴질지도 모른다. 가축화된 농장 동물들은 에너지를 절약하며 살고, 불필요한 장난이나 활발한 움직임에는 별 관심이 없다. 그들의 느릿하고 점잖은 움직임은 그런 특징을 잘 보여준다.

하지만 더 자세히 살펴보면 미묘한 진실이 드러난다. 무엇보다 소는 본질적으로 사회적인 동물이다. 제멋대로 하게 내버려두면 소들은 다른 방목 포유동물과 구조적으로 비슷한 무리를 형성한다. 핵심 유닛은 젖소와 송아지로 구성되어 있고 성숙한 황소는 혼자 살거나 총각들끼리 작은 집단을 이뤄 생활한다. 농장에서 소는 암컷과 수컷을 따로 사육하는 경향이 있으며 소들은 그 무리 안에서 소속감과 계층 구조를 발전시킨다. 어린 송아지들은 또래들과 어울려 다니고 어미 소는 지켜본다. 때로는 특히 맛있는 클로버가 눈에 띄면, 그 자리를 돌보미 소나 경계 역할을 하는 소에게 맡기기도 한다.

송아지 무리는 생후 몇 주, 몇 달에 걸쳐 서로 관계를 맺으면서 누가 보스인지 알아낸다. 일단 서열 정리가 끝나면 그들은 남은 평생 동안 이 서열을 꽤 안정적으로 유지한다. 그들은 연장자를 존중하기 때문에 덩치가 작고 체중이 덜 나가도 어른 소가 어린 소들의 우두머리 노릇을 한다. 규모가 더 큰 무리에서는 친한 친구들끼리 서로 연합하면서 파벌이 생기기도 한다. 소들은 멀리까지 돌아다니지 않는데, 그 이유 중 하나는 태어난 곳, 즉 어미가 자기를 길러준 서식지 공간에 마음이 끌리기 때문이다. 그래서 대규모 소 목장에는 지리와 우정으로 뭉친 지역 그룹이 발생할 수 있다.

소는 보수적이다. 늙은 소는 놀라는 걸 좋아하지 않는다. 이들은 일상의 반복에 익숙한 동물로, 주변 환경의 변화나 무리에 새로 끼어드는 소처럼 새로운 것들을 좋아하지 않는다.

잘 아는 친숙한 소와 낯선 소 가운데 하나를 선택해야 하는 경우가 생기면 언제나 전자를 선택한다. 그래서 성체들끼리 확실하게 자리를 잡은 무리에 새로운 동물이 끼어들기가 어렵다. 소들은 나이가 들수록 기존 방식에 더 집착한다. 인간을 비롯한 많은 동물들에게 흔한 특성이기도 하다. 젊은 시절의 유연한 접근 방식이 점차 변화에 대한 혐오로 바뀐다. 들판을 걷다 보면 이런 모습을 직접 목격할 수 있다. 성숙한 암소

애니멀 커넥션

는 사람을 피하는 경향이 있지만 어린 암소들은 종종 탐색을 위해 사람 주위에 몰려든다. 더 가까이 가보자고 서로 부추기기도 하고 혀로 탐색하기도 한다.

　다른 사회적 동물들처럼 소도 서로 호흡이 잘 맞는다. 그들은 두려움을 빨리 알아차린다. 불안해하는 소는 다른 소들을 긴장시키기 위해 현장에 있을 필요도 없다. 남긴 냄새만으로도 충분하다. 이를 상쇄하는 건 쥐들에게 편안한 담요 같은 역할을 했던 사회적 완충작용이다. 긴장한 소들은 마음을 달래기 위해 차분한 소, 특히 자신과 친밀한 관계에 있는 친숙한 소를 찾는다. 그들은 서로 머리와 목 부분을 핥으면서 털을 골라주는데, 그렇게 하면 심장 박동수가 떨어지고 긴장이 풀린다. 소들과 가까운 곳에서 일하는 사람은 소떼에게 사회적 환경의 일부가 되고 소들은 사람의 감정도 알아차린다. 차분한 농부가 기르는 소의 성격은 차분한 반면 괴팍한 농부가 겁 많은 소를 기르게 된다는 건 평범한 규칙이다.

　대부분 사람들은 내가 시골로 처음 이사 왔을 때 농장 동물에 대해 느꼈던 것과 비슷한 생각을 품고 있는 것 같다. 그들은 닐 디그래스 타이슨의 트윗에 공감할 것이다. 많은 이들에게 농장 동물은 가구와도 같아, 기능은 있지만 흥미롭지는 않고 살아 있긴 해도 지각이 있는 존재로는 보지 않는다. 우리는 농장 동물들과는 개나 고양이처럼 길들여진 다른 동물과 맺고 있는 긴밀한 관계를 발전시키지 않는다. 그러니 그들을 먹을 때 좀 더 마음이 편한 게 분명하다. 우리는 가축에 대한 생각을 그리 하지 않지만(애초에 생각을 조금이라도 한 적이 있다면 말이지만) 소, 양, 돼지 같은 동물이 없는 인류의 지난 1만 년은 상상하기 힘들다. 인류 문명은 인간의 사회성뿐만 아니라 우리가 그 여정을 함께 하기 위해 데려온 사회적 동물들 위에 세워졌다. 이 동물들이 결코 멍청하지 않다는 점을 인정하고, 최소한의 존중을 가지고 대하는 것이 보다 문명화된 태도일 것이다.

후피동물의 퍼레이드

위대한 철학자 포레스트 검프Forrest Gump는 '인생은 초콜릿 상자 같아서 뚜껑을 열기 전에는 무엇을 얻게 될지 절대 알 수 없다'라고 말한 적이 있다. 아프리카 덤불 지대에서 차를 몰고 있을 때도 마찬가지다. 그때 나는 현지 가이드와 함께 낡아빠진 트럭을 타고 산등성이를 오르다가 길목에서 수코끼리 한 마리를 만났다. 코끼리는 몸을 뻣뻣하게 굳히며 돌아서더니 커다란 귀를 펄럭거리며 분노에 찬 거대한 회색 건물처럼 우리를 향해 걸어왔다. 방문객을 반기지 않는 게 분명했다. 처음에는 걷던 코끼리가 다리를 쭉 뻗으며 성큼성큼 달리기 시작하자 우리 사이의 간격이 놀라울 정도로 좁혀지기 시작했다.

코끼리는 종종 위협적인 돌진을 흉내 내지만, '모의 짓밟힘'이란 건 존재하지 않기에 운전사는 낡은 기어박스를 힘들게 조작해 후진으로 바꿨다. 엔진이 비명을 질렀고 우리는 근소한 차이이지만 코끼리보다 빠른 속도로 뒤로 달릴 수 있었다. 자기 메시지가 제대로 전달된 데 만족한 코끼리는 속도를 줄였고 결국 멈춰섰다. 그리고 길 한가운데에서 모래 목욕을 하기 시작했다. 코끼리는 우리를 지나가게 할 의사가 전혀 없었기 때문에 어쩔 수 없이 기다리는 동안(운전사는 이를 '아프리카식 교통 체증'이라고 했다) 멀찌감치 자리를 잡고 감탄하면서 코끼리를 지켜봤다.

코끼리는 우리에게 친숙한 동물이고 세계 여러 곳의 문화적 상징이며 영화관과 동물원의 스타지만, 야생에서 처음으로 코끼리를 가까이에서 보면 재평가를 할 수밖에 없다. 자신의 영역 안에 있는 수코끼리의 크기와 잠재력이란, 동물원 철창 뒤에 있을 때보다 더 생생하고 경외감을 불러일으켰으며 매우 스릴 넘쳤다. 여기는 그의 왕국이었다. 우리는 코끼리가 자기 몸에 황토색 흙을 뿌리면서 내 뼛속까지 울려 퍼지는 듯한 우렁찬 저음으로 실황 방송을 하는 동안 그의 명령에 따라 가만히 기다렸다. 나는 자연의 걸작품 중 하나와 만나 가까이에 있다는 형언할 수 없는 특권에 사로잡혀 시간 가는 줄도 몰랐다. 마침내 산들바람에 묻어 온 뭔가의 냄새를 맡은 듯 고개를 옆으로 돌리더니 발길을 옮겼다. 그리고 그렇게 덩치가 큰 동물로서는 믿을 수 없게도 아카시아 관목숲으로 사라졌다. 그 코끼리는 덩치는 컸지만 엄니와 발랄한 걸음걸이로 미루어볼 때 아직 청소년이었을 것이다. 과거 상아 수요 증가로 목숨을 잃은 전설적인 거대 상아 코끼리들은 무게가 무려 10톤에 달했고, 우리가 방금 본 장엄한 코끼리보다 아마도 두 배 이상 컸을 것이다. 정말 보기 드문 존재였을 텐데, 아무 의미도 없는 장신구를 만들기 위해 이런 살아 있는 기적을 죽여 없앤 인간들은 얼마나 비뚤어진 존재인가. 다빈치의 서명을 얻기 위해 모나리자를 파괴하는 것과 맞먹는 생물학계의 대참사다.

이 모든 참사의 근원은 물론 돈이다. 코끼리를 만나고 며칠 후, 아프리카의 또 다른 '빅 파이브'를 훨씬 가까이에서 접하게 됐다. 빅 파이브란 말은 원래 아프리카 포유동물 중 가장 카리스마 있고 트로피 헌터들이 가장 많이 찾는 다섯 가지 종을 설명하기 위해 만든 말이다. 코끼리, 사자, 표범, 물소 그리고 내가 지금 벌벌 떨면서 옆에 서 있는 코뿔소다. 육지 포유동물 중 코끼리 다음으로 무거운 이 거대 짐승은 자고 있었다. 한번 쓰다듬어 보라기에 조심스럽게 손을 뻗어 만져보았다. 살아 있는 동물이라기보다 화강암 같은 느낌이었고, 그 불굴의 단단한 옆구리는 내 손길을 의식하지 못하는 게 분명했다. 문제의 코뿔소는 젊은 시절에 싸우다가 성기를 잃는 가장 잔인한 상처를 입은 뒤 사람에게 길들여진 개체였다. 열심히 간호해서 건강을 되찾았지만 야생으로 돌아가기에는 부적합하다고 판단되어, 케냐인들이 어떻게 해야 할지 고민하는 동안 이 거대한 짐승은 24시간 보호를 받으면서 살고 있다.

무장 경비원들이 울타리 입구에 배치되었다는 건 그 동물이 살아 있을 때보다 죽은 뒤 훨씬 가치가 높다는 사실을 말해준다. 사실 이 코뿔소의 가치는 케냐의 해당 지역에 거주민들 연봉의 3배가 넘는다. 이 코뿔소의 뿔에 축 늘어진 늙은 남자들의 힘을 다시 살려줄 약효가 있다는 터무니없는 생각 때문이다. 사실 코뿔소의 뿔은 대부분 우리 발톱을 구성하는 단백질인 케라틴으로 이루어져 있다. 그런데도 수요가 있다면 시장이 생기는 법이다. 당시 코뿔소 뿔 가격이 엄청나게 치솟았기 때문에 이 동물 한 마리만 죽이면 밀렵꾼은 가족의 경제적 안정을 보장하고 가난한 시골 생활에서 벗어날 수 있었다. 정말 개탄스러운 행동이지만 아마 그 동기는 이해가 갈 것이다. 줄어들지 않는 수요에 힘입은 그 동기 때문에 전 세계 코뿔소 수가 90퍼센트 이상 감소했고, 이전에 코뿔소가 분포되어 있던 지역에서 코뿔소들이 국지적으로 멸종했다. 물론 코끼리를 비롯한 많은 동물에 대해서도 이와 똑같은 암울한 이야기를 할 수 있다.

코끼리를 원하는 건 상아 때문이지만 그 패턴은 똑같다. 탐욕, 방조, 무지의 치명적인 조합이 코끼리를 사선 안으로 몰아 넣었다. 시장이 최고조에 이르렀을 때는 큰 코끼리 한 마리의 가공하지 않은 상아가 10만 달러에 팔리기도 했다. 결국 돈이 모든 걸 좌우해서 지난 세기 말에는 하루 평균 200마리의 코끼리가 불법적으로 목숨을 잃었다. 최근 들어 이 숫자가 줄어든 건 무신경한 상아 조각품 팬들이 정신을 차렸기 때문이 아니라 당국의 보호 손길이 잘 미치지 않는 밀렵 핫스팟에조차 코끼리가 부족하기 때문이다.

이는 소규모 기회주의가 아니다. 거대한 규모로 산업화된 학살이다. 대구경 무기로 무장한 밀렵꾼들은 조직적인 범죄망의 지원을 받으면서 국경을 넘나들고 공급망을 따라 피 묻은 엄니를 옮긴다. 특히 극동 지역에서는 역겨운 상아 거래를 억제하는 과정이 더디지만, 중국이 뒤늦게 관련 법안을 제정한 뒤로 지난 5년 사이에 가격이 극적으로 하락했다. 보상이 줄면서 코끼리에 대한 위협도 줄어들었지만 완전히 사라지지는 않았다. 사람들이 상아의 진정한 가치는 화폐로 측정할 수 없다는 사실을 깨닫기 전까지는 계속 벌어질 일이다. 지구상에서 가장 놀라운 동물 중 하나에 대한 박해이자 손실이다.

안타깝게도 상아 시장이 코끼리들에게 유일한 위협은 아니다. 사람이 늘어나면 이용 가능한 토지에 압박을 가한다. 동물이 클수록 이런 문제가 커지므로 코끼리가 이 갈등의 최전선에 서 있는 건 당연하다. 우리는 코끼리가 강력한 동물이라는 걸 안다. 직관적이고 명백한 사실이다. 하지만 코끼리가 완전히 자란 나무를 산산조각 내는 모습을 봐야만 비로소 그 힘을 제대로 이해할 수 있다. 사람 다리만큼 굵은 나뭇가지들이 잘게 조각나고 작은 가지는 나무에서 통째로 뜯어내 브로콜리처럼 먹어치운다. 흉악하게 생긴 가시도 아무 소용이 없다. 당시 내가 있던 케냐 중부에는 주변을 돌아다니며 풀을 뜯는 동물이 아주 많았지만 코끼리 떼만큼 파괴적인 동물은 드물었다. 그들이 농지를 목표로 삼으면 참담한 결과로 이어질 수 있다. 코끼리들이 농작물을 밟아 뭉개거나 먹어버리는 바람에 재배자들은 하루아침에 생계를 잃을 수도 있다. 코끼리 한 마리가 하루에 음식 4분의 1톤을 먹고 1헥타르의 옥수수 밭을 쓸어버릴 수도 있다. 이런 상황에 처한 농부 중 일부가 코끼리를 극도로 싫어하면서 그 동물에게 어떤 해가 가든 상관없이 자신의 이익을 보호하겠다고 다짐하는 건 당연한 일이다. 서구 도시에 사는 사람들은 그런 농부를 비난하는 게 위험할 정도로 쉽기 때문에 농부 입장이 되어봐야 한다. 야생동물 보존 노력이 효과를 거두기 위해서는 지역 주민들이 동참해야 하기 때문이다. 세상에서 가장 거대한 도둑에게 대항할 방법을 생각해 내야만 한다.

　총을 쏘고 싶은 유혹에 굴복하는 것 외에, 농부들이 옥수수를 좋아하는 이 단호하고 거대한 동물을 막을 방법이 또 있을까? 전통적인 방법은 말벌과 꿀벌이 밭 가장자리에 둥지를 틀도록 유도하는 것이다. 코끼리는 이 곤충들을 좋아하지 않기 때문에 어느 정도 효과가 있다. 또 다른 해결책은 전기 울타리다. 하지만 안타깝게도 일부 지역 코끼리들은 울타리에 큰 나뭇가지를 떨어뜨려 망가뜨리고 전원을 차단해서 이 문제를 해결하는 방법을 터득했다. 심지어 문제 해결사인 어떤 코끼리가 주변 전선을 따라 그 근원지까지 가서 전력 기반을 박살냈다는 이야기도 있다. 최근에는 코끼리가 고추를 싫어한다는 상식을 이용해 성공을 거둔 사례도 있다. 코끼리 배설물에 고추를 섞어서 만든 조개탄에는 불을 붙일 수 있다. 거기서 발생하는 자욱한 연기와 매운 증기는 코끼리에게 지속적인 해를 끼치지 않으면서도 발길을 돌리게 할 만큼 충분히 자극적이다. 더 극적인 효과를 내려면 콘돔에 고춧가루와 폭죽을 넣어서 폭탄을 만든다. 이 폭발물이 터지면서 고추의 활성 성분인 캡사이신이 매운 열기를 내뿜으면 기발한 방법으로 코끼리들을 억제할 수 있다.

이 외에도 최근에 코끼리의 사회적 행동을 이용해 그들을 막는 기발한 방법에 대해 들었다. 농작물을 약탈하는 코끼리는 가족 집단에서 쫓겨난 뒤 혼자서 생계를 유지하려고 하는 젊은 수컷인 경우가 많다. 이 감수성 예민한 청년들은 자기보다 나이 많고 노련한 도둑 코끼리의 나쁜 습관을 따라하다가 잘못된 길을 걷게 된다. 그러나 P. G. 우드하우스 P. G. Wodehouse의 글을 좋아하는 사람이라면 꽤 익숙할 시나리오가 전개되면서, 이 수컷들은 이모나 지배적인 모계 집단의 꾸지람에 주눅이 들 수 있다. 그런 성체 암컷의 울음소리를 들으면 가장 겁 없는 젊은 강도도 두려움을 느끼는 듯하다. 얼마나 효과적인지는 모르겠지만, 그대로 방치할 경우 자치구역에서 코끼리를 보호하려는 모든 노력을 완전히 무너뜨릴 수도 있는 갈등을 완화하고자 고안된 창의적인 접근 방법이다.

한때는 현대의 코끼리를 단순히 아프리카 종과 아시아 종으로 나누었지만, 유전학 연구를 통해 더 많은 지식이 알려졌다. 아프리카 종은 하나가 아니라 둘인데, 사바나 코끼리와 그보다 작고 덜 알려진 숲 코끼리가 있다. 아시아코끼리는 크기가 아프리카에 사는 친척들의 중간 정도이며 여러 개의 아종으로 나눌 수 있다. 친척이라고 표현하긴 했지만 사실 아시아코끼리와 아프리카코끼리는 수백만 년 동안 서로 다른 길을 걸어왔다. 아시아코끼리는 현존하는 아프리카코끼리보다 멸종한 매머드와 더 밀접한 관련이 있다. 특출난 크기 외에도 모든 동물적 특성 가운데 가장 독특한 특징을 공유한다. 코끼리의 코는 코와 윗입술이 합쳐진 유연한 다기능 슈퍼 장기다. 이 코에는 무게가 300킬로그램이나 나가는 아기 코끼리나 나무줄기를 들어올릴 수 있는 힘, 토르티야 칩처럼 작고 부서지기 쉬운 걸 깨뜨리지 않고 집어올릴 수 있는 능력이 결합되어 있다.

코가 그렇게 크니 어찌 후각이 나쁠 수 있겠나. 사실 단순히 좋은 수준 이상이다. 코끼리는 뛰어난 냄새 탐지자다. 다른 어떤 동물보다 후각과 관련된 유전자가 많은 코끼리들은 다양한 후각 센서를 암호화해서 주변의 화학적 세계를 예리하게 인식한다. 이 감각으로 수십 킬로미터 떨어진 곳에 고여 있는 물을 탐지할 수 있을 뿐만 아니라 음식 공급원을 놀랍도록 잘 구별할 수 있다. 최근의 한 실험에서, 코끼리들은 냄새만으로도 두 용기 중 어느 쪽에 해바라기 씨앗이 더 많이 담겨 있는지 알아낼 수 있다는 게 증명되었다. 그들은 냄새로 다양한 사람을 구별할 수 있고 옷 냄새를 통해 마사이족이 입었던 옷과 캄바족이 입었던 옷을 가려낼 수 있다. 다 이유가 있다. 젊은 마사이족 남자들이 때때로 통과의례 삼아 코끼리를 창으로 찌르기 때문에 코끼리는 그들의 냄새를 맡으면 두려움과 공격성을 드러낸다. 냄새에 대한 민감성은 그들이 고춧가루에 강하게 반응하는 이유이기도 하고, 농민들과의 갈등을 피할 다른 기회도 제공한다. 예를 들어, 벌통을 농장 경계에 전략적으로 배치하는 것은 널리 쓰이는 방법이지만, 성난 곤충의 미세한 화학 신호인 벌 페로몬을 농장 가장자리에 바르는 것이 더 효과적인 방법이 될 수도 있다.

코끼리는 친밀하고 지속적인 관계를 맺는 사회에서 살아가는데, 이 사회는 다른 군집 동물보다 고래나 유인원과 더 공통점이 많다. 코끼리 사회의 중심은 가족이다. 서로 혈연 관계가 있는 암컷과 그들의 자손 2~20마리가 모여 이루어진 그룹을 뜻한다. 이들 가족은 함께 돌아다니면서 음식과 물을 찾기 위해 협력하고, 긴밀한 사회적 유대감 덕에 나이에 상관없이 어려운 시기에는 모두 도움을 받을 수 있다. 처음 새끼를 낳은 암컷들은 새끼 양육과 관련해 배울 게 많기 때문에 경험 많은 암컷들에게 지도를 맡기는 경우가 많다. 그들은 대부분의 시간을 함께 보내지만, 건기에는 적당한 먹이가 부족하기 때문에 가족들이 일시적으로 흩어져 더 작은 그룹을 이뤄 먹이를 찾기도 한다. 꽤 오랜 기간 동안 떨어져 지내다가 재회한 코끼리들은 놀랍도록 활기찬 인사 의식을 치른다. 서로를 향해 달려가고, 시끄러운 불협화음을 이룰 정도로 열광적인 소리를 내지르며, 순수한 흥분감에 귀를 펄럭이기도 한다. 동물계의 긴밀한 유대감을 확인할 수 있는 코끼리의 인사 의식은 타의 추종을 불허하며, 코끼리들이 사회적 관계를 얼마나 중시하는지를 생생히 보여준다.

표현력이 풍부한 코끼리의 울음소리는 다양한 발성 레퍼토리의 일부다. 코끼리의 비명이나 울부짖는 소리, 웅성대는 소리에 익숙하지만 코끼리가 의사소통을 할 때는 훨씬 많은 일이 일어나는데 우리는 최근까지도 잘 몰랐다. 경험 많은 코끼리 관찰자는 이 동물들이 풍경 전체에 넓게 퍼져 있을 때도 서로에게 특이한 방식으로 반응하고, 작은 무리들이 때때로 걸음을 멈추고 침묵하며 그 자리에 잠시 머문다는 사실을 알아차렸다. 분명히 뭔가 일어나고 있는데, 대체 무슨 일일까? 텔레파시로 대화하는 걸까? 이 수수께끼는 코끼리들이 초저주파 불가청음(인간의 가청 범위보다 낮은 높이로 전달되는 저음)을 사용한다는 사실이 밝혀지면서 비로소 풀렸다. 1980년대에 코넬 대학의 캐서린 페인Katharine Payne이 이끄는 연구팀이 거둔 성과였다. 침묵하는 듯 보였던 코끼리들이 사실은 은밀하게 속닥속닥 수다를 떨고 있었던 것이다. 초저주파 불가청음은 원격으로 연락을 주고받는 훌륭한 방법이다. 깊은 음은 파장이 길어서 넓은 범위에 걸쳐 전송할 수 있으므로 가족이 흩어져 있을 때 장거리 연락을 할 수 있는 환상적인 수단이다. 조건이 맞으면 코끼리들은 10킬로미터 정도 떨어져 있어도 서로를 감지할 수 있고 2~3킬로미터 안에 있을 때는 더 자세한 정보를 주고받을 수 있다. 코끼리가 내는 초저주파 소리는 공기로만 전달되는 게 아니라 서 있는 땅을 통해 이동하는 지진파로도 전달된다. 이 지진파를 듣기 위해, 코끼리들은 가만히 서서 거대한 발과 민감한 코를 먼지투성이 바닥에 누르고 땅을 통해 들어오는 전화를 받는다. 음파는 뼈를 통해 몸 전체를 통과해서 귀로 전달된다. 코끼리는 이런 방식을 이용해서 꼭 가까이 있지 않더라도 소중한 이들끼리 정보를 수집하고 전달한다. 메시지 안에는 광범위한 정보가 암호화되어 있다. 이 암호를 통해 다른 코끼리의 행방과 움직임, 심지어 누가 소식을 전했는지 구체적인 신원까지 알아낸다. 이런 접촉만으로도 다른 코끼리를 100마리 정도 식별할 수 있는 듯하다. 우리가 알아차리지 못하는 사이에 코끼리들의 대화가 풍경을 가로질러서 진행된다니 놀라운 일이다.

코끼리 가족은 평생 쌓아온 경험을 지닌 나이 든 암컷, 즉 모가장 하나를 중심으로 구성된다. 경쟁이나 자기 주장을 통해서가 아니라 다른 가족이 품은 신뢰 덕분에 오르는 지위다. 코끼리는 장수하는 동물이다. 지상에서 살아가는 시간이 인간과 비슷하다. 그리고 암컷들은 그 대부분의 시간 동안 서로 잘 아는 친밀한 관계들로 이루어진 내부 서클에서 똑같은 개체들과 어울린다. 따라서 다른 가족도 모가장의 성격을 잘 알고 이것이 결정적으로 중요한 역할을 한다. 그들은 그 암코끼리가 꾸준히 제공하는 양질의 지식과 뛰어난 판단력 때문에 리더로 삼아 따르기로 한다. 혹독한 건기에 신선한 먹이와 확실한 물 공급원을 찾아야 한다. 특히 새끼코끼리들에게는 생사가 걸린 문제다. 무리에 속한 성체들도 모두 돕긴 하지만 결국 모가장이 가장 큰 부담을 지게 된다. 모가장은 살면서 직접 배우고 축적한 지식과 이전 세대에게 물려받은 지혜의 유산이 합쳐진 방대한 양의 정보를 보유하고 있으며 그 결과 지속적으로 이어지는 코끼리 문화가 탄생한다. 가족은 모가장의 인도하에 아주 먼 거리를 가로질러 서식지에서 선호하는 지역을 돌아다니며 특정한 공터와 믿을 수 있는 급수원을 다시 찾아간다. 그 같은 행동을 통해, 조상으로부터 전해 내려와 유전자의 기억에 새겨진 전통 경로를 따라가는 것이다.

가장 어린 새끼가 위험에 처했을 때도 베테랑 모가장들이 위험을 판단하는 데 가장 능숙하다는 사실이 증명된다. 예를 들어, 크고 힘센 수사자는 어린 코끼리에게 암사자보다 더 큰 위협이 된다. 모가장은 그 위험을 매우 잘 알고 있다. 그래서 수사자의 존재를 감지하면 가족들을 불러 모아 밀집 대형을 이룬 다음, 어린 코끼리를 성인 코끼리들의 보호막 안에 숨겨 안전한 곳으로 데려간다. 코끼리의 긴 수명을 고려하면, 나이 든 모가장은 자기 밑에서 두 세대가 번창하는 걸 볼 수 있다. 가족 중에 할머니가 있다면 새끼 코끼리에게 엄청난 차이가 생긴다. 할머니가 곁에 있으면 새끼가 성년이 될 때까지 살아남을 가능성이 최대 8배나 높아진다.

가족 내에서 가장 영향력이 큰 모가장은 무리가 언제 어디로 이동할지 결정하는 데 중요한 역할을 한다. 모가장은 선택한 방향을 바라보면서 깊게 울리는 목소리로 '가자'라고 외쳐 무리의 이동을 부추긴다. 만약 무리가 한곳에 모여 있지 않고 흩어지면 모가장은 다른 코끼리들이 따라잡기를 기다린다. 뒤를 돌아보며 더 큰 소리를 내서 꾸물거리는 이들을 격려한다. 코끼리 사회는 독재 체제가 아니라 서로 돕는 사회이기에 다른 코끼리도 같은 행동을 한다. 그래도 모가장이 가족을 정렬시키는 데 가장 적극적이다. 모가장은 가족을 하나로 묶는 중심적이고 안정적인 존재다.

하지만 그 노부인도 죽음을 피해 갈 수는 없다. 리더의 지위는 나이에 따라 자동으로 다음 차례로 넘어가는 게 아니다. 선택받아야 하고 존경받는 코끼리만이 성공적으로 모가장의 지위로 전환해 가족을 자신의 지휘 아래 결집시킬 수 있다. 이과정이 항상 순탄하게 진행되는 건 아니다. 우두머리를 잃은 코끼리 가족은 여러 파벌로 분열되어 각자의 길을 가기도 한다. 위풍당당한 크기의 모가장은 슬프게도 종종 밀렵꾼들의 표적이 된다. 총알 한 방 때문에 수십 년간 축적된 지혜가 한순간에 사라지고 남은 가족을 혼란의 황무지로 몰아넣을 수도 있다.

사바나 코끼리가 수백 마리씩 모여 있는 장관은 예전보다 보기 힘들어졌지만, 이들 가족은 여전히 주기적으로 모인다. 이런 모임은 더 먼 친척 사이인 코끼리들이 오래된 관계를 새롭게 할 수 있는 기회다. 분열−융합 사회라고 알려진 것의 일부다. 개체군 내에서 동물들이 집단과 하위 집단으로 병합되고 분열되는 것이다. 가족은 코끼리 사회의 일상적인 구성 요소지만, 이런 씨족 모임은 유전자와 문화를 공유한다.

코끼리 개체군 사이의 관계망은 가족 단위를 훨씬 뛰어넘어 광범위한 지리적 범위에 사는 개체를 포괄한다. 초거대 무리가 사라지고 다양한 가족이 각자의 길을 가게 되면 코끼리들은 가끔 소속된 집단을 바꾸기도 한다. 독립할 시기가 된 젊은 수컷은 새로운 누군가를 따라가기 위해 어미의 무리를 피할지도 모른다. 또 암컷은 다른 가족에 속한 친척들과 관계를 맺기로 할 수도 있는데, 특히 자기 집단의 암컷들과의 관계가 시간이 지나면서 결속력이 약해졌다면 더욱 그렇다. 초저주파 소통이 불가능할 정도로 먼 거리로 흩어지면 코끼리들끼리의 연락이 장기간 끊길 수도 있다. 이들이 죽었을 수도 있지만 절대로 잊히지는 않는다. 코끼리의 놀랍도록 대단한 기억력이 이를 증명한다. 오랫동안 떨어져 지냈던 코끼리의 울음소리와 냄새는 마지막으로 만난 지 수십 년이 지난 후에도 강력하고 감동적인 반응을 이끌어낸다. 12년 전에 가족을 떠난 암컷 코끼리의 울음소리를 녹음해서 틀어주자 예전 동료들이 시끄럽게 반긴 사례도 있다. 또 어미와 헤어진 지 거의 30년이 지난 동물원에 사는 성체 코끼리들에게 어미 냄새를 맡게 하자 감동적이고 뚜렷한 반응을 보였다.

수컷 코끼리는 어릴 때는 어미와 모가장의 보호를 받으며 여자 형제들과 함께 생활한다. 하지만 십대가 가까워지면 집을 떠나서 보내는 시간이 늘어나기 시작하고, 십대 무렵에 마침내 완전히 독립해서 혼자 살게 된다. 가족이 부양해주는 환경에서 처음 벗어난 수컷은 힘든 시기를 보낸다. 그래도 덩치는 엄청나게 크기 때문에 젊은 수컷 코끼리는 혼자서 위험에 맞서야 한다. 보츠와나의 쵸베Chobe 국립공원에는 이 거대한 먹이를 전문적으로 사냥하는 사자 무리가 적어도 하나 이상 있는데, 그들은 하나된 노력으로 목표물을 압도한다. 사자들이 겪는 위험도 엄청나지만 성공하면 그에 상응하는 보상을 받게 된다.

다 자란 수컷 코끼리는 남들과 어울리는 건 암컷에게 맡기고 대부분 홀로 지내는 외톨이의 모습으로 그려지는 경우가 많다. 하지만 가까이서 관찰해보면 그들도 암컷처럼 친구를 사귀려고 하고, 특히 나이가 비슷한 동성 친척들과 가깝게 지내는 경향이 있음을 알 수 있다. 젊은 수컷들은 훗날 지배권을 차지하기 위해 싸우는 게 가장 중요해질 때를 대비해 서로 티격태격하면서 기량을 시험한다. 이런 밀치기가 끝나면 외부자들이 가하는 위협을 피하기 위해 서로 어깨를 나란히 하고 연합한다. 이 총각 클럽 내에서는 나이 든 수컷이 중요한 역할을 하는데, 어떻게 보면 가족 집단의 나이 든 모가장 같기도 하다. 이 거대한 수코끼리들은 놀라울 정도로 장난기가 많다. 심지어 거대한 수컷이 무릎을 꿇고 어린 수컷들과 장난 삼아 겨루며 놀기도 한다. 하지만 수컷 집단 내 분위기가 항상 유쾌한 것만은 아니다. 특히 건기처럼 환경이 혹독한 시기에는 엄격히 위계질서가 지켜지며, 주로 물을 마시기 위해 줄을 서 있는 어린 수컷들의 행동에서 뚜렷하게 나타난다. 그들은 지배적인 위치의 수컷을 맞이할 때 코끼리 버전의 경례를 한다. 복종의 표시로 자기 코끝을 그의 입에 넣는 것이다. 일단 물가에 도달해 예를 갖춘 뒤에는 수컷들 사이에서 놀랄 만큼 신체 접촉이 활발하다. 서로 등에 코를 걸치거나 거대한 귀를 함께 펄럭이면서 코끼리식 하이파이브를 하는 등 예상 외로 촉각을 이용한 교류를 많이 한다. 암컷이 이끄는 가족 집단이 물웅덩이에서 하는 행동과 사뭇 다르다. 아마도 새끼 코끼리에게 다가오는 위협을 계속 경계해야 할 필요성 때문이겠지만, 암컷들은 물을 마시러 갈 때 훨씬 조심스럽고 자제하는 모습을 보인다.

수컷 코끼리는 어린 수컷 코끼리들 사이의 상호 작용에는 쉽게 익숙해지지만, 나이가 들고 성숙해지면 주기적으로 '지킬 앤 하이드' 같은 변화를 겪는다. 심지어 가장 온순한 수컷 코끼리도 주기적으로 몸 전체에 테스토스테론이 넘쳐나 발정한 상태가 되면 미쳐 날뛰는 위험한 짐승으로 돌변한다. 앞길을 가로막는 건 무엇이든 변덕스러운 분노의 희생양이 될 수 있는데, 이런 상태의 수컷 코끼리들이 계속해서 다른 동물을 죽이고 코뿔소 수십 마리를 도살한 이야기가 그 전형적인 사례다. 이렇게 공격성이 급증하는 이유는 주로 호르몬 때문이지만, 이 시기에 관자놀이에 있는 분비선이 부어 얼굴 신경을 압박하면서 흥분한 수컷들을 일종의 광기로 몰아넣을 정도로 극심한 고통을 유발한다는 추측도 있다.

발정한 광포 상태의 수컷은 눈에 잘 띈다. 눈 바로 뒤에서 끈적끈적한 물질이 배어 나와 볼이 검게 물들고, 더러운 10대 청소년의 침실 정도는 향기로운 응접실처럼 느껴질 정도로 독특하고 더러운 악취가 풍긴다. 이 근처에 있는 이들에게 발정기 수컷을 피해야 할 이유를 더 알려주자면, 이 코끼리는 걸어다니며 지독한 냄새의 오줌을 흘려 그 증거를 남긴다. 이렇게 흥분한 수컷은 이전에 자기가 복종했던 수컷과도 싸울 채비가 되어 있기 때문에 코끼리 무리의 상대적인 조화를 깨뜨린다.

다 자란 수컷 코끼리 두 마리가 싸우는 모습은 무시무시하게 폭력적인 광경이다. 그런 싸움은 짝을 얻기 위한 경쟁에서 촉발된다. 발정기에 접어든 암컷은 고혹적인 냄새를 풍기며 근처에 있는 수컷들을 흥분시키는 요염한 울음소리를 낸다. 가능성 있는 연인 후보가 모이면 그때부터 문제가 시작된다. 현장에 도착한 수컷 코끼리는 이미 와 있는 다른 수컷을 발견하고, 새끼 코끼리를 만들고자 하는 간절한 욕망 속에서 폭력성도 불타오른다. 라이벌들은 서로 대치한 상태에서 각자 땅을 걷어차 거대한 먼지구름을 만들어서 상대를 위협하고, 덩치와 힘을 강조하기 위해 우렁찬 소리를 내지르며 귀를 펄럭인다. 만약 둘의 덩치가 비슷하다면 이 두 거대 동물은 12톤의 근육과 공격성을 몸이 맞닿은 지점에 집중시켜 엄청난 밀치기 대결을 벌이며 정면으로 맞선다. 수컷들이 자기 권리를 주장하면서 우위를 차지하려고 할 때마다 둘의 엄니가 천둥 치듯 충돌한다. 격전이 길어지면 둘 다 기진맥진해질 수 있다. 마침내 한쪽 전투원의 결심이 무너진다. 그는 항복의 뜻을 표하고 뒤돌아선다. 보통은 여기서 문제가 끝나지만 만약 승자가 발정해 광포한 상태라면 이성을 잃고 항복을 거부하기도 한다. 그리고 살의를 품고 상대를 추격해서 엄니로 몸에 구멍을 뚫으면 심각한, 때로는 치명적인 부상을 입힌다.

이런 폭력과 대조를 이루는 이 사회적인 동물들의 양육과 보호 행동에 주목하지 않을 수 없다. 코끼리는 거대하지만 아직 미숙한 새끼 코끼리는 연약하고 삶의 도전을 극복하기 위해 도움이 필요하다. 그래서 가족 내에서 전해지는 사소한 경험과 지식이 특히 유용하다. 새끼 코끼리의 세계에서 가장 중요한 존재는 어미지만 나머지 가족, 특히 경험 많은 암컷(아마 어린 새끼의 이모나 이모할머니일 것이다)은 지원을 아끼지 않고 세심하게 돌본다. 육아는 팀이 다 함께 노력해야 하는 일이자 가족생활의 중심이다. 그들은 새끼 코끼리를 돌보고, 가끔 막내에게 젖을 먹이고, 너무 멀리 떠돌아다니는 새끼들을 찾아온다. 코끼리계의 헬리콥터 엄마들은 활기 넘치는 새끼 코끼리들 사이에서 벌어질 수 있는 과도한 난동을 막기 위해 개입하기도 한다. 흥미롭게도 이 영리한 동물들은 새끼의 고통스러운 외침에 반응만 하는 게 아니라, 문제가 발생하기 전에 미리 예측하는 경우도 많다. 그들은 덩치가 작은 가족 구성원에게 무엇이 위험을 초래할 수 있는지 잘 알고 있는 것 같다. 그래서 새끼들의 능력 차이를 고려해 늪지대나 깊은 물을 피할 수 있도록 이동 경로를 바꾸기도 한다. 그리고 어린 코끼리가 진흙에 빠지거나 가파른 강둑의 기슭에 갇히면 코로 들어 올려서 안전한 곳으로 옮기거나, 작은 다리로도 지나다닐 수 있도록 엄니로 강둑을 다져 경사도를 낮춘다.

이런 도움은 어린 새끼들에게만 제공되는 게 아니다. 어른들도 서로를 지지한다. 우리는 코끼리와 상호작용하는 과정에서 이런 현상을 자주 목격한다. 일부 개체군에서는 코끼리를 효과적으로 마취시키기가 어렵다. 코끼리가 친척 몸에 박힌 화살을 보면 뽑아버릴 가능성이 높기 때문이다. 이렇게 코끼리에게 화살을 쏘는 이유는, 슬프게도 오늘날 세상에서 코끼리 개체군을 관리하려면 꼭 필요한 과정이기 때문이다. 보호 구역에서는 코끼리의 이동과 이주가 제한되어 있어서, 개체군의 유전적 다양성을 보존하기 위해 때때로 우리가 동물 이동에 개입해야 한다.

그러나 코끼리의 사회적 유대는 매우 강력하여 이들을 다루는 데 큰 어려움을 준다. 이를 잘 보여주는 유명한 일화가 있다. 영국-네덜란드의 야생동물 수의사인 토니 하르투른Toni Harthoorn은 한 마리의 코끼리를 진정시키기 위해 장거리 마취총을 사용했다. 마취제가 효과를 발휘하자 그 코끼리는 털썩 주저앉았다. 대부분의 동물이라면 총소리를 듣고 무리 중 한 마리가 쓰러지면 겁을 먹고 놀라 쏜살같이 달아났을 것이다. 코끼리들은 달랐다. 하르투른은 이 사태를 지켜본 코끼리 가족이 '형언할 수 없는 비명'을 내지르며 총에 맞은 가족을 일으키려고 애썼다고 설명했다. 사람을 죽이기에 충분한 양보다 수백 배나 강한 약물이었기 때문에 그 코끼리는 2시간이나 움직이지 못했지만, 그동안 가족들은 계속해서 그를 일으키려고 애썼다. 마침내 총에 맞은 코끼리가 비틀거리며 일어나자 가족들은 그 코끼리를 옆에서 부축해 가까운 나무 숲속의 안전한 곳으로 데려갔다. 코끼리들의 이런 연합 전선 때문에 그중 한 마리에게 따로 접근하는 게 무척 어렵다. 종족에 대한 코끼리의 보호 본능은 확고하다.

다치거나 위험에 빠진 가족을 대신해 상황에 개입하는 모습은 코끼리 사이에 존재하는 긴밀한 유대관계를 명확하게 보여준다. 심지어 혈연관계가 없는 코끼리도 똑같은 방법으로 서로 돕는다는 이야기도 있다. 그들은 또 같은 종족만 돕겠다고 선을 긋지도 않는다. 건설 현장에서 일하던 코끼리가 구덩이 밑바닥에서 자고 있는 개를 보고 무거운 나무 기둥을 내려놓는 걸 거부한 일화도 있다. 놀랍게도 코끼리는 자신들과 관계가 그리 좋지 못한 인간들까지 돕는 것으로 알려져 있다. 5년 전, 서벵골의 한 마을에 코끼리가 들어왔는데 아마도 화가 났거나 혼란에 빠졌던 듯한 그 코끼리가 집을 파괴했다. 안에 있던 다른 가족은 다치지 않았지만, 건물이 가장 심하게 손상된 부분에 있던 유아용 침대에 아기가 갇혀버렸다. 물러나던 코끼리는 아기 울음소리를 듣고는 다시 그 집으로 향했다. 그리고 조심스럽게 잔해를 치운 덕분에 가족들은 아기를 다치지 않은 상태로 구할 수 있었다. 코끼리는 고통스러운 울음소리를 알아들을 수 있는 게 분명하다. 코끼리에 관한 수많은 이야기에 울음소리가 자주 등장하는 걸 보면, 울음 자체는 인간만의 독특한 행동이 아닌 듯하다.

그중 가장 가슴 아픈 이야기는 2013년에 중국의 한 공원에서 어미 코끼리에게 거부당한 신생아의 이야기다. 사실 어미는 새끼를 거부했을 뿐만 아니라 해치고 싶어 하는 듯 보였다. 예방책으로 사육사들이 끼어들어 둘을 떼어놓았다. 심한 부상을 입지는 않았지만 큰 충격을 받은 새끼 코끼리는 5시간 동안 쉬지 않고 울었다. 계속 눈물을 흘리며 이불 속에 누워 있는 모습은 정말 애처로웠다.

이러한 이야기들에서 우리가 받아들일 수 있는 것은 무엇일까? 인간으로서 우리는 새끼 코끼리의 반응을 우리의 경험에 빗대어 감정적 눈물이라고 해석하거나, 불도저 코끼리가 자기가 위험에 빠뜨린 인간 아기에게 공감했다고 추측하고 싶어 한다. 이 시점에서 코끼리가 인간과 유사한 감정 반응을 갖는지에 대한 문제는 과학이라기보다는 철학의 영역에 속한다. 과학적인 평가를 내리려면 신중하게 통제된 조건에서 증거를 수집해야 하는데, 이런 일화에는 증거가 확실히 부족하다. 우리가 사실이기를 바란다 해도, 이러한 행동의 기저에 인간과 같은 감정이 존재한다고 단정할 수는 없다. 그러나 반대로, 코끼리가 이런 섬세한 감정을 지니고 있지 않다고 단정할 수도 없다. 분명히 말할 수 있는 것은, 코끼리를 비롯한 점점 더 많은 동물이 이전에 과소평가되었던 인지 능력과 정서적 삶의 깊이를 지니고 있다는 점이다.

코끼리에게서 가장 비범한 면모가 드러나는 순간은 죽음을 맞이하는 방식이다. 전설적인 '코끼리 묘지'는 사실 존재하지 않지만, 코끼리들은 분명히 동족의 뼈에 강하게 반응한다. 심지어 죽은 코끼리의 상아로 만든 장신구에 불안한 호기심을 보이며 코로 만져보려는 행동도 관찰된 바 있다. 그러나 가장 가슴 아프고 인상 깊은 장면은 가족 구성원의 죽음을 맞이할 때 벌어지는 장례 의식에서 나타난다. 코끼리의 장례식은 인간과 마찬가지로 상실감을 느끼는 동물이라는 사실을 가장 분명히 보여주는 사례다. 세렝게티의 한 공원 관리원이 들려준 이야기다. 그는 한 늙은 모가장이 극심한 가뭄이 몇 주간 이어졌을 때 맞은 죽음을 회상했다. 초목이 하루하루 시들어가고 바람은 흙먼지를 몰고 다니던 중, 눈에 띄게 수척하고 나약해진 몸으로 느릿느릿 걸어가는 그 모가장에게는 마지막 건기가 될 것이 분명했다. 마지막 나날을 보내는 그 느린 행진을 아마도 딸들일 네 마리의 성체 암컷이 곁에 남아 지켜보고 있었다. 마지막으로 목격된 날, 늙은 코끼리는 거의 움직이지 못했다. 그리고 그날 밤 쓰러져 조용히 숨을 거뒀다.

새벽이 되자 모가장의 가족들이 섬뜩할 정도로 조용하고 침울한 모습으로 주위에 모여 유해를 어루만지며 코끼리들 사이에 널리 퍼져 있는 듯한 의식을 진행했다. 몇 시간 동안 조용히 묵념을 한 뒤 나뭇가지와 나뭇잎, 흙으로 유해를 덮기 시작했다. 그림자가 길어지고 또 다른 밤이 다가와도 그들은 그 자리에 그대로 남아 있었다. 호기심 많은 자칼을 겁줄 때 말고는 거의 움직이지도 않았다. 다음 날 밤에는 이동을 시작했는데, 아마 고통스러워하는 모가장을 모시느라 포기해야 했던 먹이와 물을 찾아야 했기에 서둘렀을 것이다. 그들은 몇 주 뒤 현장으로 돌아왔다. 비록 유해는 거의 남아 있지 않았지만, 그들은 이번에도 똑같이 침묵으로 예의를 표했다. 다른 동물의 마음속에서 무슨 일이 일어나는지 알 수는 없지만, 코끼리들이 보인 행동은 분명히 슬픔과 애도의 징후를 담고 있었고, 인간에게도 직관적으로 인식될 수 있는 방식이었다. 이 특별한 동물이 죽음을 인식한다는 점을 암시하며, 그러니 살아 있다는 게 무엇인지에 대해서도 아마 자각하고 있을 것이다.

얼마 전까지만 해도 코끼리는 지구의 광대한 지역에 분포하고 있었다. 아프리카 대부분 지역과 이라크부터 중국, 인도네시아와 보르네오에 이르기까지 아시아 곳곳에 살았다. 200년 전만 해도 2천만~3천만 마리의 코끼리가 존재했던 것으로 추정된다. 지금은 기껏해야 50만 마리 정도만 남았다. 그와 동시에 인구가 급증했다. 오늘날 아프리카에는 40년 전보다 두 배나 많은 사람이 산다. 이로 인해 농업용 토지뿐 아니라 경관을 이등분하는 도로 같은 기반 시설을 짓기 위한 공간 수요가 지속적으로 증가하고 있다. 남아 있는 코끼리 개체수가 줄어들면서 그들의 서식 범위도 대륙 규모에서 조각난 군도의 형태로 축소되었다. 한때 자유롭게 누비던 광대한 땅 위에 흩어진 고립된 조각들 속에 코끼리들이 갇혀 있다. 인간 개발이라는 밀물이 이 조각들을 서로 단절시키고 있는 것이다. 예전에는 광활한 영역을 자유롭게 돌아다닐 수 있었지만, 지금은 그 어느 때보다도 더 심하게 갇혀 있다. 코끼리와 함께 사는 사람들만의 문제가 아니다. 전 인류가 함께 풀어야 할 과제다. 만약 코끼리에게 미래가 있다면, 국제적인 협력이 뒷받침될 때만 가능할 것이다. 이제 겨우 코끼리의 숨겨진 복잡성과 정교한 내면세계를 이해하기 시작한 지금 코끼리가 지구상에서 사라져버린다면, 인류라는 종의 끔찍한 범죄 행위가 될 것이다.

7장. 피는 물보다 진하다

육식동물 무리의 성공 비결은 혈연 간 협력에 있다.

대성공

아프리카에서 보내는 첫날 밤, 이곳의 전통적인 원형 오두막인 반다^{banda}에 누워 나처럼 잠들지 않은 동물들이 내는 소리를 듣고 있었다. 나는 적색 경계 태세였다. 이 반다를 함께 쓰는 다른 연구원 두 명은 나보다 먼저 도착해서 현명하게도 창문에서 떨어진 곳에 있는 침대를 골랐다. 내 머리는 열린 창문 바로 옆에 있다. 창살은 있지만 유리가 없어서 안심할 수가 없다. 그 창살은 모험심 강한 개코원숭이가 손을 뻗어 내 머리카락을 헝클어뜨리는 걸 막지 못할 테고, 진취적인 표범이 그 사이로 손을 넣어 내 얼굴 형태를 다시 손본다 해도 막지 못할 것이다. 밤에는 발전기를 끄기 때문에 사방이 어두웠다. 유일한 소리는 창문으로 흘러 들어오는 소리다. 여기, 케냐 중부의 관목 지대에서 나는 소리는 모두 동물이 내는 것이다. 초목이 바스락거리고 나뭇가지가 부러지는 소리와 함께 부엉부엉 소리, 낄낄대는 소리, 꿀꿀거리는 소리, 멍멍 짖어대는 소리 등 온갖 소리가 다 들렸다. 나한테는 전부 새롭고 완전히 낯선 소리들이다. 낄낄대는 소리는 하이에나가 내는 것이라고 판단했는데, 이 오해의 소지가 있는 매혹적인 동물을 얼른 보고 싶어서 가슴이 설렜다. 그리고 또 다른 소리가 들린다. 이번에는 소개가 전혀 필요 없는 소리다. 그 원시적인 소리는 내 마음속 깊은 곳의 감정을 자극했다. 멀리서 나는 소리긴 하지만 어둠 속에서 들리는 사자의 포효는 놀랍고 독특하며 무시무시하다. 그 소리를 듣자마자 내가 누워 있는 곳에서 그리 멀지 않은 차보Tsavo에 나타났던 식인 사자에 대한 책이 떠올랐다. 1898년에 몇 달 동안 사자 한 쌍이 차보 강에 다리를 놓는 노동자들의 캠프를 공포에 떨게 했다. 사자들은 어둠을 틈타 캠프에 몰래 들어가서는 비명을 지르는 희생자들을 텐트에서 끌어내 물고 갔다. 이 철도 공사를 책임진 영국군 장교 존 패터슨John Patterson이 캠프 옆에서 철야를 하며 감시한 끝에 사자를 사살해 그들의 공포 통치를 끝내기까지 약 30명의 노동자가 죽음을 맞았다. 그러나 사자들은 매우 끈질겨서 그중 한 마리는 총탄을 무려 6발이나 맞고서야 굴복했다. 이런 생각만 계속 떠오르니 오늘 밤은 화장실에 갈 엄두가 나지 않는다.

사자에 대한 내 본능적인 반응을 조상의 흔적으로 돌리고픈 생각이 든다. 한때는 아프리카 전역뿐만 아니라 남유럽, 중동 전체와 아시아, 멀리 인도에서까지 사자를 볼 수 있었던 때가 있었다. 사자의 멸종된 친척인 동굴 사자는 유럽 전역에 널리 퍼져 있었고, 1950년대에 트라팔가 광장 아래에서 발굴 작업을 하던 중에 유해가 발견되기도 했다. 여러 세대 전의 내 조상들은 이 동물과 함께 살았고 그들 창문에는 창살이 없었다. 인간을 먹이로 여기는 동물은 상대적으로 적지만 사자는 그럴 가능성이 높은 동물 중 하나다. 내가 사자의 포효에 반응한 건 당연한 일일지도 모른다. 하지만 오늘날 사자의 분포 지역이 예전보다 크게 줄어든 데에는 슬픔을 느끼지 않을 수 없다. 사자는 현재 사하라 이남 아프리카의 일부 지역에서만 볼 수 있고, 인도에 개체군이 몇 개 남아 있는 정도다. 놀라운 포식자인 그들도 현대 인류가 휘두르는 야생동물 파괴 무기에 대해서는 효과적인 해결책이 없다.

사자의 포효를 듣고 아드레날린이 급증했는데도 나는 결국 잠이 들었고, 지역 야생동물들에게 괴롭힘을 당하는 일 없이 비교적 정상적인 얼굴로 깨어났다. 반다를 함께 쓰는 동료 두 명과 함께 새벽 드라이브에 나섰다. 트럭을 타고 라이키피아 Laikipia 덤불 지대로 가서 동물을 보려는 것이다. 한 시간 정도 후에 높은 지대에서 차를 세웠다. 차를 타고 오면서 엄청나게 다양한 생물들을 본 덕에 신바람이 났다. 지금까지 경험해본 적이 없는 일들에 기분이 한껏 고조되었다. 큰 영양은 갓 태어난 새끼가 제 발로 일어서도록 살살 밀어주고 있었다. 버빗원숭이들은 아주 활동적인 아이들처럼 나무 주위를 깡충깡충 뛰어다녔다. 기린 세 마리가 빠르게 달려 먼 거리를 이동하는데도 마치 슬로모션으로 움직이는 듯 보이는 초현실적인 광경도 펼쳐졌다. 이 모든 광경이 새롭고 압도적으로 다가온다. 지구상 어디에도 아프리카의 이 지역만큼 놀라운 대형 포유류가 많이 사는 곳은 없다. 이 모든 걸 트럭에 탄 채로 바라보는 것만으로는 만족할 수 없다. 하지만 트럭에서 내려 덤불 속으로 발을 들이면 트럭이 제공하는 보호장치(실제든 상상이든)를 벗어버린다는 뜻이다. 그래도 노련한 현지 가이드가 함께 있고 그들은 당연히 총을 가지고 있지 않겠는가? 그래서 물어봤더니 아니, 총은 갖고 다니지 않는다고 한다. 그들 중 한 명이 뾰족한 막대기를 가지고 있을 뿐이었다. 동물원에 걸려 있던 '동물에게 먹이를 주지 마세요'라는 표지판이 떠올랐다. 그 말이 여기에서는 퍽 다른 느낌으로 다가온다.

결정을 내려야 한다. 동물들에게 나를 먹이로 주지 않기 위해 트럭에 남을지, 아니면 덤불 속으로 들어갈 것인지. 이 시점에서 내 안의 생물학자가 전면에 등장한다. 이곳의 위험이 내 폐쇄적인 현대 생활에서 자주 접하던 수준은 아니지만 그래도 경험을 해보고 싶었다. 게다가 가이드들은 전혀 개의치 않는 모습이었다. 그들은 이곳에서 자랐다. 그들의 숙련된 눈은 마치 내가 책을 읽는 것처럼 풍경을 읽는다. 나는 안심하고 덤불 속을 돌아다녔다. 수풀이 무성하게 우거진 곳에 다다랐을 때, 눈앞에서 갑자기 폭발적인 움직임이 발생했다. 커다란 동물 세 마리가 숨어 있던 곳에서 뛰쳐나와 나를 향해 돌진한 것이다. 나는 몸을 보호하기 위해 웅크리지도 않았고 펄쩍 뛰며 숨을 곳을 찾지도 않았다. 내 본능적인 방어는 주로 그들이 나를 지나쳐 달려갈 때까지 지독한 공포로 얼어붙어 있는 것뿐이었다. 만약 그들이 사자 세 마리였다면 나를 잡기 위해 그 유명한 공동 작전을 펼칠 필요가 없었을 것이다. 사냥감으로서의 내 저항 수준은 돼지고기 파이가 할 법한 수준이었으리라. 다행히 그 동물들은 나나 돼지고기 파이에 관심이 없었다. 그들은 영양의 일종인 중간 크기의 부시벅이었고 열성적인 채식주의자다. 그래도 난 더는 혼자 돌아다니지 않겠다!

다음 며칠 동안 난 좀 더 노련한 오지 산책자로 발전했다. 현지 가이드에 비하면 여전히 절망적인 수준이지만 그래도 어리석은 짓을 할 것 같아 보이지는 않을 정도로. 게다가 가이드들과 이야기를 나누면서 다양한 동물이 가하는 위험을 다시 돌아보게 되었다. 그곳에는 잠재적으로 위험한 동물이 넘쳐났지만 전부 관리 가능한 수준의 위험이라는 게 일치된 의견이었다. 사실 케냐의 그 지역에서 사람들을 대경실색하게 하는 포유류는 밤의 경이로운 포식자인 표범과, 매복하고 있다가 주의를 게을리하는 이들을 뿔로 들이받는다고 하는 버팔로, 이 두 종류뿐이다. 현지인들은 확실히 사자에 대해 깊은 경의를 느끼고 있었지만 그 경의가 공포로 이어지지는 않았다. 가이드들의 오랜 경험에 비추어볼 때, 사자 가까이에 가지만 않으면 낮 동안에는 거의 위험하지 않다.

사자 문제와 관련해 인류가 늘 그렇게 현명하지는 못했다. 트로피 사냥꾼들에게 사자는 일종의 금본위제다. 사람들은 수천 킬로미터를 날아와 아주 먼 거리에서 고성능 소총으로 용감하게 사자를 쏘기 위해 수만 달러를 지불한다. 브라보, 아주 대단하다. 또 사자와 더불어 사는 몇몇 부족 사람들은 통과의례의 하나로 사자 사냥을 했다. 한편 호랑이 수가 감소하자 일부 지역에서 대체 치료제로 팔리는 큰 고양이과 동물의 완전히 가상적인 의학적 효과에 대한 수요를 충족시키기 위해 사자 착취가 성행하고 있다.

그러나 사자 개체수 감소의 가장 큰 원인은 아프리카의 변화다. 지난 100년 사이에 케냐와 이웃 나라 탄자니아의 인구가 약 10배 증가했다. 인구가 늘면 토지 자원에 대한 압박이 심해져서 동물들의 서식지 감소와 먹이 수 감소로 이어진다. 점점 더 많은 사람이 사자와 가까운 곳에서 살게 되었기 때문에 두 종 사이의 관계에 점점 더 이런저런 문제가 생길 확률이 높다. 때로는 예상치 못한 걱정거리가 생긴다. 1994년에 집에서 키우던 개들이 옮긴 디스템퍼라는 전염병 때문에 세렝게티 국립공원에 있던 사자의 30퍼센트가 죽었다. 한때 야생 포유류를 먹여살리던 초원이 경작지가 되었다. 자연계의 먹잇감이 줄어들자 가축과 인간에 대한 사자의 공격이 늘어났다. 이에 대한 대응으로 농부들은 사자를 독살한다.

감소 속도는 놀라울 정도로 빨랐다. 20세기 중반에 약 50만 마리에 가까웠던 야생 사자 수가 오늘날에는 2만 마리 정도에 그칠 뿐이다. 이런 내파와 더불어 울타리나 도로 같은 구조물 때문에 개체군이 분열된다. 사자도 다른 많은 포유동물처럼 짝을 찾기 위해 흩어진다. 만약 이 과정이 더는 불가능하다면 그로 인해 근친교배가 늘어나 유전적 다양성이 상실되고, 결국 동물들은 병에 취약해지며 번식력은 감소한다. 사자의 비통한 이야기는 손실과 파괴에 대한 수많은 이야기 중 하나다. 여러 헌신적인 사람들이 사자의 곤경을 해결하는 문제에 착수했지만, 이런 노력이 야생에서 가장 상징적인 종들의 멸종을 막기에 충분할지는 두고볼 일이다.

인간 문화에서 사자는 힘과 용기, 강건함과 기사도의 상징이다. 때로 사람을 내려다보는 듯한 성향에도 불구하고(또는 그것 때문에), 사자는 원래 거주 지역인 아프리카, 아시아, 유럽 전체에서 대개 긍정적인 시각으로 묘사된다. 싱Singh(사자라는 뜻)은 세계에서 여섯 번째로 흔한 성이다. 교황 가운데 13명의 이름이 레오Leo다. 싱가포르Singapore도 사자에서 이름을 딴 것이다('사자의 도시'). 관련 목록은 끝없다. 부분적으로는 몇 가지 인상적인 통계와 관련이 있다. 완전히 자란 수사자는 체중 200킬로그램에 어깨 높이가 1.2미터 정도 되는 위풍당당한 짐승이다. 암컷은 덩치는 그보다 좀 작지만 더 민첩하고 충분히 강한 동물이다. 거대한 머리와 턱 덕분에 무는 힘이 인간보다 다섯 배나 강하다. 인간의 손가락만큼 길고 사악할 정도로 날카로운 송곳니 4개는 거친 가죽도 뚫을 수 있다. 입 뒤쪽에 달린 열육치는 질긴 피부와 힘줄, 뼈를 절단기처럼 자른다. 사자의 무장은 잔인할 만큼 날카로운 발톱이 달린 접시만 한 크기의 발로 완성된다. 이 모든 무기가 놀라운 가속도와 인간 엘리트 단거리 주자보다 두 배 정도 빠른 최고 속도와 결합되어 사자를 지구상에서 가장 가공할 사냥꾼으로 만든다.

그러나 통계는 이야기의 일부일 뿐이다. 사자가 성공을 거둔 또 하나의 주요 원인, 그들이 애초에 남아프리카에서 그리스로, 또 세네갈에서 인도로 전파된 이유는 고양이 종 가운데 정말 사회성이 뛰어난 유일한 종이기 때문이다.

모든 큰 고양잇과 중에서 사자가 유독 사교적인 이유는 무엇일까? 많은 이유가 제시되었지만 지배적인 요인은 결국 다른 사자들이다. 사자들끼리 영역 싸움을 벌일 때는 숫자가 많을수록 유리하다. 사자를에게 최고의 부동산은 해안가 땅이다. 이곳에 사는 사자들은 무성한 초목 아래의 물과 그늘에 접근할 수 있다. 또 하나 중요한 사실은, 먹잇감 동물들이 물을 마시려면 반드시 와야 하는 지역을 통제한다는 것이다. 외톨이 사자가 거대한 무리에 맞서서 그런 최고의 자리를 차지할 수는 없을 것이다. 무리가 외톨이를 이기고, 큰 무리가 작은 무리를 이긴다. 함께 뭉친 사자들은 최고의 영토를 차지할 수 있는 협상력을 얻는다.

그러나 영토를 얻는 건 첫 번째 단계일 뿐이고 이를 계속 지켜야 한다. 거기 사는 무리는 냄새 표시와 포효를 통해 그곳이 자기들의 소유지임을 널리 알린다. 사자가 울부짖는 소리는 놀랍고도 고통스러울 정도로 크다. 긴급 차량의 사이렌 소리와 맞먹는 114데시벨의 포효는 탁 트인 지역을 가로질러 최대 10킬로미터 떨어진 곳까지 강력한 경고를 전달한다. 냄새 표시도 포효만큼이나 극적이다. 무리에 속한 수컷들은 자신들의 영역을 둘러싸고 있는 덤불, 나무, 바위 위에 소변과 페로몬이 섞인 엄청나게 자극적인 냄새가 나는 혼합물을 뿌린다. 이 냄새의 신선도, 정확히 말하면 얼마나 최근 것인지가 포효가 전하는 도전의 메시지를 보강해준다. 게다가 그것만으로는 충분하지 않다는 듯, 사자들은 눈에 잘 띄는 초목을 발톱으로 긁거나 구멍을 뚫어 영역을 표시한다. 이렇게 소유권을 선언하기 위해 들인 노력을 통해 지나가는 사자들은 '출입금지, 무단침입자는 삼켜버리겠다'라는 메시지를 받게 된다. 그 지역의 다른 사자들은 저 무리를 건드리지 말아야겠다고 생각하게 될 수도 있고 그렇지 않을 수도 있다. 라이벌 사자들은 포효와 여러 가지 신호를 바탕으로 홈팀의 규모를 측정한다. 이는 그들이 영역을 차지하고 있는 무리에 도전할 경우 성공할 수 있는 가능성을 알려준다.

하지만 사자의 사회성과 협력은 영토 방어보다 훨씬 많은 일을 한다. 그리고 이를 알아내려면 사자 무리의 놀라운 세계를 파헤쳐야 한다.

포유동물 집단과 이전 장에서 설명한 다른 집단들의 가장 큰 차이는, 조류나 물고기와 다르게 포유동물 집단은 보통 성체 암컷을 핵으로 형성된다는 것이다. 사자도 예외는 아니다. 사자 무리의 핵심에는 많은 암사자가 있다. 이들은 대부분 밀접한 혈연 관계가 있다. 딸과 어머니, 할머니 그리고 드물게는 증조할머니까지 같은 무리 속에서 여러 세대의 사자를 발견할 수 있다. 성체 암컷은 다른 암컷의 합류를 공격적으로 가로막기 때문에 무리는 계속 가족 구성원으로만 이루어진다. 그들의 가까운 관계는 때때로 서로의 새끼를 돌봐주는 것으로 확대될 수 있고, 심지어 사냥이나 다른 무리와의 대결에서 어미가 죽을 경우 남은 새끼들을 입양하기도 한다.

그런 치명적이고 무자비한 포식자가 어미의 본능을 강하게 느낀다는 건 왠지 역설적으로 보인다. 드문 일이지만, 암사자들이 먹잇감 동물의 새끼를 입양하는 경우도 있다. 태어난 지 며칠 안 된 오릭스, 스프링복, 가젤이 암사자와 함께 있는 모습이 목격된 적이 있는데, 암사자는 그들이 마치 자기 새끼인 양 돌보고 보호한다. 이런 식의 입양은 암사자 새끼가 죽은 뒤에 일어날 때가 많은데, 동물의 정신 상태에 대한 단서를 제공할 수 있는 점이다. 선구적인 행동주의자 콘라드 로렌츠^{Konrad Lorenz}는 몇 년 전에 어린 동물들의 특정한 특성이 양육 반응을 유발하는 경향이 있다고 말했다. 불균형하게 큰 머리, 작은 주둥이, 큰 눈 같은 특징은 이런 반응을 활성화하는 경향이 있다. 테디베어가 요즘 같은 모습으로 만들어지게 된 이유일까? 빅토리아 시대의 테디베어 이미지를 보면 오늘날의 귀여운 테디베어보다 더 실제 곰을 닮았다는 걸 알 수 있다. 아마 아이들을 재울 때 최상위 포식자의 현실적인 복제품을 안겨준 덕분에 당시 아이들이 강하게 컸을 것이다. 시간이 지나면서 장난감 제조업체는 아이들이 어린애 같은 외형의 꼭 껴안고 싶게 생긴 장난감에 더 빨리 애착을 형성하며 부모에게 사달라고 조를 가능성이 높다는 진실을 깨달았다. 그래서 테디베어는 차츰 오늘날과 같은 위협적이지 않은 모습으로 변한 것이다. 우리는 어린 동물을 살살 다루도록 미리 프로그램되어 있는데, 사자들이 가끔 다른 새끼를 입양하는 이유도 이 때문일 수 있다. 하지만 사자 무리가 반드시 아기 가젤에게 최고의 육아 환경을 제공하는 건 아니다. 한 암컷의 보호 본능은 무리의 다른 사자가 배고픔을 느끼기 전까지만 유지될 수 있다.

　사자는 항상 활발하게 활동할 듯한 이미지지만 사실 대부분의 시간 동안 거의 움직이지 않고 지낸다. 매일 약 20시간 정도는 나무 그늘 아래에서 쉬고 있는 광경을 볼 수 있다. 사자들이 낮잠을 자는 장소는 대화로 가득하다. 사자는 말이 매우 많고 다양한 울음소리를 내는 동물이다. 다양한 맥락에서 화자의 감정을 나타내기 위해 끙끙 앓는 소리, 신음 소리, 징징거리는 소리, 쿵쿵대는 소리, 울부짖는 소리, 투덜거리는 소리, 심지어 야옹거리는 소리까지 사용한다. 그렇게 재잘재잘 떠드는 가운데 서로 코를 비비거나 머리를 핥는 등 무리의 유대를 강화하는 사교 활동도 벌어진다. 이렇게 서로 털을 골라주는 행위는 대부분 같은 성별의 개체끼리 이루어지므로 암컷은 암컷, 수컷은 수컷의 털을 손질해준다. 겉보기에는 단순한 이 패턴이 사자 무리의 진실을 보여준다. 우리는 그들이 강력한 상호 유대감을 느끼는 일관성 있는 팀이라고 생각할지도 모른다. 하지만 실제로는 밀접하게 연결된 두 집단 사이의 느슨한 동맹에 가깝다. 하나는 밀접한 혈연관계가 있는 암컷 집단이고 다른 하나는 암컷과는 혈연관계가 없지만 자기들끼리는 관계가 있는 규모가 더 작은 수컷 집단이다. 수컷들은 무리에 잠깐 머물다가 떠나기도 하지만 암사자는 그 무리에 계속 머문다. 사회성 포유동물 중에서는 특이하게도, 이 암사자들 사이에는 지배적인 위계질서가 거의 없거나 전혀 없다. 모두 무리 안에서 동등한 지위를 가지며 각각 비슷한 수의 새끼를 낳는다. 수사자 집단은 그렇게 평등하지 않다. 보통 지배적인 수컷이 있고 그가 가장 많은 새끼의 아비가 된다.

그러면 무리에는 성체 암사자, 그들의 새끼 그리고 지배적인 수사자가 섞여 있게 되는데 보통 한 무리에 12마리 정도의 사자가 있다. 암컷 새끼는 성장하면 무리 안에서 자신의 위치를 차지하지만 수컷 새끼는 매우 다른 미래를 맞게 된다. 두 살 정도 되어 성숙기에 가까워지면 무리를 떠나거나 추방당한다. 갈기가 나기 시작하면 그들이 성년이 되었다는 게 알려지고, 이것이 그들을 몰아내는 계기 중 하나가 될 수 있다. 이 새롭고 불확실한 세상과 맞서게 된 추방자들(형제, 사촌, 그리고 같은 또래의 다른 수컷들)은 지원을 위해 서로 뭉친다. 단 두 마리뿐일 수도 있고 많게는 7마리 정도 될 수도 있다. 이들은 앞으로 몇 년간, 어쩌면 남은 평생 동안 서로에게 완전히 의존할 것이다. 성숙할수록 갈기가 풍성해지고 윤기가 흐르는데, 수사자의 능력을 나타내는 삼손의 머리카락 같은 상징이다. 갈기는 그들이 앞으로 치를 많은 싸움에서 목과 어깨를 부상으로부터 보호하는 역할을 한다고 오랫동안 믿어왔지만 이를 뒷받침하는 증거는 거의 없다. 대신 갈기는 다른 사자들에게 보내는 신호인 것 같다. 진하고 윤기 나는 갈기는 힘과 활력이 풍부한 사자의 특징이다. 다른 수사자들에게 그가 위험한 경쟁자임을 알리고 암사자들에게는 그가 매력적이고 위험할 정도로 섹시하다는 걸 알리는 지표다.

연합을 이룬 젊은 수사자들은 사회적 황야를 떠돌아다니면서 총각 생활을 한다. 시간이 지나면 무리에 속한 기존의 수사자들을 몰아내고 그 무리를 차지하는 데 필요한 기술과 힘을 기르게 되는데, 그러려면 떠돌이 사자가 주변에 있어야만 한다. 무엇보다 타이밍이 중요하다. 너무 어릴 때는 정주 수컷을 쫓아낼 힘이 부족하고, 시기가 너무 늦어지면 그들 자신이 새로운 세대의 도전에 취약해진다. 떠돌이 사자들은 시간을 들여 기회를 계산하면서 근방의 무리들 상황을 엿본다. 적절한 무리를 골라야 한다. 그들 인생에서 가장 크고 중요한 결정이다. 제대로만 하면 혈통을 이룰 기회가 생긴다. 하지만 상대방을 과소평가하는 실수를 저지른다면 그 대가로 목숨을 잃을 수도 있다.

무리의 경계를 넘을 때, 떠돌이 사자들은 촘촘한 대형을 유지한다. 그들은 조심스러우면서도 젊은 혈기와 무시무시한 의지로 가득 차 있다. 그들은 무리 영역의 중심을 향해 다가간다. 떠돌이 사자들의 모습을 본 무리의 정주 수사자들도 움직이기 시작한다. 그들은 힘차고 오싹한 포효로 무단침입자들을 맞이한다. 이 포효는 떠돌이들에게 그들을 절대 용납하지 않을 것이며 무리를 지킬 것이라고 말한다. 지금이 철수할 수 있는 마지막 기회다. 물러나지 않으면 상황이 치명적인 폭력으로 확대될 가능성이 크다. 첫 번째 접전이 시작될 때 우렁찬 포효가 울려 퍼지면서 짜릿한 불협화음이 생긴다. 경쟁 상대인 수사자들은 뒷다리로 일어서서 야만적인 일격을 주고받는다. 깊은 패인 상처에서 피가 흐른다. 치열한 전투 속에서 양측은 상대를 무력화할 수 있는 결정적인 부상을 입히려고 한다. 떠돌이 사자들이 우위를 점하기 시작한다. 이제 경쟁에서 이길 기회가 사라진 정주 수사자들은 어떻게 해야 살아서 도망칠 수 있는가, 하는 새로운 문제에 직면하게 된다. 승자들은 유리한 고지를 점하고 다른쪽은 완패를 당한다. 무리에서 쫓겨난 수사자들은 빨리 후퇴해야 한다. 그렇지 않으면 죽임을 당할 것이다. 그들이 살아남는다면 향후 작전을 위해 다시 모일 수도 있다. 성숙한 수사자는 기존의 전투에서 얻은 흔적으로 얼굴과 옆구리에 검은색의 주름진 흉터가 있다. 무리에서 패권을 차지하기 위한 경쟁에는 너무나 많은 것이 걸려 있기 때문에 유혈 사태가 벌어질 수밖에 없다. 그리고 폭력은 아직 끝나지 않았다.

수사자의 전성기는 2~3년 정도밖에 되지 않으며 그 기간 동안에는 무리를 유지할 수 있다. 남자 헤비급 챔피언의 평균적인 타이틀 유지 기간이 약 2년 6개월인 복싱과 비슷하다. 이는 신체적인 기량이 최대로 발휘되는 기간이 짧다는 단순한 사실을 보여준다. 수사자는 권투선수보다 위험성이 높다. 그들은 무리를 계속 통제하는 동안에만 번식할 수 있다. 그들은 새로 합류한 사자들일 수도 있지만 이 새로운 수사자들에게도 시간은 이미 흐르고 있다. 많은 포유동물의 경우처럼 암사자도 새끼에게 먹일 젖을 만드는 동안에는 배란을 하지 않는다. 수사자들은 일이 자연스럽게 진행되도록 내버려둘 여유가 없기 때문에 빠른 결정을 내려야 한다. 인간의 관점에서는 충격적이게도, 그들은 새끼들을 죽여서 이 목적을 달성한다.

이런 유아 살해는 무분별한 잔인함의 표현이 아니다. 그저 수사자들이 처한 가혹한 삶의 현실을 나타내는 것뿐이다. 암사자는 있는 힘껏 새끼를 보호하지만 수사자의 큰 덩치 때문에 그들의 저항에는 한계가 있다. 몸집이 큰 새끼들은 도망을 쳐서 대학살을 피할 수 있지만 아직 젖을 먹는 중인 아기들은 전망이 암울하다. 성체 암사자가 자기 새끼를 죽인 바로 그 수사자와 짝짓기를 한다는 게 우리 눈에는 이상해 보일 수 있지만 그것이 사자 사회의 현실이다. 암사자는 자식을 잃은 지 얼마 되지 않아 발정기에 접어들고 곧 다른 세대의 새끼를 키우기 시작한다.

새로운 정주 수사자들이 무리를 유지할 수 있다면 이 새로운 세대의 새끼들은 성체로 자랄 가능성이 있다. 하지만 안정된 무리에도 위험은 존재한다. 들개, 하이에나, 표범 등은 모두 기회만 생기면 보호받지 못하고 있는 사자 새끼를 죽일 것이다. 어미 사자의 역할 중 하나는 새끼 사자의 냄새가 한곳에 쌓여 포식자들이 새끼를 찾아내는 걸 피하기 위해, 새끼의 목덜미를 물고 은신처를 자주 옮겨다니는 것이다. '짐승의 왕'이라는 평판에도 불구하고, 새끼 사자 다섯 마리 중 겨우 한 마리 정도만 성체가 될 때까지 살아남는다.

세렝게티의 탁 트인 초원에 사는 가젤, 임팔라, 영양, 얼룩말 등은 풀을 뜯으면서도 경계를 늦추지 않고 있다. 언제든 공격할 준비가 된 사자가 주변에 있으니 이는 좋은 생각이다. 하지만 그들은 손쉽게 잡을 수 있는 먹잇감이 아니다. 무리의 많은 눈은 다가오는 위험을 감지하는 데 탁월하며, 다리가 긴 이 초식동물들은 놀랍도록 빠르게 속도를 높일 수 있다. 사자들은 이런 방어 기능에 대응하기 위해 밤에 사냥을 한다. 어둠 때문에 사자를 발견하기가 어렵고 기온이 내려가면 먹잇감 동물들의 움직임이 느려진다. 하지만 이런 상황 속에서도 사냥 결과를 확신할 수는 없다. 계절과 먹잇감 종류에 따라 다르긴 하지만, 그들을 죽일 수 있는 확률은 3분의 1 정도밖에 안 된다. 사자는 먹잇감을 쓰러뜨리는 데 실패할 뿐만 아니라 뿔이나 마구 날뛰는 발굽에 피해를 입을 수도 있다. 이 가차없는 나라에서 다리가 부러지거나 심하게 찔린 상처가 나거나 두개골이 골절되면 오래 고통받다가 결국 죽게 될 것이다. 하지만 포식자와 먹잇감 사이에서 벌어지는 끝없는 싸움에서 사자에게는 비장의 카드가 있다. 바로 협동 사냥이다.

사자는 기회가 생기면 혼자 공격할 수 있고 또 그렇게 하겠지만, 여럿이 힘을 합쳐 노력할 때 사냥 능력이 가장 뛰어나다. 특히 경험 많은 사냥꾼들이 모이고 무리의 암사자까지 가세하면 먹이를 잡을 가능성이 증가한다. 보츠와나의 사자들은 이런 협력 방식을 놀랍도록 효과적으로 활용해서 자기들보다 최대 15배나 무거운 코끼리를 공격해 죽인다. 사자들은 먹잇감을 추적해서 사냥하는 본능을 가지고 태어나지만, 먹잇감을 효과적으로 죽이려면 기술을 익혀야 한다. 어미 사자들은 때때로 새끼들에게 그들이 쫓아가서 공격할 수 있는 송아지 같은 쉬운 목표물을 제시하곤 한다. 그 송아지가 아기 사자들의 능숙하지 못한 공격에서 벗어나면 어미 사자가 먹잇감을 다시 끌고와서 새끼들이 한번 더 시도해보게 할 것이다. 희생자가 장시간 괴롭힘을 당하는 이런 무자비한 모습은 지켜보기가 괴롭지만, 새끼 사자들은 사냥 방법을 배워야만 한다. 결국 어린 사자들은 이 과정을 졸업해야만 진짜 사냥에 참여할 수 있다. 견습생들이 실수를 하면 무리가 먹이를 잡을 기회를 잃을 수도 있지만 그 경험이 장차 젊은이들에게 도움이 될 것이기 때문에 이건 장기적인 이익을 위한 단기적인 고통이다.

사냥 성공 여부는 팀워크와 조정에 달려 있다. 나미비아의 에토샤Etosha 국립공원에 사는 암사자들은 사냥 전략을 거의 예술의 수준으로 갈고 닦았다. 이 사자 무리는 먹잇감이 모여 있는 곳으로 접근할 때 상대가 눈치채지 않도록 초목 틈에 몸을 숨기고 다가간다. 사자 한두 마리가 목표물 양쪽으로 살금살금 다가가면서 배를 땅에 바짝 붙이고 먹이에 온전히 집중한다. 이들 두 마리가 먹잇감을 에워싸는 동안 나머지 암사자들은 중앙에 숨어 공격에 대비하면서 주위를 경계한다. 각 사자마다 중앙이나 양쪽 옆 중에서 자기가 선호하는 위치가 있고, 모두들 전문적으로 잘하는 위치에 있을 때 사냥이 가장 효과적으로 이루어진다. 양 옆의 사자들은 세심한 주의를 기울여 먹잇감를 향해 다가간다. 발각되거나 숨어 있던 곳에서 뛰쳐나가기 전에 1미터라도 더 가까이 접근하는 게 말할 수 없이 중요하다. 마침내 모든 사자의 준비가 끝나고 덫이 완성된다. 그리고 갑자기 공격이 시작된다. 양쪽에 있던 사자가 먹잇감을 향해 돌진하면 먹이감들은 당황해서 혼란스러운 상태로 흩어진다. 먹잇감 중 일부는 환영위원회가 숨어서 기다리고 있는 사자 대열의 중심부를 향해 밀려난다. 사자들이 운이 좋다면 매복하고 있다가 자기들 쪽으로 뛰어드는 겁에 질린 희생자를 바로 덮칠 수 있다. 노련한 사자는 불행한 희생자의 기관지를 짓누르거나 더 큰 먹이의 경우 자기 입으로 희생자의 입과 코를 꽉 눌러 질식시키는 방법을 써서 신속하게 죽일 수 있다.

먹잇감을 잡고 나면 무리 내의 관계에 팽팽한 긴장감이 감돌 수 있다. 수사자들은 먹이를 잡는 데 관여했든 안 했든 관계없이, 자신의 덩치와 무리에서의 지위에 따라 먹이에 가장 먼저 접근할 권리를 요구하고 그의 요구는 받아들여진다. 설상가상으로, 지배적인 위치의 수사자가 몇 시간 동안 죽은 동물을 독점하면서 암사자와 새끼 사자들이 가까이 다가오지 못하도록 위협하거나 무차별적으로 공격할 수도 있다. 사자들의 계급 체계에서 서열이 낮은 젊은이들은 혹독한 시기에 굶주릴지도 모른다. 수사자들이 죽은 먹잇감 주위에 모여 있는 게 무리의 다른 구성원들에게 도움이 되는 점도 하나 있다. 이 소동에 이끌려 온 하이에나 같은 경쟁자들에게 소중한 먹이를 빼앗길 가능성이 훨씬 낮아지기 때문이다.

암사자들이 무리 내에서 사냥 부담을 전부 짊어진다고 여기는 경우가 종종 있지만 이건 잘못된 생각이다. 수사자도 사냥을 한다. 다만 방식이 다를 뿐이다. 사실 각 성별마다 고유한 강점이 있다. 사자의 경우 육지에 사는 어떤 육식성 포유동물보다 암수의 차이가 더 두드러지게 나타난다. 수사자의 큰 덩치는 무리를 차지하기 위해 싸울 때는 많은 도움이 되지만 은밀한 움직임과 속도가 중요한 사냥을 할 때는 오히려 불리하게 작용하며, 암사자가 더 빠르고 날렵하게 사냥을 잘한다. 게다가 초원에 있을 때는 수사자의 특징적인 갈기가 눈에 잘 띈다. 그러나 일부에서 생각하는 것처럼 수사자가 암사자에게 의지해 부양을 받는다고 결론짓는 건 잘못된 일이다. 이런 믿음은 광활한 초원에서 진행되는 암사자들의 사냥 모습이 눈에 더 잘 띄기 때문에 생긴 것이다. 그러나 최근에 수사자들이 사용하는 보다 은밀한 사냥 전략이 밝혀졌다.

독신 시절 초기에 자신을 부양해줄 무리가 없는 수사자는 자기보다 몸집이 작은 육식동물이 잡은 먹이를 훔치거나 직접 사냥을 하는 두 가지 방법 가운데 하나를 선택해야 한다. 사실 그들은 두 가지 방법을 다 쓴다. 무리에 속해 있는 수사자는 암사자들이 경이로운 협동 사냥으로 잡은 동물을 먹을 수 있지만, 이런 식의 사냥 능력이 매우 떨어지기 때문에 사냥에 참가할 경우 암사자들에게 외려 피해만 줄 정도다. 수컷들은 다른 유형의 서식지에서 자기 역량을 발휘한다. 수사자는 자기 무리의 암컷들이 표적으로 삼는 발 빠른 먹잇감은 피하고 대신 숲에 사는 동물, 특히 버팔로처럼 크고 무겁고 위험한 동물 사냥을 전문으로 한다. 이런 서식지에서는 수사자도 몸을 효과적으로 숨길 수 있고 속도보다는 폭발적인 힘을 이용해서 사냥감을 죽일 수 있다.

암수가 취하는 접근 방식의 차이에도 불구하고 수사자의 사냥 성공률도 대략 암사자 정도는 된다. 그러나 버팔로는 어깨 높이가 1.7미터에 몸무게가 1톤에 달하는 만만치 않은 먹잇감이다. 그들은 쉽게 겁먹지 않고 치명적인 뿔로 방어벽을 갖춘 채 다가오는 사자들을 마주하면서 자기들 나름의 협력 전략을 실행한다. 사자들이 승리를 거두려면 버팔로 무리를 공포에 떨게 해야 하는데, 그러려면 버팔로들을 속여서 방향을 바꾸게 한 뒤 양옆에서 공격하는 전술을 써야 한다. 하지만 처음부터 너무 가까이 다가가면 안 된다. 버팔로는 사자를 뿔로 찔러서 손쉽게 죽일 수도 있고 포식자를 몸으로 들이받아 공중으로 날려버릴 수 있을 만큼 강하다. 이건 생명을 담보로 하는 게임이지만 수사자들은 이 게임에 매우 능하다. 이 게임에 이긴 그들이 받는 상은 짐승의 왕에게 어울리는 거대한 잔치다. 서로 다른 사냥 전략을 사용하고 서로 다른 먹잇감을 전문적으로 사냥하므로 무리에서 암수 간의 경쟁이 줄어 모두에게 도움이 되는 결과가 생긴다.

정신 나간 육식동물?

지구상에서 함께 살아가는 대형 포유동물 중에 하이에나보다 더 욕을 먹는 동물은 없다. 동아프리카 민속 문화에서는 마녀(아마 몸집이 작은 마녀일 것이다)가 하이에나를 타고 다닌다고 여기며, 서아프리카에 존재하는 이 동물에 관한 신화는 그들을 부도덕이나 일탈과 연관짓는다. 작가와 영화 제작자들도 이런 이미지를 더욱 악화시키기만 한다. 어니스트 헤밍웨이Ernest Hemingway는 《아프리카의 푸른 언덕Green Hills of Africa》이란 책에서 하이에나를 '시체를 먹는 자웅동체의 탐식자'라고 묘사했다. 〈라이온 킹The Lion King〉에서 하이에나는 비겁하고 악의적이며 신뢰할 수 없다. 심지어 자연 다큐멘터리에서도 그들은 도둑이나 고귀한 짐승들이 어렵게 얻은 먹이를 훔치는 기생충 같은 동물로 자주 묘사된다. 그래서 하이에나는 사람들이 탐탁지 않아 하는 동물들의 사원에서 쥐와 바퀴벌레 옆에 앉아 있다. 그러나 다른 두 동물과 다르게 하이에나는 우리의 가정생활을 침해하지 않는다. 사실 선택권이 주어진다면, 그들은 인간을 완전히 피하는 쪽을 훨씬 선호할 것이다.

하이에나는 왜 이렇게 평이 나쁠까? 부분적으로는 까맣고 악마 같은 눈, 볼품없는 외모, 미치광이의 웃음소리에 비유되는 정신없이 깩깩대는 소리 때문일지도 모른다. 또 부분적으로는 그럴듯한 내러티브를 원하는 우리의 욕구 때문일 수도 있다. 우리는 사자는 우리가 동경하는 특성의 전형으로 여기는 반면, 사자의 가장 큰 적(다른 사자를 제외하고)인 하이에나는 악당으로 캐스팅한다.

내게는 하이에나가 매혹적이라는 사실을 고백해야겠다. 그들은 내가 아프리카에서 보고 싶은 동물 목록에서 1위를 차지했다. 하이에나는 독특한 사회에 살고 몇 가지 놀라운 행동을 보인다. 하지만 불쾌한 사실을 억지로 눈가림하고 싶지는 않다. 하이에나도 사자처럼 사람들을 공격하고 죽였다. 20세기 후반에 아프리카 일부 지역을 황폐화한 전쟁에서 하이에나는 전사자들의 시체를 기꺼이 먹어 치웠다. 마사이족 같은 특정 부족에서는 전통적으로 죽은 사람의 시신을 하이에나가 가져가게 내버려두고, 그들을 독려하기 위해 시신에 소의 피까지 뿌렸다. 사랑하는 이의 시신을 하이에나가 거부하는 걸 사회적 수치로 여겼기 때문이다. 인육에 점점 익숙해지고 다른 이용 가능한 먹이가 줄어들자, 하이에나가 살아 있는 사람을 공격하는 일이 늘었다. 연중 가장 더운 시기에 야외에서 자는 습관이 있는 이들은, 밀렵 같은 야간 활동을 하는 이들과 마찬가지로 하이에나에게 우발적인 공격을 당할 위험에 처한다. 드물지만 하이에나가 낮에 사람들을 공격하는 경우도 있다. 당시 내가 머물던 곳과 가까운 나뉴키^{Nanyuki}에서 현지 목동이 상해를 입었다. 하이에나는 목동의 팔을 물었고 그가 자유로운 손으로 마구 때렸지만 아무 효과도 없었다. 목동이 재빨리 생각해낸 대응 방법은 하이에나의 귀를 물어뜯는 것이었다. 물었다가 도리어 상대에게 물려버린 하이에나는 목동의 팔을 놓고 후퇴했는데, 마지 못해 하면서도 인간에게 새로운 존경심을 품게 된 게 분명하다.

하이에나는 하나가 아니라 네 종이다. 얼룩무늬 하이에나라고도 하는 점박이 하이에나가 가장 크고 몸무게도 최대 80킬로그램까지 나간다. 점박이 하이에나 외의 다른 세 종은 땅늑대, 줄무늬 하이에나, 갈색 하이에나다. 개중 점박이 하이에나가 가장 사교적이고 또 적어도 나한테는 가장 흥미롭기 때문에 이들에게 초점을 맞출 생각이다. 점박이 하이에나는 사하라 사막 이남 아프리카 대부분 지역에서 볼 수 있다. 언뜻 보면 개와 혈연관계가 있는 것처럼 보이지만 놀랍게도 고양이와 더 가깝고, 미어캣이나 몽구스 같은 동물들과는 그보다 더 가까운 관계다. 하이에나의 매우 특징적인 굽은 등은 몰래 숨어 있는 듯한 인상을 줘서 사람들이 하이에나를 교활하다고 여기는 것이지만, 사실 이건 진화 과정에서 생긴 절충안인 듯하다. 강력한 앞다리와 어깨, 목은 공격을 위한 힘을 주고 하이에나의 전문인 큰 고깃덩어리를 운반하는 데도 적합하다.

하이에나의 또 다른 특기는 강력한 무는 힘이다. 점박이 하이에나를 '뼈를 으스러뜨리는 동물'이라고 부르는 것도 그만한 이유가 있다. 그들은 우리 허벅지 뼈보다 세 배나 두꺼운 뼈도 씹을 수 있는데, 이 말은 곧 잡은 먹이에서 낭비되는 부분이 거의 없다는 뜻이다. 육식동물은 언제 다음 식사를 할 수 있을지 절대 모르기 때문에 기회가 있을 때 최대한 많은 음식을 먹어두려는 경향이 있다. 하이에나는 한 번에 15킬로그램의 음식을 먹을 수 있다고 하는데, 이는 잘 먹는 사람이 일주일 동안 먹을 수 있는 양이다. 그들은 맛있고 구미 당기는 살과 껍질뿐만 아니라 뼈와 발굽도 다 먹고 배가 심하게 고플 때는 뿔과 이빨까지 먹어 치운다. 놀랍게도 그들은 가장 바삭바삭한 간식인 거북까지 먹는 것으로 알려져 있다.

　세렝게티 점박이 하이에나가 사는 굴은 낮 동안에는 고요하다. 바닥은 헐벗고 먼지투성이며 어린 하이에나가 자는 방으로 이어지는 터널이 몇 개 있다. 하지만 내가 지켜보는 오늘은 하이에나들이 자고 있지 않다. 열 마리 정도의 성체 하이에나가 기지개를 켜거나 햇볕을 쬐며 앉아 있고, 새끼들 몇 마리가 같이 놀면서 뒹굴다가 때때로 어른들에게 장난을 걸기도 한다. 대체로 평화롭고 여유로운 사회라는 인상을 준다. 하지만 항상 이런 분위기인 것은 아니다. 땅거미가 지기 시작하면 굴 주변의 활동량이 증가하고 성체들은 일어나서 그들만의 이상하고 당황스러운 방식으로 수다를 떤다. 무리 전체가 이동할 준비를 하는 것이다. 이들 무리는 앞서 설명한 사자 무리처럼 점박이 하이에나 사회의 구성 단위다. 보통 30마리 정도가 모여서 큰 무리를 이루지만 최대 90마리까지 모이는 경우도 있어서 육상에 사는 육식동물 가운데 가장 큰 사회적 집단이며,

사실상 모든 포유류 중에서 가장 큰 집단이기도 하다.

점박이 하이에나 사회가 흥미로운 이유는 무리의 규모 때문이 아니라 그 안에서 일어나는 독특하고 복잡한 관계 때문이다. 암컷 하이에나는 일반적으로 수컷보다 몸집이 약간 크다. (포유류 중에서는 암컷이 더 큰 경우가 흔치 않지만 동물계 전체를 보면 이것이 예외가 아닌 표준이다.) 하이에나 사회에서는 암컷이 사회적으로 가장 공격적이고 매우 지배적이다. 계급이 가장 낮은 암컷도 대부분 계급이 가장 높은 수컷보다 서열이 높다.

암컷 하이에나는 지배적일 뿐만 아니라 때때로 '남성화되었다'고 묘사되기도 한다. 특히 암컷은 음경과 매우 비슷하게 생긴 기관을 가지고 있다. 그건 사실 음경이 아니라 크고 발기 가능한 음핵인 '가짜 음경'이다. 그리고 (짐작하겠지만) 음순은 가짜 음낭으로 융합되어 있다. 그래서 암수 모두 다리 사이에 비슷하게 생긴 기관이 달려 있다. 그래서 그들을 구별하기 어려운 탓에 하이에나가 자웅동체이거나 실제로 '성적 일탈'을 한다는 생각을 하게 되었다. 이는 그들의 평판에 대한 또 다른 비방이다. 한 동물원에서는 그곳에 있는 하이에나 한 쌍이 둘 다 수컷이라는 걸 모르고 몇 년 동안 번식시키려고 애썼다는 이야기도 있다. 이게 처음에 어떻게 발전했는지는 잘 모르지만, 음경과 가짜 음경 둘 다 하이에나의 사회생활에서 매우 중요한 기능을 한다. 암수 모두 사회적 발기라고 하는 다소 특이한 신호를 만들 수 있다. 사회적 발기를 드러내는 건 성관계와는 별 관련이 없는 듯하다. 그건 항복했다는 신호다.

암컷의 덩치가 더 크지만 무리 내에서의 계급은 덩치나 전투력으로 결정되는 게 아니다. 이들 무리는 관계와 혈연을 바탕으로 구축된 동맹 네트워크다. 어떤 면에서는 오히려 봉건 왕국과 비슷하다. 귀족의 자손, 이 경우 지배적인 암컷에게서 태어난 새끼 암컷은 자동적으로 자기 어미보다는 한 단계 아래, 그리고 어미보다 서열이 낮은 모든 암컷보다는 한 단계 위의 자리를 차지하게 된다. 무리 안에서는 일찍부터 사회화가 시작된다. 새끼는 어미와 함께 다니면서 그녀가 다른 구성원들과 어떻게 교류하는지 세심히 살핀다. 하이에나 두 마리가 서로 인사를 할 때는 지위가 낮은 쪽이 명확하게 복종하는 태도를 보이도록 세심하게 조정된 방식으로 인사를 나눈다. 하이에나 무리에서도 때때로 폭력이 발생할 수 있지만, 그들의 사회적 예절은 공격성을 최소화하기 위해 세밀하게 조정되어 있다. 결국 무리 전체가 모든 시간을 내분에 할애하는 건 말도 안 되는 일이다. 하이에나는 모든 방법을 동원해서 자신들의 지위를 서로에게 알린다. 그 유명한 웃음소리를 비롯해 그들이 내는 모든 소리는 각 개체의 정체성과 지위에 대한 정보를 전달하고, 몸짓 언어를 통해 이를 뒷받침한다. 우리는 하이에나와 관련된 많은 것들을 거꾸로 알고 있는 듯하다. 예를 들어, 하이에나가 내는 웃음소리는 사실 두려움과 초조함의 신호다. 지위가 낮은 동물이 지배자를 만나면 꼬리를 몸 아래쪽으로 감고 몸을 낮추면서 머리를 까딱거려 두려움을 표현한다. 몇몇 주목할 만한 경우에는 복종하는 동물이 말 그대로 무릎을 꿇고 지배적인 동물에게 다가가는 모습을 보인 적도 있다. 하지만 그건 무리가 일정 기간 헤어져 있다가 재회했을 때 벌어지는 소위 인사 의식에 비하면 아무것도 아니다. 하이에나 한 쌍이 만나면 개들이 서로 만났을 때처럼 코부터 꼬리까지 몸을 맞대고 엉덩이를 킁킁거린다. 지위가 낮은 쪽이 먼저 다리를 들어서 지배자가 자기 생식기 냄새를 맡고 눈에 잘 띄는 사회적 발기를 볼 수 있게 한다. 이런 자세가 취약하게 만들기 때문에 하이에나 예법에서 그걸 요구하는 것이다. 지위가 낮은 하이에나가 정해진 규율을 지키지 않으면 잔인한 보복이 벌어질 수 있다.

자기 어미가 이런 과정을 거치는 걸 지켜본 어린 암컷은 자기가 이 사회적 장면의 어디에 적합한지 알게 된다. 덩치가 작은 건 중요하지 않다. 그녀는 보스의 지지를 받고 있다. 적어도 보스가 주변에 있는 동안에는 수컷들이 그녀에게 경의를 표할 것이고 암컷들도 마찬가지일 것이다. 세렝게티에 사는 무리의 경우, 어미 하이에나는 이동하는 먹잇감 동물들을 찾기 위해 몇 시간 또는 며칠 동안 자리를 비울 수 있는데 이때 어린 하이에나들은 굴에 남는다. 위협적인 어미가 주변에 없으면 무리의 다른 하이에나들이 새끼에게 그리 친절하게 굴지 않고 이 기회에 원한을 갚으려고 할 수도 있다

지배적인 암컷이 자기 딸들을 하이에나 무리의 상석에 앉히는 방식을 보면 친족 암컷 집단이 통치 왕조와 매우 흡사하다는 걸 알 수 있다. 그들 밑에는 그다음으로 지배적인 암컷과 그 딸들이 있고, 그런 식으로 연속되는 암컷 집단을 따라가다 보면 서열의 맨 아래에 존재하는 가난하고 혹사당하는 수컷에까지 이르게 된다. 이런 구조에서는 지배적인 암컷에게 큰 이익이 돌아간다. 그녀와 딸들은 잡은 사냥감을 먹을 수 있는 기회가 가장 많고, 가장 좋은 휴식처와 굴에서 가장 좋은 장소를 얻는다. 먹이를 많이 먹으면 새끼를 더 많이 낳을 수 있고 젖먹이 새끼에게 먹일 젖도 더 많이 나온다. 그렇게 키운 새끼들은 더 건강하고 빨리 자라며, 결국 남들보다 어린 나이에 자기 새끼를 낳는다. 심지어 더 오래 살기 때문에 이 지위에 따른 우선권의 효과는 강력하다. 이런 과정을 통해 왕조가 성장하고 강화된다. 한편 지배적인 암컷에게서 태어난 아들들은 자기 여자 형제들과 같은 수준은 아니지만 그래도 혈통 덕분에 이익을 얻는다. 지배자의 아들들은 무리 서열에서 훨씬 아래 자리를 차지하지만, 그래도 먹이를 놓고 경쟁할 때 어미의 보호를 받기도 하고 여자 형제들도 다른 수컷을 대할 때보다 그들에게

덜 공격적이다. 그리고 비록 수컷 하이에나는 육아에서 중요한 역할을 전혀 하지 않지만, 지배자의 딸들은 자기 아빠에게 관대해지는 경향이 있다.

대부분의 포유류와 마찬가지로, 성년이 되면 집을 떠나는 건 젊은 수컷들 쪽이다. 그들은 대개 이웃 무리에 합류하는데, 그곳에서는 서열 맨 아래에 자리를 잡아야 한다. 번식에 대한 욕구 때문에 그렇게 할 수밖에 없다. 자기가 태어난 무리에서는 번식 기회가 매우 제한적이다. 그래서 언젠가 새끼를 갖고 싶다면 앞으로 나아가야 한다. 무리에 새로 합류한 수컷도 지위가 높아질 수는 있지만, 자기보다 서열이 높은 수컷이 죽거나 무리를 떠나야만 지위를 얻을 수 있기 때문에 인내심을 가져야 한다. 자기 무리에서 가장 지배적인 암컷의 아들로 태어나 잘 먹으면서 순조롭게 삶을 시작한 명문가 출신의 수컷은 하위 계급 암컷의 아들보다 새로운 무리에서 잘 지내는 것처럼 보인다. 그렇다고는 해도 하이에나 세계에서 수컷으로 산다는 건 힘든 일이다.

하이에나 무리는 지위와 권력을 위한 투쟁에서 서로를 지원하는 음모와 동맹이 판치는 곳이다. 이 복잡한 사회 세계를 성공적으로 헤쳐 나가기 위해 하이에나는 각 개체를 인식하는 능력이 잘 발달되어 있다. 뿐만 아니라 무리 내 다른 개체들 간의 상호 관계를 이해하는 정교한 능력도 가지고 있다. 혈통과 높은 지위의 친척이 중요하다는 것은 곧 무리 구성원이 자기 친족(형제자매와 부모는 물론이고 사촌처럼 좀 먼 친척까지)을 알아보는 데 매우 능숙하다는 말이다.

어떻게 하는 걸까? 우리 인간이나 거의 모든 척추동물처럼 하이에나에게도 주요 조직 적합성 복합체라는 유전자가 있다. 이 유전자는 질병 저항성을 결정하는 데 중요한 역할을 하는데, 부작용이 하나 있다. 체취에 영향을 미치는 것이다. 모든 개체는 고유한 화학적 특성을 지니고 있다. 그 화학적 특성의 일부는 식단과 생활방식에 의해 결정되고 일부는 유전자에 의해 결정된다. 친척들은 공통된 가족력 때문에 유전자 일부를 공유하므로 혈연관계가 없는 개체들보다 더 비슷한 냄새를 풍기는 경향이 있다. 인간의 코는 일반적으로 이런 미묘한 차이를 구별할 만큼 좋지 않지만, 하이에나는 후각이 뛰어나기 때문에 다른 이들의 화학적 특징을 이용해서 누가 도울 가치가 있는 친척이고 누가 그렇지 않은지 판단할 수 있다. 친척을 식별하고 나면 그건 그들이 다른 하이에나에 대해 가지고 있는 상세한 정보 문서의 일부가 된다. 이를 통해 누가 누구인지 구분할뿐만 아니라 무리 구성원들이 맺은 전체적인 관계 패턴에서 자기가 어디에 속하는지도 알 수 있다.

이 모든 것은 하이에나가 지위와 특권을 차지하기 위해 다툴 때 도움이 된다. 그들은 자신의 사회적 지위를 유지하거나 향상시키기 위해 무리의 다른 구성원들과 연합한다. 가장 많은 아군을 가진 하이에나가 가장 강하다. 누구와 동맹을 맺을지 결정할 때, 하이에나는 매우 현명하게도 자기 무리의 지배적인 구성원들에게 환심을 사려고 노력한다. 어린 하이에나는 애초에 자기 어미로부터 지위를 얻기 때문에, 지위 강화를 위해 어미나 다른 친척들과 긴밀한 관계를 유지한다. 이런 연합 지원은 양방향으로 진행된다. 즉, 어미는 딸들을 지지하고 딸들은 문제가 생겼을 때 어미를 도우러 달려온다. 인사 의식은 이런 관계의 중요한 부분으로, 연합 내의 유대를 강화하고 왕위 찬탈을 시도하는 자들이 자기 분수를 알게 해준다.

앞서 이야기했듯이, 새로운 무리에 합류한 수컷은 사회적 사다리의 맨 아래에 속하게 되고 처음에는 동맹도 없다. 새로 합류한 젊은 하이에나가 이 사다리를 오를 수 있느냐는 관계 구축에 달려 있다. 수컷이 언젠가 자기 새끼를 가질 기회를 원한다면 통합이 필수지만 그 과정에 시간이 걸린다. 다른 많은 동물과 다르게, 암컷 하이에나는 짝짓기 상대 선택을 자기가 완전히 통제한다. 그들은 오랫동안(대개 몇 년씩) 알고 지내면서 돈독한 관계를 발전시킨 수컷을 선호한다. 수컷이 이런 선택을 받으려면 상대에게 헌신해야 한다. 수컷은 암컷이 짝짓기에 동의할 때까지 자기 욕망의 대상을 몇 주씩 그림자처럼 따라다닌다. 하지만 암수간에 독점적인 유대 관계는 없다. 수컷이 같은 암컷과 계속 함께 하고 싶다면 관계 유지를 위해 꾸준히 노력해야 한다.

무리는 하이에나 사회의 주요 단위지만, 하이에나는 자기 영역을 돌아다닐 때 무리 전체가 함께 뭉쳐서 다니는 경향은 없다. 그보다는 혼자 또는 작은 무리를 지어 다니다가 다시 다른 구성원들과 재회한다. 분열과 결합 과정이 계속해서 반복되는 이런 사회를 공식적으로 분열-융합 사회라고 한다. 이런 식으로 산다는 것은 하이에나가 독립적인 방랑과 통합된 무리 사냥 사이를 자주 오가야 한다는 뜻이다. 이를 위해서는 상당한 사회적 정교함이 필요하다. 특히 사냥한 먹이를 차지하려고 무리 내에서 서로 경쟁을 벌일 때는 하이에나들끼리 맺은 제휴 패턴을 확인할 수 있다. 각 연합은 무리 세계에 존재하는 패거리 같은 것인데, 힘든 시기에는 이런 관계가 특히 중요하다. 하이에나는 자기 친척, 일반적으로 동맹 구성원을 선호한다. 그들은 먹이에 우선적으로 접근할 권한을 얻기 위해 협력하고, 심지어 다른 무리 구성원들은 먹이에 가까이 오지도 못하게 가로막기 때문에 평소 누구와 친하게 지내느냐가 중요하다. 어린 하이에나는 대개 어른들이 먹이를 다 먹을 때까지 기다려야 하기 때문에 선택권이 그리 없지만, 지배적인 암컷의 새끼들은 때때로 어미의 지위에 편승해서 더 큰 고깃조각을 받기도 한다.

무리에서의 지위와 소속감이 안겨주는 큰 장점을 보면 하이에나가 인사 의식과 잠재적인 도전자를 물리치는 일에 그렇게 많은 노력을 들이는 이유를 알 수 있다. 그들은 또 시간이 지남에 따라 다른 무리 구성원들 간의 관계가 어떻게 바뀌는지도 잘 안다. 우리 인간처럼 하이에나도 그렇게 변화를 갈망하는 것 같지는 않다. 무리에 속한 두 하이에나가 싸우는 모습을 목격하면, 지배적인 동물 쪽이 지는 것처럼 보여도 그 편에 서서 싸움에 동참할 가능성이 높다. 하지만 그들은 싸움에 개입하는 걸 조심스러워한다. 위험할 수도 있고 사회적 위신을 잃을 수도 있기 때문이다. 이런 결정을 내릴 때는 자기가 도우려는 동물과 얼마나 가까운 관계인지를 따져본다. 가까운 친척은 도와준다. 그렇다면 더 먼 친척은? 돕지 않을 수도 있다.

무엇이 하이에나를 그렇게 공격적으로 만드는 걸까? 답은 남성적인 특성 발달을 조절하는 호르몬인 안드로겐인 듯하다. 테스토스테론도 그런 호르몬 중 하나다. 하이에나는 발달 기간 내내 안드로겐에 몸을 푹 담그고 있다가 괴팍한 성격으로 태어난다. 태어날 때부터 바늘처럼 날카로운 이빨이 있고 눈을 또렷이 뜨고 있는 하이에나 새끼들은 태어난 직후부터 형제자매를 공격하기도 한다(임신한 암컷을 스캔해보면 새끼들이 태어나기 전에 자궁에서도 싸운다는 사실을 알 수 있다). 그 결과 보통 두 마리씩 태어나는 새끼 중 하나가 죽을 수도 있는데,

특히 먹을 것이 부족한 시기에 태어난 새끼들에게 이런 일이 종종 있다. 이건 나중에 그토록 친족 연합에 의존하는 동물로서는 이상한 일이지만, 형제자매를 죽인 새끼 하이에나는 젖을 두 배로 공급받을 가능성이 크다.

엄청난 수준의 공격성을 유발하는 안드로겐에 일찍부터 노출된 탓에 나중에 그토록 호전성을 띠는 것일 수 있다. 게다가 지배적인 어미의 자손은 발달기 동안 계급이 낮은 암컷의 새끼보다 더 많은 안드로겐을 접하게 되는데, 이것이 지위가 높은 새끼들이 그 지위를 유지하는 요인일 수 있다. 그러나 발달 과정에서 수컷과 암컷의 호르몬 패턴이 변한다. 다른 포유류 종처럼 성체 수컷은 공격성과 관련된 호르몬인 테스토스테론을 훨씬 많이 가지고 있지만, 암컷에게 필연적으로 종속된다. 하이에나 암컷이 수컷보다 공격적인 이유가 테스토스테론 때문이 아니라면 뭘까? 가장 합리적인 추측은 몇 가지 다른 요인이 합쳐져서 그런 일이 발생한다는 것이다. 높은 수준의 다른 안드로겐(안드로스테네디온)이 그것의 효과를 증폭시키는 하이에나의 특이한 생화학적 특성과 결합된다. 여기에 암컷 하이에나의 뇌에서 공격성을 조절하는 부분이 커져서 결과적으로 암컷이 우월해지는 것이다. 하지만 그들의 심하게 공격적인 성향에도 불구하고 씨족간의 경쟁과 내분이 심각한 부상을 초래하는 일은 거의 없다는 말을 덧붙여야겠다. 하이에나는 그렇게 강력한 동물치고는 상대방을 벌할 때 놀라운 자제력을 발휘하며 이는 먹잇감 앞에 함께 있을 때도 마찬가지다.

상황이 힘들어지고 무리가 위협받으면, 이런 경쟁심은 부차적인 문제가 된다. 탄자니아의 응고롱고로 크레이터Ngorongoro Crater에 사는 하이에나 무리는 매우 명확하게 구분된 영토를 가지고 있으며 다른 하이에나의 침입을 용납하지 않는다. 여기에는 그럴 만한 이유가 있다. 각 영토에는 생존을 위해 필요한 자원, 특히 식량이 포함되어 있다. 영토를 잃으면 생활이 힘들어지거나 심지어 기아를 겪을 수도 있기 때문에, 무리는 영토를 지키기 위해 결집한다. 하이에나가 정상적인 상황에서 자기 행동권을 돌아다닐 때는 혼자 다니거나 작은 무리를 짓는 경향이 있지만, 침략 위협을 받을 때는 10~20마리 또는 그 이상의 하이에나가 연합 전선을 펴는 걸 볼 수 있다. 방어는 숫자 게임이라서 방어자가 많을수록 승리할 확률이 높아지기 때문에, 영토를 지키기 위해 무리 내부의 다양한 연합이 모여서 다같이 협력한다.

무리 사이의 경계가 어디인지는 양측이 다 잘 알고 있으며 명확하게 표시도 되어 있다. 하이에나는 '하이에나 버터'라고 하는 밀랍 같은 분비물을 긴 풀줄기를 비롯한 주변 초목에 묻힌다. 이건 이름은 버터지만 케이크에 넣고 싶을 만한 그런 버터는 아니다. 하이에나의 항문샘에서 나오는 것이기 때문이다. 이 분비물은 하이에나의 명함 같은 것으로 성별, 지배력, 생식 상태 같은 개체별 정보를 담고 있다. 결정적으로 여기에는 무리 특유의 냄새가 섞여 있어서 후각적인 멤버십 카드 역할을 한다. 다른 하이에나들은 이런 냄새에 많은 관심을 기울이며, 자기가 속한 무리 구성원의 분비물을 자신의 분비선에 바른다. 그 분비물에는 독특한 냄새의 원인이 되는 다양한 박테리아가 섞여 있다. 하이에나가 이 분비물을 자기 몸에 바르면 박테리아도 함께 따라오고, 시간이 지나면 특정한 종류의 박테리아 균주가 모든 구성원들에게 전염되어 다들 똑같은 무리 냄새를 풍긴다. 분비물을 초목에 묻히는 이런 행동은 영역 전체, 특히 굴 근처에서 많이 일어난다. 영토 경계에 분비물을 묻히는 것은 그래피티로 자기 영역을 표시하는 인간 갱단의 행동과 비슷하다.

두 무리의 경계에 이런 식으로 영토 선언을 하면 극적인 효과를 발휘할 수 있다. 세렝게티와 응고롱고로 크레이터에서 일한 20세기의 위대한 현장 생물학자 중 한 명인 한스 크루크 Hans Kruuk는 영양을 바싹 뒤쫓던 하이에나 무리가 경계에 다다르자 발을 멈추는 걸 보았다. 이웃 무리의 땅에 무단 침입해서 전쟁이 벌어질 위험을 무릅쓰느니 차라리 먹잇감을 놓아주는 쪽을 택한 것이다. 자기가 태어난 무리에서 이탈한 수컷이 다른 무리에 합류하고 싶다면 이 문제를 해결해야 한다. 무리에 상주하는 하이에나들은 단독 침입자를 의심과 적개심이 담긴 태도로 대하지만, 이런 영역 중 일부는 크기가 매우 크기 때문에 단독 행동을 하는 수컷은 때때로 발견되기 전에 적지 안까지 깊숙이 이동할 수 있다. 발각된 뒤에는 천천히 접근하겠지만 주민들의 태도에는 위협적인 분위기가 역력하다. 외톨이 하이에나가 어떻게 이런 궁지를 벗어날지는 그의 몸짓 언어에 달려있다. 대개의 경우 순종적인 태도로 꼬리와 머리를 숙이고 있을 것이다. 그런 태도를 취해도 다른 하이에나들에게 쫓기거나 물릴 가능성이 높다. 무리에 받아들여지고 싶다면 끈질기게 버텨야 한다.

하이에나들은 작은 무리를 지어 자기네 영토의 경계를 순찰한다. 그러다가 다른 무리의 국경순찰대와 마주치면 소규모 군대끼리 서로를 평가할 수 있는 일련의 인사를 나눈다. 국경순찰대가 이웃 무리의 사냥꾼들을 만나면 상황이 격해진다. 특히 경계 부근에서 먹잇감을 사냥한 경우 극단적인 폭력 사태가 발생할 수 있다. 암컷과 부하 수컷들까지 모두 합류해서 외부에서 온 침입자를 공격한다. 여기서 놀라운 점은 무리를 옮긴 수컷이 자기가 태어난 무리에서 온 친척을 공격한다는 것이다. 이런 혈연관계는 수컷이나 그 자손들(지금 고모나 사촌들과 싸우는 것일지도 모르는)의 공격성을 제약하지 않는 듯하다. 일단 새로운 무리에 받아들여지면 충성심이 바뀐다. 다시 말해, 무리가 친척보다 중요한 것이다.

힘든 시기에는 절박함 때문에 어쩔 수 없이 영토 사이의 경계를 넘어갈 수도 있다. 하이에나들은 이런 영역 싸움에 수반되는 위험을 잘 안다. 적지에서 사냥감을 잡으면 그 영토 주민들보다 자기네가 수적으로 우세하더라도 잡은 먹이를 넘겨준다. 그들은 잘못된 길로 들어서기만 해도 불안해하는 듯하다. 무단침입자들은 재빨리 먹이를 먹고 시체를 토막내서 경계 너머의 자기네 땅으로 옮긴다. 하지만 이런 작업에는 시간이 걸리고, 만약 그 땅 주민들에게 발각되기라도 하면 유혈과 폭력이 난무할지도 모른다. 무리들간의 싸움에서 하이에나가 신체에 장애를 입거나 죽을 수도 있다. 우리 인간들에게는 불쾌한 일이지만, 이런 사상자들의 시신도 낭비되지 않는다. 하이에나는 필요하다면 자기 종족도 잡아먹는다.

하이에나는 썩은 고기를 먹는 동물로 묘사되는 경우가 많다. 그건 도덕적으로 타락하고 교활한 동물이라는 그들의 오랜 이미지에 부합하는 설명이며 어쩌면 그런 이미지를 형성하는 데 한몫했을지도 모른다. 하지만 하이에나는 썩어가는 고기에 코를 들이밀지 않는다. 자칼, 들개, 치타 같은 동물이 힘들게 잡은 먹이를 즐겁게 빼앗을 뿐이다. 심지어 사자를 상대로 운을 시험해보기도 한다. 우리가 자연 다큐멘터리에서 자주 보는 장면은 사자가 동물 사체를 먹고 있고, 그 주위를 에

워싼 하이에나 떼가 깩깩 소리를 지르면서 동물의 왕인 큰 고양이가 식사를 하는 동안 성가시게 괴롭히는 모습이다. 하지만 그 장면을 앞으로 되감을 수 있다면, 실은 사자가 먹잇감 주변에 있던 하이에나를 쫓아낸 것임을 알게 될 것이다. 아프리카 사바나에도 공짜 점심 비슷한 게 있고 사자들도 그걸 잘 알기 때문에 사냥하는 하이에나의 노력을 통해 자기가 이익을 얻길 바라며 그들을 따라다닌다. 막 잡은 사냥감 앞에 사자와 하이에나가 모여 있는 현장에 도착한 사람은 누가 사냥감을 잡았는지 알 수 있다(물론 연습을 좀 해야 하지만). 이들 두 종은 서로 다른 방식으로 희생자의 숨통을 끊기 때문이다. 사자는 목을 물어 죽이며 사냥감의 어깨와 옆구리에 발톱 자국이 있는데 이건 추적의 마지막 단계에서 생긴 것이다. 반면 하이에나는 도망가는 동물의 뒷다리와 궁둥이 부분을 물어뜯는다. 또 하이에나의 얼굴에 신선한 피가 묻어 있다면 그들이 먹잇감을 죽였을 가능성이 높다.

　사자의 덩치가 훨씬 크기 때문에 둘이 1대 1로 붙으면 하이에나가 절망적일 정도로 열세다. 하이에나의 황금 비율은 그들의 숫자가 사자보다 4:1 정도로 많을 때인 것 같다. 그러면 먹잇감을 지키거나 **빼앗을** 기회가 생긴다. 대개의 경우 사자는 자기가 양껏 먹을 때까지 하이에나 떼에게 으르렁거리거나 앞발을 휘두르거나 쫓아내서 배고픈 청중들이 가까이 다가오지 못하게 한다. 하이에나는 매우 현명하게도 사자와 어느 정도 거리를 유지하지만, 가끔 갖고 달아날 수 있다고 생각되면 재빨리 달려들어서 작은 고깃덩어리를 낚아채기도 한다. 사자는 하이에나를 죽이는 것으로 알려져 있지만 그 고기를 먹는 일은 거의 없다. 한스 크루크는 사자가 사냥한 고기에 접근하는 걸 뒤늦게야 알아차리는 바람에 탈출구가 차단되자 자기가 숨을 수 있는 유일한 장소를 선택한 어떤 하이에나 이야기를 해줬다. 그는 시체 안으로 기어 들어가 사자들이 배불리 먹고 자리를 뜰 때까지 기다렸다가 간신히 그 소름끼치는 은신처에서 빠져나왔다고 한다.

사자와 하이에나는 먹이가 대부분 겹치기 때문에 결과적으로 둘 사이에 많은 경쟁이 일어난다. 사자를 사냥꾼으로, 하이에나는 썩은 고기 청소부로 여기는 기존의 시선은 완전히 잘못됐다. 사자가 하이에나의 먹이를 훔치는 횟수가 그 반대의 경우보다 두 배 정도 많다. 무엇보다 하이에나는 썩은 고기 청소부라기보다는 사냥꾼이다. 그러나 먹이 사냥은 시끄러운 사건이고 하이에나가 먹이를 먹을 때 내는 광적인 웃음소리는 수 킬로미터 떨어진 곳에 있는 경쟁자들의 관심을 끈다. 하이에나는 왜 자신들의 이익에 반하는 듯한 상황이 벌어졌을 때 그렇게 소란을 피우는 걸까? 이건 추측일 뿐이지만, 하이에나는 그렇게 게걸스러운 동물치고 먹이를 두고 서로 심각하게 공격하는 경우가 드물고 하이에나의 유명한 웃음소리는 서로를 안심시키는 데 중요한 역할을 할 수도 있다. 또 먹잇감을 앞에 놓고 하이에나들이 나누는 대화는 다른 무리 구성원들을 끌어들이기도 하는데, 이렇게 하이에나 수가 늘어나면 사자들의 먹이 약탈이 더 어려워질 수 있다.

어쨌든 하이에나는 엄청나게 빨리 먹는다. 영양이나 얼룩말 같은 큰 먹잇감도 30분 안에 하이에나 무리에게 토막나고 다 먹혀서 땅에 핏자국만 남는다. 하이에나는 사냥한 먹잇감이 도둑맞을 위험을 염두에 둔 듯, 고깃덩어리를 멀리 가져가서 잡은 지점에서 한참 떨어진 곳에서 먹거나 나중을 위해 저장한다. 가끔 하이에나는 먹이를 물속에 잠시 보관하기도 하는데, 물속에서는 먹이가 비교적 시원하게 유지되고 다른 포식자들의 관심을 끌지도 않는다.

하이에나에게 사냥은 숫자 게임이며, 그들은 사자에 비해 협력적이지 않은 방식으로 이 일에 접근한다. 영양은 하이에나가 가장 좋아하는 동물인데, 성체 영양을 사냥할 때 하이에나가 쓰는 전략은 그들의 취약점을 찾아내는 것인 듯하다. 낮동안 풀을 뜯는 영양들은 평원 여기저기에 느슨하게 흩어져 있다. 하이에나는 그들 사이를 돌아다니면서 사냥 옵션을 점검하고 저울질한다. 이상하게도 영양은 이 치명적인 적과 가까운 거리에서 만나도 크게 동요하지 않는 것 같다. 아마 하이에나가 진지하게 사냥에 돌입하는 때를 파악할 수 있는 모양이다. 하이에나는 영양과 몇 미터 떨어진 곳까지 접근하기도 하지만 이에 대한 반응은 악의에 찬 시선뿐이다.

하지만 희생자를 가려내고 나면 균형이 바뀐다. 하이에나가 영양 무리를 향해 돌진하면 영양들은 경계 태세를 취하면서 뻣뻣한 다리로 달아나지만 아직 전속력을 내지는 않는다. 하이에나는 멈춰서서 결과를 평가한 뒤, 목표물을 선택하기 전에 이런 돌진을 여러 번 더 할 수도 있다. 하이에나는 영양들 사이의 차이를 잘 아는 듯하다. 포커 대회 챔피언이 상대방을 분석하는 것처럼, 하이에나도 영양의 행동을 면밀히 검토해서 약점을 드러내는 미묘한 징후를 찾는다. 돌진할 때 가능성 있는 목표물이 드러나고 그를 무리에서 분리시킬 수 있으면 사냥이 시작된다. 이걸 본 다른 하이에나들도 추격에 동참한다. 고립된 영양은 이제 심각한 곤경에 처해 있다. 하이에나는 빠르고 체력도 엄청나다. 몸집을 기준으로 따졌을 때 그들의 심장은 사자 심장보다 거의 두 배나 크기 때문에 달리고 또 달릴 수 있다. 영양이 살아남을 수 있는 가장 좋은 방법은 같은 종의 영양들이 밀집되어 있는 곳으로 가는 것이다. 이 작전이 실패하면 최대 5킬로미터까지 가차없이 추격당할 수 있다. 추격하는 시간이 길어질수록 하이에나가 이길 확률이 높아진다. 하이에나는 희생자와 보조를 맞춰 달리면서 먹이를 따라 달리면서 뒷다리를 탁탁 튕긴다. 결국 지칠 대로 지친 영양은 달리는 속도가 느려진다. 하이에나가 영양을 앞지르기 시작하면, 이제 가장 원시적인 자연의 절차가 뒤를 잇는다. 하이에나의 강력한 턱이 영양의 뒷다리를 찢고, 취약한 젖통이나 고환을 뜯어내고, 부드러운 배와 다리 근육을 공격한다. 땅에 쓰러진 영양은 물 밀듯 몰려온 하이에나들 틈으로 사라지고, 이제 고통스럽게 산 채로 조각조각 먹힐 운명이다. 크루크는 영양이 이 단계에서 시늉뿐인 시도 외에는 그 어떤 반격도 시도하지 않는 이유를 설명한다. 어떤 경우에도 반격이 성공할 가능성은 희박하다. 대부분의 경우, 희생자는 넘어져서 굴복하는 순간 충격에 빠진 듯하다.

영양 사냥은 대개 하이에나 한 마리 또는 작은 무리가 먹잇감을 향해 슬쩍슬쩍 돌진하면서 상황을 살피다가 결국 단체로 먹잇감을 추적하는 식이지만, 이들이 얼룩말을 쫓을 때는 다른 전략을 쓴다. 10마리 이상의 하이에나 무리가 보다 집중적으로 힘을 모아서 사냥에 나선다. 무게가 최대 400킬로그램까지 나가는 얼룩말은 100~150킬로그램 정도 되는 영양에 비해 하이에나에게 더 큰 도전 과제다. 게다가 얼룩말, 특히 얼룩말 종마는 하이에나와 맞서 싸운다. 얼룩말 사냥을 위한 준비는 사냥꾼들이 굴을 떠나기 전부터 보다 조화롭게 이루어진다. 이건 하이에나가 출발 전에 특정한 먹이를 사냥하기 위한 계획을 세워두고 있다는 걸 나타낸다. 그들은 얼룩말을 사냥하기 위해 놀라운 거리를 돌아다닐 수 있고, 얼룩말 무리를 찾겠다는 일념으로 수십 킬로미터를 이동한다. 사냥 자체는 영양을 목표로 삼을 때와 비슷한 방식으로 진행된다. 이 게임의 목적은 사냥감 한 마리를 무리에서 떼어낸 뒤에 쓰러뜨리는 것이다. 흥미롭게도 무리의 일부 구성원들은 실제 사냥을 전문으로 하는 반면 어떤 구성원은 그냥 뒤를 따라다니기만 하는 것처럼 보인다. 먹이를 사냥한 하이에나들이 먼저 원하는 부위를 골라 먹고, 빨리 달리지 못하는 나이 든 하이에나와 새끼들은 사냥이 끝난 후에 합류한다. 가끔, 특히 영양이 새끼를 낳는 시기나 톰슨가젤 같은 작은 먹이들 사이에 있을 때는 하이에나가 사냥을 다니면서 희생자들을 죽이기는 하지만 그걸 바로 먹지는 않는다. 닭장에 침입한 여우나 집에서 기르는 고양이에게서도 비슷한 행동을 볼 수 있다. 사냥감을 죽이려는 본능은 음식에 대한 욕구와 무관하다. 하이에나의 경우 이런 과잉 살육은 많은 양의 음식을 제공해 주므로 무리 전체에 이익이 될 수 있다.

이런 걸 보면 하이에나는 극도로 공격적이고 형제자매를 죽이고 동족까지 잡아먹는 괴물처럼 느껴질 텐데, 물론 그것도 어느 정도 사실이긴 하다. 하지만 그들을 이런 관점에서만 생각하는 건 매우 부당한 일이다. 하이에나는 매우 효과적인 포식자지만, 그들에게는 자주 드러나지 않는 또 다른 측면도 있다. 하이에나를 길들이거나 적어도 인간에게 익숙해진 몇 안되는 사례에서 그들이 사람과 교류하는 방식을 보면 따뜻함과 부드러움이 두드러진다. 한스 크루크는 현장 조사를 하는 동안 솔로몬이라는 이름의 길들인 하이에나를 데리고 다니면서 텐트에서 함께 잠도 잤다. 하지만 결국 크루크는 솔로몬을 에든버러 동물원에 기증할 수밖에 없었다. 이 하이에나가 사냥 오두막에서 얻어먹은 치즈와 베이컨에 맛을 들여 만족할줄 모르고 계속 덤벼들었고, 식당에서 자기 몫을 얻으려고 문까지 부수고 들어오는 바람에 식사하던 여행객들이 공포에 질렸기 때문이다. 하이에나의 행동을 연구하기 위해 연구소에서 키운 하이에나들은 연구원들과 강한 유대감을 형성해서 애정어린 태도로 연구원을 맞이하곤 한다. 하이에나도 인간처럼 매우 사회적인 동물이고 관계를 맺는 능력이 탁월하다. 그리고 다시 한번 말하지만, 많은 사회적 동물들처럼 하이에나도 놀랍도록 똑똑하다. 복잡한 상호 관계를 맺으며 살아가는 그들의 정교한 사회는 이들이 지적 능력 면에서 영장류와 함께 상위에 있다는 걸 시사한다.

어떤 상황에서는 침팬지보다 더 뛰어나다. 보상을 받기 위해서는 서로 협력해야만 하는 과제를 주면, 하이에나들은 이를 완벽하게 해냈다. 그 과제에서는 하이에나 두 마리가 각자

애니멀 커넥션

밧줄을 당겨야 했다. 상을 받으려면 둘이 동시에 밧줄을 당길 수 있도록 행동을 조정해야 했다. 원숭이와 유인원은 매우 사회적인 동물이지만, 대부분 하이에나와 같은 수준의 협력을 통해 먹이를 구하지 않기 때문에 이런 종류의 작업을 어려워한다. 하지만 하이에나들은 그렇지 않기 때문에, 사전에 훈련을 받지 않고도 문제를 신속하게 해결했다. 이걸 보면 이해가 느리고 기만적이라는 하이에나의 이미지가 틀렸다는 게 입증된다. 사실 이보다 진실과 거리가 먼 이야기도 없다. 확고하게 자리잡은 하이에나의 부정적인 평판에 대한 마지막 반박으로, 하이에나 무리가 어울려 놀면서 강에 뛰어들고 물을 튀기고 장난을 치며 전반적으로 소란스러운 시간을 보내는 모습을 지켜본 한스 크루크의 말을 들려주고 싶다. 우리가 하이에나의 성격에 대한 상투적인 생각만 받아들인다면 그들에게 큰 해를 끼치는 것이다.

무리와 함께 달리기

캐나다 북부는 이른 봄을 맞았다. 개울에 덮인 얇은 얼음층 아래에서 물 흐르는 소리가 들린다. 해빙이 시작된 것이다. 그러나 이 땅이 겨울의 손아귀에서 완전히 벗어나려면 몇 주 더 걸릴 것이다. 동이 트자 거칠게 지은 오두막에서 나무꾼이 나온다. 그는 외투를 단단히 여미고 총을 점검한 다음 어제 늦은 시간에 설치해 둔 덫을 점검하기 시작한다. 그의 부츠가 얼어붙은 눈과 얼음 위에서 뽀드득 소리를 낸다. 그는 황량한 시골길을 외롭게 걸으면서 날카로운 눈빛으로 나무들 사이에서 익숙한 지형지물을 찾아낸다. 첫 번째 덫에는 아무것도 걸려 있지 않고 두 번째 덫도 마찬가지다. 그는 계속 걸어가지만 그 사이 어떤 움직임이 그의 시선을 사로잡는다. 코요테? 늑대? 그는 어깨에 메고 있던 소총을 내리고 잠시 발길을 멈추더니 숨을 죽이고 자작나무 숲속을 응시한다. 사방이 고요하다. 손에 든 소총 무게에 안심하면서 다시 걸음을 옮긴다. 몇 걸음 못 가서 또 다른 움직임이 그의 관심을 끈다. 왼편 앞쪽으로 200미터 정도 떨어진 나무 뒤에서 늑대가 모습을 드러낸다. 그 동물은 나무꾼에게 그리 두려움을 느끼지 않지만, 그래도 그는 걷는 속도를 늦춘다. 완벽한 조준을 위해 거리를 좁힐 수 있을까?

늑대는 혼자가 아니다. 그녀와 무리들은 모두 굶주림에 미칠 지경이다. 힘든 겨울이었다. 앞서 본 늑대의 아들인 다른 늑대 한 마리가 그녀 옆의 숲에서 나온다. 그들은 인간을 겪어봤기 때문에 조심스럽지만, 텅 비어서 아플 정도로 주린 배 때문에 조심성이 줄어든 상태다. 암늑대가 나무 사이를 돌아본다. 나머지 무리가 모여들고 있다. 그녀는 숲 가장자리를 따라 빠르게 움직이면서 나무꾼 옆쪽으로 다가온다. 갑자기 총알이 날아와 그녀 바로 뒤에 있는 나무에 박혔고, 그 직후에 소총의 총성이 울렸다.

빗맞았다! 나무꾼이 욕설을 퍼부으면서 숙련된 손놀림으로 총을 재장전한다. 다시 고개를 든 그는 늑대, 아니 늑대들이 평소와 다르게 달아나지 않은 걸 보고 깜짝 놀란다. 오히려 아까보다 더 많은 늑대가 보인다. 넷, 여섯, 열둘? 더 많다. 늑대를 조준하기 위해 다시 소총을 들어올리면서 그는 불안을 느끼기 시작한다.

늑대들은 총소리에 잠시 멈칫했지만 꽁무니를 빼는 늑대는 하나도 없다. 암늑대가 남자를 향해 한 발, 또 한 발 다가간다. 그녀의 용기와 자신들의 심한 허기에 용기를 얻은 무리가 그 뒤를 따른다. 그들이 속도를 내자 남자와의 거리가 점점 가까워진다.

나무꾼이 한 발 더 쏜다. 이번에는 명중해서 총에 맞은 늑대는 몸이 뒤로 홱 젖혀졌다가 땅에 떨어지기도 전에 숨이 끊어진다. 하지만 늑대들은 전혀 주저하지 않고 달려든다. 한 발더, 또 한 발, 또 한 발. 전부 명중이다. 늑대 네 마리가 쓰러졌지만 그들은 여전히 다가온다. 놈들이 덮치기 전까지 나무꾼은 세 발을 더 쐈다. 늑대 한 마리가 나무꾼의 허벅지를 물자그는 소총 개머리판으로 늑대를 내리쳤고, 두개골이 부서지면서 나는 소리를 어렴풋이 들었다. 이제 두 마리가 더 달려들어서 그의 다리를 찢고 있다. 그들을 향해 필사적으로 개머리판을 내리친 다음 세 번째 늑대를 향해서도 휘둘러서 턱을 세게 갈겼다. 늑대가 너무 많다. 커다란 늑대가 그의 가슴을 향해 달려들자 나무꾼은 바닥에 쓰러졌고, 다른 늑대들이 그의 팔과 다리를 잡는다. 주먹을 휘두르고 발길질도 해보지만 수적으로 너무 열세다. 그는 적들의 강한 힘과 그들의 턱이 잡아당기는 걸 느끼지만 고통은 없고 충격뿐이다. 늑대들에게 남자는 빈약한 식사지만 비싼 대가를 치른 식사다. 며칠 후 그 현장을 발견한 사람들은 끔찍한 모습을 목격했다. 늑대 11마리의 시체(총에 맞아 죽은 늑대가 7마리, 개머리판에 맞아 죽은 늑대가 4마리)가 나무꾼의 유해를 둘러싸고 있었다.

이런 끔찍한 운명을 맞은 사람은 100년쯤 전에 매니토바주의 위니펙 호수 근처에 살던 벤 코크레인^{Ben Cochrane}이라는 나무꾼이다. 그런데 몇 주 뒤, 진짜 코크레인이 나타났다. 늑대들에게 씹어 먹히지 않은 건강하고 원기 왕성한 모습으로 돌아온 그는 자기가 없는 동안 벌어진 소동을 알고 놀랐다. 피해자의 진짜 신원은 여전히 불분명하다. 그러나 이 사건과 관련된 모든 끔찍한 세부 사항에도 불구하고 늑대가 사람을 공격하는 일은 드물다. 만약 그런 일이 벌어진다면 그건 극심한 굶주림이나 광견병으로 인한 일종의 광기 때문에 사람들을 피하려는 늑대의 본능이 무뎌졌기 때문이다. 또 어떤 경우에는 늑대가 인간들의 거주지 근처에서 오랫동안 사는 바람에 사람들에게 익숙해져서 두려움을 잃었을 수도 있다. 예전보다 공격이 훨씬 줄어든 이유는 늑대가 자연 서식지에서 대부분 쫓겨났기 때문이기도 하고 인간과 그들이 들고 다니는 총을 피하는 법을 배웠기 때문이기도 하다. 그렇기는 해도 '겨울철의 네 발 달린 악마'로 묘사되던 늑대의 모습은 대대로 이어지는 우리의 기억 속에, 특히 북부 지방의 민속 문화 속에 여전히 남아 있다. 사실 그보다 이상한 건 늑대의 가까운 친척인 개가 그토록 많은 사랑을 받으면서 충실함과 동료애가 강한 동물이라는 평판을 얻은 것이다. 개와 주인의 관계는 늑대의 삶을 특징짓는 바로 그 사회성에 뿌리를 두고 있다. 늑대는 인간처럼 무리 안에서 긴밀한 유대를 형성하는 집단 동물이다. 이건 우리 인간과 친숙한 개 친구들 사이의 관계에서 찾아볼 수 있는 것과 동일한 유대감이다.

우리는 늑대 이야기를 할 때 대부분 식별 가능한 하나의 종을 생각하면서 이야기한다. 그러나 요즘 생물학자들은 종을 식별하고 구분하기 위해 분자 수준의 도구를 사용하는데도 불구하고 어떤 게 별개의 종이고, 어떤 게 아종이며, 서로 어떤 식으로 연관되어 있는지를 놓고 여전히 열띤 논쟁을 벌인다. 모든 늑대는 개과Canidae와 개속Canis에 속하는데 여기에는 자칼, 딩고, 개, 늑대 같은 동물이 포함된다. 늑대는 세 가지 종이 있는데 붉은 늑대와 에티오피아 늑대, 그리고 몸집이 가장 크고 가장 널리 퍼져 있는 회색 늑대다. 여기까지는 좋다. 그러나 회색 늑대는 많은 아종으로 나뉜다(일부 전문가는 아예 다른 종에 속한다고 생각하기도 한다). 이들은 상호 교배가 가능하고 개와도 교배할 수 있기 때문에 모든 구별이 흐릿해진다. 뿐만 아니라 회색 늑대는 회색이라고 생각해도 무방하다. 하지만 항상 그런 건 아니다. 회색 늑대는 회색, 흰색, 검은색, 갈색, 심지어 빨간색일 수도 있다. 회색 늑대는 또 커먼 울프common wolf, 얼룩 늑대, 평원 늑대, 툰드라 늑대 등 다양한 이름으로도 알려져 있다. 이쯤 되면 왜 그렇게 논란이 많은지 슬슬 이해가 가기 시작할 것이다.

회색 늑대는 한때 북반구를 가로질러 북아메리카에서 그린란드까지, 그리고 유럽에서 아시아를 거쳐 남쪽으로는 인도 동쪽으로는 일본에 이르기까지 광범위한 지역에 분포했다. 하지만 수세기에 걸쳐 인간이 늑대들을 예전에 살던 서식지에서 대부분 몰아냈다. 얼마 안 남은 개체들은 지구상의 춥고 외딴 지역에서 몰려 있다. 이런 지역에서는 상징적이고 어떤 사람에게는 무섭기도 한 이 동물을 여전히 가까이에서 볼 수 있다. 하지만 특히 유럽 본토에서는 늑대를 보기 쉽지 않다. 한때 동독 땅이었던 베를린의 바로 남쪽에 소련군이 군사 훈련을 하던 넓은 시골 지역이 있다. 민간인들은 이 지역에서 쫓겨났고 심지어 지금도 불발 포탄이 남아 있다는 소문은 이 땅이 대부분 황폐한 상태로 버려졌다는 걸 의미한다. 독일에서는 20세기 초에 늑대가 멸종된 것으로 여겨졌지만, 인근 폴란드에서 늑대 무리가 건너와 한때 붉은 군대가 훈련하던 곳에 영토를 구축했다. 나는 늑대들을 보기 위해 그 지역을 돌아다녔지만, 늑대 개체수가 번성했다는 기록에도 불구하고 내 노력은 보상받지 못했다. 늑대 발자국과 자취 등 활동한 흔적은 찾았지만 늑대는 보이지 않았다. 비록 나는 그들을 보지 못했지만 그들이 근처에서 날 지켜보고 있다는 느낌이 들었다. 내 친구는 폴란드에서 실제로 늑대를 만난 적이 있다. 그는 수 세기에 걸친 사냥 때문에 거의 사라졌다가 다시 복원된 또 다른 유럽 포유류인 들소를 연구하기 위해 폴란드의 원시림인 비아워비에자 숲Białowieża Forest에서 몇 달을 보냈다. 과거 세대들의 삶이 떠오르는 장소에 있던 그는 울창한 삼림 지대를 조심스럽게 지나 공터로 들어서다가 늑대와 마주쳤다. 한동안 둘은 완벽한 고요 속에서 침묵을 지키며 서로를 바라보다가 이윽고 늑대가 몸을 돌려 천천히 덤불 속으로 사라졌다.

늑대는 무자비하고 위험한 살인자라는 이미지가 우리 머릿속에 고정되어 있지만, 적어도 요즘에는 이렇게 사람과 마주칠 경우 공격하기보다 물러나는 경우가 훨씬 많다. 과거에는 엄청난 수의 늑대 공격 기록이 남아있다. 프랑스의 기록에 따르면 15세기부터 20세기 초반까지 5000번이 넘는 공격이 있었고 이때 늑대가 거의 전멸했다. 그러나 20세기 후반에는 북아메리카에서 북유럽과 러시아까지 늑대의 근거지 전체에서 발생한 사망자가 11명뿐이다. 물론 지금은 늑대가 예전보다 훨씬 적어진 것도 있지만, 사람들의 생활방식이 바뀌고 마을과 도시에 사는 사람이 늘어난 데다가 늑대에 대한 확실한 이해까지 더해져서 공격 횟수가 줄어들었다. 늑대는 모든 동물 중에서도 가장 제대로 연구된 동물 중 하나이며, 덕분에 이 동물의 사회적 행동에 대한 인식도 증가했다.

늑대 무리는 가족인 경우가 많고 부모와 새끼들이 함께 협력하지만, 때로는 여러 가족이 뭉쳐서 더 큰 무리를 이루기도 한다. 무리 안에는 엄격한 계층 구조가 존재한다. 짝을 이룬 늑대 한 쌍이 우두머리(알파)가 되어 나머지 늑대를 지배하고 번식도 이들만 할 수 있다. 우두머리가 반드시 무리에서 가장 덩치가 큰 건 아니지만 일반적으로 가장 강하다. 그들은 권위에 대한 도전을 견뎌야 한다. 지배적인 동물들은 몸짓 언어를 통해 자신의 사회적 우월성을 나타낸다. 머리를 높이 들고 귀를 쫑긋 세우고 꼬리를 내밀고 있는 동물은 자기가 지위가 높은 개체임을 알리는 것이다. 다른 무리 구성원들은 순종적인 자세를 취하고, 뒷다리 사이로 꼬리를 말아 넣은 채 웅크린 자세로 다가가서 지배자의 코와 주둥이를 애원하듯 핥으면서 이 거만한 한 쌍에게 경의를 표한다. 이런 일이 진행되는 동안 우두머리들은 똑바로 앞을 응시한 채 아첨을 받아들이면서 냉정한 위엄을 유지한다. 어떨 때는 지위가 낮은 늑대들이 자신의 복종과 연약함을 보여주기 위해 바닥에 등을 대고 구르기도 한다. 부하가 이런 식으로 경의를 표하지 않으면 싸움이 일어날 수 있다. 경쟁자들은 으르렁거리면서 명백한 위협의 표시로 이를 드러낸다. 싸움은 가능하면 피해야 하기 때문에 경쟁자들은 이를 딱딱 맞부딪치거나 서로 몸은 닿지 않은 채 달려드는 시늉만 하는 등 일련의 공격적인 의식을 통해 문제를 해결하려고 한다. 이걸로 문제가 해결되지 않으면 싸움이 일어나는데, 그 싸움은 극도로 잔인해질 수 있다. 만약 도전자가 우두머리를 이기면 나머지 무리도 이전 리더에게 등을 돌리며, 떼를 지어 공격해서 그를 무리에서 몰아낼 수도 있다. 퇴위된 우두머리가 운이 좋다면 살아서 탈출할 수 있을지도 모른다.

무리에 속한 모든 늑대는 집단 내에서의 자신의 지위를 알지만, 그렇다고 해서 일탈이 벌어지지 않는 건 아니다. 지위가 낮은 암컷이 알파 수컷을 유혹할 수도 있고, 부하 수컷이 알파 암컷과 교배하려고 할 수도 있다. 이 경우, 각 성별의 알파 늑대는 이런 행동을 막기 위해 자기와 성별이 같은 구성원들의 행동을 주의 깊게 관찰해야 한다. 하지만 번식에 대한 충동은 강력하고, 위험에도 불구하고 몰래 동맹이 맺어지기도 하기 때문에 규모가 큰 무리에 속한 젊은 늑대들 중 일정 비율은 그 무리를 지배하는 알파 늑대들의 자손이 아닐 수도 있다. 대개의 경우 이들은 계층 구조에서 알파 다음 서열이고 패권을 차지하기 위해 알파에게 도전할 가능성이 가장 큰 소위 베타 늑대의 자손이다. 무리의 서열에서 맨 아래에 있는 늑대는 오메가라고 한다. 이들은 끔찍한 괴롭힘의 대상이 되고 먹이가 부족하거나 알파들이 앙심을 품은 경우에는 잡은 사냥감에 접근하지 못할 수도 있다. 이상하게도 오메가는 무리의 결속을 다지는 데 중요한 역할을 하는 듯하다. 공격성을 발산할 수 있는 배출구가 있으면 다들 더욱 평화롭게 공존할 수 있기 때문이다. 무리를 하나로 묶어주는 또 다른 사회적 접착제는 늑대의 장난기다. 모의 싸움과 추격은 늑대 무리의 일상생활의 일부다. 그들은 뒷다리와 궁둥이를 치켜들고 꼬리를 높이 흔들면서 앞다리와 머리는 낮게 숙이는 일종의 절 같은 행동을 하면서 함께 뛰어논다. 이런 놀이를 하는 동안에는 지위가 그리 중요하지 않아 보이고, 다들 게임의 재미에 몰두하기 때문에 오메가들도 무리의 리더를 뒤쫓을 수 있다.

새끼 늑대들은 생애 초반에는 무리 동료들과 부모인 알파의 지원을 받는다. 새끼들이 젖을 떼고 나면, 알파는 자식들에게 먹이를 먹이기 위해 가장 먼저 사냥감을 먹을 권리를 포기하기도 한다. 하지만 먹이를 차지하려는 경쟁이 치열하고 다른 성체 늑대들도 먹여 살려야 하기 때문에 자원이 부족할 때가 많다. 게다가 젊은이들은 많은 늑대 무리를 구성하는 친밀한 관계에서 벗어나 결국 자기 짝을 찾아야 한다. 이런 이유 때문에 성년기의 정점에 도달한 늑대들은 집을 떠나거나 집에서 쫓겨날 수 있다. 현재로서는 그들의 선택권이 제한되어 있다. 외톨이가 기성 무리에 합류하는 건 드문 일이다. 사실 다른 무리들이 방어하는 땅에 발을 들여놓으면 살해될 위험이 있다. 친척의 보호 없이는 취약한 상태이기 때문에 많은 어려움을 겪는다. 간신히 살아남더라도 몇 주 또는 몇 달간 계속 방황해야 할 수 있고, 그 기간 동안 자기가 태어난 무리로부터 수백 킬로미터 떨어진 곳까지 이동할 수도 있다. 그들은 짝짓기할 대상(자기처럼 혼자 돌아다니는 늑대)과 소유권을 주장할 수 있는 땅을 찾고 있다. 늑대 개체수가 많은 지역을 지나는 젊은 외톨이들은 여기저기 무리들이 모여 사는 땅을 피해야 하며 주민들과 대치하는 일이 없도록 조심스럽게 발을 디뎌야 한다. 그러나 한편으로는 이런 위험 속에 기회가 있을지도 모른다. 자기 고향 땅에 사는 젊은이가 꼬임에 넘어가서 외로운 늑대와 짝짓기를 할 수도 있고, 외로운 늑대가 이동 중에 다른 방랑자를 만날 수도 있다. 외톨이가 짝을 찾으면 그들은 자신만의 무리를 만들 수 있다.

늑대 무리가 생존하기 위한 열쇠는 영토와 그곳에 사는 먹잇감 동물에 대한 사냥 권리를 지키는 것이다. 사자와 하이에나처럼 늑대도 영토 가장자리에 있는 길을 따라 냄새 표시를 남겨서 자신들의 존재를 알리는데 이 표지판은 이웃 무리들에게 이 땅에 주인이 살고 있음을 알리는 늑대들의 유명한 울부짖음을 통해 더욱 강화된다. 하지만 소유권 주장에 반발하는 이들이 존재할 수도 있기 때문에 영토는 자주 위협을 받는다. 소유권을 유지하거나 다른 무리의 영토를 차지하는 것이 집단의 생존과 번영에 매우 중요하다. 숫자가 많아야 힘도 세진다. 국경에서 벌어지는 충돌과 이웃 무리끼리의 전면전은 규모가 큰 집단의 전투 능력에 의해 결판이 난다. 다 함께 울부짖는 합창 소리는 다른 무리들에게 영토 소유자 무리의 크기를 알리는 역할도 한다. 대규모 집단에서는 이런 합창을 매우 열심히 하지만 현명한 외톨이 늑대들은 거의 울지 않는다.

무리들 사이에서 치열한 분쟁이 벌어지면 사상자가 많이 발생할 수 있다. 많은 지역에서 늑대를 가장 많이 죽이는 동물은 다른 늑대다. 그러나 늑대 무리 내부나 경쟁 무리들 사이에서 발생하는 공격성에도 불구하고, 늑대도 인간의 사회 집단에 존재하는 것과 비슷한 제휴 관계(우정이라고 부를 수도 있는)를 맺는다는 징후가 있다. 노련한 늑대 관찰자들은 무리에서 늑대가 한 마리 죽으면 무리 안에 애도의 분위기가 감돌고 한 동안 사냥도 하지 않을 정도라고 설명한다. 과학자인 나는 동물의 감정 상태를 이해하려고 할 때 신중해야 하지만, 호르몬을 통해 스트레스를 측정하는 방법이 있다. 동물이 스트레스를 받으면 특정 호르몬 농도가 높아진다. 무리 구성원을 잃은 늑대의 호르몬 수치를 측정해보면 중요한 스트레스 호르몬인 코티솔이 최고 수준까지 올라간 것을 확인할 수 있다. 아마 이 이야기도 어느 정도 사실일 것이다.

네 발 달린 친구들

도쿄의 시부야역 바깥에는 개의 동상이 서 있다. 그 기념비는 인간과 반려견이 관계를 맺어온 긴 역사 속에서도 가장 오랫동안 기억되는 사랑스러운 이야기 하나를 기리기 위한 것이다. 매일 히데사부로 우에노가 도쿄 대학에서 일을 마치고 집으로 돌아오면, 그의 개 하치코가 시부야역으로 마중을 나오곤 했다. 그런데 안타깝게도 하치코를 입양한 지 1년 만에 우에노가 사망했다. 하지만 하치코는 자기가 죽을 때까지 10년 동안 매일 저녁 주인을 만나던 역 바깥의 장소를 충실하게 찾곤 했다. 하치코가 보여준 헌신 수준은 매우 특별하지만, 전 세계의 개 애호가들은 개들의 놀라운 이타심과 애정을 직접 경험해봤다. 늑대가 죽은 무리 구성원을 애도한다는 건, 개의 관점에서 볼 때 그들 무리 중 하나인 주인 입장에서 놀라운 일이 아니다. 늑대처럼 개도 본질적으로 무리를 지어 다니는 동물이다.

개의 행동은 야생 늑대의 행동과 얼마나 비슷할까? 이에 대한 답을 얻으려면 시간을 거슬러 올라가서 현대 개의 기원을 밝혀야 한다. 개와 사람의 동반자 관계는 긴 역사를 가지고 있다. 사실 우리가 다른 동물들과 맺은 관계 가운데 가장 오래된 관계다. 고고학적 발굴 증거는 개들이 적어도 1만 4천 년 이상, 어쩌면 그보다 두 배 이상 긴 기간 동안 인간과 함께 살아왔음을 암시한다. 고대 인간의 매장지를 발굴한 결과 주인과 함께 매장된 개의 유골도 발견되어 이들이 반려동물이었음을 알 수 있다. 인간의 조상과 개의 조상이 처음으로 동반자 관계를 맺었을 때, 인류 문명은 아직 초기 단계였다. 대부분의 인간은 직접 식량을 재배하고 키우는 방향으로 전환하기 전까지 다들 수렵 채집 생활을 했다. 따라서 언뜻 보기에 서로에게 큰 위협이 되고, 서로를 두려워하며 공격하던 고도로 발달한 두 포식자가 동맹을 맺는다는 건 불가능한 일처럼 보인다. 개와 인간은 어떻게 이런 상태를 극복해서 두 세계가 그토록 밀접한 관련을 맺게 된 걸까? 다른 종을 그리 두려워하지 않고 사회적인 동물이라 집단생활을 하는 경향이 있는 포식자가 초기 가축화에 가장 적합한 후보인 것은 사실이다. 늑대는 이 두 가지 조건에 모두 해당된다. 이들이 우리 인간과 동반자 관계를 맺은 역사는 워낙 오래되어서 수수께끼에 싸여 있다. 우리가 할 수 있는 최선은 지금 가지고 있는 제한된 증거를 바탕으로 그럴듯한 시나리오를 구성하는 것이다.

한 가지 가능한 시나리오는 인간 거주지 부근에 살던 늑대들이 사람들이 버린 음식을 뒤지는 법을 배웠다는 것이다. 늑대는 다른 많은 동물들처럼 뚜렷한 개성을 지니고 있다. 어떤 늑대는 매우 공격적이지만 어떤 늑대는 공격적인 성향이 훨씬 덜하다. 기질이 좀 유순한 늑대들은 정착촌 사람들이 받아줄 가능성이 높지만 흉포한 늑대들은 금방 쫓겨날 것이다. 그래서 정착지 부근에서 점점 많은 시간을 보내게 된 늑대들은 인간에 대한 두려움을 잊고 길들여지기 시작한다. 이 늑대들은 안정적인 식량 공급이라는 이익을 얻었고 세대를 거듭하면서 길들여진 새끼를 낳았다. 이들 가운데 가장 우호적인 늑대들은 인간과 협력해서 이익을 얻었다. 그리고 인간의 조상들은 능력있는 경비원과 유용한 사냥 동반자를 얻었다. 시간이 지나면서 두 종 사이의 유대는 강화되었고 늑대들은 야생의 사촌들과 점점 멀어졌다. 인간이 늑대를 길들였다고 생각할 수도 있지만, 사실 그들이 스스로를 길들였다고 말하는 편이 더 정확할 것이다.

늑대 길들이기 이야기의 이 버전은 많은 추종자를 얻었지만, 이를 비판하는 이들도 있다. 그들은 이 시대에 살던 인간

379
7장. 피는 물보다 진하다

들은 음식물을 버리는 걸 조심스러워했을 것이라고 주장한다. 늑대나 곰 같은 동물들로부터 달갑지 않은 관심을 끌게 되기 때문이다. 그리고 설령 음식을 버렸더라도 '남은' 음식 정도로는 늑대처럼 덩치 큰 동물을 만족시키지 못했을 것이다. 마지막으로, 역사를 통틀어 인간이 쓰레기 더미를 뒤지는 동물을 환영한 적이 없는데 과연 우리 조상들이 쓰레기 더미에 무단 침입한 동물과의 관계를 발전시키려고 노력했을까?

음식물 쓰레기를 뒤지는 동물 가설을 대신하는 이론은 늑대와 인간 사이의 유대가 공존을 통해서 형성되었다는 것이다. 본질적으로 이 설명은 인간과 늑대가 같은 땅에 살면서 자원을 공유하고 시간이 지나면서 서로에게 교훈을 얻었다고 지적한다. 친숙함은 종종 경멸을 불러일으킬 수 있지만, 한편으로는 결국 관용과 협력으로 이어지는 두 종족 사이의 상호 존중을 야기할 수도 있다. 토착민들의 태도에 대한 연구에서 이 이론을 뒷받침하는 증거가 일부 나온다. 아메리카 원주민과 유라시아 북부의 사냥 문화에서는 늑대를 존경하고 심지어 숭배하기까지 한다. 사냥 중에 또는 죽은 동물을 앞에 두고 늑대와 인간이 만날 경우 상호 이해가 필요하다. 처음에는 위험한 경쟁자에게 부상을 당하지 않도록 피하는 게 필수적이지만, 시간이 지나면서 이것이 매우 사회적인 두 종 사이의 협력으로 바뀌었을 것이다. 협력은 모두에게 이익이 될 수 있는 강력한 전략이다.

　우리는 늑대가 어떻게 처음 길들여지게 되었는지에 대한 진실을 결코 알아내지 못할 수도 있다(그건 빠진 조각이 매우 많은 고고학적 직소 퍼즐이다). 하지만, 20세기 후반에 러시아에서 진행된 놀라운 실험 프로그램 덕분에 동물을 길들이는 과정을 이해하게 되었다. 드미트리 벨랴예프Dmitry Belyaev는 1959년부터 여우를 대상으로 선택적인 번식 프로그램을 실행했다. 벨랴예프는 이 실험 목적을 위해 온순함이라는 단 하나의 행동적 특성을 지닌 여우를 골라서 교배시켰다. 여우들이 인간에게 어떻게 반응하는지에 따라 점수를 매겼다. 그중 실험자에게 접근하려는 의지가 가장 강하고 사람이 가까이 있을 때 두려움이나 공격성을 가장 적게 드러내는 여우를 다음 세대를 위한 번식용 여우로 이용했다. 그렇게 이어지는 세대마다 여우들을 테스트해서 순응성 시험에서 높은 점수를 받은 여우들만 번식시켰다. 훌륭한 실험에는 공정한 비교 대상을 제공할 수 있는 대조군이 필요하므로, 벨랴예프는 선택적 번식 프로그램 외에 무작위로 고른 여우를 번식시키는 프로그램도 함께 진행했다. 이 조건만 제외하면, 두 개체군은 동일한 상태로 유지되었다. 벨랴예프는 순응성을 테스트할 때 외에는 여우들과 상호작용을 너무 많이 하지 않으려고 주의했다. 여우가 사람에게 익숙해지도록 훈련하는 건 피하고 싶었기 때문이다.

불과 3세대 후부터 벨랴예프의 여우들이 점점 길들여지고 있다는 확실한 결과가 나오기 시작했다. 한 세대가 지날 때마다 길들여진 여우의 비율이 증가해서, 20세대부터는 전체의 3분의 1이 길들여졌고 30세대가 지나자 절반 정도가 길들여졌다. 21세기 초가 되자, 사육 프로그램에 포함된 모든 여우가 사실상 길들여졌다. 그에 비해 대조군에 속한 여우들은 실험을 처음 시작할 때와 거의 똑같은 상태다.

물론 이것 자체는 그리 놀랍지 않다. 특정한 형질을 얻기 위해 번식시키면 해당 특성을 지닌 동물 비율을 증가한다는 건 다들 아는 사실이다. 흥미로운 점은 벨랴예프가 순응성과 함께 여우의 다른 부분에도 변화가 생긴 걸 발견했다는 것이다. 그가 교배시킨 여우들은 단순히 사람들을 받아들일 준비만 된 게 아니라 훨씬 근본적인 변화를 나타냈다. 길들여진 여우들은 마치 집에서 기르는 개처럼 행동했다. 장난기가 더 많고 꼬리를 흔들며 손을 핥고 인간 조련사들의 관심을 끌려고 서로 경쟁했다. 외모도 달라졌다. 털 색깔이 바뀌고 코와 주둥이 부분이 짧아졌으며 이빨이 작아지고 귀도 축 늘어졌다. 놀랍게도 이 모든 변화는 인간에게 우호적인 성향을 지닌 여우를 번식시킨 부산물이었다. 집에서 기르는 개에게서 매우 익숙하게 볼 수 있는 이런 특성들은 서로 연관되어 있기 때문에 순응성이 있는 개체를 선택하면 나머지는 패키지로 따라오는 것이다. 수천 년 전에 늑대들에게도 이와 비슷한 과정이 일어났다고 상상하는 게 타당할 것이다. 그런 과정을 거쳐서 결국 오늘날 우리가 알고 있는 개들이 존재하게 된 것이다.

벨랴예프의 여우들이 사람과 더 친근해지자 또 다른 흥미로운 변화가 생겼다. 인간의 몸짓을 이해하는 데 더 익숙해진 것이다. 다시 한번 말하지만, 이건 번식 프로그램이 애초에 달성하고자 한 목표가 아니었고 사람들과 친해지면서 발전한 특성도 아니다. 그건 순응성과 함께 발전한 일련의 변화 중 일부다. 사실 여우는 집에서 기르는 개만큼이나 사람의 몸짓을 잘 읽는다. 이게 특히 인상적인 이유는 개들은 이 능력이 매우 뛰어나서 늑대보다 훨씬 낫고 매우 똑똑한 우리의 유인원 사촌인 침팬지보다도 낫기 때문이다. 개를 키우는 사람들은 종종 자기가 던진 공의 방향을 개에게 가리킬 수 있는 것이나 개들이 우리 기분이나 행동의 아주 미묘한 변화를 감지할 수 있는 걸 당연하게 여긴다. 개는 인간에게 매우 익숙해서 우리가 하품을 하면 자기도 따라서 할 정도인데, 특히 주인과 매우 친밀한 관계일 때는 더 그렇다. 이 동물이 자기와 같은 종과의 원활한 상호작용을 위해 발전시킨 기술이 확장되어 우리까지 포함하게 되었다. 개가 우리의 사회적 세계의 일부가 되면서 우리도 그들 세계의 일부가 된 것이다.

8장. 고래의 꼬리음과 문화

고래와 돌고래는 모든 사회성 동물 가운데
가장 신비롭고 협동적인 존재다

만남

나는 보트 옆부분을 잡고 물속에서 다리를 천천히 움직이면서 신호에 바짝 주의를 기울이고 있다. 배가 높은 파도 꼭대기로 올라가자 멀리 있는 뭔가를 발견한 선장이 엔진을 멈췄다. '가세요, 가요, 가!'

나는 친구와 함께 보트에서 손을 떼고 대서양에 완전히 몸을 담갔다. 대서양 해저는 우리 발에서 수천 미터나 아래에 있다. 잠시 후, 보트는 가버리고 우리 둘만 남았다. 물은 우리 머리 위의 공기만큼이나 맑지만, 깊은 심연 위에 떠 있자니 현기증이 난다. 그래도 곧 이런 비이성적인 생각을 잠재우고 수평선에 시선을 고정시켰다. 지금 내가 할 수 있는 건 기다리면서 희망을 품는 것뿐이다. 그때 시야 가장자리에 파란 바다를 배경으로 거대한 형체가 나타났다. 하나 더, 그리고 또 하나 더.

그들이 날 향해 똑바로 다가오면서 점점 형태가 뚜렷해진다. 나는 물에 둥둥 뜬 채로 잔뜩 흥분해서 그 광경을 지켜본다. 지금 난 지구상에서 가장 큰 포식자 세 마리, 그 유명한 항해소설《모비 딕Moby-Dick》의 무시무시한 주인공인 향유고래와 마주하고 있다.

당시 난 고래의 사회적 행동을 연구하기 위해 아조레스 제도에 있었는데, 약간의 두려움을 안고 그곳에 갔다. 대서양 한복판의 이 섬에는 향유고래가 거주하고 있어서 생물학자들이 이 장엄한 동물을 연구하기에 가장 좋은 장소 중 하나지만, 고래와 아조레스 사람들의 관계가 항상 조화로운 건 아니었다. 고래잡이는 오래전부터 이곳 문화의 중요한 부분으로 1984년까지 그 활동이 이어졌다. 향유고래는 다른 고래 친척들처럼 장수하는 동물이라서 수명이 인간과 비슷하다. 아조레스 제도의 포경 활동이 끝난 지 27년이 지났지만 이 지역의 성체 향유고래들은 자신들을 사냥하는 인간을 겪어봤을 가능성이 높다. 그러니 이 똑똑한 짐승들이 물속에서 우리와 마주쳤을 때 조심하거나 심지어 공격적으로 행동할 이유가 충분하다고 생각했다.

하지만 자기 영역을 돌아다니는 가장 큰 이빨고래류를 만날 기회를 놓칠 수는 없었다. 고래와 가까이 접촉할 수 있는 허가를 받는 것은 쉽지 않은 일이기 때문에 더욱 그랬다. 이런 기회가 또 있을지 없을지 누가 알겠는가? 그래도 4명으로 구성된 우리 팀이 처음으로 마달레나^{Madalena} 항을 떠날 때, 멜빌의 유명한 소설을 바탕으로 1956년에 제작한 영화의 클라이맥스에서 작살에 맞은 거대한 고래에게 덤벼들던 그레고리 펙^{Gregory Peck}의 모습이 자꾸 머릿속에 떠올랐다. 그날의 항해와 그 후 며칠 동안 이어진 항해에서 우리는 고래들이 푸른 물결 속으로 사라지는 감질나는 모습만 볼 수 있었다. 우리가 사용한 작은 보트는 기동성이 뛰어나다는 장점이 있지만 큰 파도에는 잘 대처하지 못했고 그렇게 거친 바다에서 고래를 발견하는 건 원래 어려운 일이다. 그 항해는 뱃멀미 대처법에 대한 집중 훈련 과정이었고 나는 뱃멀미를 이겨내기 위해 엄청난 양의 약을 복용했다. 동료 중 한 명인 로맹은 자기 몸을 신성한 신전으로 여겼기 때문에 화학물질 복용을 피했고, 그 결과 뱃전에 몸을 축 늘어뜨린 채 차라리 이대로 죽기를 바라면서 대부분의 시간을 보냈다. 조사 기간 초반에는 매일 똑같은 나날이 반복되었다. 대서양의 거친 파도를 따라 위아래로 출렁이는 배에 앉아 수평선만 뚫어져라 쳐다봤고, 간간이 들려오는 로맹의 헛구역질 소리가 우리의 유일한 사운드트랙이었다. 그렇게 아무 성과도 없이 계속 시간을 흘려보냈지만 동물을 찾기 위해서는 이런 과정이 정말 중요하다. 확실한 보장을 원한다면 동물원에 가야 할 것이다.

우리의 탐색 과정은 망보는 사람으로 고용되어 피코^{Pico} 섬을 탄생시킨 화산 중턱의 오두막에 자리잡은 주앙이라는 늙은 뱃사람의 날카로운 눈 덕분에 도움을 받았다. 주앙이 예전에는 포경선을 위한 정찰자로 일하면서 이런 기술을 익히고 연마했다고 생각하니 기분이 이상하다. 시대는 변했지만 그의 직업은 바뀌지 않았다. 우리는 고래를 도살하기보다 이해하게 되었다. 하지만 처음 4일 동안은 경험 많은 주앙조차도 파도가 심한 바다에서 고래를 찾는 데 애를 먹었다. 고래가 있다는 확실한 징후는 그들의 분출물, 즉 고래가 잠수를 끝낼 때 머리 위 분수공에서 증기처럼 뿜어져 나오는 공기와 지저분한 다른 물질들이다. 적당한 크기의 고래는 수면에서 몇 미터 위까지 습한 공기를 내뿜을 수 있지만, 거친 바다에서 그걸 발견하려면 행운이 필요하다.

　파도 아래 깊숙한 곳에서는 고래들이 먹이를 먹고 있다. 그들은 햇빛이 전혀 들지 않는 암흑의 심연 속으로 2킬로미터나 내려가서 한 번에 한 시간 이상 머물 수 있는 뛰어난 잠수부다. 하지만 일반적으로는 그렇게 무리할 필요가 없다. 모든 건 그들이 어디에서 먹이를 찾을 수 있느냐에 달려 있다. 향유고래는 뛰어난 사냥꾼이고 하루에 오징어와 물고기를 0.5톤 정도는 너끈히 먹는다. 그들이 먹이를 먹는 바다 깊숙한 곳에는 빛이 거의 들지 않기 때문에 사냥감을 찾을 때 반향 정위 신호에 크게 의존한다. 그렇긴 해도 심해 오징어는 대부분 생체 발광을 하며 자기들끼리 소통하거나 사냥할 때 빛의 펄스를 생성한다. 어둠 속에서 스스로 빛을 발하는 먹이가 있다는 사실이 고래들에게 도움이 될 수도 있지만, 빛을 번쩍이는 오징어 무리에 둘러싸여 있으면 방향 감각을 잃을 수도 있다. 그래서 약삭빠른 향유고래들은 어선에 접근해서 긴 낚싯줄에 걸려 있는 물고기를 낚아채는 방법을 배운다. 물론 이건 고래들의 엄청난 식욕을 만족시킬 수 있는 효과적인 방법이 아니라 보너스에 가깝지만 말이다.

향유고래는 특히 덩치가 크고 찾기 힘든 먹이를 사냥할 때는 자신들에게 유리한 쪽으로 균형을 맞추기 위해 서로 행동을 조정하면서 협력한다. 고래들은 두 마리씩 짝을 짓거나 작은 무리를 이뤄 먹이 먹는 곳으로 내려간 뒤 바닷속 1킬로미터에 걸쳐 늘어서서 수색 경계선을 형성하는데, 이건 먹잇떼를 찾기 위한 현명한 방법이다. 하지만 빽빽이 모여있는 오징어 떼를 찾는 건 전투의 일부분일 뿐이다. 고래에 장착한 수중 GPS 장치에서 얻은 데이터는 그들이 먹이를 획득하기 위해 여러 갈래로 나눠서 공격한다는 걸 보여준다. 고래 한 마리는 오징어 떼 아래로 잠수해서 더 깊은 물 속으로 도망가는 걸 차단하고 다른 고래들은 먹잇감 무리를 측면에서 공격한다. 하지만 향유고래가 하는 행동의 다른 많은 측면과 마찬가지로 그들의 사냥에 대한 지식도 아직 초기 단계에 머물러 있다.

이 먹잇감은 괴물 같은 크라켄Kraken의 전설에 영감을 주었다고 하는 대왕오징어보다 훨씬 무섭지는 않다. 하지만 몸길이가 10미터나 돼서 고래보다 훨씬 작지도 않다. 나이든 향유고래의 머리에는 곳곳에 커다란 원형의 흉터가 있는 경우가 많은데 이는 대왕오징어의 빨판 자국으로 이 거대한 해양 생물들 사이의 투쟁의 역사를 보여주는 증거다. 고래 사체를 부검하면 오징어 잔해가 많이 나오기 때문에 그들이 그런 위협적인 먹이를 먹는다는 사실을 확인할 수 있다. 하지만 그런 괴물을 제압하는 방법은 알려져 있지 않다. 향유고래의 아래턱은 외관상 매우 섬세하고 긴 원뿔 모양의 이빨이 박혀 있지만, 이빨 없는 늙은 고래들이 먹이를 찾아다니는 경우도 있다. 게다가 고래의 배에서 발견된 큰 오징어에 이빨 자국이 없을 때도 있어서, 마치 싸우지도 않고 진 것처럼 보인다. 이 퍼즐 조각을 바탕으로 고민한 끝에, 향유고래들이 오징어를 제압하기 위해 말 그대로 놀라운 전술을 적용했을 것이라는 이야기가 나왔다. 향유고래의 큰 머리가 음향 렌즈 같은 기능을 해서, 고래가 내는 소리에 초점을 맞춘 뒤 그 음량을 증폭시킨다. 이런 무기를 갖춘 고래는 아마 소닉 붐을 일으켜서 먹이를 기절시킬 수 있을 것이다. 매우 그럴듯한 이론이지만 실제로는 그렇지 않았다. 고래들이 내는 소음이 다른 해양 동물을 무력화시킬 수 있는지 실험해 봤지만 효과가 없었고, 최근에 향유고래들이 사냥할 때 내는 소리를 녹음했더니 반향 위치 측정을 위한 윙윙 소리와 딸깍거리는 소리는 들렸지만 엄청나게 큰 쾅 소리는 나지 않았다. 현재로서는 향유고래가 무서운 적을 제압하는 방법은 모든 고래들 가운데 가장 카리스마 있는 이 고래가 지닌 수수께끼의 일부로 남아 있다.

폭풍우가 아조레스 제도를 계속 장악하는 동안 그 성난 부르짖음이 내 생각을 가득 채웠다. 그러다가 마침내 여행 닷새째 되는 날, 파도가 누그러졌다. 드디어 우리에게도 기회가 생겼다. 아니나 다를까, 항해에 나선 지 얼마 지나지 않아 무전기가 지직거리는 소리와 함께 포르투갈어로 방향을 알려주는 흥분된 목소리가 들렸다. 선장은 방향을 바꾸면서 북서쪽으로 약 2킬로미터 떨어진 곳에 향유고래 떼가 있다고 말했다.

지난 며칠간 계속 허탕을 쳤지만 그래도 그 사이에 고래들과 접촉할 때의 프로토콜을 마련할 수 있었다. 선장은 고래들이 이동하는 경로를 도표에 표시한 다음, 우리를 고래보다 몇백 미터 앞선 지점에 내려놓고 보트를 멀리 떨어진 곳으로 몰고 갔다. 그러면 우리는 그 자리에서 기다리거나 아니면 고래를 가까이에서 관찰하기에 가장 좋은 지점으로 헤엄쳐 가면 된다. 만약 고래들이 진로를 바꾸거나 잠수하기로 결정한다면 그건 그냥 우리가 운이 나쁜 것이다. 만약 고래와 만나게 된다

애니멀 커넥션

면 그건 전적으로 고래의 뜻일 것이다. 게다가 고래는 생물학자가 아무리 오리발을 착용해도 도저히 따라갈 수 없는 빠른 속도로 조용히 전진한다. 여행의 처음 며칠 동안은 고래들과 만날 기회가 드물었고 시간도 짧았다. 고래들은 우리 눈에 겨우 보일 정도로 멀찍한 곳에서, 또는 훨씬 아래쪽에서 우리를 스쳐 지나가면서 몸을 옆으로 굴려 놀라울 정도로 작은 눈으로 우리를 응시하다가 이내 사라져 버렸다. 그래서 우리는 고래가 지나가는 동안 짤막한 메모를 하거나 ID를 기록할 수 있도록 단 몇 초만이라도 고래 옆에 머물 수 있길 기대했다.

하지만 이번에는 달랐다. 파도만 잠잠해진 게 아니라 고래들도 덜 서두르는 듯했다. 재빨리 지나가기보다는 느긋하게 한곳에 머물렀고, 갑자기 우리는 가족 놀이의 중심에 있다는 걸 깨달았다. 그건 내가 감히 꿈꿔왔던 것보다 훨씬 대단한 경이로운 경험이었다. 그러나 그냥 수면에 둥둥 떠서 수동적으로 즐길 수는 없었다. 신나게 펄떡거리는 고래들이 놀랍도록 가까운 거리까지 계속 다가왔기 때문에 강력한 꼬리가 나를 때릴 것처럼 위협할 때마다 서둘러서 길을 비켜야만 했다. 그 무리는 몸길이가 10미터가 넘는 거대한 어미 고래와 몸길이가 그 4분의 3쯤 되는 좀 작은 고래, 그리고 새끼 두 마리 등 총 네 마리로 이루어져 있었다. 이것만으로도 아주 훌륭한데 거기에 금상첨화로 성체 큰돌고래까지 같이 있었다.

고래와 돌고래는 서로에게 관대하지만, 생활 방식과 선호하는 먹이가 다르기 때문에 함께 어울리는 경우가 거의 없다. 그 돌고래는 등뼈에 눈에 띄게 굽은 부분이 있어서 등지느러미 바로 뒤쪽부터 몸이 비틀려 있었는데 그것 때문에 고래 무리와 함께 지내게 된 건지도 모른다. 그건 상처가 아니라(흉터가 없었다) 태어날 때부터 그랬던 것으로 보였다. 그럼에도 불구하고 그 돌고래는 역경을 무릅쓰고 성체가 될 때까지 살아남았다. 큰돌고래는 보통 엄청난 속도로 헤엄을 치는데 이 돌고래는 몸상태 때문에 그렇게 빠르게 헤엄치지 못했을 가능성이 있다. 만약 그렇다면, 그는 큰돌고래들의 사회생활에 끼지 못하고 고립되었을 것이다. 그래서 대신 고래들의 사회에 합류하게 된 걸지도 모른다.

그 후 20분 동안 고래들은 서로 끊임없이 대화를 나누면서 신기한 끽끽 소리, 두드리는 소리, 딸깍거리는 소리를 냈고, 간간이 돌고래가 내는 더 높은 음조의 울음소리도 들렸다. 고래들은 수면의 파도를 헤치며 돌아다녔고, 무리의 어린 구성원들은 거대한 어미 주위를 빙빙 돌았다. 그러더니 놀랍게도 고래들이 신기한 게임을 시작했다. 어미 고래가 노처럼 생긴 아래턱을 벌리자 작은 고래 한 마리가 입 안으로 헤엄쳐 들어와 자기 머리와 꼬리가 어미의 입 양쪽으로 튀어나오게 했다. 그러자 어미는 1~2초 동안 작은 고래를 아주 부드럽게 깨무는 것처럼 보였다. 깨물린 고래는 어미 입에서 헤엄쳐 나와 주위를 한바퀴 돌더니 다시 줄 뒤쪽에 합류했고, 이번에는 다른 새끼 고래가 똑같은 대우를 받으려고 어미 입 안에 자리를 잡았다. 큰돌고래까지 그 게임에 동참해서, 자기 차례가 되자 큰 어미 고래의 벌린 입 속으로 들어가 이빨에 살짝 물렸다. 놀이를 즐기는 고래들을 놔두고 자리를 떴지만, 한참 지난 뒤에도 이들과의 만남에 계속 매료되어 있었다. 우리가 아직 모르는 게 많은 이 동물의 놀라운 사회적 행동을 가까이에서 볼 수 있었던 것은 엄청난 특권이다.

육지로 돌아와서, 고래들이 어미의 입 속에 잠깐 들어간다는 게 무얼 의미하는지 곰곰이 생각해봤다. 이건 아마 영장류의 몸단장 행동과 비교할 수 있을 것이다. 몸단장의 즉각적인 역할은 털을 윤기 나게 다듬고 벌레가 없는 상태로 유지하는 것이지만, 그보다 더 중요한 건 그런 행동을 통한 관계 구축과 확립이다. 물론 고래에게는 손이 없기 때문에 이걸 할 수 없다. 그러니 이건 고래들이 육체적으로 자신을 표현하는 창의적인 방법일 것이다. 향유고래는 모계사회 집단에서 생활하고 그 집단의 핵심은 서로 혈연관계가 있는 암컷들로 구성되는데 주로 할머니와 그녀의 딸, 그리고 그들의 자손 등이 포함된다. 아들들은 청소년 시기까지만 이 무리와 함께 산다. 성적 성숙기에 접어든 수컷은 원래 살던 사회 집단에서 벗어나 고독한 생활을 하게 되지만, 두 마리 이상의 수컷들이 모여서 느슨한 총각 집단을 형성하는 것도 드문 일은 아니다. 그날 우리가 만난 집단은 향유고래 사회의 전형적인 구성이므로, 내가 본 모습은 어미가 신기한 고래 포옹의 형태로 가족에게 관심을 표한 것일 수도 있다. 그 과정에 돌고래가 합류했다는 건 돌고래도 그런 행동이 전혀 위협적이지 않다는 걸 안다는 말이다. 또 어미 고래가 돌고래에게 관심을 쏟았다는 건 비록 일시적일지라도 돌고래를 그 집단의 일원으로 받아들였음을 시사한다.

향유고래는 시력이 상당히 좋다고 알려져 있지만 그들의 주된 의사소통 수단은 소리다. 수중 환경은 때때로 시각적 의사소통에 어려움을 안겨주지만 물은 공기보다 훨씬 효과적으로 소리를 전달하는데, 많은 종의 고래들은 이를 자신들에게 유리한 방향으로 이용한다. 고래들이 내는 모든 소리 중에서 확연히 다른 게 하나 있었는데, 그들은 그 소리를 우리에게 처음 다가올 때만 사용했다. 그 쿵쿵 울리는 소리는 고통스럽지는 않았지만 온몸을 관통할 정도로 강렬했다. 이 소리를 설명할 가장 좋은 방법은 쇠막대로 타이어를 세게 쳤을 때 나는 소음처럼 들린다는 것이다. 고래들은 호기심 때문에 우리에게 접근해서 시각적으로나 음향적으로(그 쿵쿵거리는 소리를 이용해서) 우리를 탐색할 뿐, 그 배후에 공격적인 의도가 있는 것 같지는 않았다.

고래의 음파 검사 강도에 필적하는 건 없지만, 지금까지 고래들이 가장 빈번하게 낸 소리는 강한 리듬으로 깊게 울려퍼지는 딸깍 소리와 끽끽거리는 소리였다. 각 고래는 꼬리음coda이라고 하는 일련의 딸깍거리는 소리로 대화를 나눈다. 이 꼬리음에 내장된 소리 구조는 개체마다 다르기 때문에 그걸 통해서 서로를 인식할 수 있다. 따라서 이들은 가시거리를 훨씬 벗어난 곳에서도 접촉을 유지한다. 각 사회 집단은 의사소통을 위한 자기들만의 꼬리음 레퍼토리를 가지고 있지만, 향유고래 사회에서 주목할 만한 부분은 이런 집단들이 씨족이라는 더 크고 느슨하게 조직된 사회 구조에 속한다는 것이다. 각 사회 집단은 보통 10마리 이하의 고래들로 구성되지만, 씨족은 바닷속 수천 킬로미터에 걸쳐 분포하는 수백 또는 수천 마리의 고래로 구성될 수 있다. 향유고래 씨족의 흥미로운 점은 각 씨족마다 고유한 방언이 있어서 그 씨족만의 꼬리음을 만들어낸다는 것이다. 인간의 언어 집단 내에서 지역마다 다른 억양이 발달할 수 있는 것처럼, 고래들의 씨족별 방언도 지리적 범위와 관련이 있는 듯하다. 향유고래들이 서로 마주치면, 그들은 자기가 대화하는 상대방이 누구인지뿐만 아니라 그의 가족 집단과 씨족까지 알아낼 수 있다.

의사소통을 할 수 있다는 건 동물 사회의 결속력을 위해 분명히 중요하며, 고래가 심연까지 잠수했다가 돌아올 때 서로의 위치를 찾는 데 특히 중요할 수 있다. 어미가 내려가는 엄청나게 깊은 곳까지 잠수할 수 없는 가장 어린 새끼 고래들은 어미가 수백 미터 아래를 순찰하면서 깊은 곳에 사는 오징어를 찾는 동안 수면에 남아 있다. 몸길이 4미터, 몸무게 1톤에 달하는 갓 태어난 새끼는 생후 며칠 동안 옆구리에 주름이 잡히기도 하는데, 아마 어미 뱃속에서 몸이 접혀 있다가 나왔기 때문인 듯하다. 고래도 인간처럼 어릴 때는 성체와 목소리가 달라서, 어른보다 확연히 높은 소리로 의사소통을 한다.

신생아의 존재는 어미뿐만 아니라 집단 전체에도 중요하다. 새끼는 보호를 받고 젖을 먹기 위해 어미에게 많이 의존하지만 다른 구성원들도 새끼 키우는 걸 돕는다. 새끼 고래는 먹이를 보충하기 위해 친절한 암컷 친척에게 의지할 수도 있다. 다른 포유동물처럼 고래도 젖을 먹고 자란다. 하지만 이런 수생동물들은 젖을 먹는 게 상당히 어렵다. 말하자면 물속에서 물을 마셔야 하는 상황인 것이다. 그래도 다행히 고래의 젖은 질감이 코티지 치즈와 비슷하다. 따라서 후루룩 마신다기보다는 먹는 쪽에 가깝다. 여기서는 새끼 고래의 예를 들었지만, 때로는 성년이 가까워지는 고래들도 십대 정도까지 어미 젖으로 영양 보충을 하는 것 같다. 암컷 친척은 어미가 먹이를 찾는 동안 가족 중에서 가장 어린 개체들과 함께 수면에 남아 그들을 돌본다. 그러나 항상 그렇지는 않아서 어미가 없는 동안 어린 고래 혼자 남겨질 수도 있다. 다른 고래종의 어린 새끼들처럼, 새끼 향유고래도 호기심과 장난기가 많다. 우리가 돌고래 떼를 보려다가 실패한 뒤 수면에 머물러 있을 때, 어린 향유고래가 우릴 찾아오는 걸 보고 이걸 직접 느꼈다. 어떤 이유 때문인지 우리에게 호기심을 느낀 그 작은 고래는 사람을 믿는 듯한 태도로 주위를 헤엄쳐 다니면서 우리를 쿡쿡 찌르거나 코를 비벼댔다. 이것은 정말 특별한 만남이었지만 사실 위험할 수도 있다. 새끼 고래는 자기 방식대로 술래잡기를 하면서 즐거워하는 것 같았지만, 새끼 고래에게 절대로 스트레스를 주지 않는 게 중요했다. 또 하나 고려해야 할 사항은 어미 고래가 어떤 반응을 보일 것인가다. 우리가 14톤짜리 고래의 보호본능을 일깨운다면 상황이 크게 잘못될 수도 있다. 하지만 그 새끼 고래는 우리 곁을 떠나지 않았다. 우리가 헤엄쳐서 멀어지면 바로 따라왔는데, 아직 어리긴 해도 우리의 한심한 수영 실력쯤은 쉽게 능가할 수 있다. 우리는 어미가 돌아올까 봐 초조하게 깊은 바닷속을 들여다보면서 새끼 고래의 관심을 받아들일 수밖에 없었다. 몇 분 후 어미가 다시 수면으로 떠올랐지만 이 상황에 개의치 않는 듯했고, 우리 곁에 잠시 머물다가 새끼를 데리고 떠났다.

　여행이 끝나는 날, 마지막으로 고래를 보기 위해 잠깐 배를 띄웠다. 우리가 사해동포주의적인 향유고래 집단을 처음 만난

지 나흘이 지났지만 다행히 행운은 우리 편이었고, 외톨이 돌고래는 여전히 향유고래 무리와 어울리고 있었다. 우리가 해양 낙원을 떠나고 몇 주 뒤에 가이드들이 이 무리를 다시 봤는데 그때도 돌고래가 함께 있었다는 소식을 들었다. 그건 내가 생각했던 것보다 더 장기적인 관계였다. 돌고래는 놀라운 수준으로 고래 집단과 상호작용하고 있었다. 이런 모습은 적어도 두 종의 사회적 경향 정도, 즉 동반자를 찾아서 유지하려는 뿌리 깊은 충동이 어느 정도인지 알려준다.

이런 특이한 동반자 관계를 목격하고 나자 많은 면에서 더 많은 궁금증이 생겼다. 예를 들어, 돌고래는 척추측만증 때문에 움직임이 불편할 텐데 어떻게 먹이를 찾는 걸까? 외관상으로만 보면 그 돌고래는 평소에 잘 먹고 지내는 듯 매우 통통했다. 돌고래는 고래와 함께 먹이를 찾을 수 없다. 자기를 입양해 준 가족의 뛰어난 잠수 실력을 따라갈 수 없기 때문이다. 그렇다면 먹이를 스스로 잡는 걸까? 아니면 고래들이 어떤 식으로든 먹이를 제공해주는 걸까? 때때로 향유고래는 잡은 오징어를 수면으로 끌고 올라오기도 한다. 어쩌면 돌고래는 그 먹이를 마음대로 먹을 수 있을지도 모른다. 이건 좀 무리한 억측일 수도 있지만, 돌고래가 어떤 방법으로 영양분을 공급하든 그 집단에서 확실하게 인정받은 구성원처럼 행동하는 건 분명했다. 이 사례는 이런 일이 일어날 수 있는 향유고래 사회의 특이한 구조를 보여준다. 이들과 비슷한 많은 포유류 집단에서는 혈연관계가 있어야만 무리에 정식으로 받아들인다. 친족관계는 향유고래에게도 물론 중요하지만 그것이 향유고래의 관계를 결정하는 유일한 요인은 아니다. 향유고래의 사회적 유대 관계를 유전적으로 검사해보면, 그들이 가족 구성원은 물론이고 외부자와도 장기적인 관계를 맺고 있다는 걸 보여준다. 물론 돌고래의 사례는 극단적인 경우지만, 두 종의 놀라운 유연성을 시사한다.

공격과 방어

매우 사회적인 이 포유류의 또 하나 주목할 만한 특징은 위협에 대한 반응이다. 최근까지 일부 전문가들은 향유고래, 특히 성체 고래는 본질적으로 포식자의 위협에 영향을 받지 않는다고 자신 있게 말했다. 그 어떤 포식자도 거대한 향유고래에게 도전할 수는 없다고 생각할지도 모르지만, 사실 그럴 만한 능력이 있는 동물이 하나 있다. 범고래는 매우 지능적인 사냥꾼이고 성체 향유고래를 상대할 수 있을 만큼 덩치도 크다. 어떤 이들의 말에 따르면, 범고래killer whale라는 이름은 스페인어 asesina ballenas, 문자 그대로 '고래를 죽이는 자'라는 말에서 따온 것이라고 한다. 범고래가 자기보다 몸집이 더 큰 고래 종을 사냥하는 모습을 본 스페인 어부와 고래잡이 들의 기록을 통해 이런 이름을 얻은 것이다. 범고래에 대한 우리의 감탄과 그 이름에 대한 약간의 거부감을 고려해, 학명인 오르키누스 오르카^{Orcinus orca} 줄여서 오르카(orca)라고 부르는 경우가 점점 늘고 있다. 하지만 사실 이 이름에도 부정적인 함의가 담겨 있다. '오르키누스'는 '죽음의 왕국에서 온'이라는 뜻으로 번역될 수 있기 때문이다. 오르카 PR은 이 정도로 해두겠지만, 이 고래가 지구상에서 가장 혁신적이고 지적이고 무자비한 사냥꾼들 중 하나라는 사실은 변함이 없다.

범고래가 향유고래를 공격한 기록은 여럿이지만, 1997년에 캘리포니아 해안에서 최대 35마리의 범고래들이 9마리의 향유고래 무리를 공격한 사건을 설명한 미국 해양수산청의 로버트 피트먼^{Robert Pitman}과 그 동료들의 기록은 보기 드물게 강렬하고 참혹하다. 공격은 이른 아침에 시작되어 몇 시간 동안 계속되었고, 미국 연구선에 탑승한 과학자들은 이 모습을 끝까지 관찰했다. 향유고래들은 위협에 대응하기 위해 함께 모여서 마거리트^{marguerite} 대형을 이룬다. 마거리트는 프랑스어로 데이지라는 뜻인데, 향유고래들이 머리는 대형의 중심 쪽을 향하게 하고 몸은 꽃잎처럼 바깥쪽을 향해 뻗기 때문에 상당히 어울리는 이름이다. 어리고 취약한 고래들은 위험을 피하기 위해 데이지의 중심부에 모인다. 심지어 거두고래 같은 다른 작은 고래들도 이 피난처를 찾는 것으로 알려져 있다. 성체

고래들의 머리가 안쪽으로 향해 있기 때문에 그들은 공격자를 향해 가장 강력한 무기인 꼬리를 휘두를 수 있다. 이 전략은 사향소 같은 동물들의 공동 방어 전략이나 오래전에 인간 병사들이 형성하던 보병 방진과 공통된 부분이 많다. 하지만 아무리 통합된 진지도 괴멸될 수 있는 법이고, 이 경우에는 향유고래들이 수적으로 매우 열세였다. 범고래의 전략은 소모전을 통해 사냥감의 기운을 점점 빼면서 자신들의 부상 위험은 최소화하는 신중한 전략이었다. 피트먼의 기록에 따르면 범고래들은 번갈아 가며 공격을 했고 부상을 입으면 뒤로 물러났다. 이 전략은 효과가 있어서 범고래들이 향유고래 사이에서 움직일 때마다 희생자들에게서 신선한 피가 흐르고 공격 지역 주변에는 고래기름이 둥둥 떴다.

물속에 피가 퍼지자 범고래들의 공격이 더 강해졌다. 향유고래들은 갈수록 심한 상처를 입었다. 피트먼은 많은 고래의 피부와 지방질이 커다란 시트처럼 찢겨져 나가고 어떤 고래는 내장까지 드러났다고 기록했다. 향유고래들에게는 유감스러운 일이지만 끝이 눈앞에 다가온 것이 너무나 분명했다. 범고래들은 처음 공격을 시작한 지 4시간 만인 11시에 마침내 향유고래의 방어 대형을 무너뜨리는 데 성공했고, 지친 희생자들은 더 심한 공격에 노출되었다. 거대한 수컷 범고래가 무방비 상태로 물에 떠 있던 향유고래 한 마리의 보호되지 않은 옆구리를 맹렬하게 강타하면서 모든 게 끝났다. 희생자를 붙잡은 수컷은 테리어가 쥐를 물고 흔들 듯 자신의 거대한 희생자를 물고 흔들었다. 공격은 끝났고 범고래들은 이후 한 시간 동안 향유고래 시체를 놓고 잔치를 벌이면서 전리품을 즐겼다. 확실하게 죽은 한 마리를 제외하면 다른 향유고래들이 어떤 운명을 맞았는지는 불분명하다. 어쩌면 탈출했을지도 모르고, 상처의 심각성을 생각하면 그들도 결국 죽었을지도 모른다.

그날 피트먼과 동료들 앞에서 야만적인 사건이 벌어지긴 했지만, 사실 향유고래에 대한 범고래의 공격이 성공적으로 끝나는 경우는 극히 드물다. 아마 그날 공격이 성공한 결정적인 요인은 향유고래가 적들에 비해 수적으로 열세였던 탓일 것이다. 향유고래의 몸에 남은 흉터 패턴은 범고래가 가한 폭력의 증거를 명확하게 보여준다. 예를 들어, 한 조사에서는 향유고래의 거의 3분의 2가 범고래에게 물린 자국을 가지고 있었다. 그러나 피트먼의 사건 설명은 몇 안 되는 믿을 만한 목격자 진술 중 하나다. 범고래는 새끼가 있는 향유고래 무리를 목표로 삼을 수도 있지만, 향유고래들은 대부분 공격을 물리칠 수 있다. 수컷 향유고래가 근처에 있는 것만으로도 범고래의 공격 의도를 차단하기에 충분하다. 수컷은 암컷 향유고래보다 몸집이 3분의 1이나 더 크기 때문에 그 옆에 있으면 가해자들이 왜소해 보인다. 하지만 그런 수컷들도 주변에서 범고래의 존재를 감지하면 조심스러워진다. 범고래가 완전히 성장한 수컷 향유고래를 잡는 건 불가능하지만, 수컷은 어릴 때 범고래의 위협을 받았던 기억이 떠올라서 그런 반응을 보이는 듯하다. 범고래 소리가 들리면 이 거대한 향유고래들은 수면으로 떠오른다. 예방책으로 산소 공급량을 보충해서 범고래들이 따라오지 못할 깊은 곳으로 잠수해 탈출하려는 것이다. 그러나 도망치는 게 그들의 첫 번째 본능은 아니다. 그들은 위험에 맞설 위협적인 방어를 제공하기 위해 다른 동족들에게 가까이 다가가서 경계 상태를 유지한다.

범고래에게 가장 취약한 건 암컷과 그 새끼들로 이루어진 무리다. 가장 어린 새끼는 깊은 곳까지 잠수할 수 없기 때문에 어미도 어쩔 수 없이 수면에 머물러야 하고, 따라서 마거리트 대형이 취약한 새끼를 보호하는 주된 방법으로 된다. 그러나 그게 유일한 방어 수단은 아니다. 고래의 방어 전략에는 새끼를 보호하려는 어미의 단순한 욕망을 뛰어넘는 강한 이타주의가 존재한다. 위에서 설명한 잔인한 공격이 진행될 때, 관찰자들은 범고래가 적극적으로 대형을 깨려고 하는 동안 향유고래들이 서로를 도왔다고 말한다. 범고래가 가끔 향유고래 한 마리를 마거리트 대형 밖으로 끌어내면 그 고립된 동물은 무시무시한 공격에 직면했다. 하지만 내 생각에 고래들의 행동에서 가장 주목할 만한 부분은, 이런 일이 일어났을 때 다른 고래 한두 마리가 대형에서 빠져나와 고립된 동료를 호위해서 다시 방어 대형으로 데려왔다는 것이다. 그렇게 하면 범고래들이 이 구조자들에게 관심을 돌려서 야만적인 공격의 초점이 된다는 이야기지만, 그들은 그런 대가를 기꺼이 감수했다.

며칠 후, 피트먼과 동료들은 범고래가 다른 향유고래 무리를 공격하는 걸 목격했다. 이 사건에 대한 그들의 설명은 향유고래가 적을 방어할 때 서로 얼마나 협력할 수 있는지에 대한 놀랍고도 생생한 그림을 보여준다. 이번에는 향유고래 다섯 마리로 이루어진 무리가 수면에 떠있는 모습을 관찰하고 있었는데, 그 지역에 더 많은 고래가 활동하고 있는 걸 발견했다. 첫 번째 무리에서 1킬로미터 정도 떨어진 곳에 새끼가 포함된 다른 향유고래 무리가 있었다. 그보다 1킬로미터 더 떨어진 곳에서, 범고래 다섯 마리가 두 번째 그룹을 향해 움직이고 있었다. 다가오는 위험을 감지했는지 두 번째 향유고래 무리가 잠시 물속으로 들어갔다. 그들이 왜 그런 행동을 했는지 정확하게 알 수는 없지만, 한 가지 가능성은 위협받는 고래들이 잠깐 잠수를 하면서 주변에 경보를 보낸 것일지도 모른다. 그게 조난 신호였는지 아니면 단순히 근처에 범고래가 있다는 걸 알리는 신호였는지는 모르겠지만, 더 멀리 있던 향유고래 무리가 진로를 바꿨다. 두 무리의 향유고래가 합류하는 동안 더 많은 고래들이 도착했다. 아마 먹이를 찾으러 잠수했다가 호출

신호를 듣고 돌아온 듯하다. 이제 범고래들이 처음에 목표로 삼았던 무리가 15마리로 늘어나 강력해졌다. 하지만 이것만으로는 범고래들을 완전히 단념시킬 수 없었다. 성체 암컷 범고래 한 마리가 향유고래 무리에게 다가가 그들 사이에서 움직였다. 수면에 형성된 기름 줄기는 범고래가 향유고래를 공격해서 상처를 입혔다는 걸 뜻한다. 향유고래들이 겪는 소동과 동요는 관찰자들뿐만 아니라 근처에 있는 다른 향유고래들에게도 분명히 전해졌다. 관찰자들은 다른 향유고래 무리들이 사방에서 몰려오는 놀라운 광경을 설명했다. 개중에는 7킬로미터나 떨어진 곳에서 오는 고래들도 있었는데 엄청나게 빠른 속도로 헤엄치는 바람에 머리 주위에 선수파가 형성될 정도였다. 결국 현장에 50여 마리의 향유고래가 모여들었다. 궁지에 몰린 소규모 향유고래 무리가 공격받을 때는 마거리트 대형을 이용하지만 이렇게 많은 수의 향유고래가 모이자 전략이 좀 달라졌다. 그들은 빽빽하게 밀집해서 하나의 응집력 있는 무리를 형성했고, 다들 똑같이 범고래가 있는 방향을 향했다. 이제 수적인 면에서 위험할 정도로 열세에 몰린 범고래들은 공격을 포기하고 현장을 떠났다. 눈앞의 위험이 사라지자 향유고래들은 원래처럼 여러 집단으로 나뉘어 뿔뿔이 흩어졌다.

공동의 적을 방어하기 위해 넓은 바다에서 수십 마리의 향유고래를 불러모으는 모습은 인류애의 가장 좋은 측면과 비

8장. 고래의 꼬리음과 문화

교될 만하다. 인류 역사를 통틀어 가족과 국가가 위험에 처했을 때 서로 단결했던 적이 많다. 그러나 향유고래의 이타주의가 우리의 가장 좋은 면을 생각나게 한다면, 반대로 우리 행동의 그리 매력적이지 않은 이면도 유념해야 한다. 향유고래가 집단 구성원의 고통에 반응하는 경향이 있다는 사실에 주목한 포경업자들은 고래 한 마리를 다치게 하면 그 지역에 있는 다른 향유고래들까지 그 장소로 모여들 것이라는 걸 금세 깨달았다. 그래서 다친 고래는 끔찍한 덫에 걸린 미끼가 되었고 고래들의 이타적인 순진함이 그들을 파멸시켰다.

향유고래는 수백 년 동안 사람들의 관심의 초점이었다. 고래잡이 시대에는 그들을 이용하기 위해 특성을 연구했다. 최근에는 상업보다는 과학적인 관심을 통해 그 종에 대한 깊은 이해를 발전시켰다. 그에 반해 범고래는 포경업자들의 관심에서 완전히 벗어나지는 않았지만 그래도 향유고래만큼 심하게 착취당하지는 않았다. 한 가지 이유는 크기가 작고 기름도 훨씬 적어서 포획물로서의 가치가 떨어지기 때문이다. 그러나 향유고래와 마찬가지로 범고래에 대한 최근 연구를 통해 이 동물의 행동과 사회 구조에 대한 유례없는 통찰력을 얻게 되었다.

복잡한 범고래

범고래에 대한 이야기를 시작하자마자 문제에 부딪쳤다. 우리가 지금 이야기하려는 건 하나의 종일 수도 있고 아니면 하나의 표제 아래에 묶여 있는 여러 개의 아종일 수도 있다. 문제를 복잡하게 만드는 건, 종이란 게 정확히 무엇인가에 대해 다양한 정의가 공존한다는 것이다. 요컨대 좀 엉망진창이다. 다행히 이건 행동에 관한 책이기 때문에 더 난해한 논쟁을 피할 수 있고, 이와 관련된 싸움은 유기체를 분류하는 이들에게 맡겨두면 된다. 내가 말할 수 있는 건 전 세계 바다에는 엄청나게 다양한 행동을 하는 이 놀라운 동물들이 살고 있다는 것이다. 때로는 이들 각각을 특정한 생태학적 틈새를 차지하고 있는 범고래의 한 형태, 즉 생태형이라고 부르기도 한다. 식단은 이들을 구분하는 가장 확실한 차별화 포인트 중 하나다. 이들이 얼마나 다양한지 예를 하나 들어보자면, 남극에는 펭귄만 먹는 생태형도 있고 거기에서 함께 사는 다른 생태형은 펭귄은 거부하고 바다표범만 먹으며 세 번째 생태형은 다른 고래를 사냥하는 일에 도전한다. 또 물고기에만 의존하는 생태형도 있는데 이들이 먹는 어종도 극히 제한되어 있다. 예를 들어, 어떤 유형은 대구에 집착하고 어떤 유형은 청어만 먹으며 자기 메뉴에 가오리와 상어만 올리는 유형도 있다. 미국의 태평양 북부 해안을 따라 캐나다 해역으로 넘어가면 두 가지 생태형이 공존하고 있다. 그 지역에 '정주하는' 범고래는 물고기만 먹고 사는 반면 '단기 제류자'로 알려진 범고래는 포유류 사냥꾼이다. 이건 단순한 선호도의 문제가 아니다. 지금보다 범고래에 대한 지식이 부족하던 시대에 포유류를 먹는 단기 체류형 범고래가 해양 수족관에 갇혀 있었는데, 감금된 상태에서 제공받은 물고기를 먹는 걸 단호히 거부하다가 결국 굶어 죽었다.

식단 자체가 종이나 아종을 정의하지는 않지만, 범고래의 희귀한 지능과 생태형의 전문화 경향이 결합되어 여러 가지 매혹적인 행동으로 이어진다. 뉴질랜드 앞바다에 사는 범고래는 주로 가오리를 먹고 산다. 상어의 가까운 친척인 가오리는 몸이 납작해서 해저에서 먹이를 찾으며 살 수 있다. 범고래는 똑똑하게도 가오리 신체의 신비한 부분을 그들에게 대항하는 무기로 사용한다. 가오리의 몸을 재빨리 뒤집어서 등이 아래를 향하게 하면 긴장성 부동화라고 하는 일종의 무방비 상태가 된다. 평소에 범고래는 둘씩 짝을 지어 일한다. 한 마리는 가오리 꼬리를 잡아서 해저에 숨어 있던 가오리를 끌어내고 그 파트너는 머리를 물어 죽인다. 이렇게 재빨리 해치운 가오리를 범고래 무리들이 물고기 피자처럼 나눠 먹는다. 다른 곳에 사는 범고래들도 이와 똑같은 마취 기술을 사용하는데, 샌프란시스코 인근의 파라론 제도Farallon Islands에서 발생한 사건을 통해 가장 확실하게 입증되었다. 이곳은 세계에서 가장 큰 백상아리들이 모이는 장소인데 개중에는 범고래와 크기가 비숫한 것도 있다. 그러나 목격자의 설명에 따르면, 범고래는 이 무서운 먹잇감을 죽이기 전에 몸을 뒤집어서 꿈나라로 보내는 데 성공했다. 이건 유용한 전술이며, 이 똑똑한 동물이 새로운 기술을 배울 수 있는 능력에 대해 많은 걸 알려준다.

　북대서양에 사는 범고래는 깊은 물 속에서 겨울을 나는 거대한 물고기 떼에서 자기들이 감당할 수 있는 만큼의 청어들을 분리하기 위해 서로 협력한다. 그런 다음 범고래는 먹잇감을 수면 쪽으로 몰아간다. 사냥꾼들은 공항의 수하물 컨베이어 벨트처럼 빙글빙글 돌면서 먹잇감을 에워싸고 분수공을 통해 거품 커튼을 뿜어내면서 청어들을 향해 하얀 배를 번쩍인다. 이런 상황에 놀라고 범고래들이 만든 고리 안에서 심한 괴롭힘을 당한 청어들은 한곳에 촘촘하게 모이게 되고, 범고래는 드디어 결정적인 한 방을 날릴 수 있게 된다. 범고래는 꼬리를 교묘하게 채찍처럼 흔들어서 먹잇감을 향해 강력한 진탕성 압력파를 보내 그들을 기절시킨다. 이제 그들에게 남은 일은 희생자들의 무력해진 몸을 집어삼키는 것뿐이다. 범고래들이 모든 작업을 끝내고 나면 초대도 받지 않은 혹등고래들이 파티에 난입하는 경우도 가끔 있다. 시간을 잘 맞춘 한 번의 상승과 돌진만으로도 범고래들의 노력이 모두 수포로 돌아간다. 혹등고래가 거대한 입을 쩍 벌리고 신중하게 몰아놓은 물고기 떼를 한꺼번에 다 삼켜버리기 때문이다. 다른 범고래 생태형들은 때때로 자기보다 더 큰 고래를 표적으로 삼기도 하지만, 혹등고래가 물고기를 먹는 이 범고래들을 두려워할 이유는 거의 없다.

포유류를 사냥하는 생태형은 다른 문제에 직면해 있다. 바다표범이나 고래처럼 지능적인 먹잇감을 전문으로 하는 범고래는 정교한 포식 전략을 개발해야 한다. 그 결과는 매우 극적이라서 전 세계 야생동물 영화 제작자들의 관심을 끌었다. 파타고니아에서는 바다사자 새끼들이 젖을 떼는 시기에 맞춰서 범고래들이 바다사자 번식지에 도착한다. 이 범고래들은 순진한 새끼들이 자기 출생지에서 모험을 떠날 때까지 기다리지 않고 공격 통로를 이용해서 해안에 가까이 다가간다. 엄청난 속도로 헤엄쳐서 해안으로 튀어오른 사냥꾼은 깜짝 놀라서 경계를 게을리하고 있던 바다사자를 낚아챈다. 한편 남극의 범고래들은 협동 작전과 물리학에 대한 절묘한 이해를 이용해서 떠다니는 부빙 위에 있던 바다표범을 물속에 빠뜨린다. 범고래들이 부빙을 향해 단체로 돌진하면 커다란 파도가 일고, 이 파도가 피난처에 있던 바다표범을 쓸어내리거나 얼음판이 뒤집히면서 그 위에 있던 바다표범이 반기는 범고래들의 품속으로 떨어진다.

범고래가 가까운 친척인 수염고래와 싸울 때는 협업이 특히 중요하다. 성체 수염고래들은 대부분 크기가 워낙 커서 덤비는 게 거의 불가능하지만 새끼들은 취약하다. 범고래의 목표는 그들의 목표물을 어미와 떼어놓는 것인데, 그러려면 아낌없는 노력을 기울여야 한다. 그들은 불쌍한 고래들을 마구 들이받거나 물어뜯고 자기 몸을 어미와 새끼 사이에 밀어 넣어서 새끼를 분리시킨다. 이 작업이 성공하면, 자기 몸으로 허약해진 수염고래 새끼의 등을 눌러서 파도 아래로 밀어 넣어 산소를 차단한다. 그건 차마 눈 뜨고 보기 힘든 광경이라서 곤경에 처한 희생자들을 동정하지 않을 수가 없다. 하지만 이를 통해 범고래의 뛰어난 지능이 증명된다. 그들이 먹잇감보다 한 수 앞서기 위해 단결하는 수준은 침팬지 같은 동물과 동등하며 이들은 인상적인 지능을 공유한다. 또 범고래가 문화와 학습 능력, 세대를 거쳐 지식을 축적할 수 있는 능력을 보유하고 있고, 경이로울 만큼 성공적인 사냥 전략을 발전시킬 수 있음을 시사한다.

'당신이 먹은 음식이 곧 당신이 된다'라는 말이 범고래만큼 잘 어울리는 동물도 없다. 그들의 식이 전문화 수준과 생태형의 문화적 발전 때문에 범고래들 사이에 더욱 확실한 차이가 생긴다. 각 생태형은 자기와 같은 종류의 범고래하고만 관계를 맺고 번식하는 경향이 있으며, 언어와 비슷한 고유한 발성 패턴이 있고 고유한 색상 패턴을 가진 경우도 많다. 예를 들어, 북동 태평양의 이동성 범고래와 정주성 범고래는 같은 물

411

8장. 고래의 꼬리음과 문화

을 공유하지만 서로 교류하는 일은 거의 없다. 사실 그들은 서로를 피하는 것처럼 보인다. 이런 외모, 식생활, 방언의 차이 외에도 사회적 행동에도 현저한 차이가 있다.

포유류를 잡아먹는 이동성 범고래는 보통 세 마리(성체 암컷 한 마리와 자식 한두 마리) 정도가 작은 무리를 이루어 산다. 이 무리는 때때로 더 큰 집단과 섞이기도 하지만 그건 일시적인 만남일 뿐이고 결국 모든 무리는 각자 자기 길을 갈 것이다. 비록 무리 규모는 작지만 그들은 매우 효율적으로 힘을 합쳐서 사냥을 한다. 각 개체마다 다른 역할을 맡지만 그 역할은 언제든지 서로 바꿀 수 있다. 바다표범을 궁지에 몰아넣으면 범고래 한 마리는 먹잇감보다 더 깊은 곳에 자리를 잡고 탈출을 막는 블로커 역할을 하고, 다른 범고래들은 번갈아 가면서 꼬리나 가슴지느러미로 운 나쁜 먹잇감을 공격한다. 빠르게 헤엄치는 알락돌고래를 사냥하려면 다른 전술이 필요하다. 범고래 두 마리가 한 팀을 이루어 뒤를 쫓으면서 추격자 역할을 교대로 맡는다. 그래서 한 마리가 지치면 다른 범고래가 추격을 계속하는 식으로 해서 알락돌고래가 마침내 지칠 때까지 계속 따라다닐 수 있다. 먹잇감이 무엇이든 상관없이 범고래들은 믿을 수 없을 정도로 성공적인 사냥꾼들이며, 아마 포유류를 먹잇감으로 삼는 사냥꾼 가운데 가장 성공률이 높을 것이다. 브리티시컬럼비아주에 있는 사이먼 프레이저^{Simon Fraser}

대학교 연구원인 로빈 베어드$^{Robin\ Baird}$와 래리 딜$^{Larry\ Dill}$은 138번의 공격을 관찰했는데 그중 두 번을 제외하고 모두 성공했다고 한다. 일단 공격을 시작하면 먹잇감이 굴복할지 말지가 문제가 아니라 언제 굴복하느냐가 문제인 것 같다.

이동성 범고래들은 먹잇감을 찾는 동안 자기들이 다가가고 있다는 걸 미리 알아차리지 못하도록 소리 내는 걸 멈추고 '무선 침묵'을 유지한다. 그러나 일단 목표물을 발견하고 추적을 시작하면, 추적 과정을 조정하기 위해 의사소통을 재개한다. 먹잇감을 추적할 때의 외곬수적인 모습은 사냥이 끝난 뒤의 행동과 뚜렷한 대조를 이룬다. 사냥을 마친 범고래들은 평온해 보이는 모습으로 서로의 주변을 헤엄치면서 지느러미를 탁탁 치거나 물 위로 뛰어오르기도 한다. 범고래는 사냥에 참여한 무리들끼리 사냥감을 나눈다. 베어드와 딜은 범고래 한 마리가 입에 바다표범을 물고 다른 범고래에게 접근한 모습을 설명한다. 둘은 바다표범 시체를 양쪽에서 물고 잡아당겨서 둘로 나눠 가졌다고 한다.

서식 범위 일부에서 이동성 범고래와 함께 사는 정주성 범고래는 훨씬 군집성이 강해서 10여 마리가 무리를 이뤄서 산다. 물고기를 사냥할 때는 필요한 것들이 다르기 때문이기도 하다. 먹이 떼를 발견한 정주성 범고래들은 포유동물을 사냥하는 범고래만큼 사냥 노력을 긴밀하게 조정할 필요가 없다. 또 하나 중요한 사실은 특정 장소에서 물고기를 쫓는 사냥꾼 수가 늘어나도 서로의 성공을 방해하지 않는다는 것이다. 이들의 사회 집단은 포유류의 전형적인 토대인 모계를 기반으로 구축되어 있다. 무리 구성원은 모두 한 암컷의 후손이며, 무려 4세대가 한꺼번에 공존하면서 자연계에서 가장 오랫동안 지속되는 가족관계 중 하나를 이룬다. 그들은 코끼리 사회와 거의 같은 방식으로 모가장에 의해 하나로 묶여 있다. 가족들을 불러 모을 때는 나이 든 암컷이 수면을 꼬리로 내려쳐서 주의를 끄는데, 물의 우수한 전달 특성 덕에 이 소리는 아주 멀리까지 퍼져 나간다. 그녀는 중요한 정보의 보고 역할을 하며, 자신의 경험을 활용해서 무리를 좋은 사냥터로 이끈다. 심지어 연어를 잡아서 가족들에게 파티 선물처럼 나눠주기도 한다.

남방 상주 범고래는 해양 포유류 가운데 가장 오랫동안 꼼꼼하게 연구한 동물 중 하나다. 40년 넘게 진행된 연구는 이 카리스마적인 생물에 대한 매혹적인 통찰을 제공했다. 남방 상주 범고래를 종합적으로 설명하자면, 밴쿠버섬이 보호하는 연안 해양 지역인 살리쉬 해Salish Sea에서 일년 내내 볼 수 있는 3개의 무리로 이루어진 씨족 집단이다. 우리는 이 연구를 통해 범고래가 모든 포유류 가운데 가장 오래 사는 동물 중 하나라는 걸 알게 되었다. J 무리의 일원이었던 그래니Granny라는 범고래는 죽을 때 100살이 넘었던 것으로 추정된다. 그 데이터는 또 생물학계의 매우 흥미로운 질문에 대한 답을 제공한다. 예를 들어, 범고래는 갱년기를 겪는 몇 안 되는 동물 중 하나다. 대부분의 동물은 일단 성체가 되면 생식력이 유지되는 동안만 살지만, 우리 인간과 범고래는 생식기가 끝난 뒤에도 오랫동안 삶을 영위한다. 암컷 범고래는 40살이 넘으면 출산을 거의 하지 않지만 그 이후에도 수십 년 넘게 살 수 있다. 우리에게는 너무나 익숙하고 당연한 일이기 때문에 의문을 제기하지 않지만, 생물학은 그렇게 감성적이지 않다. 왜 이 늙은 범고래들은 더는 번식이 불가능한데도 계속 살아가는 걸까? 답은 자신과 유전자를 공유하는 이들의 성공을 촉진하는 것이 진화적인 측면에서 훌륭한 전략이기 때문이다. 앞서 보았듯이, 범고래는 바로 이런 행동을 촉진할 수 있는 환경인 긴밀한 가족 집단 안에서 살아간다. 게다가 수컷과 암컷 자손이 모두 무리에 남아 있다. 성체 수컷들은 때때로 다른 무리에 속한 암컷과의 관계를 즐기기 위해 무리에서 무단이탈하기도 하지만 항상 다시 돌아온다.

암컷 범고래가 죽으면 그 새끼는 무리에 있는 다른 젊은 암컷의 새끼들과의 먹이 경쟁에서 점점 뒤처지는 것처럼 보인다. 아마 더 활기차고 젊은 어미들이 자기 새끼들에게 우선권을 주는 모양이다. 결국 이런 경쟁 때문에 나이 든 암컷의 새끼는 잘 자라서 살아남을 가능성이 낮아지므로 나이 든 암컷은 번식으로 얻을 수 있는 이득이 적다. 하지만 아마 가장 놀라운 발견은 이 나이든 모가장들이 무리의 다른 구성원들에게 미치는 유익한 영향일 것이다. 나이 든 암컷이 죽은 뒤에 무슨 일이 일어나는지 연구하면 그런 모가장을 무리에 두는 게 얼마나 가치 있는 일인지 알 수 있다. 어미가 죽은 뒤 1년 동안 성체 암컷 새끼가 사망할 위험이 어미가 아직 살아 있을 때보다 5배나 높아진다. 성체 수컷 새끼의 경우에는 사망 위험이 자그마치 14배나 높아진다. 왜 자식의 성별에 따라 사망 위험이 다른 걸까? 한 가지 가능성 있는 이유는 수컷 범고래는 자기 무리 밖에서 짝짓기를 해서 유전자를 퍼뜨리기 때문에 그 새끼들이 자기 어미가 태어난 무리와 직접적으로 경쟁하지 않는다는 것이다. 그래서 어미는 아들을 편애하면서 그들을 불균형하게 많이 도와주고, 결국 이런 도움에 과도하게 의지하게 된 젊은 수컷들은 어미의 도움이 없으면 살아가기 힘들어진다는 주장도 있다. 진실이 무엇이든, 어미 범고래가 자손들의 삶에서 매우 중요한 역할을 한다는 건 분명한 사실이다.

인간 관찰자가 볼 때 범고래 사회의 유대는 강력하고 매우 흥미롭다. 사냥할 때 서로 협력하고 나중에 잡은 먹이를 공유하는 것은 사회적 유대를 강화한다. 사회적인 동물들이 사냥감을 공유하는 예는 많다. 사자 무리가 잡은 영양을 놓고 다 같이 포식하는 모습이 가장 먼저 떠오르지만, 그 외에도 다양한 사례가 있다. 그보다 훨씬 드문 사례는 동물들이 혼자서 잡아 먹을 수 있는 작은 먹잇감을 남들과 공유하는 것이다. 정주성 범고래는 물고기 전문가지만 그중에서도 가장 좋아하는 건 연어, 특히 치누크 연어다. 하지만 범고래는 종종 먹이를 다른 무리 구성원들과 나눠 먹으며, 물고기를 여러 개로 쪼개서 주변에 돌린다. 이런 행동은 모든 무리 구성원들 사이에서 일어날 수 있지만, 성체 암컷이 자기 자식들에게 이런 식으로 먹이를 제공하는 게 가장 흔한 경우다. 그 외에도 장애가 있는 무리 구성원에게 먹이를 지원하는 범고래에 대한 보고도 있다. 장애가 있는 범고래들은 지느러미가 없는 경우가 많은데 태어날 때부터 그랬는지 아니면 사고로 지느러미를 잃었는지는 알 수 없다. 이유가 무엇이든 지느러미가 없으면 속도와 기동성에 영향이 생기므로 이런 동물은 직접 먹이를 잡기가 어렵다. 이런 불운한 범고래들이 스스로 먹이를 찾도록 내버려두지 않고, 다른 무리 구성원들이 그들에게 먹이를 공급하는 책임을 진다. 이렇게 다정한 태도 덕분에 냉혹하고 무자비한 사냥꾼이라는 범고래의 이미지가 상쇄된다.

돌고래 고객

지금껏 야생에서 만난 모든 동물 가운데 날 살피면서 평각한다는 느낌을 가장 많이 받은 동물은 큰돌고래다. 가장 기억에 남는 만남은 향유고래를 만났던 바로 그 여행인 아조레스 제도에서의 만남이다. 오리발을 착용하고 유리 같은 물속으로 잠수해서 생명체를 찾고 있었는데, 어느 순간 십여 마리의 돌고래 떼가 옆으로 다가왔다. 그들은 날 둘러싸고 끽끽, 삑삑, 휘휘 시끄럽게 떠드는 소리로 물을 가득 채웠다. 그들이 나에 대해 무슨 말을 했는지 알고 싶었다. '누가 그 뚱뚱한 남자를 데려온 거야?' 같은 말만 아니라면 말이다. 어느 순간, 느슨하게 흩어져 있던 돌고래들이 한데 똘똘 뭉치더니 나보다 몇 미터 아래로 잠수했다. 그곳에서 멈춘 돌고래들은 물속에 똑바로 선 채로 나란히 움직이지 않고 거의 일렬로 서서 나를 지켜보고 있었다. 그리고는 내가 그리 대단한 상대처럼 보이지 않았는지, 대열을 흐트러뜨리고 다시 한번 주변을 빙빙 돌다가 시야에서 사라졌다. 큰돌고래와 그보다 더 큰 돌고래 사촌인 범고래, 그리고 훨씬 더 큰 향유고래는 상당히 지능이 뛰어난 동물로 인정받고 있지만, 그 순간 내가 받은 인상은 단순히 머리가 좋다는 느낌 이상이었다. 지각력이 매우 뛰어나고 의식 있는 동물에게 평가받는 기분이었다.

동물 의식에 대한 문제는 뜨거운 논쟁거리다. 또 현재의 과학적인 능력으로는 충분히 만족할 만한 답을 얻을 수 없기 때문에 철학적인 문제로 비화된다. 우리는 뇌를 들여다볼 수 있고, 심지어 뇌의 활동 패턴을 조사할 수도 있다. 하지만 아직 동물의 마음속에 무엇이 들어 있는지는 볼 수 없다. 동물을 대상으로 거울 속의 자신을 인식하는 능력 같은 걸 테스트할 수는 있다. 돌고래는 이 테스트를 통과했는데, 이는 그들에게 적어도 자기 인식 능력이 있다는 걸 암시한다. 하지만 그 이상은 알 수가 없다. 돌고래는 판단 능력이 있을까? 생각에 대한 생각을 할 수 있을까? 보편적으로 인정되는 답은 없다. 동물 의식의 존재에 대한 나의 본능적인 인식은 과학적 타당성이 없다. 그냥 강렬한 감각이었기 때문이다. 하지만 이들이 최고로 지능적인 생물이라는 데는 의심의 여지가 없다.

동물들 중 지능이 가장 높은 건 사회적 동물인데, 돌고래는 모든 동물 가운데 가장 복잡한 사회를 이루어 살고 있다. 그들의 사회는 끊임없이 변화하는 연관성의 모자이크인데, 수십 마리의 개체들과 지속적인 관계를 유지할 수 있는 정교한 인식 능력이 이를 뒷받침된다. 이들은 결성과 해체를 자주 반복하는 작은 무리를 지어서 이동한다. 새로운 개체가 합류하기도 하고 기존 개체가 다른 동반자를 찾아 떠나기도 하기 때문이다. 수컷들은 어릴 때부터 평생 이어질 수 있는 유대 관계를 맺기도 한다. 성년기가 가까워지면 이 연합이 수컷들의 전략, 특히 공격적인 성적 행동을 위한 전략의 중심이 된다. 수컷은 잠재적인 파트너를 강압하려고 할 수 있기 때문이다. 때로는 여러 수컷 연합이 힘을 합쳐서 더 큰 무리를 이룬 다음, 규모가 큰 암컷 집단에 도전하거나 다른 수컷의 지배 하에 있는 암컷을 빼앗으려고 한다. 그와 달리 암컷은 같은 성별끼리 더 폭넓은 관계를 맺고 있지만, 수컷처럼 관계의 공고하지는 않다. 이는 여성의 사회적 본능에 영향을 미치는 발정기와 모성기의 순환 패턴과 어느 정도 관련이 있다. 하지만 암컷들도 때로는 자신과 새끼들을 보호하기 위해 다 같이 힘을 합쳐서 수컷 연합의 위협에 맞서는 것으로 알려져 있다.

큰돌고래는 단순히 함께 어울리는 것 이상의 다양하고 매혹적인 방법으로 상호작용한다. 예를 들어, 가까운 동료들끼리는 움직임을 동기화해서 물속에서 수면으로 올라가거나 잠수할 때 서로의 행동을 따라 한다. 이건 어미와 보조를 맞추고 옆에 붙어서 모든 동작을 따라하던 어린 시절의 경험에서 비롯된 행동일 수도 있다. 그러니 사회적 파트너와 함께 이런 식으로 행동하는 건 자연스러운 진전일 것이다. 때로는 나란히 헤엄치다가 서로의 가슴지느러미를 만지기도 하는데 이건 돌고래 식의 손잡기라고 할 수 있다. 또 돌고래들끼리 사이가 틀어지면 지느러미로 서로의 몸을 쓰다듬어서 손상된 관계를 회복시키기도 한다.

큰돌고래는 신체적인 연대 표시뿐만 아니라 흥미롭고 복잡한 언어를 가지고 있으며, 주변에서 새롭고 흥미로운 것(아조레스 제도에서 헤엄치는 풍풍한 생물학자 같은)을 발견하면 중

계방송을 하기도 한다. 우리는 돌고래들의 언어, 특히 우리가 '식별 휘파람'이라고 부르는 걸 어느 정도 이해하기 시작했다. 이건 향유고래의 꼬리음처럼 각 돌고래들이 내는 특징적인 소리로, 이걸 이용해서 각 개체를 식별할 수 있다. 인간의 아기처럼 돌고래도 태어나면서부터 소리를 내기 시작하고, 따라하는 능력도 매우 뛰어나서 주변에서 들리는 소리를 직접 실험해 본다. 하지만 식별 휘파람을 확정하기까지는 1~2년 정도 시간이 걸린다. 그리고 그 과정에서 자랄 때 옆에 있던 어른들의 영향을 강하게 받는다. 하지만 새끼 돌고래가 반드시 가장 가까이 있는 돌고래의 울음소리를 자기 울음소리로 정하는 건 아니다. 어린 돌고래들은 다양한 영향을 혼합해서 자기만의 휘파람 소리를 구성하고, 때로는 가끔 들르는 방문객들의 이국적인 발성에 마음이 끌릴 수도 있다. 소리 정체성이 정해지면 다른 돌고래들과 만날 때 그걸 사용한다. 남들과 만났을 때 자신의 신원을 알리는 것도 물론 식별 휘파람의 중요한 용도지만, 돌고래들은 이를 한층 더 발전시킨다. 자기가 만난 다른 돌고래의 식별 휘파람을 그대로 따라 하는 것이다. 돌고래는 목소리로 개체를 식별할 수 있는 유일한 동물은 아니지만, 우리가 이름이라고 부르는 특정한 꼬리표를 사용해서 야생에서 다른 개체를 부르는 유일한 동물이다.

돌고래의 어휘는 서로의 이름을 부르는 데만 국한되는 게 아니라 상황에 따라서 내는 다양한 소리를 모두 포함한다. 무리 구성원들을 한데 모으기 위한 특징적인 울음소리가 있고, 놀이를 하면서 내는 소리와 고통, 분노, 공격성 등을 나타내는 소리도 있다. 한편 돌고래 무리들은 먹이를 찾아다니는 동안 먹이가 있는 장소에 대한 자세한 정보를 자기 무리와 공유하며 다른 돌고래들을 좋은 장소로 안내하기도 한다. 잡기 힘든 물고기를 잡으면 끽끽거리면서 기뻐하는 소리를 내고, 불러도 오지 않는 새끼들 때문에 화난 어미가 내는 소리도 있다. 새끼들은 상어의 손쉬운 먹잇감일 뿐만 아니라 다른 돌고래들의 공격 표적이 될 수도 있기 때문에, 제멋대로 돌아다닐 경우 화난 어미의 분노를 사는 건 당연한 일이다. 잘못을 저지른 새끼에게는 어미가 이렇게 꾸짖는 소리로 훈육을 하고, 때로는 어미가 자기 코를 새끼 옆구리에 대고 누르면서 화난 소리로 웅웅거리거나 심한 경우 한동안 새끼를 바다 밑바닥에 붙들어두는 등 더 심한 처벌을 내리기도 한다. 한바탕 호통을 들은 새끼 돌고래는 자기 가슴지느러미로 어미 머리를 쓰다듬으면서 어미를 진정시키려고 할 수도 있다. 돌고래는 수다쟁이이긴 하지만 조용히 해야 할 때가 있다는 걸 안다. 상어가 주위를 배회할 때는 무리 전체가 조용히 침묵한다.

돌고래의 발성은 광범위하고 복잡하다. 그들이 내는 다양한 소리를 끽끽, 휘휘, 구워억, 꽥꽥, 퐁퐁 같은 단어를 사용해서 인간의 말로 옮겨봐도, 거기에 담긴 복잡미묘한 의미를 돌고래처럼 능숙하게 전달할 수가 없다. 우리는 이해를 가로막는 기본적인 장벽에 직면해 있다. 연구 현장에서는 이미지를 이용해서 돌고래 소리에 대한 언어적 설명을 뒷받침하는데, 특히 울음소리를 음향 주파수와 시간에 따른 진폭 그래프로 변환해서 보여주는 분광기를 이용한다. 최근에는 돌고래의 의사소통 내용이 얼마나 풍부한지 포착하기 위해 또 다른 기술을 사용했다. 사이마글리프cymaglyph는 돌고래가 물속에서 발생시킨 진동 패턴에 따라 각각의 울음소리를 자세한 그림 형태로 변환한다. 음파를 탐지하는 돌고래는 주변 물체에 반사되어 돌아오는 음파를 사용해서 이런 물체들의 이미지를 효과적으로 구성하는 것으로 생각된다. 어떻게 생각하면, 소리를 이용해서 보는 것이다. 따라서 사이마글리프는 돌고래가 사용하는 것과 비슷한 방식으로 그들의 울음소리를 시각화할 수 있게 해주는 셈이다. 아직 초기 단계이긴 하지만 다른 종의 언어를 더 깊이 이해할 수 있는 가능성이 흥미를 돋운다.

이렇게 잘 발달된 뇌를 가진 동물답게 돌고래는 뛰어난 혁신가이자 능숙한 학습자다. 그래서 그들은 자연계에서 가장 특별한 사냥 전략을 개발했다. 멕시코만에 사는 돌고래들은 좁은 원을 그리며 헤엄치면서 꼬리지느러미로 진흙투성이 물을 빠르게 두드려 진흙탕으로 포위 장벽을 만들어서 그 안에 물고기를 가둔다. 아마 벽 안에 갇혔다고 생각한 물고기는 펄쩍 뛰어 여기서 도망치려고 할 것이다. 그게 바로 돌고래들이 기다리는 반응이다. 물고기가 튀어오르면 돌고래는 입을 쩍 벌리고 능숙하게 물고기를 잡는다. 한편 조류 세곡에서는 다른 큰 돌고래들이 물고기를 육지로 몰아넣어서 잡는 방법을 쓰고 있다. 물고기를 개울의 경사진 둑으로 밀어 올려서 자신과 물고기 모두 진흙 속으로 몰아넣으면 고립된 물고기를 쉽게 잡을 수 있다. 그리고 웨스턴오스트레일리아주의 샤크 베이^{Shark Bay}에 사는 몇몇 돌고래 무리는 해저에서 해면을 채취해 그걸로 자기 아래턱을 덮어서, 거친 바위 아래 은신처에 사는 다루기 힘든 물고기를 끌어낼 때 턱이 다치지 않도록 보호한다.

어미 젖을 받아먹다가 번개처럼 빠르고 매우 미끌미끌한 물고기를 직접 잡아서 먹이를 해결한다는 건 결코 쉬운 일이 아니다. 다양한 접근법이 있고 무리 내의 어떤 돌고래에게서든 사냥법을 배울 수 있지만, 어미의 사냥 전략은 그 자손이 나중에 의지하게 되는 전략에 가장 큰 영향을 미친다. 돌고래들이 이런 행동을 대대로 전달한다는 증거가 있다. 예를 들어, 해면을 이용한 행동은 거의 2세기 전에 한 암컷 돌고래가 '깨달음의 순간'을 겪으면서 시작된 것으로 보인다. 흥미로운 점은 돌고래가 특정한 전략을 개발하면 그것이 먹이를 구하는 방법뿐만 아니라 어울리는 상대까지 결정하는 경향이 있다는 것이다. 해면을 이용하는 돌고래는 일종의 전문가 클럽에서 자기처럼 해면을 이용하는 동물들과 교류한다. 이런 기술 습득은 단순히 새끼가 어미의 행동을 보고 따라하는 것일 수도 있지만, 몇몇 돌고래 어미는 자기가 어렵게 습득한 삶의 기술을 새끼들에게 의도적으로 가르친다는 걸 암시하는 증거가 있다. 새끼들과 함께 사냥에 참여한 어미는 어린 자식들을 가르치기 위해 혼자 사냥할 때보다 더 오랫동안 시간을 끌면서 먹잇감을 추적하는 것처럼 보인다. 아마도 경험을 제공하기 위한 수단일 것이다.

혹등고래에게는 혹이 있을까?

50년 전, 히피 문화가 한창이던 시절에 전 세계를 사로잡은 음반이 발매되었다. 특이하게도 그건 동물이 녹음한(어떤 의미에서는) 음반이었다. 〈혹등고래의 노래Songs of the Humpback Whale〉는 베스트셀러 앨범이 되었고, 그 잊혀지지 않는 상징적인 소리는 이 생물에 대한 우리의 태도를 재고하게 했다. 이는 초기의 고래 구조 운동을 대중화하고 지지를 모으는 데 도움이 되었고 결국 포경에 대한 모라토리엄으로 이어졌다. 혹등고래 노래 녹음본은 심지어 외계 문명에게 전달하기 위한 메시지의 일부로 보이저Voyager 우주선에 실리기까지 했다.

몇 년 전에 통가 앞바다에 띄운 배의 뱃전에 앉아 바다로 뛰어들 순간을 기다리면서 이 생각을 하고 있었는데, 조금 떨어진 곳에서 혹등고래가 노래를 시작했다. 나는 놀랍도록 아름다운 순간에 신비롭고 초자연적인 노래가 들리는 어떤 계시적인 경험을 기대하고 있었다. 나는 물에 뛰어들었고 카메라는 이미 녹화를 시작한 상태였다. 나중에 다시 들으면서 그 천상의 장엄함을 영원히 즐기기 위해서였다. 고래는 고개를 숙이고 거대한 몸을 비스듬히 기울인 당당한 포즈를 취하고 있었고 커다란 가슴지느러미가 뮤지컬 드라마에 출연한 오페라 스타처럼 양쪽으로 튀어나와 있었다. 다만 한 가지 사소한 문제가 있었다.

그의 노래는 끔찍했다.

내가 지나치게 비판적이라서 살짝 음이 틀린 정도로 이런 말을 하는 게 아니다. 내가 아는 한, 100킬로미터 반경 안에서 혹등고래의 노래를 듣는 이들은 모두 그 감동적인 노랫소리에 매료된다고 했다. 하지만 내가 들은 소리는 마치 숙취에서 깨어나는 돼지소리처럼 들렸다. 그 고래는 나보다 노래를 못하는 지구상의 몇 안 되는 동물 중 하나였다.

통가를 방문하는 동안, 먹이가 풍부한 남극 대륙에서 살다가 겨울 휴가차 이곳에 와 있는 20여 마리의 혹등고래들과 함께 물속에서 시간을 보내는 행운을 누렸다. 새끼들을 가까이에서 돌보고 있는 어미들과 거대한 수컷 두 마리가 암컷 한 마리를 열렬히 쫓아다니던 걸 제외하면 혹등고래들은 각자 따로 움직였다. 그건 그리 놀라운 일이 아니며 몇 년 전에 학부에서 배운 내용을 확인시켜 줬다. 고래는 크게 두 그룹으로 나뉜다. 향유고래나 돌고래 같은 이빨고래와 혹등고래, 흰긴수염고래, 참고래 같은 수염고래다. 그들의 사회성에 따라 두 집단을 깔끔하게 나눌 수 있다는 게 통념이었다. 이빨고래는 분명히 군집성이지만 수염고래는 그렇지 않다. 혹등고래와 그 동족들은 혼자 살고 혼자 먹이를 찾으며 천성적으로 혼자 있는 걸 좋아한다. 그들에게는 집단이 제공하는 보호가 필요치 않으며 먹이를 찾으려고 애쓰지도 않는다. 사실 먹이를 먹을 때 서로 너무 가까이 있으면 오히려 방해가 될 수 있다. 이들은 가장 사교적인 동물이 아니며 따라서 사회성에 관한 책에도 그리 어울리지 않을 거라고 추측할 수 있다.

하지만 뭔가를 추측하는 것과 실제로 아는 것은 완전히 다른 문제다. 과학에서 가장 중요한 건 기존의 생각에 철저하게 도전하는 것인데, 최근 들어 혹등고래와 그들의 사회 세계에 대한 우리의 관점을 바꿔놓을 증거가 나타났다. 동물 집단의 결정적인 특징 중 하나는 그 구성원들이 감각적으로 접촉한다는 것이다. 그건 소리를 전달하는 물의 특성을 이용해 수백 킬로미터 떨어진 곳에서 서로 의사소통을 하는 고래들에게 잘 들어맞는 규칙은 아니다. 혹등고래는 원격으로 연락을 하

8장. 고래의 꼬리음과 문화

면서 관계를 유지할 수 있다. 1990년대 후반에 나타난 놀라운 발견을 통해 우리는 그들이 서로의 이야기를 경청하면서 주의를 기울이고 있다는 걸 알게 되었다. 혹등고래는 전 세계 바다에 널리 분포되어 있지만 각 대양 분지에 사는 수컷들은 거의 같은 노래를 부르는 경향이 있다. 그들의 노래는 항상 똑같은 게 아니다. 특정 지역에 사는 수컷들이 자기가 들은 노래와 다른 수컷들이 부르는 최신 곡에 맞춰서 자신의 노래를 조정하기 때문에 시간이 지나면서 점점 변한다. 때로는 노래가 완전히 달라질 수도 있다. 호주 동부 해안의 혹등고래들은 1997년부터 4000킬로미터 떨어진 서부 해안에 사는 혹등고래들에게 배운 새로운 멜로디를 부르기 시작했다. 이걸 태즈메이니아 해로 건너온 몇몇 수컷에게서 배운 건지 아니면 남극으로 이동하거나 먹이를 먹던 중에 우연히 들은 건지는 알 수 없지만, 1998년이 되자 동부 해안의 모든 혹등고래들이 서부 해안 고래들의 노래를 흥얼거리고 있었다. 그건 음악의 형태로 진행된 문화 혁명이고, 전적으로 사회적 영향을 통해 이루어진 일이다.

우리는 이제 이런 혁명이 주기적으로 일어난다는 걸 알고 있다. 고래들의 음악은 개별 수컷들이 자기 노래에 꾸밈음을 추가하면서 점점 더 복잡해지는데, 이건 아마 가수들 무리 속에서 돋보이기 위한 수단일 것이다. 그러면 다른 동료 수컷들도 자기 노래에 이런 요소를 집어넣기 때문에 개체군 전체에 걸쳐 노래가 점점 성장 발전하는 효과가 생긴다. 그러다가 주기적으로 대대적인 개혁과 혁명이 일어나면 고래들은 기본으로 돌아가 다른 간단한 노래를 부르면서 다시 그 과정을 시작한다.

고래를 사회적인 노래 학습자로 인정하는 것 자체가 판도를 바꾸긴 했지만, 그게 혹등고래가 독단적인 외톨이라는 생각을 반박할 수 있는 유일한 증거는 아니다. 북아메리카 해안에서는 혹등고래들이 작은 무리를 지어 먹잇감인 물고기를 잡을 때 협력한다. 이 물고기 습격을 위해, 고래들은 깊은 곳까지 잠수한 뒤 분수공에서 공기를 내뿜기 시작한다. 함께 협력하면서 발성을 통해 작업 과정을 조정한 고래들은 위로 올라가면서 물고기를 몰아넣어 가둘 기둥 모양의 기포 커튼을 만든다. 마침내 수면과 가까워지면 고래 한 마리가 공격 신호를 보내고, 다들 동굴 같은 입을 벌리고 물고기에게 달려들어 다 집어삼킨다. 때때로 고래들은 레퍼토리에 새로운 걸 추가하기도 한다. 1980년에 메인 만에서 혹등고래 한 마리가 꼬리로 수면을 강타하고 있는 모습이 목격되었다. 이런 특이한 행동은 이 창의적인 고래가 번식을 위해 그 지역에 모여드는 까나리를 먹기 위해 개발한 획기적인 방법인 것으로 밝혀졌다. 그 후 몇 년 동안 고래 개체군 사이에 이 꼬리 치기 방법이 전파되었다. 수컷 고래의 노래처럼 이것도 학습된 행동이고, 긴밀하게 연관되어 있는 고래 네트워크를 통해 한 개체에서 수많은 개체로 확산되었다.

우리는 혹등고래를 온순한 거인이라고 생각한다. 고래들이 번식과 출산을 위해 모이는 통가에서, 수면에서 움직이지 않고 가만히 있는 젊은 암컷을 우연히 발견했다. 나는 내가 뭘 보게 될지 확신하지 못한 채 망설이면서 접근했다. 아픈 걸까? 처음에는 눈을 감고 있었지만 내가 가까이 헤엄쳐 가자 눈을 뜨고 엄숙한 시선으로 날 바라보았다. 몇 초간의 검토 결과 내가 대단치 않은 존재라고 판단한 듯 다시 눈을 감았다. 나는 고래가 부상을 입었는지 확인하기 위해 좀 떨어진 곳에서 주변을 빙빙 돌았는데 걱정할 만한 점이 보이지 않아서 다시 보트로 돌아왔다. 한 시간쯤 뒤, 암컷 고래가 수면에 떠 있는 잎이 무성한 나뭇가지를 가지고 장난을 치는 걸 보고 아까는 그냥 자고 있었던 모양이라고 생각했다. 고래는 장난감을 갖고 노는 고양이처럼 가슴지느러미로 나뭇가지를 튕기기도 하고 입에 물고 끌고 다니기도 했다. 내가 접촉한 거의 모든 혹등고래들은 공격적이지도 않고 두려워하지도 않는 수동적인 방식으로 내게 반응했다. 이건 그들이 태평스러운 거대 동물이라는 생각을 확인시켜주는 것처럼 보일 수도 있지만, 그 생각이 100퍼센트 정확한 건 아니다. 번식기에는 기운찬 수컷들이 암컷의 애정을 얻기 위해 격렬한 경쟁을 벌이기도 한다. 그러나 혹등고래의 힘을 가장 광범위하게 보여주는 것은 바다에 사는 그들의 유일한 적인 범고래와 싸울 때다. 몸길이가 12미터가 넘는 성체 혹등고래는 범고래를 무서워할 필요가 거의 없지만 새끼들의 경우에는 상황이 다르다. 혹등고래 새끼 5마리 중 1마리는 범고래 때문에 목숨을 잃는 것으로 추정된다. 많은 성체 혹등고래의 지느러미에는 범고래의 갈퀴 같은 이빨 자국 등 실패한 공격으로 인해 생긴 흉터가 남아 있다. 혹등고래가 원한을 품을 수 있다면 범고래가 그 원한의 주요 대상일 가능성이 크다.

혹등고래가 새끼를 낳기 위해 열대지방으로 이동하는 이유 중 하나는 범고래가 새끼들을 약탈하는 걸 피하기 위해서라고 한다. 범고래는 전 세계에 널리 퍼져 있지만 따뜻한 물에는 훨씬 적은 편이다. 이 최고 포식자들의 위협 때문에 혹등고래의 이동 경로가 형성하기도 한다. 새끼가 딸린 암컷 혹등고래는 해안과 가까운 곳에 머물면서 해안선에 바짝 붙어서 이동한다. 그렇긴 해도 어미 혹등고래들은 무력한 것과는 거리가 멀고, 공격을 당하면 새끼를 등에 업고 물에서 들어올릴 정도로 열성적으로 새끼를 보호한다. 하지만 범고래 수가 늘어나면 그에 따라 공격력도 커진다. 범고래들이 큰 무리를 이뤄서 총공세를 가하면 아무리 완강한 어미라도 할 수 있는 일이 거의 없다. 범고래의 위험은 몇몇 어미와 새끼들이 때때로 호위(대부분 수컷)를 동반하는 이유 중 하나다. 하지만 호위해주는 수컷의 목적은 암컷과 짝짓기를 하는 것일 가능성이 크다. 그래도 수컷은 새끼 보호를 거들어 주므로, 성체 고래 두 마리가 새끼 옆을 지키면서 때때로 새끼를 등에 업고 물 밖으로 내보내서 범고래가 새끼를 들이받거나 치명적인 이빨을 몸에 박지 못하게 막는다.

이렇게 평생토록 쌓인 적대감 때문에 혹등고래들의 방어 본능이 때로는 공격적으로 바뀌기도 한다. 로버트 피트먼과 동료들은 혹등고래가 사냥 중인 범고래를 적극적으로 찾아다니는 경우가 꽤 많다고 설명한다. 심지어 범고래가 수적으로 훨씬 많아도 아랑곳하지 않는다. 범고래에게 괴롭힘을 당하고 있는 게 어떤 종인지는(바다표범, 바다사자, 다른 고래나 동료 혹등고래 등) 중요하지 않은 듯하다. 혹등고래는 상당히 먼 거리에 있다가도 범고래가 공격하는 소리를 들으며 달려와서 피해자를 대신해 범고래에게 강한 일격을 가한다. 범고래가 성체 혹등고래보다 좀 작긴 하지만 그래도 위험한 적이기 때문에 이건 놀라운 일이다. 혹등고래는 이에 동요하지 않는 듯, 가장 효과적인 무기인 꼬리와 거대한 가슴지느러미(각각 무게가 1톤에 달하고 딱딱한 피부경결로 감싸여 있다)를 휘두르면서 맹렬하게 공격한다. 이렇게 일관되고 빈번한 개입은 동물계에서 거의 전례가 없는 일이다. 일부 종의 경우 먹잇감 동물들이 공격자에게 힘을 과시하면서 형세를 역전시키는 군중 행동이 존재한다는 사실이 알려져 있지만, 이는 대개 자기 친족을 지키거나 적어도 같은 종에 속한 다른 동물을 보호하기 위해서 하는 행동이다. 혹등고래가 어쩌면 범고래가 자기 종족을 공격하고 있다고 착각해서 모여드는 것일 가능성도 물론 있지만, 그들은 희생자의 정체를 확인한 뒤에도 한참 동안 포식자들을 괴롭힌다. 물론 혹등고래의 그런 행동 덕분에 피해자가 얻는 이득은 엄청나다. 하지만 혹등고래에게 어떤 이득이 있는지는 분명하지 않다. 어쩌면 단순히 가장 큰 적에게 복수하는 걸 즐기는 것뿐인지도 모른다!

지난 반세기 사이에 우리가 고래와 돌고래를 이해하는 방식에 큰 변화가 생겼다. 유감스럽게도 지구상의 일부 지역에서는 포식자와 먹잇감으로서의 역사적 관계가 계속 이어지고 있지만, 대부분의 사람들은 고래와 돌고래를 거의 모든 동물들의 지능을 능가하는 뛰어난 지능을 지닌 복잡하고 매혹적인 생명체로 이해하게 되었다. 우리는 그들이 이룬 사회에서 강력하고 지속적인 관계, 정교한 상호 작용, 그리고 동물 문화의 강력한 증거를 본다. 다른 많은 이빨고래류에 비하면 혹등고래나 그 종족의 복잡한 삶을 이해하는 속도가 더디기는 하지만, 그래도 매년 새롭고 특별한 발견이 이루어지고 있다. 이 놀라운 동물들 가운데 상당수는 수 세기에 걸친 착취로부터 회복되고 있지만, 다른 동물들은 아직 갈 길이 멀다. 해양 환경을 마치 인간의 쓰레기와 오염물질을 무한정 삼킬 수 있는 장소처럼 취급하려는 우리의 고집 때문에 문제가 더 복잡해진다. 우리가 이 지적인 동물이나 해양 서식지를 공유하는 다른 동물들을 더 많이 배려하는 방법을 배울 수 있게 되길 바란다.

9장. 전쟁과 평화

우리와 가장 가까운 동물 친척들은
경이롭고 복잡한 사회생활을 누리고 있다.

면밀한 비교

세계에는 500종의 영장류가 산다. 우리 손바닥에 편안하게 올라앉을 수 있는 작은 쥐여우원숭이부터 위풍당당하지만 대체로 평화를 사랑하는 고릴라에 이르기까지 매우 다양하다. 영장류는 다른 주요 척추동물 집단이 모두 등장하고 한참 뒤인 약 6,500만 년 전에 출현한 새로운 동물 집단이다. 원숭이가 처음 등장한 건 그로부터 2000만~3000만 년 뒤의 일이고 유인원은 더 최근에 나타났다.

우리는 현대의 침팬지들과 조상이 같다. 인간과 침팬지 두 혈통이 각자의 길을 가게 된 건 불과 600만 년밖에 되지 않았다. 이건 매우 긴 시간처럼 들릴지도 모른다. 특히 식당에서 식사를 할 때 15분 정도만 기다려도 화를 내는 요즘같은 시대에는 말이다. 하지만 진화론적 관점에서의 600만 년은 순식간에 지나간 시간이다. 우리 인간은 현대의 영장류 친척들과 전혀 다른 존재라고 생각할 수도 있지만, 우리의 공통 유산과 엄청난 DNA 중복은 그 차이가 여러분이 생각하는 것보다 작다는 걸 의미한다.

그래서 이 동물들에게서 우리가 하는 행동이 많이 나타나는 걸 볼 수 있다. 특히 다른 사람들과 함께 어울리려고 하고 관계를 형성하고 가족 안에서 살아가는 성향을 고려하면 더욱 그렇다. 전 세계의 영장류들은 대부분 우리 인간처럼 사회적이다. 그리고 우리처럼 제휴와 경쟁을 시작하고 단체로 소통하면서 결정을 내린다. 그들이 사회가 제기하는 문제에 대처하는 방법을 보면 우리의 사회적 기원에 대해 많은 걸 알아낼 수 있다. 간단히 말해서 영장류는 우리의 관계와 사회의 비밀을 풀 수 있는 일종의 마스터 키를 제공한다.

물론 사회성이 우리와 다른 영장류들이 공유하는 유일한 특징은 아니지만, 우리를 대표하는 또 하나의 두드러진 측면인 지능의 원동력일 수도 있다. 운 좋게도 영장류와 시선을 마주한 적이 있는 사람은 이게 무슨 뜻인지 이해할 것이다. 대부분의 사람들에게 그런 만남은 동물원에서만 가능할 것이다. 그들과 가까이에서 개인적으로 교류하는 건 완전히 다른 경험이다.

그들의 교활함을 처음 접한 건 케냐에서 만난 진취적인 버빗원숭이를 통해서였다. 이들은 검은 얼굴 주변에 흰 털이 나

있고 몸은 회색 털로 뒤덮인 매력적인 동물이다. 버빗원숭이는 몸바사 외곽을 한가롭게 어슬렁거리고 있었는데, 놀랍도록 표현력이 풍부하고 털 많은 인간의 축소판처럼 생겼다. 어리석게도 나는 원숭이들을 보러 나가면서 내 방 창문을 약간 열어두었다. 이건 대담한 원숭이에게 공개적인 초대나 마찬가지였기에 원숭이는 능숙하게 빈 방으로 들어갔다. 여러분의 상상과 달리, 이 원숭이는 방을 온통 헤집어놓은 게 아니라 내 아내의 가방으로 곧장 다가가 능숙하게 지퍼를 열고는 박하사탕 한 갑을 훔쳤다. 귀중한 물건을 손에 넣은 원숭이는 건물 옥상으로 올라갔고, 이후 30분 동안 주기적으로 셀로판 포장지가 옥상에서 떨어지더니 마지막으로 빈 가방이 뒤따랐다. 난 원숭이가 부당한 이득을 취한 걸 원망하지는 않았지만 그렇게 달콤한 음식은 원숭이에게 알맞은 식단이 아니라서 걱정이 됐다. 물론 원숭이가 흠잡을 데 없는 입냄새를 풍기게 되었다는 건 좋은 일이긴 하다.

박하사탕과 술은 별개의 문제다. 계몽이 덜 된 시대에는 술을 미끼로 원숭이를 잡아서 애완동물로 팔거나 서커스 공연의 매력을 높이는 용으로 이용했다. 버빗원숭이는 기꺼이 술을 마시는 많은 종들 중 하나이며, 원숭이가 취하기까지는 시간이 많이 걸리지도 않는다. 술 취한 원숭이는 쓰러져 있는 곳에서 그냥 잡으면 된다. 격렬한 숙취와 함께 잠에서 깨어날 때쯤이면 아마 우리에 갇힌 채로, 경박한 옷을 입고 손풍금 위에 앉아 조롱받는 삶이 기다리는 곳으로 향하고 있을 것이다. 다행히 요즘에는 원숭이에게 미키 핀^{Mickey Finn}(상대방 모르게 약물이나 술을 넣어서 주는 음료-옮긴이)을 주는 일이 비교적 드물지만, 원숭이 습격대가 호텔 테라스 바에 내려와 손님들이 남긴 술을 마시고 얼큰히 취하는 일이 세계 곳곳에서 벌어지곤 한다.

영장류 사촌들의 행동에서 인간과 똑같은 약점을 발견했으니 웃어넘기고 싶은 유혹이 들기도 하지만, 심각한 술꾼 원숭이는 관리가 필요하다. 술버릇이 고약한 사람에게 그러는 것처럼 출입을 막을 수도 없다. 그래서 관리인들은 때로 더 극단적인 조치를 취해야 한다. 버빗원숭이가 지속적으로 술을 접할 수 있는 경우, 이들이 술을 마시는 방식은 놀라울 정도로 인간을 연상시킨다. 버빗원숭이 6마리 중 1마리는 자주 과음을 하고 20마리 중 1마리는 문제 음주자가 되어 매일 아침부터 술을 마시기 시작해 인사불성 상태가 될 때까지 마신다. 그와 반대되는 성향의 원숭이들의 경우, 6마리 중 1마리는 술을 입에도 안 대고 나머지는 가끔씩 비교적 적은 양을 마시는 것으로 만족한다. 약물 남용은 인간이 발명한 게 아니다. 우리와 가장 가까운 친척 중 일부에게서 약물 남용의 전조를 발견할 수 있고 이는 우리가 공유한 유전자에 기반한 것이다.

이보다 심각한 문제는 인간과 함께 사는 원숭이들이 기회를 악용해 비행을 저지르는 방법을 배운다는 것이다. 대표적인 예가 금세기 초에 몇 년간 자기 무리와 함께 케이프타운에서 범죄 행각을 벌였던 차크마 개코원숭이 프레드다. 처음에는 풍부한 음식 때문에 도시 생활에 이끌렸지만, 선의의 관광객들이 주는 간식을 받아 먹으면서 대담해졌을 가능성이 크다. 프레드는 곧 공손히 기다리는 걸 그만두고 자기 손으로 일을 처리했다. 음식을 얻기 위해 공격적으로 달려들기도 하고(다 자란 수컷 개코원숭이는 위협적일 수 있다) 잠기지 않은 자동차와 집의 문을 여는 법도 배웠다. 시 당국은 관광 수입이 줄어들 것을 우려해 조치를 취할 수밖에 없었고, 프레드는 2011년에 붙잡혀서 안락사되었다. 부검 결과 그는 기존에 수십 발의 총탄을 맞았던 것으로 드러났다. 그의 몸에 약 50개의 총알이 박혀 있었지만 이걸로도 범죄자의 삶을 벗어나는 데는 충분치 않았다. 비사회적인 동물은 대개 인간과 잘 어울리려고 하지 않지만, 무리 지어 사는 원숭이들이 자신의 사회적 환경에서 습득한 기술은 그들이 인간 세계와 거기서 발생하는 온갖 문제에 적응하고 그 변두리에 합류하는 데 도움이 된다.

박하사탕 도둑을 만나고 얼마 후, 케냐의 미개간지에 있는 음팔라 필드 스테이션Mpala Field Station에서 박사 과정 지도교수인 옌스 크라우제와 함께 식사 전 산책을 나갔다. 몇 주째 비가 내리지 않은 상태라서 주변 수 킬로미터 안에 있는 대부분의 초목이 가차없는 아프리카 태양에 시들었지만, 간신히 남아 있는 가느다란 녹색 띠가 우리를 강으로 유인했다. 동물의 흔적이 많았다. 발자국과 똥이 황토색 모래 토양에 어지럽게 널려 있었지만, 해가 지기 전에 야간 교대를 하는 새들 외에는 눈에 띄는 생물이 거의 없었다. 그러다가 강이 굽이진 부분을 돌자 아카시아 나무 밑둥 주위에 버빗원숭이 무리가 모여 있는 게 보였다. 그들은 잠시 무심한 눈길로 우리를 쳐다보더니, 많은 동물들이 사회적 유대감을 유지하는 데 너무나 중요한 역할을 하는 끝없는 털 손질 루틴으로 돌아갔다. 그들을 방해하고 싶지는 않았지만 원숭이 사회의 오래된 의식을 수행하는 모습을 보려고 잠시 발걸음을 멈췄다. 그중 한 마리가 갑작스러운 외침으로 평온을 깰 때까지는 모든 것이 느긋하고 편안했다. 그 외침을 코 막힌 과민한 오리가 계속해서 빠르게 꽥꽥대는 소리에 비유하는 건 적절친 않겠지만, 그게 내가 할 수 있는 최선이다. 어쨌든 그 외침은 다른 무리에게 전기 충격 같은 영향을 미쳤다. 다들 고함을 친 원숭이 쪽으로 고개를 홱 돌렸다가 부리나케 나무로 올라갔다.

'저건 원숭이들의 표범 경보야.' 옌스가 말했다.

'근처에 표범이 있다고요?' 나는 의도했던 것보다 더 날카로운 목소리로 물었다.

'음.' 그는 여전히 침착하게 대답했다.

포식자가 잠복해 있는데 상당히 크고 무서운 데다가 영장류를 좋아하는 포식자라는 소식은 나와 버빗원숭이들에게 불안감을 안겨줬다. 내 상사는 아무렇지도 않아 보였지만 말이다. 원숭이들의 반응은? 재빨리 나무에 기어올라가는 것이었다. 그들이 선호하는 전략은 그들의 몸무게는 지탱할 수 있지만 60킬로그램이나 나가는 표범 몸무게는 지탱하지 못하는 가는 가지를 찾는 것이다. 버빗원숭이들처럼 나도 표범 뱃속이 어떻게 생겼는지 알고 싶지 않았기 때문에 원숭이들처럼 나무 위로 기어 올라갈까 하는 생각을 잠시 해봤다. 하지만 결국 옌스를 재촉해서 품위 없을 만큼 빠른 속도로 필드 스테이션에 돌아가는 것으로 만족했다.

경보를 울려!

무리 지어 사는 동물은 대부분 위험을 감지하면 경보를 울리지만, 버빗원숭이는 그게 어떤 위험인지 특정할 수 있다는 점이 다소 이례적이다. 주요 포식자 각각에 대해 뚜렷하게 다른 경보음이 있으며, 각 경보는 집단 내에서 서로 다른 방어 반응을 일으킨다. 표범 경보가 울리면 우리가 본 것처럼 버빗원숭이들이 안전한 나무로 돌진한다. 하지만 나뭇가지에 앉아 있는 원숭이를 낚아챌 수 있는 맹금류와 마주쳤을 때는 이게 좋은 방법이 아닐 것이다. 그래서 버빗원숭이는 이 포식자에 대한 경보도 따로 만들었다. 개구리가 딸꾹질을 할 수 있는지는 잘 모르겠지만 버빗원숭이의 맹금류 경보는 내가 상상하는 개구리의 딸꾹질 소리와 비슷하다. 이상적인 상황에서 버빗원숭이들이 이 꺽꺽대는 사이렌 소리를 들었다면, 그들은 새가 따라올 수 없는 울창한 덤불 속에서 피난처를 찾는다. 버빗원숭이는 또 비단뱀 같은 뱀에게도 위협을 당한다. 이번에도 그들은 짹짹 지저귀는 소리와 비슷한 독특한 경보음을 가지고 있다. 이 소리를 들은 원숭이 무리는 뒷다리로 일어서서 주변 땅을 훑어본다. 뱀을 발견하면 한데 뭉쳐서 떼지어 공격해 힘을 과시하거나, 그리 용기가 나지 않을 때는 빠른 다리를 이용해서 뱀을 앞지르려고 한다. 그들이 분포하는 지역의 일부에서는 개코원숭이와 낯선 인간들도 버빗원숭이에게 위협이 되므로 이들의 출현을 알리는 경고음도 있다. 일부 노련한 버빗원숭이 관찰자들은 이 원숭이가 뚜렷하게 구별되는 경보음으로 30여 종의 포식자들을 식별할 수 있다고 생각한다. 그들은 자신에게 위협이 되지 않는 영양 같은 큰 초식동물에게는 경보음을 발하지 않지만 일부 지역에서는 가축을 보면 소리를 내는데, 이는 주변에 목동이 있을 수도 있기 때문이다.

소리를 질러야 할 때와 조용히 있어야 할 때를 구분하려면 판단력이 필요하다. 어떨 때는 경보를 울리는 게 적절하지만 어떨 때는 그렇지 않다. 희생자를 매복 습격할 수 있을 만큼 가까이 접근하기 위해 은밀하게 움직이는 포식자들은 경고음 때문에 낙담할 수 있다. 자기가 발각되었다는 걸 깨달은 포식자는 사냥을 포기하는 경우가 많다. 먹잇감 동물이 경계 태세를 취하고 있으면 사냥에 성공할 가능성이 낮기 때문이다. 침팬지 같은 포식자들은 나무 사이로 사냥감을 쫓아다니기 때문에 피난처를 찾는 게 훨씬 더 어렵다. 이런 경우에는 자신의 존재를 알리지 않는 편이 나으므로 원숭이들도 크고 흉포한 친척이 근처에 있을 때는 침묵을 지키는 경향이 있다.

어릴 때 난 TV에서 타잔 만화를 즐겨 봤다. 정글에 있는 집에서 덩굴을 타고 이 나무 저 나무로 이동하는 그 영웅은 동물 통신망을 이용해서 지역의 최신 소식을 알아낼 수 있었다. 이건 그렇게 억지스러운 이야기가 아니다. 한때 포식자에게 일상적으로 위협받던 생활을 하다가 몇 세대 전에 벗어난 우리 현대인들도, 타잔처럼 다른 동물의 외침에서 두려움을 알아차릴 수 있다. 이와 관련된 한 연구에 참가한 이들은 포유류와 파충류, 그리고 신기하게도 청개구리의 경보음까지 정확하게 식별했다. 이 능력은 잠재적인 먹잇감 동물들에게 널리 퍼져 있다. 어떤 동물은 여기서 한 걸음 더 나아가 다른 종들이 내는 경고의 외침을 알아차릴 뿐만 아니라 그런 외침을 야기한 원인까지 추론할 수 있다. 이는 만약 자기 집단의 감시자들이 다가오는 위협을 감지하지 못하면 다람쥐나 숲 영양, 새 등 다른 감시 동물의 지원을 받을 수 있다는 뜻이다.

대대로 철학자들은 인간을 자랑스럽게 여기는 의견을 정당화하기 위해 인간만이 가지고 있는 고유한 특성을 정의하려고 시도했다. 다시 말해 인간을 다른 동물과 구별할 수 있는 특성을 찾으려는 것인데, 오랫동안 언어가 바로 그런 특성이라고 여겼다. 하지만 버빗원숭이가 다양한 포식자들에 대해 사용하는 '단어'를 언어로 간주할 수 있을까? 만약 그렇다면, 결국 인간은 그리 독특한 존재가 아니라는 말일까?

이 질문에 대한 답은 간단하지 않다. 오랫동안 동물들이 내는 소리(분노의 울부짖음, 공포의 비명, 고통스러운 신음 등)는 단순히 그들의 기본적인 감정과 동기의 표현일 뿐이라고 가정했다. 버빗원숭이의 울음소리는 이를 훨씬 뛰어넘는다. 우리가 말할 때 쓰는 단어는 전달하려는 의미를 상징적으로 표현한다. 예를 들어, '표범'이라는 단어에는 그걸 어떻게 해석해야 하는지 본질적으로 식별할 수 있는 부분이 없다. 표범은 수천 개의 다른 단어처럼 우리가 어떤 의미를 전달하기 위해 배우고 이해하는 임의의 단어다. 모든 사람이 이 단어에 똑같은 방식으로 반응하지 않더라도 말이다. 버빗원숭이의 경보음은 인간의 언어와 유사하지 않으며 그렇게 기대할 이유도 없다. 대부분의 영장류는 우리가 단어로 인식할 수 있는 소리를 만들어낼 수 있을 만큼 혀가 유연하지 않고 성대를 정교하게 제어하지도 못한다. 그러나 제한된 어휘에도 불구하고 버빗원숭이의 울음소리는 언어의 기본적인 기준을 충족하는 듯하다. 원숭이가 다양한 소리를 들을 때 뇌에서 무슨 일이 일어나는지 살펴보면 이 주장에 더 신빙성이 생긴다. 자기 종족이 내는 소리를 들으면 일상적인 배경 소음에 의해 자극받는 뇌 부위와는 완전히 다른 부분이 밝아진다. 이런 소리는 원숭이의 측두엽과 변연계, 부변연계 영역을 자극하는데, 이는 누군가가 말하는 소리를 들었을 때 우리 뇌에서 스위치가 켜지는 것과 정확히 같은 부분이다. 동물에 대해 더 많은 걸 알아낼수록 인간의 고유한 특성이 음, 그리 고유하지 않다는 걸 알게 된다. 인간은 물론 다른 동물들보다 더 복잡한 존재다. 하지만 인간과 동물 사이의 차이는 절대적인 게 아니라 정도의 문제일 뿐이다.

토머스 스트루세이커Thomas Struhsaker는 50년 전에 버빗원숭이의 어휘를 처음으로 설명한 사람이다. 그 이후 원숭이의 경보음 인식과 관련해 과학적으로 엄격한 테스트가 많이 진행되었는데, 유명한 영장류 학자인 도로시 체니Dorothy Cheney와 로버트 세이파스Robert Seyfarth도 여기 동참했다. 이 연구는 동물들이 녹음된 경보음을 재생한 걸 듣고도 경고를 쉽게 식별할 수 있다는 걸 증명했다. 버빗원숭이의 가까운 친척인 사바나원숭이는 특정한 울음소리를 이용해서 포식자를 식별하는 능력을 공유한다. 1600년대에 사바나원숭이 몇 마리를 아프리카의 고향에서 서인도 제도로 옮겨놓았는데, 서인도제도의 비교적 온화한 동물들 덕분에 사바나원숭이가 번성할 수 있었다. 그들의 조상이 바베이도스로 이주한 지 3세기가 지난 뒤, 한 연구팀이 서인도 원숭이들에게 다소 불쾌한 놀라움을 안겨주었다. 아프리카에 사는 친척들이 외친 표범 경보음 녹음을 들려준 것이다. 바베이도스에는 야생 표범이 없지만 사바나원숭이들은 그 소리를 잊지 않았다. 외침을 듣자마자 그들은 나무 위로 뛰어올라갔다. 아마 표범 울음소리의 의미와 그것이 불러일으키는 끔찍한 위험에 대한 지식이 수십 세대 동안 원숭이들의 마음속에 묻혀 있었던 모양이다. 아니면 그 울음소리의 의미는 '표범'이 아니라 '나무 위로 올라가'일지도 모른다. 하지만 만약 그게 '나무 위로 올라가'라는 의미라면, 연구진이 원숭이들이 표범 사진에 반응할 때 외에는 이런 소리를 내는 걸 들은 적이 없는 건 왜일까.

이게 원숭이의 정교한 언어 사용에 대한 찬가가 되기 전에 추가적인 세부사항을 언급해야겠다. 제가 케냐를 떠난 뒤, 표범 간식이 될 뻔한 위험에도 매우 태연하게 반응했던 동료 옌스가 버빗원숭이들을 속여서 경보음을 내도록 유도할 수 있는지 알아보기로 했다. 다음번에 보급품을 구하러 인근 마을에 갔을 때, 옌스는 버빗원숭이들의 포식자 중 하나를 흉내내는 데 도움이 될 만한 걸 찾았다. 나뉴키는 작은 마을이라서 이런 종류의 장비를 전문으로 취급하는 가게가 넘쳐나지 않는다. 그래도 옌스는 뭔가를 발견했고 그걸 연구소로 가져갔다. 몇 시간 뒤, 키가 크고 호리호리한 체형의 남자인 옌스가 표범 무늬 드레스를 입고 버빗원숭이 무리를 향해 성큼성큼 걸어가는 모습을 볼 수 있었다. 그 방법은 효과가 있었다. 망보는 원숭이는 표범 경보를 울렸고, 아마 나중에 사실을 깨닫고는 부끄러움을 견디지 못했을 것이다. 이걸 보고 원숭이는 좀 멍청하다는 결론을 내릴 수도 있다. 하지만 아프리카 미개간지의 위험한 세계에서는 다가오는 물체가 표범인지 아니면 그냥 미심쩍은 스타일을 한 남자인지 판단하느라 머무적거리기보다는 안전을 최우선으로 생각해 일단 경고부터 발하고 보는 게 가장 좋다.

멍키 비즈니스

사회적 동물들에게 있어 경보음은 다른 집단 구성원, 특히 친척들을 잡아먹힐 위험으로부터 보호하는 수단이다. 하지만 그런 행동이 순수하게 이타적이라고 생각한다면 오산이다. 경보를 울리면 살금살금 다가오던 포식자가 발각됐다는 사실을 깨닫고 단념하거나 최악의 경우 무리가 허둥지둥 혼란에 빠졌을 때 그 틈을 타 발신자는 탈출하는 등 발신자 자신도 다양한 방법으로 직접적인 이득을 얻을 수 있다. 무엇보다도 무리를 보호하는 경보 발신자는 남들 눈에 섹시해 보일 수 있다. 원숭이들도 이 사실을 알고 있는 것 같다. 예를 들어, 수컷 버빗원숭이는 수컷들과 함께 있을 때보다 암컷들 사이에 있을 때 경보를 울릴 가능성이 더 높다. 수컷 한 마리가 암컷들의 하렘에 독점적으로 접근하는 다른 종의 경우, 다가오는 위험에 주의를 기울이면서 경보를 울리는 건 자기 새끼를 보호하는 데 도움이 될 뿐만 아니라 암컷들에게 그가 지속적인 호의를 받을 만한 가치가 있다는 걸 보여주기 위해 치러야 하는 대가일 수도 있다.

속임수는 동물 의사소통의 근본적인 부분이며, 영장류가 속임수를 자신에게 유리하게 활용하는 흥미로운 사례가 많다. 원숭이 사회에는 특히 먹이나 섹스와 관련해 각 개체가 공동의 케이크에서 얻을 수 있는 몫을 결정하는 엄격한 서열이 존재한다. 원숭이 무리가 음식이 있는 곳을 우연히 발견하면, 그 무리의 하위 구성원들은 속임수를 쓰지 않는 이상 지배자들이 배불리 먹을 동안 가만히 차례를 기다려야 한다. 포르투갈 항해자들이 새로운 세계를 탐험하기 시작했을 때 그들이 마주친 경이로운 존재 중에 몸 대부분이 갈색 털로 덮여 있는데 어깨와 얼굴 주변에만 크림색의 흰 털이 난 분홍색 얼굴의 원숭이가 있었다. 포르투갈인들은 조소하는 의미를 담아 이 원숭이를 카푸친capuchin(흰목꼬리감기원숭이)이라고 불렀다. 두건을 쓰고 다니는 같은 이름의 수사들과 외모가 비슷했기 때문이다. 이건 원숭이에게도 수사에게도 칭찬이 아니다. 일부에서는 그 수사들이 부패하고 거만하다는 평을 들었기 때문이다. 하지만 결국 그렇게 이름이 정해졌다.

최대 30~40마리씩 무리를 지어 사는 흰목꼬리감기원숭이가 살아남으려면, 그리고 고도로 계층화된 이 공동체 내에서 공정한 자기 몫을 얻으려면 매우 똑똑해야 한다. 그들의 지능을 보여주는 한 가지 증거는 지위가 낮은 이 원숭이 약자들이 속임수를 써서 지위가 높은 원숭이에게 구타 당하지 않고 먹이를 얻어내는 방법이다. 거짓 경보를 울려서 지위가 높은 원숭이들이 숨을 곳을 찾아 달려간 사이에 이 부하 사기꾼들은 아무도 지키는 사람이 없는 먹이를 낚아채 간다.

이런 식의 교활한 행동을 일컫는 전술 기만은 인간 행동의 한 측면으로 인정되기 때문에 동물에게서 그걸 본다는 건 놀라운 일이다. 그건 정교한 지능, 즉 사기꾼에게 자기 목표물의 행동을 미리 계획하고 예측하는 능력이 있다는 걸 암시한다. 또 같은 맥락에서 볼 때, 그런 능력을 발휘한다는 건 인지적 복잡성, 더 간단하게 말해서 지능과 연관성이 있는 듯하다. 안타깝게도 특히 야생에서는 이런 행동을 엄격한 과학적 방법으로 연구하기가 어렵다. 우선, 그런 행동이 드물다. 사회적 집단에서 사는 영장류는 오랜 기간에 걸쳐 서로 상호작용을 한다. 따라서 정기적으로 동료를 속이려고 하는 자는 금세 평판이 나빠질 것이다. 비록 직접적인 처벌을 받지는 않더라도 다른 동료들이 그에게 신경을 덜 쓰기 시작한다. 인간의 관점에서 생각하면, 사기꾼과 엉터리 물건 판매원을 떠올리면 된다. 이들은 이 마을 저 마을 계속 돌아다녀야만 속기 쉬운 사람들을 이용해서 사업을 꾸준히 유지할 수 있다.

버빗원숭이들 중에 정기적으로 부정확한 경보를 울리는('늑대가 나타났다!') 원숭이는 곧 동료들이 자기 경고를 무시한다는 걸 알게 된다. 속임수에 대한 확실한 증거가 상대적으로 부족한 또 다른 이유는 동물의 동기가 뭔지 완전히 확신하기가 어렵기 때문이다. 음식을 훔치는 흰목꼬리감기원숭이의 사례에서, 지위가 낮은 잠재적 음식 도둑은 먹이를 먹고 있는 서열 높은 원숭이에게 다가갈 때 온갖 상반된 감정을 느끼게 된다. 특히 과감한 접근에 따르는 보복이 두려울 수도 있다. 이렇게 신경이 곤두서서 두려움을 느끼는 상태에서는 자기도 모르게 경보를 울릴 가능성이 더 크다.

하지만 영장류 사이에는 속임수처럼 보이는 몇 가지 흥미로운 사례가 있다. 어린 개코원숭이의 가증스러운 행동을 예로 들어보자. 어린 개코원숭이는 땅속에서 덩이뿌리를 캐기 위해 열심히 일하는 어른을 보면 공격받았을 때만 사용하는 비명을 지른다. 그 비명소리를 듣고 달려온 분노한 어미는 땅 파던 원숭이를 공격하면서 쫓아가고, 현장에는 새로 캐낸 맛있는 뿌리와 어린 사기꾼만 남는다. 같은 무리에 속한 나이 든 개코원숭이가 자기보다 작은 원숭이에게 싸움을 걸었는데, 많은 어른 원숭이가 그의 목표물을 방어하기 위해 공격적인 모습으로 모여들자 갑자기 상황이 자기에게 불리해졌다는 걸 깨달았다. 작은 원숭이를 공격한 싸움꾼은 재빨리 머리를 굴리더니 뒷다리로 일어나서 먼 곳을 응시했다. 이 행동은 일반적으로 포식자나 경쟁 무리의 접근 같은 임박한 위협을 나타낸다. 작은 원숭이를 구하러 온 원숭이들은 이 신호를 보고는 그가 바라보고 있는 방향으로 몸을 돌렸다. 물론 거기에는 아무것도 없었지만, 이렇게 딴 데로 주의를 돌리는 바람에 흥분이 가라앉았고 다들 자기가 하던 일로 돌아갔다.

유인원은 속임수의 달인이다. 특히 침팬지는 자기들끼리나 인간과 상호작용을 할 때 매우 전략적으로 행동할 수 있다. 스웨덴의 한 작은 동물원에 살던 성질 나쁜 침팬지 산티노는 자기 우리 주변에서 돌을 주워 모아 사람들이 모이는 관람 구역 근처에 숨겨놓고는 방문객들의 도착을 기다리곤 했다. 그는 공격에 뛰어들어 부주의한 추종자들에게 돌을 던질 준비가 될 때까지 자기 계획을 은폐하기 위해 돌 위에 건초를 흩뿌려 놓았다. 다른 사례를 보면 침팬지들이 이미지를 투영하거나 자기 의도를 숨겨야 할 필요성을 잘 알고 있다는 게 증명된다.

지위가 높은 침팬지가 가까이 다가오면 일반 침팬지는 두려워하는 표정을 지으면서 불안감을 발산하기도 하는데, 침팬지는 활짝 웃는 게 두려움의 표현이다. 하지만 한 유명한 사례에서는, 침팬지의 뒤쪽으로 경쟁자가 다가오자 그는 시간을 들여 마음을 가라앉히고 입술을 꾹 다물어서 두려움에 가득 찬 미소를 지운 뒤 결의에 찬 표정으로 몸을 돌려 적을 마주했다. 침팬지들은 또 무리의 하급 구성원이 먹이를 찾았을 때처럼 다른 감정이 드러나는 것도 주의 깊게 숨긴다. 이때 흥분을 드러내면 기껏 찾은 먹이를 도둑맞을 가능성이 있다. 때때로 침팬지는 맛있는 먹이를 발견하면 그 위에 앉아서 음식과 기쁨을 모두 감춘다. 그리고 동료들이 보지 않는 틈에 방해받지 않고 재빨리 간식을 먹을 수 있을 때까지 무심한 분위기를 풍기며 기다린다.

그리고 물론, 유인원계의 피노키오라고 할 수 있는 고릴라 코코가 있다. 코코는 샌프란시스코 동물원에서 자라면서 어릴 때부터 인간 조련사에게 수화를 배웠다. 코코는 수화 실력이 매우 뛰어나서 수백 가지의 상징을 분명하게 인식하고 사용했으며 이를 통해 보호자들과 놀라운 수준의 상호작용을 할 수 있었다. 얼마 뒤, 코코는 자기 삶에 뭔가가 부족하다는 걸 깨달았다. 그녀는 반려동물을 원했다. 껴안을 수 있는 장난감을 줬지만 그리 만족스러워하지 않았기 때문에, 결국 12번째 생일에 버려진 새끼 고양이들 중에서 한 마리를 선택할 수 있게 해줬다. 코코는 자기가 올볼이라는 이름을 지어준 고양이와 친밀한 양육 관계를 맺었지만, 사랑하는 친구에 대한 헌신도 코코가 이 불쌍한 고양이를 모함하는 걸 막지는 못했다. 아마 코코가 자기 우리 벽에서 싱크대를 뜯어낸 날에는 뭔가 안 좋은 일이 있었던 모양이다. 코코의 트레이너가 이 파손 사건의 증거를 눈앞에 들이밀자, 코코는 올볼을 가리키면서 '고양이가 했다'고 수화로 말했다.

속임수는 경쟁이 치열한 사회 환경에서 발전하기 위한 위험하지만 유용한 전략인데 특히 불리한 입장에 처한 이들에게 그렇다. 반면 일부 영장류들은 놀라운 공정성을 보여주기도 했다. 하지만 그들의 기대가 충족되지 않으면 이런 공정성이 시험을 받아, 나쁘게 반응할 수 있다. 거의 한 세기 전에 오토 틴클파우Otto Tinklepaugh라는 멋진 이름을 가진 심리학자가 과학이라는 미명하에 원숭이들을 괴롭히기 시작했다. 그는 짧은꼬리원숭이에게 거꾸로 뒤집어놓은 컵 두 개를 보여주고, 그중 하나 밑에 상추나 바나나를 숨기는 모습도 보여줬다. 그리고 원숭이를 잠시 방에서 내보냈다가 다시 돌아와 컵 두 개 중 하나를 선택할 수 있게 했다. 이런 건 원숭이에게 식은 죽 먹기다. 원숭이는 먹이를 숨기는 모습을 본 컵으로 달려가서 상을 요구했다. 반전은 틴클파우가 짧은꼬리원숭이에게 바나나를 숨기는 걸 보여주고는 원숭이가 방을 비운 사이에 그걸 상추로 바꿔치기한 것이다. 만화를 좋아하는 사람이라면 누구나 알겠지만, 바나나는 원숭이들에게 아주 맛있는 음식이지만 샐러드는 평범할 뿐이다. 방에 돌아온 짧은꼬리원숭이는 바나나를 기대하면서 서둘러 컵을 뒤집어 보지만 거기에는 상추만 있다. 잃어버린 과일 보물을 찾기 위해 방을 두리번거리다가 서서히 자기가 속았다는 걸 깨달은 원숭이는 관찰자에게 넌더리 난다는 듯 비명을 지르고는 실망스러운 상추를 남겨둔 채 쿵쿵거리며 자리를 떴다.

이 사회적 동물이 집단 동료에 비해 나쁜 대우를 받고 있다는 걸 깨달으면 이런 부당한 기분이 훨씬 심해진다. 사라 브로스넌Sarah Brosnan과 프란스 드 발Frans de Waal의 흰목꼬리감기원숭이에 대한 실험이 이걸 깔끔하게 증명한다. 그들은 흰목꼬리감기원숭이를 훈련시켜서 조약돌 토큰을 음식과 교환하게 했다. 원숭이들은 조약돌을 넘기기 전까지는 뭘 받게 될지 알 수 없었지만, 대개는 조약돌을 건네고 오이 한 조각을 받곤 했다. 이 원숭이들은 오이를 받으면 그럭저럭 만족한다. 흥분할 만큼 좋은 건 아니지만 그래도 받아들일 수 있다. 하지만 포도는 원숭이들에게 고급 음식이다. 원숭이들은 조약돌에 대한 답례로 서로가 뭘 받았는지 볼 수 있다. 옆집 원숭이도 오이를 받고 나도 오이를 받았다면 그건 괜찮다. 그런데 옆집은 포도를 받았는데 난 오이라고? 그건 괜찮지 않다. 전혀 괜찮지 않다. 이런 일이 일어나면 흰목꼬리감기원숭이들은 자기가 부당한 대우를 받았다고 느끼기 때문에 격렬한 반응을 보이며, 잔뜩 화가 나서 받은 오이를 내던지기도 한다. 비교적 관대한 사회에 사는 원숭이들에게 공정성에 대한 인식은 그들을 하나로 묶는 접착제의 필수적인 부분일 수 있다. 이상한 점은 그렇게 격렬하게 반응하는 건 암컷들뿐이라는 것이다. 수컷들은 불평등을 더 많이 감내했다. 이런 차이는 암컷은 흰목꼬리감기원숭이 사회의 핵심인 반면 수컷은 성별과 지위에 매여 있다는 사실을 보여주는 것일 수 있다. 또는 수컷이 삶의 부당함에 대해 더 철학적이라는 걸 보여주는 것일 수도 있지만, 확실한 건 아무도 모른다.

화려한 무리

영국은 이곳에 인간이 살기 전, 그리고 날씨가 지금보다 온화하던 시절에 원숭이들의 거처였던 것으로 보인다. 영국 제도에서 생활하는 데 꼭 필요한 우산과 방수모가 없었던 원숭이들은 세력이 약해졌다. 요즘 영국의 후배 동물학자들이 원숭이를 보고 싶으면 동물원에 가는 것으로 만족해야 하는데, 나도 그곳에서 처음으로 개코원숭이를 만났다.

나는 예전부터 이 악명 높은 원숭이 무뢰한들을 무척 좋아했다. 그들도 자기 감정을 확실하게 표현했다. 첫 번째 사건은 사파리 공원에서 개코원숭이 떼가 내 낡아빠진 차 위로 어슬 렁어슬렁 기어 올라왔을 때 벌어졌다. 그중 한 마리가 나른하 게 보닛 위에 올라와 앉더니 쓰레기 치우는 배에 달린 개 얼굴 모양의 선수상처럼 먼 곳을 응시했을 때는 그보다 더 기쁠 수 가 없었다. 또 한 마리가 합류하더니 차 지붕 위에 자리를 잡 았다. 곧 내 차는 평평한 표면마다 서 있거나 앉아 있는 개코 원숭이들로 가득 찼다. 그 무리의 한가운데에 있던 나는, 불과 몇 센티미터 떨어진 곳에서 원숭이들이 서로 교류하거나 털 손질을 해주는 등 복잡한 사회생활을 해나가는 모습을 지켜보 면서 잔뜩 흥분했다. 하지만 그들이 침착하고 전문적인 솜씨 로 앞유리 와이퍼를 제거했을 때는 그리 흥분되지 않았다. 원 숭이들도 앞유리 와이퍼 노즐을 떼어낼 때는 그리 침착하지 않았다. 노즐이 붙어 있던 튜브를 놓고 싸움이 벌어졌기 때문 이다. 하지만 광분해서 싸운 게 아니라 다소 사무적인 태도를 보였다. 늘 있는 일인 것처럼 말이다. 차 외부에 달린 휴대하 기 쉬운 장비들을 모두 처리하고 나자 이제 그들은 안테나가 얼마나 구부러지는지 확인하기 시작했고 더 야심 찬 원숭이들 은 번호판에까지 손을 댔다. 이제 나도 참을 만큼 참았다. 사 이드미러를 깨물고 있는 개코원숭이의 인상적인 이빨을 보고 는 차에서 내려 항의하려던 계획을 취소하고 대신 경적을 울렸다. 소심한 원숭이 두어 마리는 재빨리 도망쳤지만 나머지는 약간 짜증스러운 표정으로 날 바라보기만 했다. 이번에는 시동을 걸어봤다. 효과가 있었다. 개코원숭들은 마지못해 길가로 후퇴했지만 내가 차를 몰고 떠나는 동안 반항적인 표정으로 계속 나를 주시했다. 상관없어, 라고 말하는 것 같았다. 잘 속아 넘어가는 다른 놈이 금방 또 올 테니까.

다음에 개코원숭이를 본 건 아프리카에 있는 그들의 고향 땅에서였다. 당시 리즈 대학에서 현장 강의를 담당했던 나는 학생들을 미니버스에 태우고 케냐의 대초원을 가로지르고 있었다. 덩치 큰 수컷 개코원숭이가 버스를 향해 으스대며 다가오더니, 우리가 차를 멈추고 감탄하면서 바라보자 땅바닥에 앉아 명령하는 듯한 태도로 우리를 마주했다. 우리가 자기에게 집중하자 원숭이는 다리를 벌리고 놀랍도록 선명한 분홍색을 띠는 음경을 불쑥 내밀었다. 나는 그게 원숭이들의 성기 과시이고 '내 여자들에게서 떨어져라'라는 의미란 걸 이해했다. 그가 자기 여자들에 대한 내 관심을 과대평가했다고 생각했지만, 그의 자신 있는 접근 방식에는 감탄하지 않을 수 없었다. 그런 기이한 몸짓으로 학생들이 가득 탄 버스를 제압하려고 하는 게 조금 특이해 보일지도 모르지만, 수컷 개코원숭이는 그런 허풍 없이는 절대 자기 사회의 정점에 도달하지 못한다. 그가 사는 세계는 수많은 경쟁자 사이에 위협과 도전이 난

무하는 비정한 세계다. 정상에 도달해서 계속 머무르려면 자기 지위를 훼손할 수 있는 모든 것들과 맞설 준비가 되어 있어야 한다(미니버스를 상대하는 건 너무 멀리 간 것 같지만).

다소 나태하지만, 난 여기서 개코원숭이를 보편적인 명칭으로 사용하고 있다. 사실 아프리카 전역에 5개의 다른 종이 분포되어 있다. 그중 네 종(사바나 개코원숭이라고도 하는)은 생김새뿐만 아니라 행동이나 생태도 너무 비슷해서 그들은 모두 단일 종의 변종일 뿐이라는 주장이 제기되기도 한다. 이에 대한 논쟁은 길고 치열하지만 세부 사항에 얽매이기보다는 분류 체계에서 벗어나 그들의 행동에 집중하는 게 현명할 수 있다. 사바나 개코원숭이는 서쪽의 세네갈과 기니에서부터 아프리카 대륙의 적도 지대를 거쳐 동쪽으로는 소말리아, 남쪽으로는 희망봉까지 분포되어 있다. 필요할 때는 나무 위로 올라가기도 하지만 평소에는 곡식, 베리류, 뿌리, 곤충, 잡을 수 있는 작은 동물 등을 닥치는 대로 먹으면서 넓은 사바나를 배회한다.

대부분의 원숭이는 가족 단위나 수컷 한 마리와 성체 암컷 몇 마리로 구성된 작은 무리를 이뤄 생활하지만 개코원숭이 사회는 규모가 크다. 수컷과 암컷, 어린 개체가 섞여 100마리 이상의 강한 무리를 이룰 수도 있다. 하지만 이렇게 한 사회에 뒤섞여 살면서도 암컷과 수컷이 하는 경험은 매우 다르다. 수컷의 세계는 공격성과 섹스의 세계이고 암컷의 세계는 친족간의 유대와 음모의 세계다. 수컷은 싸움에 적합한 몸을 가지고 있으며 몸무게는 암컷의 두 배인 40킬로그램까지 나가며 흉악하게 생긴 이빨로 무장하고 있다. 확실하게 자리잡은 무리에는 성체 수컷이 최소 3마리부터 최대 15마리까지 있는데 이들 모두 알파 수컷의 높은 지위를 차지하기 위해 싸운다. 이들의 경쟁에는 미묘한 부분이 전혀 없다. 그들은 다른 수컷에게 도전할 때 엄청나게 큰 소리로 '와후' 하고 소리를 지른다. 수컷들 중에서 제일 힘이 센 수컷은 가장 크고 위협적인 소리를 내면서 현란하게 엄포를 놓는다. 그러면 한 무리의 수컷들이 주변을 쿵쿵거리고 돌아다니거나 서로 으르렁거리면서 추격전이 벌어질 수 있다. 가장 강한 자만이 이렇게 활기차고 시끄러운 과시에 필요한 격렬한 신체 활동을 계속 이어갈 수 있다. 따라서 몸 상태가 최상인 수컷들이 이런 신호 전달 시합에서 승리할 수 있다.

말다툼으로 문제가 해결되지 않으면 사태가 격화되어 싸움으로 번질 수 있다. 원숭이들은 힘이 세기 때문에 이들 사이에 싸움이 벌어지면 심각한 부상을 입거나 심지어 죽을 수도 있다. 싸움에 대비해 미리 이를 갈아서 날카롭게 만들어놓은 인상적인 송곳니는 끔찍한 상처를 입힌다. 공격은 상대의 얼굴을 겨냥하고 방어할 때는 팔뚝으로 막기 때문에 그 여파로 얼굴이 찢어지고 팔다리가 손상되는 일이 드물지 않다. 싸움으로 인해 패자뿐만 아니라 승자도 상당한 대가를 치르게 될 수 있다. 상처가 치유되지 않을 수도 있고 포식자가 약해진 전투원을 잡아먹을 수도 있다. 수컷들이 과시와 허풍을 통해 실제 싸울 기회를 줄이기 위해 노력하는 것도 이런 이유 때문이다. 싸움에 진 원숭이는 위계질서에서 밀려나기도 하고 때로는 일종의 우울증처럼 보이는 상태에 빠지거나 혼자 침묵하면서 무리의 주변부로 옮겨가기도 한다. 지위가 하락하면 하위권 수컷들이 경쟁자의 약점을 이용해 자기 지위를 높일 좋은 기회라고 여기기 때문에 패자는 계속해서 어깨 너머로 상황을 살펴야 한다. 때로 혼란이 너무 심해지면 패자가 무리를 완전히 떠날 수도 있다.

개코원숭이 사회의 정점에 도달한 수컷은 섹스와 음식의 형태로 보상을 받는다. 알파 수컷은 짝짓기에서 가장 큰 몫을 차지하기 때문에 불균형하게 많은 새끼의 아비가 된다. 그는 이런 전리품을 빈틈없이 보호하고, 경쟁자들을 물리치기 위해 생식력이 최고조에 달한 암컷들과 긴밀한 협력 관계를 맺는다. 여기서 협력 관계라는 말이 세심하고 주의 깊은 보살핌을 의미하는 것처럼 보인다면 다시 생각해보자. 지배적인 수컷은 이미 승산이 전혀 없는 수컷들도 괴롭히고 암컷도 공격적으로 위협하면서 굴복시킨다. 물론 암컷들은 이에 대해 수동적으로 반응하지 않는다. 알파와 짝짓기를 하는 게 좋은 전략이기는 하지만, 그들은 선택권을 열어두는 걸 좋아한다. 하지만 은밀하게 행동해야 한다. 바람을 피우는 암컷은 보복을 당할 가능성이 있기 때문이다. 그녀는 알파 수컷의 영향권에 속한 암컷 무리에서 벗어나 다른 수컷과의 밀회를 위해 덤불 쪽으로 조금씩 다가간다. 그녀가 알든 모르든, 이건 미래의 자손을 보호할 수 있는 현명한 조치다.

인간 사회에서는 아동에 대한 폭력이 금기시되어 있다. 하지만 개코원숭이 사회는 그렇지 않아서 영아 살해(보통 수컷이 새끼를 죽이는 것)가 만연하다. 극단적인 상황에서는 무리에 속한 새끼 중 4분의 3이 독립하기 전에 이런 운명을 겪을 수 있다. 수컷들은 심지어 다른 수컷과 싸움을 벌이는 동안 어미에게서 새끼를 납치하는 것으로 알려져 있다. 그들의 경쟁자가 인질의 아비라면, 공격을 계속하려는 본능과 새끼에게 미칠 위험을 저울질해야 한다. 이런 부주의한 마초 폭력 때문에 암컷이 낳은 모든 새끼가 위험에 처해 있다. 하지만 암컷이 한 마리 이상의 수컷과 짝짓기를 한다면 친자 확인 문제가 혼란스러워질 테고, 따라서 이론적으로 자기에게 새끼가 있다고 생각하는 모든 수컷은 아기를 해치기 전에 다시 한번 재고할 수 있다.

알파 수컷은 대개 무리의 중심부에서 자기 왕국을 면밀히 주시하고 있고, 다른 원숭이들도 몇 초마다 한 번씩 그를 힐끗

거리며 감시한다. 알파 수컷은 주기적으로 눈꺼풀을 깜박이거나 하품을 한다. 겉보기에 무해한 이 표시가 사실은 그의 위협을 전달하며 특히 하품은 그의 치명적인 이빨을 보여준다. 그러나 알파 지위에 오르기 위해 필요한 모든 흉포함에도 불구하고, 일단 자리를 잡은 보스는 앙심을 품거나 압제적이지 않다. 강력한 알파 수컷과 안정적인 계층 구조가 있는 무리는 비교적 평온한 분위기가 감돈다. 하지만 이런 상태가 지속될 수는 없다. 많은 포유류들처럼 개코원숭이 수컷도 다 자라면 집을 떠나는데 대개 8~9살쯤에 그 시기가 찾아온다. 그보다 나이 많은 수컷도 딴 데서 더 좋은 임시 숙소를 얻을 수 있다고 생각하면 무리를 바꿀 수 있다. 이 떠돌이들은 합류할 공동체를 찾기 위해 사바나 지역을 돌아다니는데, 그중 한 마리가 새로운 무리에 도착하면 끔찍한 격변이 발생할 수 있다. 그 외부자는 암컷들의 환심을 사려고 입술을 부딪치거나 낮게 웅얼거리는 소리를 내서 자신의 호의적인 의도를 전하려고 할지도 모른다. 하지만 이런 행동은 새끼를 키우는 어미들을 달래는 데 아무 도움도 되지 않기 때문에 어미들은 못마땅해하며 비명을 지른다. 마찬가지로, 신참자에게 위협을 받는 정주 수컷들도 동요하는 기색을 보인다. 이제 이곳에서는 시끄러운 갈등, 끊임없는 싸움, 부상, 심지어 죽음까지 발생할 수 있다.

덩치가 크고 힘이 센 이주자 수컷은 심지어 알파 수컷에게도 위협이 될 수도 있다. 개코원숭이 사회의 정점에 도달하기 위해 몇 주 또는 몇 달간 계속된 싸움에 투자한 노력이 몇 시간 안에 수포로 돌아갈 수도 있다. 그가 이 새로운 위협을 물리치더라도 그의 1위 자리는 짧은 기간 동안(단 몇 달, 또는 운이 좋으면 1~2년)만 유지될 것이다. 그러면 그의 유산이 위험에 처하므로 문제가 된다. 임기 후반에 이른 알파 수컷은 자기 자손인 많은 젊은이들, 그에게 삶을 의존하는 젊은이들을 보호할 책임이 있다. 새로운 알파 수컷이 우위를 차지하면 연쇄적인 살해 사건이 벌어질 수 있다. 개코원숭이의 임신 기간은 6개월이며, 그 후 새끼가 독립을 위한 첫 걸음을 내딛을 때까지 1년3간 곁에 두고 돌본다. 암컷들은 임신 기간이나 새끼를 돌보는 동안에는 새로운 알파 수컷을 받아들이지 않을 것이다. 따라서 새로운 알파에게 기존의 새끼들은 골칫거리가 되고, 그들을 죽여서 문제를 해결해야만 그 어미를 차지할 수 있다. 퇴위당한 전직 알파 수컷은 가능하면 새끼들을 지키려고 하겠지만, 이 시기에 개코원숭이 무리에서는 엄청나게 많은 사망자가 발생할 수 있다.

더 관대한 성별은?

암컷 개코원숭이의 사회 세계는 수컷들의 세계와 현격하게 대조된다. 무심한 관찰자가 봐도, 그들의 상호작용에는 수컷들의 관계를 특징짓는 극도의 공격성이 존재하지 않는다. 그러나 더 면밀한 살펴보면 관계와 연결, 경쟁과 불화가 가득한 풍부한 네트워크가 드러난다. 수컷의 경우에는 다른 곳에서 성공의 길을 찾을 수 있을 만큼 나이가 들 때까지만 태어난 무리 안에 머문다. 수컷은 이렇게 여러 무리를 자유롭게 오가지만 암컷은 평생 가족과 함께 같은 무리에 머무른다.

암컷이 개코원숭이 사회의 핵심을 이루는 것도 이런 이유 때문이다. 무리 안에는 여러 개의 모계가 공존한다. 이들은 할머니, 엄마, 여동생, 부양 자녀 등 혈연관계가 있는 암컷들로 구성된 확대 가족이다. 한 무리에 속한 이런 집단들은 믿을 수 없을 정도로 유대가 강하며, 몇 년 동안 밤낮으로 긴밀하게 접촉한다. 그들이 맺은 결속의 강도는 서로의 털 손질에 쏟아붓는 엄청난 노력을 통해 확인된다. 서로의 흠잡을 데 없는 털에 하루에 5시간씩 반질반질하게 윤을 내는 것도 드문 일은 아니다. 친족 동맹은 무리의 암컷들 사이에 다툼이 벌어졌을 때 효과를 발휘한다. 상대를 공격하는 암컷은 먼저 자기 행동에 대해 곰곰이 생각해보는 게 현명할 것이다. 한 명의 희생자를 괴롭히는 건 그녀의 대가족과 싸우겠다는 뜻이기 때문이다. 분쟁이 벌어졌을 때 서로를 지지할 뿐만 아니라 그들 중 한 명이 죽었을 때 서로 위로해주는 것처럼 보이기도 한다. 사별은 죽은 친지의 가족에게 심각한 스트레스를 주는 것으로 알려져 있다. 암컷 개코원숭이들은 인간과 거의 비슷한 방법으로 친지에게 가까이 다가가서 위로한다. 따라서 모계 집단은 때때로 개코원숭이 사회를 괴롭히는 혼란을 가라앉히는 완충제 역할을 한다. 이 지원 네트워크의 가치는 건전한 혈연 유대를 맺은 암컷은 수명이 더 길고 새끼를 기를 때 성공률이 더 높다는 데서도 드러난다.

모계 집단은 서로 가깝게 지내지만, 그래도 다들 개코원숭이의 계층화되고 다소 봉건적인 사회 안에서 자기가 차지하는 위치를 잘 알고 있다. 무리 내에서 암컷의 계급은 획득하거나 능력에 기반하는 게 아니라 상속된다. 딸들은 곧장 어미보다 한 단계 아래 계급으로 들어가고, 어미의 지원을 받아 자기보다 계급이 낮은 모든 암컷을 지배할 수 있다. 가끔 지위가 낮은 암컷이 자기 위치를 잊을 만큼 화가 나서 특히 성가시게 구는 상류층 새끼의 귀 주위를 꼬집기도 하지만, 새끼의 가족이 주위에 있을 때는 그런 행동을 하지 않으려고 주의할 것이다. 개코원숭이가 혼자 열심히 먹이를 구했는데 최상위 모계 집단 출신의 귀족 암컷이 으스대며 다가와 그녀를 쫓아내는 걸 보면 부당하다고 느낄 것이다. 특히 그 귀족이 육체적으로는 자기가 쫓아낸 암컷의 적수가 되지 못하는 경우에는 더욱 놀랍다. 이런 상황에서는 상대가 뼈만 앙상하게 남은 쭈글쭈글한 늙은이든 미숙한 젊은이든 상관없다. 서열이 낮은 자는 높은 자에게 복종해야 한다는 걸 안다. 그게 암컷 개코원숭이들의 사회가 작동하는 방식이기 때문이다.

하나의 무리 안에 모계 집단이 6개 이상 존재할 수 있으며, 각 모계 집단은 계층 구조 안에서 나름의 위치를 차지한다. 서열 상속이란 서열상의 위치가 몇 세대 동안 변하지 않을 수 있다는 뜻이다. 가장 많은 특권을 누리는 모계 집단의 암컷들은 당연히 그 거래에서 최고의 것을 얻는다. 그들의 새끼는 번성하고 성장 속도도 빠르다. 계급이 낮은 원숭이들은 변화에 특히 관심이 많을 거라고 생각할 수 있다. 문제는 개코원숭이 사회가 매우 보수적이라는 것이다. 암컷들 사이에서 갈등이 불거지면 무리 전체가 계급이 높은 쪽의 편을 들며, 옆에서 그녀를 지지하는 고함을 지르거나 싸움에 끼어들 수도 있다. 따라서 신데렐라 지망생은 태어날 때부터 주어진 운명을 벗어나기가 매우 어렵다. 정상에 오르기 위한 싸움이 성공 가능성이 희박하다면 차라리 비굴한 굽실거림과 외교가 어느 정도 효과가 있을 수 있다. 하급 모계 집단의 야심 찬 암컷들은 털 손질을 통해(다른 방법이 뭐가 있겠는가?) 지위가 높은 원숭이의 비위를 맞추려고 하는데 이건 그녀에 대한 공격을 줄이는 데 어느 정도 효과가 있는 것 같다. 암컷 개코원숭이에게 가족의 지원이 얼마나 중요한지 고려하면 이상한 일이지만, 때로는 그런 지원을 잃은 원숭이가 번성하기도 한다. 가족 기업에 합류해 사회에서 (초라한) 지위를 물려받을 것이라는 기대에서 해방된 고아는 자신의 지혜와 경쟁력에 의지해야 한다. 물론 항상 잘 되는 건 아니지만, 이건 암컷들이 미리 정해진 낮은 지위에서 벗어나기 위해 따를 수 있는 한 가지 방법이다.

모계 집단의 최하층에 속한 암컷들이 너무 형편없는 대우를 받는데 그런 상황을 바꾸기 위해서 할 수 있는 일도 거의 없다면, 대체 왜 무리를 떠나지 않는 건가? 하는 의문이 생긴다. 수컷들은 선택권이 제한되어 있을 때 종종 그렇게 하지 않는가? 사실 암컷들도 때때로 그렇게 한다. 규모가 큰 무리는 힘든 시기에 가계에 따라 쪼개져서 각 파벌마다 각자의 길을 갈 수도 있다. 하지만 대부분의 경우 무리는 함께 모여 있는다. 그 이유 중 하나는 아프리카의 야생동물들이 겪는 시련과 고난 때문이다. 개코원숭이는 수많은 포식자들에게 취약하다. 사자와 하이에나는 개코원숭이가 사바나 지역을 돌아다닐 때 지속적으로 위협한다. 악어는 물웅덩이에 누워서 기다린다. 밤에 사냥하는 표범은 악몽의 주인공이다. 이들을 피하기 위해, 많은 개코원숭이 무리의 서식지에는 포식자들이 접근할 수 없는 잠자리를 제공해주는 암벽이 포함되어 있다. 하지만 이런 피난처에서도 표범은 끔찍한 위협을 가한다.

남아프리카 크루거 국립공원의 젊은 공원 경비원 두 명이 진행한 무모한 실험에 대해 들은 적이 있다. 그들은 자기들이 머물던 필드 스테이션에 있던 표범 가죽을 들고 나가서, 지켜보는 청중들을 위해 그 가죽을 몸에 두르고 개코원숭이 떼를 향해 네 발로 기어갔다. 그날 그 자리에 있었던 한 구경꾼은 개코원숭이들의 반응이 놀라웠다고 말했다. 그들은 비명을 지르면서 변장한 경비원들에게서 도망쳤다. 그러나 자신들과 가짜 표범 사이에 약간 거리가 생기자 개코원숭이는 전략을 바꿨다. 덩치가 가장 큰 수컷들이 몸을 돌려 경비원들에게 돌을 던지기 시작했고, 떨어진 나뭇가지를 주워 들고 반격을 이끌었다. 개코원숭이들이 가까이 다가오자 경비원들은 변장을 벗어던지고 안전한 차로 달아날 수밖에 없었다. 그들은 운이 좋았다. 그렇게 흥분이 고조된 개코원숭이들은 사람에게 심한 부상을 입히거나 심지어 죽일 수도 있다. 개코원숭이 무리가 낮에 표범을 궁지에 몰아넣으면 가끔 때려죽일 정도로 흉포해진다. 이 모든 것은 숫자가 많아야 안전하다는 뜻이며, 특히 무리에 있는 덩치 큰 수컷들은 암컷 모계 집단이 무리를 떠날 경우 누릴 수 없는 수준의 보호를 제공한다.

무리를 떠나지 않는 또 다른 이유는 유아 살해의 위험이다. 지켜주는 이가 없는 암컷 집단은 수컷의 관심을 끌 가능성이 높으며, 그렇게 되면 젖먹이 새끼들이 즉시 위험에 처할 것이다. 이건 무리 내에 있을 때도 존재하는 위험이지만, 암컷들은 수컷 동료와의 '우정'에 의지해서 균형을 맞출 수 있다. 앞서 이야기했듯이 임신 기간과 수유 기간에는 암컷들이 성적으로 수용적이지 않다. 그런데도 그들은 수컷을 찾고 가능할 때마다 그를 따라다니고 털 손질을 해주면서 많은 시간을 투자한다. 어쩌면 그 수컷이 암컷이 낳은 새끼의 아비일 수도 있고 아닐 수도 있지만, 다음에 짝짓기를 할 준비가 되었을 때 그녀의 파트너가 될 수도 있다는 전망에 수컷은 안달이 나는 것이다. 때로는 그 수컷이 새끼의 아비도 아니고 다음에 낳을 새끼의 아비가 될 예정도 아니다. 이 수컷이 털 손질을 받아서 몸에 붙은 진드기가 몇 마리 줄고 무리의 암컷들 사이에서 좋은 평판(또는 잘 속는 놈이라는 평판)을 얻는 것 외에 그 관계를 통해서 어떤 이득을 보는지 우리로선 알 수가 없다.

암컷의 관점에서 볼 때, 털 달린 갑옷을 입은 기사 같은 배우자를 동맹으로 두면 수컷 계급의 최상위층에 변화가 생길 때 매우 귀중한 효과를 누릴 수 있다. 수컷은 자기와 유대 관계를 맺은 암컷의 고통스러운 울음소리를 들으면 도우러 달려간다. 그렇게 할 경우 강하고 지배적인 수컷의 눈에 띌 위험이 있더라도 말이다. 그러나 모든 배우자가 동등한 건 아니며, 지위가 높은 수컷은 가치도 높아서 그의 봉사에 프리미엄이 붙는다. 그의 보호를 받으려고 경쟁하는 암컷들이 많으면 질투가 추악한 머리를 들 수도 있다. 성적으로 부정한 암컷이 남자 친구 주변에서 노골적으로 시시덕거린다면, 이미 새끼가 있는 암컷은 앞으로 그의 봉사를 그리 받지 못하게 될 위험이 있다. 그래서 지위가 높은 배우자를 둔 암컷들은 새로운 암컷의 접근에 적대감을 드러내며, 그들을 쫓아내거나 스트레스로 인해 임신이 어려워질 정도로 심하게 괴롭힌다.

대부분의 영장류처럼 개코원숭이도 어미가 육아를 책임지지만, 아비도 자식들의 삶에서 조심스럽지만 중요한 역할을 한다. 수컷 사회의 무자비하고 가차 없는 공격성을 생각하면 이상하게 보일 수도 있고 수컷 개코원숭이가 '올해의 아빠상' 후보에 오를 일은 절대 없겠지만, 그가 곁에 있으면 어린 새끼들에게 주목할 만한 이점이 생긴다. 새끼 두 마리가 놀다가 싸움이 벌어지면 성체 수컷들이 끼어들어 더 어린 원숭이 편을 들어주는 경우가 많다. 특히 자기 새끼가 곤경에 처하면 더 직접적으로 행동에 나선다. 또 수컷들은 자기 새끼가 먹이를 공정하게 얻을 기회를 늘리기 위해 자기 힘을 사용하기도 한다. 도로시 체니와 로버트 세이파스는 평생에 걸쳐 연구한 개코원숭이에 대한 매혹적인 이야기를 담은 《개코원숭이 형이상학 Baboon Metaphysics》이라는 책에서, 알파 수컷의 자리에서 물러난 지 오래된 늙은 수컷이 그가 도와준 젊은 원숭이들에게 추종받는 멋진 모습을 묘사했다. 대체로 계층 구조의 맨 아래층에 속한 개코원숭이들은 배에서 뛰어내리는 편이 더 나은 것처럼 보일 수도 있지만, 개코원숭이 사회는 결속력이 강하다.

개코원숭이가 자신의 사회 세계에서 번성하려면 무리 내에 존재하는 관계를 정교하게 이해해야 한다. 우리 인간처럼 그들도 시각과 소리로 개체를 인식한다. 그들은 또 친척과 자기와 관련 없는 개체를 구별할 수 있다. 일반적으로 모계 친척은 함께 양육되기 때문에 그쪽에서 보면 그리 놀라운 일이 아니지만, 그들은 또 자기와 아비가 같은 개체, 즉 이복 자매나 형제도 식별할 수 있다. 개코원숭이는 이런 인식 능력을 바탕으로 혈연관계에 따라 무리 내에 네트워크를 구축할 수 있다. 그러나 그들의 사회를 탐색하려면 이보다 훨씬 많은 게 필요하다. 누가 누구와 관련이 있는지, 또는 적어도 누구와 편하게 지내는지 알아야만 한다. 이건 개코원숭이나 집단생활을 하는 다른 많은 영장류의 무리에 새끼가 태어나면 다들 그렇게 마음을 빼앗기는 이유를 부분적으로 설명해준다. 갓 태어난 새끼의 매력은 아무리 강조해도 모자라다. 신생아의 어미는 하루에 100번 이상 방문을 받기도 하는데, 특히 새끼를 낳은 지얼마 안 되는 다른 암컷들이 자주 찾아온다. 방문객들은 대부분 새끼를 만져보고 싶어 한다. 만약 방문객이 서열이 높은 원숭이라면 어미가 걱정스러워하든 말든 신경 쓰지 않고 만져보겠다고 우길 것이다.

개코원숭이는 태어난 첫날부터 무리의 사회적 구성요소의 일부가 된다. 다툼 때문에 이 구조가 무너질 위험이 생기면,

적어도 암컷들끼리는 상당히 빠르게 화해하는 경향이 있다. 이들의 화해는 분쟁에서 우세한 쪽이 그렁거리는 소리를 내며 안심시키는 형태로 이루어진다. 이건 불안해하는 하급자의 두려움을 누그러뜨리는 역할을 하며, 그녀에게 모든 게 괜찮다고 말해준다. 때로는 우세한 쪽의 친척들이 그녀를 대신해 화해를 한다. 불화가 오래 지속되면 누구에게도 이익이 되지 않는다. 특정 개체의 울음소리를 녹음해서 다른 원숭이들 근처에서 들어주는 실험을 통해 개코원숭이들이 무리 내의 관계를 얼마나 잘 이해하고 있는지 알게 됐다. 예를 들어, 개코원숭이는 새끼의 겁에 질린 비명을 들으면 그 어미를 쳐다본다. 서열이 낮은 원숭이는 지배자의 친척이 싸우는 소리를 들으면 지배자를 쳐다본다. 개코원숭이 두 마리에게 그들의 친척이 싸우는 소리를 녹음해서 들려줬더니 서로를 쳐다봤다. 개코원숭이는 자기와 관련 없는 동물의 울음소리를 들었을 때는 이런 반응을 나타내지 않는다. 이건 그들이 네트워크 안의 무수한 관계를 얼마나 잘 이해하고 있는지 보여준다.

우리 인간은 개코원숭이의 지능과 사회적 노하우의 조합을 놀라운 방식으로 활용했다. 19세기 말 남아프리카공화국의 케이프 철도에서 잭이라는 개코원숭이가 사고로 다리를 잃은 남자를 도와 9년 동안 신호 교환원으로 일했다는 이야기가 있다. 잭은 주말마다 철도 회사에서 약간의 급여와 맥주 한 잔을 받았고 일하는 내내 한 번도 실수를 저지르지 않은 것으로 유명했다. 최근에는 독일의 동물 연구가 발터 회쉬Walter Hoesch가 나미비아에서 염소 치기로 이용되고 있는 개코원숭이에 대한 이야기를 했다. 농부들의 말에 따르면 아흘라라는 그 개코원숭이는 염소 치는 일을 사람보다 잘했다고 한다. 아흘라는 염소들을 항상 한곳에 잘 모아뒀고 거의 100마리 가까이 되는 염소 무리 중에서 한 마리라도 사라지면 금세 알아차리곤 했다. 필요할 때는 길 잃은 동물들을 다시 모아왔고 포식자가 위협하면 크게 소리를 질렀다. 하루 일과가 끝나면 '호호호'라고 외치면서 염소들을 불러 모은 다음 가장 뒤쪽에 있는 염소 한 마리의 등에 올라타고(작은 기수처럼 엄마 등에 올라타는 새끼 개코원숭이와 똑같은 방식으로) 마을에 있는 안전한 우리로 다시 데려갔다. 염소들이 우리에 떼지어 몰려들면 그 혼란 속에서 새끼들과 어미들이 불가피하게 떨어지게 된다. 아흘라는 어떤 새끼가 어떤 어미의 자식인지 완벽하게 식별해서 각 새끼 염소를 자기 겨드랑이에 끼고 어미에게 데려다줌으로써 이 문제를 해결한다. 이건 관련 증거가 가장 많은 사례이긴 하지만, 아프리카 농장에서 개코원숭이를 이용한 역사는 꽤 오래됐다. 스코틀랜드의 탐험가 제임스 알렉산더James Alexander 경은 1830년대에 나마족이 개코원숭이를 목동처럼 이용한다고 보고했다. 모든 염소를 식별하고 또 새끼와 어미의 관계를 알아보는 아흘라의 놀라운 능력은 모든 개코원숭이가 자기 사회에서 번성하기 위해 익혀야 하는 기술의 연장선이다.

우리 자신 찾기

침팬지는 우리의 가장 가까운 살아 있는 친척이다. 침팬지와 인간의 유전 형질은 깜짝 놀랄 만큼 중복되는 부분이 많아서 일부에서는 거의 99퍼센트 유사하다고 추정하기도 한다. 그렇다면 모든 동물 중에서 침팬지가 우리 사회의 진화적 뿌리를 이해할 수 있는 가장 좋은 기회를 제공할까? 우리는 침팬지와 비슷할까? 침팬지는 또 우리와 비슷할까? 이걸 자세히 알아보려면 우리의 유인원 친척들이 사는 방식을 이해해야 한다. 포획된 침팬지 집단을 살펴본 훌륭한 연구도 많지만, 가장 좋은 데이터는 야생에서 그 동물을 관찰했을 때 얻을 수 있다. 문제는 침팬지를 자연 서식지에서 연구하는 게 매우 어렵다는 것이다. 먼저 인간 관찰자들은 침팬지가 습관화라는 과정을 통해 관찰자의 존재에 아주 서서히 적응하도록 해야 한다. '서서히'라는 건 절제된 표현이고 사실 몇 년이 걸릴 수도 있다. 적응이 끝난 뒤에도 관찰자들은 침팬지들이 가급적 평소처럼 행동할 수 있도록 그들 눈에 띄지 않아야 한다. 또 하나 중요한 요소는 인내심이다. 좋은 데이터 세트 하나를 만들려면 몇 년에 걸쳐 수천 시간 동안 관찰해야 한다. 거의 60년 전에 탕가니카^{Tanganyika} 호숫가에 있는 곰베 스트림^{Gombe Stream}에서 야생 침팬지를 조사한 제인 구달^{Jane Goodall}의 선구적인 연구는 서쪽의 기니와 코트디부아르에서 동쪽의 우간다와 탄자니아에 이르기까지 아프리카 대륙 전체의 다른 연구자들에게 영감을 주었다. 이 연구는 우리가 침팬지를 보는 방식을 바꿔놓았고, 결국 우리 자신의 진화 과정을 이해하는 방식을 만들었다.

침팬지 사회에 대해 알게 된 사실은 가끔 우리를 심란하게 한다. 침팬지에 대한 우리의 낙관적인 견해를 흔들어놓는 사실들과 우리와 침팬지의 밀접한 유전적 관계 때문이다. 가장 심각한 사례는 구달이 들려준 탄자니아에 있는 두 침팬지 집단 사이에서 벌어진 엄청나게 폭력적인 영역 싸움에 대한 이야기다. 이 갈등은 1970년대 중후반의 4년에 걸쳐 일어났으며 납치, 구타, 살해에 대한 구달의 생생한 설명은 너무 충격적이라서 처음에는 믿기지 않는다는 반응들이었다. 구달의 목격자 보고서에는 한때 친밀한 관계였던 수컷들이 서로를 찢어발기고 쓰러진 경쟁자를 돌로 계속 내리쳐서 죽이는 장면이 묘사되어 있다. 또 하나 잊을 수 없는 장면은, 어린 새끼를 데리고 도망치던 암컷을 수컷 세 마리가 붙잡아서 끔찍한 구타를 가하고 새끼는 무자비하게 땅에 내리친 뒤 축 늘어진 몸을 덤불 속으로 내던지는 모습이다. 그 이후 영아 살해나 같은 종족의 새끼를 잡아먹는 풍습 등 다른 공동체에서 벌어진 살해에 관한 이야기가 드러나면서 탄자니아에서 작성된 초기 보고서 내용을 확증해줬다. 침팬지라는 생물에게는 어두운 이면이 있다.

인류의 역사는 경쟁 집단들 간의 갈등과 유혈 사태에 관한 이야기로 가득하다. 이는 침팬지들도 마찬가지다. 영토는 침팬지가 생존하는 데 필요한 식량과 수컷의 공동체 내 번식권 등 거기 포함되어 있는 자원 때문에 중요하다. 외부자는 위협적인 존재다. 수컷들은 자기 권리를 보호하기 위해 동맹을 맺고 영토 주변을 순찰한다. 침입자나 인근 공동체의 국경 순찰대가 보이면 문제가 발생할 수 있다. 시끄럽게 자세 취하기, 돌격과 반격, 발사체 던지기 등을 통해 각자 힘을 과시한다. 혼돈과 노골적인 공격 속에서 대립이 치명적으로 변할 수 있다. 연구진은 아프리카 전역에 있는 침팬지 공동체 18개에 대한 상세하고 장기적인 프로필을 축적했다. 최근까지 이 공동체 간의 폭력으로 인해 죽은 침팬지는 152마리로, 각 공동체에서 3년마다 한 번씩 사망자가 발생하는 셈이다. 피해자와 가해자 모두 수컷일 가능성이 크고, 가장 큰 원인은 다른 공동체들 간의 싸움이었다. 이를 바탕으로 생각하면, 인류의 호전적인 성향은 살아 있는 가장 가까운 친척들과 유사하다고 볼 수 있다. 그건 최근에 인기를 끌고 있는 이론이다. 그 이론을 지지하는 이들은 침팬지와 우리가 공유하는 유전적 유산에 남을 죽이려는 본능이 내재되어 있다고 한다. 폭력이 우리 DNA에 기록되어 있다는 생각은 비뚤어진 호소력을 가지고 있다. 우리 역사를 얼룩지게 한 끔찍한 전쟁들이 운명적이고 불가피한 일이었다는 뜻이기 때문이다. 그건 설명을 제공하는 동시에 부분적으로나마 우리 책임을 면제해 준다.

우리 유전자에 갈등이 내재되어 있고 우리가 싸우려는 본능을 타고났다는 생각이 미심쩍은 이유는 인간과 침팬지에 대한 지나치게 단순화된 견해이기 때문이다. 우리에게 폭력적인 성향이 있을 수도 있지만 그게 우리 성격의 유일한 구성요소는 아니며 보다 사교적인 다른 성향에 의해 균형을 이룬다. 어떤 사람은 지갑 속의 내용물 때문에 살인을 하고 어떤 사람은 아무런 보상 없이 헌혈을 한다. 이렇게 다양한 성향을 가진 종을 어떻게 한마디로 요약할 수 있을까? 침팬지도 마찬가지다. 침팬지의 살해 행동은 분명히 그리 드문 일이 아니지만, 앞서 이야기한 공동체를 파괴할 정도로 오래 계속되는 영역 싸움은 극히 드물다. 이런 사건에만 근거해서 침팬지를 판단하는 건 세상에 종말이 온 듯한 신문 헤드라인의 프리즘을 통해서만 인간 본성의 본질을 판단하는 것과 마찬가지로 그들에게 큰 해를 끼치는 일이다. 우리 인간도 침팬지처럼 폭력을 행사할 수 있는 능력이 있고 그걸 얼버무려서는 안 되지만, 그걸 각 사회 안에서 우리의 일상생활을 특징짓는 협력과 공존이라는 더 넓은 맥락에서 바라봐야 한다.

생물학자이자 저명한 영장류 행동학자인 프란스 드 발의 말에 따르면, 침팬지가 하는 행동에서 가장 두드러진 측면은 그들 사회의 공격성이 아니라 서로의 차이를 조화시키는 방식과 관계 유지에 부여하는 가치다. 침팬지는 말 그대로 서로 입을 맞추면서 화해한다. 서로를 껴안는다. 갈등이 마무리된 뒤에는 싸웠던 상대까지 털 손질을 해주고 어루만져 준다. 그들은 다른 침팬지의 고통에 반응을 보이고 불안해하거나 슬퍼하는 공동체 구성원을 위로하고 포용하는 등 공감의 특징을 보여준다. 선구적인 러시아 심리학자 나디아 코츠Nadia Kohts는 모스크바에 있는 자기 집에서 키우던 침팬지 조니와의 관계에 대해 설명했다. 조니는 이따금 코츠가 따라갈 수 없는 건물 옥상으로 도망치곤 했다. 조니가 다시 내려오도록 하기 위해 코츠는 여러분이 반려 고양이나 개에게 시도할 수 있는 일반적인 전술을 썼다. 좋아하는 음식을 뇌물로 제공한 것이다. 하지만 아이러니컬하게도 이 방법이 효과가 없다는 게 증명되자 코츠는 다른 방법을 시도하기로 하고 이번에는 우는 척 해봤다. 그러자 조니가 서둘러서 지붕에서 내려와 그녀를 위로했다. 코츠가 괴로워하는 모습을 보일수록 조니에게 미치는 영향도 커져서, 조니는 자기 손으로 코츠의 턱을 감싸고 손가락으로 그녀의 얼굴을 쓰다듬고 입을 맞추더니 급기야 슬퍼하는 소리까지

냈다. 조니의 행동은 침팬지의 전형적인 특징이다. 그는 다른 이들의 요구에 주의를 기울이면서 관계를 맺고 키워나가려는 성향, 그리고 무엇보다 협력과 조화를 특징으로 하는 행동을 보여준다.

침팬지 사회는 다양한 방법으로 우리 사회를 그대로 반영한다. 침팬지는 우리가 흔히 공동체라고 부르는 큰 무리를 지어 산다. 이런 무리에는 100마리 이상의 개체가 포함되기도 하는데 이들은 자기 공동체의 지리적 경계 내에서는 혼자 또는 파티라는 소규모 집단을 이뤄서 돌아다니거나 먹이를 찾는다. 공동체 내의 개체들은 자주 만나서 파티를 구성하거나 일정 시간 동안 자기 혼자 움직인다. 침팬지 사회는 더 크고 강한 수컷들에 의해 지배되는데 이들은 암컷보다 지위가 높고 자기들끼리 계급의 특권, 특히 먹이와 섹스 기회를 추가적으로 차지하기 위해 경쟁한다. 암컷들에게도 지배적인 위계질서가 있는데, 이들의 서열은 수컷끼리 벌이는 권력 투쟁의 특징인 직접적인 공격성 경쟁보다는 주로 나이에 의해 결정된다. 암컷들은 보통 성적으로 성숙해지면 자기가 태어난 공동체를 벗어나 사방으로 흩어진다. 그 과정에서 새로운 집단으로의 위험한 여정과 거기서 만난 침팬지들의 공격이라는 매우 현실적인 위험을 겪게 된다. 그녀가 완전히 받아들여지기까지는 오랜 시간이 걸릴 것이고, 그런 뒤에도 낮은 지위를 감수해야 한다.

침팬지 사회에서 성공하려면 외교 능력, 전략, 능수능란한 사회성이 모두 필요한데, 이는 인간 사회에서 네트워킹이라고 부르는 것을 통해 촉진될 수 있다. 털 손질은 많은 사회적 동물들의 삶에서 중요한 부분인데 침팬지도 예외는 아니다. 영장류 중에서 더 사교적인 종일수록(즉, 집단 크기가 클수록) 털 손질을 많이 한다. 그들이 여기에 엄청난 시간을 투자할 수 있다. 어떤 동물은 하루의 20퍼센트를 서로 털 손질을 해주면서 보낸다. 그 결과 온몸이 깔끔하게 손질될 뿐 아니라 털 손질 파트너와의 관계도 강화된다. 더 깊은 수준에서 보면, 서로 협력하는 파트너들끼리의 털 손질은 사회적 행동을 촉진하는 옥시토신(소위 사랑 호르몬이라고 하는) 분비를 자극한다. 그리고 침팬지들 사이의 정치적 전략 면에서도 털 손질을 능가하는 방법은 그리 없다. 이는 침팬지가 사용하는 외교적 도구의 핵심적인 부분이 되었다. 이걸 보면 왜 수컷이 암컷보다 서로에게 털 손질을 많이 해주는지 알 수 있다. 시간이 많이 걸리기는 하지만 더 공격적인 전략을 쓸 경우 발생할 수 있는 부상 위험이 없다.

그들이 누구의 털 손질을 해주는지도 중요하지만, 누가 지켜보고 있는지도 중요하다. 서열이 낮은 침팬지는 서열이 높은 침팬지의 털 손질을 해주면서 비위를 맞추려고 하지만, 지켜보는 이들 중에 더 나이 많은 침팬지가 있으면 대신 그 침팬지의 털을 손질하기 시작할 것이다. 지위가 높은 수컷이 털 손질을 위한 접근을 거부하는 경우도 있는데, 그러면 아첨하려던 시도가 실패로 돌아간다. 실제로 털 손질을 할 때도 경쟁이 벌어질 수 있다. 수컷들이 자기가 특별히 선호하는 수컷을 손질해주는 특권을 얻기 위해 서로를 때려눕힐 때면 이들 사이에서 질투 비슷한 분위기를 감지할 수 있다. 침팬지들은 털 손질, 협력, 고위층 동료들과의 교류를 능숙하게 조합해서 관계를 발전시킨다. 그들은 우정 자체를 중요시할 뿐만 아니라, 지위를 얻기 위한 계획을 세우고 교묘하게 행동하는 전략가들이다.

육류 시장

정주성 수컷 침팬지는 자신들의 영역을 지키기 위해 단결력 강한 집단을 이뤄서 활동한다. 하지만 이건 침팬지의 삶에서 협력을 통해 보상을 얻을 수 있는 유일한 영역이 아니다. 사냥을 할 때도 정교하게 조정된 접근 방법이 필요하다. 비교적 최근까지 침팬지들은 그들의 유인원 친척인 고릴라나 오랑우탄처럼 채식주의자로 추정되었다. 야생 침팬지의 식단은 대부분 과일과 나뭇잎으로 구성되어 있지만 고기는 맛있고 영양가 높은 별식이다. 제인 구달이 침팬지들이 적극적으로 동물을 사냥하고 고기를 먹는다는 관찰 내용을 처음 보고했을 때 믿을 수 없다는 반응을 보이는 이들이 많았다. 그들은 이게 일회적인 행동이고 해당 침팬지 공동체가 잠시 제멋대로 군 것뿐이라고 생각했다. 하지만 최근 수십 년 사이에 사냥이 침팬지들 사이에서 널리 퍼져 있다는 걸 알게 됐다. 다시 한번 말하지만, 우리는 가장 가까운 친척들에게서 우리와 비슷한 모습을 많이 발견한다. 우리 조상이 그랬던 것처럼 사냥은 주로 여럿이 협력해서 하는 일이다. 침팬지들은 혼자 사냥을 할 수 있고 그렇게 할 때도 있지만, 집단으로 사냥을 하면 성공률이 극적으로 증가한다. 예를 들어, 사자를 비롯한 대부분의 육식동물은 두세 번의 공격 중 한 번만 성공해도 운이 좋은 거지만 침팬지들의 단체 사냥은 거의 항상 성공으로 끝난다.

침팬지들이 울창한 숲에서 좋아하는 먹이(콜로부스 원숭이 같은 작은 영장류)를 사냥할 때 우위를 점할 수 있는 건 정교한 팀워크 덕분이다. 각자마다 특정한 역할이 있다. 어떤 침팬지는 추적하고 어떤 침팬지는 사냥감의 탈출을 막기 위한 자세를 취하면서 다른 침팬지들이 불쌍한 희생자를 매복 공격하려고 숨어서 기다리고 있는 함정으로 몰아넣는다. 이런 사냥 모임은 주로 수컷들의 일이며 사냥해서 얻은 전리품은 주로 참가자들이 나눠 갖는다. 성체 암컷들도 민첩하고 힘이 세지만 그들은 주로 육아를 담당한다. 어린 새끼를 데리고 다니면 이동성이 떨어지므로 재빠르게 움직이는 원숭이 먹잇감을 쫓아 나무 꼭대기로 돌진하는 게 거의 불가능하다. 하지만 적어도 일부 침팬지 공동체에서는 암컷도 사냥을 한다는 사실이 밝혀졌다. 세네갈의 퐁골리Fongoli 지역 사바나에 사는 암컷 침팬지들은 나뭇가지로 창을 만든다. 사냥감을 찌를 수 있는 무시무시한 도구만 남을 때까지 곁가지들을 벗겨내면서 조심스럽게 무기를 만드는 것이다. 인간을 제외하면 이건 포식자들이 큰 먹잇감을 사냥하기 위해 도구를 사용하는 유일한 사례다. 창으로 무장한 침팬지들은 야행성 영장류인 부시베이비를 찾는다. 침팬지의 먼 친척이기도 한 이 무해한 작은 동물은 낮에는 안전한 나무 구멍 안에서 잠을 잔다. 하지만 침팬지가 쉬고 있는 부시베이비를 발견하면 구멍 속에 있는 먹잇감에 꼬챙이에 꽂아 은신처에서 끌어낸다.

지금까지 침팬지들이 자기 안식처를 지키기 위해 협력하고, 민첩하게 잘 도망다니는 먹잇감을 사냥하기 위해 모이는 모습을 보았다. 이런 사냥을 통해 얻은 고기는 영양가가 높고 믿을 수 없을 정도로 소중하다. 그래서 실제로 침팬지 사회에서 화폐로 쓰일 정도다. 침팬지는 일반적으로 작은 과일이나 자기들이 먹는 다른 음식은 공유하지 않는다. 고기는 공유하지만 무작위로 공유하는 게 아니다. 지배적인 수컷들은 이걸 수컷 지지자들에 대한 보상으로 사용하고 특별히 선호하는 암컷들에게도 준다. 그런 고기 후원은 가족생활에서 고기의 가치를 보여준다. 식단에 고기가 많으면 더 많은 자손이 살아남게 된다. 이런 행동을 통해 침팬지들의 복잡한 사회를 감지할 수 있다. 지배적인 수컷은 매우 강인하고 자신의 신체적 능력을 증명해야 할 수도 있지만, 그의 지위를 유지하는 건 이두박근이 아니라 지원품의 크기다. 고기로 충성심에 보답하는 게 그의 전략의 일부다.

물론 포유류가 유일한 고기는 아니다. 아프리카 전역의 침팬지들은 흰개미나 개미 같은 곤충의 둥지를 파헤쳐서 곤충을 채집한다. 비록 크기는 작지만 이 곤충들은 침팬지의 식단을 강화하는 영양가 있는 지방과 단백질로 가득 차 있다. 그러나 개미와 흰개미 둥지는 방어력이 뛰어나다. 그 튼튼한 구조물 안에는 군락을 방어하기 위해 돌진해서 침팬지들을 아프게 물어뜯을 방어군이 많이 살고 있다. 곤충을 잡으려면 손재주가 필요하다. 우선 그 일에 적합한 도구를 준비해야 한다. 하나는 둥지에 구멍을 내고 다른 하나는 흰개미를 꺼내기 위한 도구다. 많은 침팬지들이 흰개미를 잡으러 다니지만 어떤 침팬지는 이를 예술의 형태로 발전시켜 매우 전문적인 도구를 만들었다. 그건 식물 줄기로 만든 도구인데 그들은 어떤 식물을 쓸건지 까다롭게 고른다. 칡이 이 목적에 아주 적합하다는 사실이 밝혀졌다. 침팬지는 막대기 같은 줄기의 껍질을 벗겨낸 다음 한쪽 끝을 이빨로 갉아서 섬유를 분리해 일종의 솔을 만든다. 그런 다음 이걸 흰개미 둥지에 뚫어놓은 구멍을 통해 집어

넣으면 동요한 병사들이 자기도 모르게 나머지 작업을 해준다. 둥지 안으로 침입한 솔을 물어뜯으면서 달라붙는 것이다. 그러면 낚싯대를 드리운 침팬지들은 그걸 꺼내서 먹기만 하면 된다.

한 집단의 구성원이 새로운 기술을 습득하면 이웃들은 감탄하면서 그 행동을 모방할 수 있다. 침팬지들은 여러 집단 사이를 오가면서 가끔 귀중한 정보를 가지고 오기도 한다. 이주해 온 한 암컷이 자기가 태어난 집단에서 개미 낚시 전통을 가져오기 전까지 곰베에서는 개미 낚시를 들어본 적도 없었다. 그녀의 새로운 기술은 특히 어린 침팬지들 사이에서 빠르게 퍼졌다. 아마 더 나이 든 침팬지들은 그런 식으로 벌레를 건져 올리는 건 자기 품위를 떨어뜨리는 행동이라고 생각했을지도 모른다. 어쨌든 비교적 짧은 시간 안에 개미 낚시는 곰베 공동체 내에서 확고하게 자리 잡은 행동 패턴이 되었다.

마키아벨리처럼 교묘한 책략

침팬지는 리더십과 관련해 덩치와 힘이 항상 중요한 건 아니라는 걸 보여주는 살아 있는 예시다. 몸집이 작은 어떤 수컷은 털 손질을 통해 관계를 구축하기 위해 엄청난 노력을 쏟아부은 덕에 자기 공동체의 알파 수컷이 되었다. 인간 사회에서 이야기하는 '알파 수컷'이라는 말에는 어떤 무자비함과 지배적인 성향이 내포되어 있다. 이 용어가 처음 만들어진 침팬지 같은 동물의 경우 알파 수컷이 리더일 수도 있지만 그는 공동체의 지원을 받아야만 통치할 수 있다. 그는 폭군이라기보다 관계 구축자에 가깝다.

인간 사회와 마찬가지로, 정치 게임은 침팬지들의 우두머리에게만 국한된 게 아니다. 알파 침팬지가 권력 기반을 확장하려고 할 때도, 그의 경쟁자들이 리더 교체를 위한 도전을 원한다면 자신의 동맹을 확보하려고 할 수 있다. 외교 관계가 계속 변화하는 침팬지 사회에서는 충성심이 매우 미약하고 단명할 수 있기 때문에, 지배적인 수컷은 다양한 음모와 제휴 관계가 발전하는 모습을 면밀히 주시해야 한다. 수컷 침팬지는 파벌을 바꾸는 편이 자기에게 더 이득이 된다고 판단되면 그렇게 할 것이다. 특히 지위가 낮은 수컷들은 침팬지 생활에 중요한 모든 걸 적게 배급받기 때문에 현상황을 바꾸는 데 관심이 많고, 따라서 이런 부동층은 자주 편을 바꿀 수 있다. 지배적인 수컷이 직면한 또 다른 문제는 침팬지 집단이 수 평방킬로미터에 걸쳐 분산되어 있는 탓에 그의 경쟁자들이 눈에 보이는 곳은 고사하고 가청 범위 안에 없을 수도 있다는 것이다. 그가 반대자들과 마주치면 누가 이곳 책임자인지 상기시키는 게 좋다. 우두머리는 위풍당당하게 소리를 지르거나 덤벼들려는 자세를 취하기도 한다. 그의 행동은 자신을 과시하려는 의지로 가득 차 있지만 반드시 심각한 폭력을 쓰려고 하는 건 아니다. 이걸 본 그의 지지자들은 안심하지만 경쟁자들은 몸을 낮추거나 복종하는 태도를 보인다. 때로는 팬트 그런트pant-grunt라고 하는 헐떡거리는 소리를 내기도 하는데 이건 보통 서열이 낮은 동물이 높은 동물을 향해서 내는 소리다.

최근에는 정치인들이 정점에 오르기 전과 후의 모습을 담은 인터넷 밈이 인기를 끌고 있다. 그중 환한 표정을 짓고 있는 젊고 건강한 검은 머리 버락 오바마Barack Obama의 사진을 보면 대통령직이 그에게 가한 신체적 피해를 확인할 수 있다. 토니 블레어Tony Blair와 앙겔라 메르켈Angela Merkel에게도 이와 유사한 전후 비교가 이루어졌다. 침팬지 사회에서 알파 수컷이 되면 많은 특권이 따른다. 더 정확히 말하자면 풍부한 음식과 섹스 기회를 얻을 수 있다는 뜻이다. 하지만 영원한 것은 없다. 그가 무리를 책임지는 동안에도 그 책임 때문에 대가를 치르게 된다. 리더들이 겪는 스트레스는 코티솔 호르몬 농도가 높아진 것을 통해 측정할 수 있다. 코티솔이나 이와 관련된 다른 호르몬은 리더가 긴장을 늦추지 않고 항상 행동에 나설 준비를 하게 하는 이점이 있지만, 시간이 지나면 높아진 코르티솔 수치가 면역 체계를 약화시키고 수면을 방해하고 근육 손실을 유발하는 등 여러 가지 해로운 영향을 미친다. 하위 계급은 알파 수컷이나 그의 직속 부하들에게 질병 또는 부상 징후가 있지는 않는지 항상 감시하고 있으며, 약점이 발견되면 바로 도전으로 이어질 수 있다. 자연적인 침팬지 공동체에는 항상 왕좌를 노리는 자들이 있고 이들의 경우 성장한 뒤 무리를 떠나는 건 수컷이 아니라 암컷 쪽이기 때문에, 시간적인 여유를 갖고 목표를 추구하면서 바닥에서 최고의 지위까지 오르는 젊은 수컷들이 늘 존재한다. 경쟁 파벌의 세력과 숫자가 증가하면 공동체에 긴장감이 감돈다. 도전이 제기됐을 때 그걸 제압하는 건 알파 수컷과 그의 동맹들의 몫이다. 알파 수컷의 통치는 그가 반대파를 쫓아낼 수 있는 동안에만 지속된다. 그는 10년 이상 무리를 책임질 수도 있지만(보통은 3~5년 사이) 결국에는 전복되는 날이 올 것이다. 이 시기는 그의 공동체에게 충격적인 시간이 될 것이다. 때로는 치열한 경쟁이 죽음으로 이어질 수도 있다.

세네갈의 퐁골리 삼림 지대에 사는 침팬지 공동체에 대한 상세하고 장기적인 연구를 통해, 쿠데타가 벌어진 뒤 한 알파 수컷이 맞은 운명에 대한 흥미로우면서도 걱정스러운 이야기가 전해졌다. 이 이야기의 주인공은 10대 후반에 알파 수컷이 된 푸두코다. 푸두코는 MM이라는 부사령관의 지원을 받아 약 2년 반 동안 자리를 지켰다. 푸두코가 실각한 원인은 확실하지 않지만, 그에 앞서 MM이 심한 부상을 입으면서 가장 가까운 협력자가 사라지는 바람에 푸두코의 입지가 취약해진 듯하다.

어쨌든 그는 폐위되었고 5년 동안 거의 완전히 사회적 변방으로 물러나 있었다. 이건 침팬지, 특히 수컷들에게는 매우 이례적인 일이지만, 오랜 망명 기간을 보낸 그가 서서히 자기 집단으로 복귀하는 것처럼 보이기 시작했다. MM과의 유대감은 여전히 강했고 새로운 알파 수컷인 MM의 형제도 푸두코에게 관대한 것처럼 보였다. 하지만 다른 수컷들은 그렇지 않았다. 아마 예전부터 쌓여온 원한이 있었거나 푸두코가 그들을 쫓아내고 더 높은 자리를 차지할지도 모른다는 전망 때문에 혼란스러웠던 모양이다. 푸두코가 무리의 중심 무대에 다시 등장한 직후의 어느 날 밤, 격렬한 싸움이 벌어졌다.

다음 날 아침, 푸두코의 사체가 발견되었다. 푸두코의 예전 이웃들이 그가 죽은 뒤에도 시신을 공격했기 때문에, 그가 당한 폭력은 치명적일 뿐만 아니라 앙심의 흔적도 보였다. 어떤 침팬지들은 심지어 그의 살을 먹는 모습이 목격되기도 했다. 특기할 만한 점은 MM과 알파 수컷이 폭력에 가담하지 않았다는 것이다. 특히 MM은 친구를 보호하려고 했고 한동안은 죽은 친구를 되살리려고 애쓰는 것처럼 보였다.

전날 밤의 폭력 사태로 촉발된 동요가 지역사회에 파문을 일으켰다. 일부는 긴장한 기색을 보였고, 일부는 살인 사태로 이어진 억눌린 분노를 여전히 드러내고 있었다. 퐁골리 지역의 수컷들이 보여준 초공격적인 행동은 앞에서 설명한 침팬지 전쟁의 경우처럼 암컷이 상대적으로 부족하기 때문일 수 있다. 푸두코가 공동체와의 재통합을 시작했을 때 짝짓기 기회를 둘러싼 수컷들 사이의 긴장이 이미 고조되어 있었을 가능성이 있는데, 여기에 다른 수컷이 추가되면 상황이 더 악화될 뿐이다. 침팬지들 사이의 균형 잡힌 성비는 평화를 유지하는 데 매우 중요하다. 그래서 밀렵꾼들의 행동이 광범위한 영향을 미칠 수 있는 것이다. 밀렵꾼들은 암컷을 목표로 삼는 경우가 많은데, 특히 불법 애완동물 거래에서 비싼 값을 받을 수 있는 새끼를 가진 암컷이 주된 목표다. 이것 때문에 암컷과 수컷의 성비가 불균형해져서 공동체 전체가 불안정해질 수 있다.

지금까지는 침팬지 사회에 대한 수컷 중심의 설명이었는데 이는 그들의 세계가 수컷 중심의 세계라는 사실을 반영한다. 암컷은 수컷보다 몸집이 작고 지위도 낮으며 수컷 침팬지들의 정치적 음모에 대한 기여도 그리 눈에 띄지 않는다. 그러나 특정 수컷에 대한 그들의 지지는 누가 최고의 자리를 차지하거나 유지하는지 결정하는 데 중요할 수 있다. 암컷과 수컷은 각자 자기들만의 서열이 있다. 계급의 특권을 차지하려는 수컷들 간의 경쟁은 극적인 반면, 암컷의 계층 구조는 보통 나이와 경험에 의해 결정되는 질서정연한 줄을 따르는 보다 차분한 방식으로 정해진다. 암컷들은 또 그리 사교적이지 않고, 그들 사이의 관계는 자기들끼리 파벌을 형성하는 수컷들의 관계만큼 공고하지 않다고 한다.

동물 집단에서 종종 나타나는 편애에 대한 친족의 중요성은 잘 알려져 있다. 이론상 암컷은 수컷만큼 서로 밀접한 관계를 맺지 않기 때문에 서로에 대한 투자도 적다. 하지만 암컷 침팬지들이 항상 이 예상에 들어맞는 건 아니다. 오랫동안 함께 살다 보면 그들도 지속적이고 강력한 관계를 맺는다. 이건 때때로 위협 앞에서 보여주는 연대의 형태로 나타나기도 한다. 만약 어떤 수컷이 자기 운을 시험해보려고 암컷, 특히 서열이 높은 암컷에게 주제넘게 군다면 그녀의 동맹들에게 보복당할 위험이 있다.

암컷이 침팬지 사회에서 더 문명화된 성별이라는 결론을 성급히 내리기 전에, 전체적인 그림을 그려봐야 한다. 젊은 암컷이 새로운 공동체에 합류할 때는 적응 기간을 거쳐야 한다. 수컷들은 당연히 새로운 암컷을 기쁘게 환영하겠지만 암컷들은 그렇지 않다. 암컷들은 힘을 합쳐서 이주해 온 암컷을 구타하고 쫓아내는 것으로 알려져 있다. 정주 암컷들의 이런 편협함은 새로 온 이에게 심각한 문제를 안겨주고, 이때 그녀가 선택할 수 있는 유일한 방법은 수컷 중 한 마리에게 보호를 받는 것이다. 하지만 그렇게 되면 여성 공동체에 합류하는 건 포기해야 한다. 간신히 공동체에 머물게 되더라도 이 젊은 이주자는 적어도 처음에는 사회 계층의 가장 낮은 자리에 만족해야 한다. 그 후에도 흠, 모든 게 순탄치는 않을 것이다. 확실하게 자리를 잡은 암컷들의 모계 제도는 파벌 중심으로 움직일 수 있다. 그들은 가장 좋은 식사 장소를 독점하고 서열이 낮은 암 컷들은 가장자리로 내몬다. 이게 끝이 아니다. 새로 합류한 암 컷이 무리에 계속 머무는 바람에 마음이 매우 불편하다면 그 녀와 그녀의 새끼를 추가적으로 공격할 수 있고 결국 새끼를 죽일 수도 있다. 그렇기 때문에 지위가 낮은 암컷들은 조심해 야 한다. 그들은 다른 암컷들과 멀리 떨어져 지내는데, 특히 출 산을 할 때가 되면 공격에 몹시 취약해진다.

당연한 이야기지만, 수컷 침팬지와 암컷 침팬지 사이의 경 쟁은 결국 희소성 때문에 발생하는 것이다. 음식도 이 문제 의 원인 중 하나지만 이것 때문만은 아니므로 좀 불안하긴 해 도 침팬지 섹스의 어두운 세계를 살펴봐야 한다. 암컷 침팬지 의 관점에서 볼 때 새로운 암컷이 공동체에 합류한다는 건 먹 여 살려야 할 입이 늘어나고 또 수컷의 관심을 끌기 위한 경쟁 도 더 치열해진다는 뜻이다. 반대로 암컷에 대한 접근은 수컷 들이 안달복달하는 주요 원인이다. 찰스 다윈Charles Darwin은 오 래전에 짝짓기에 있어서는 암수가 다른 전략을 취해야 한다 고 제안했다. 암컷은 보통 번식에 많은 투자를 하기 때문에 더 까다롭게 구는 반면, 상대적으로 투자를 적게 하는 수컷은 최 대한 많은 암컷과 짝짓기를 하기 위해 서로 경쟁해야 한다. 이

것이 침팬지에게는 어떻게 작용할까? 침팬지의 임신 기간은 인간과 거의 비슷한 8개월이다. 그리고 새끼가 태어난 뒤에도 암컷이 모든 육아 책임을 짊어지기 때문에 훨씬 많은 투자를 하는 셈이다.

흥미로운 사실은 침팬지 암컷은 짝을 고를 때 까다롭지만 여러분이 기대하는 방식대로는 아닐 수도 있다는 것이다. 사실 그들은 매우 영리한 게임을 하는 것 같다. 침팬지 암컷의 월경 주기는 한 달이 조금 넘는데 그중 약 3분의 1은 성적으로 수용적이다. 한 마리 이상의 수컷이 존재하는 집단에서 공동생활을 하는 다른 많은 영장류들처럼 침팬지도 그런 상태임을 알려주는 매우 가시적인 징후를 드러낸다(다행히 인간은 그렇지 않지만). 수분 때문에 음부 전체가 부풀어 올라서 충격적일 정도로 거대하게 팽창하는 것이다. 이 상태의 침팬지는 수줍어할 것도 없다. 그녀는 전부는 아니더라도 그 집단의 수컷들 대부분과 성관계를 할 것이다. 아주 많은 성관계가 이루어진다. 여기서 중요한 건 암컷 침팬지가 임신 가능성이 가장 큰 중요한 시기가 되면 전략을 바꿔서 알파 수컷에게만 집중한다는 것이다. 하지만 임신할 것 같지 않은 시기에 많은 수컷과 교미하는 건 그들의 비위를 맞추는 좋은 방법이다. 그리고 수컷들의 마음속에 이 암컷이 미래에 낳을 새끼의 친부가 누구인지에 대한 의구심이 생기므로 그 새끼를 공격하거나 죽일 가능성이 줄어든다.

암컷은 지배적인 위치의 수컷을 자기 짝으로 선택한다. 이건 당연한 일이다. 이런 수컷은 대개 좋은 유전자와 훌륭한 자손을 뜻하기 때문에 이는 많은 종의 암컷들이 공통적으로 활용하는 가치 있는 전략이다. 그렇다면 수컷들은 어떤 걸 보고 섹시하다고 생각할까? 그들이 미끈한 발목을 가진 침팬지처럼 젊고 늘씬한 암컷에게 매료된다고 예상할 것이다. 아니, 전혀 그렇지 않다. 물론 그들은 짝짓기 기회가 생긴다면 놓치지 않겠지만, 선택권이 주어질 경우 그들이 가장 좋아하는 상대는 이전에 새끼를 많이 낳은 나이 많고 체중이 많이 나가는 암컷이다. 약간 놀랍긴 하지만 이 또한 타당한 선택이다. 그런 암컷은 먹이도 잘 구하고 더 좋은 어미가 될 수 있으며 지배 계층에서 더 높은 위치에 올라설 가능성이 크기 때문이다.

암수 모두 나름의 전략이 있지만 그렇다고 해서 반드시 그걸 추구할 자유가 있다는 말은 아니다. 이건 어려운 주제다. 특히 우리가 우리 인간과 매우 비슷한 종에 대해 이야기하고 있기 때문이다. 하지만 이 문제를 피할 수는 없다. 침팬지나 집단 생활을 하는 다른 많은 동물들은 성적 강압을 경험한다. 침팬지의 경우, 지위가 낮은 수컷은 암컷이 지배적인 수컷을 선호하는 걸 막기 위해 공격적으로 암컷과의 성관계를 추구한다. 이때 암컷이 반드시 격렬하게 맞서 싸우지는 않기 때문에 이를 받아들이는 것처럼 보일 수 있지만, 성별 간의 체격이나 힘의 불균형 때문에 남의 도움을 받을 수 없는 상황에서는 이를 막기 위해 할 수 있는 일이 많지 않다. 게다가 죄를 지은 수컷뿐만 아니라 암컷까지 이런 성적 문란함 때문에 지위가 높은 수컷에게 벌을 받을 수 있다. 그렇기 때문에 번식력이 최고조에 이른 암컷은 보호를 받기 위해 지배적인 수컷과 함께 있고 싶어 한다. 이건 가임기 암컷에게는 좋은 전략이지만 다른 암컷들에게는 그렇지 않기 때문에 그들은 어떻게든 일을 망쳐놓으려고 한다. 침팬지 암컷은 자기가 그 수컷과 성관계를 맺기 위해 짝짓기쌍을 떼어놓고 다른 암컷의 짝짓기 권리를 박탈하는 것으로 알려져 있다. 그래서인지 몇몇 암컷들은 몰래 일을 진행한다.

침팬지들의 기묘한 섹스 세상에서 암컷은 종종 특정한 소리를 낸다. 교미 울음이라고 하는 이 새된 소리는 자신의 교미 가능성을 알려서 수컷들이 자기를 놓고 경쟁하도록 부추기는 역할을 한다. 하지만 만약 주위에 지배적인 위치의 암컷이 있으면, 서열이 낮은 암컷은 특히 바람직한 수컷과의 정사 사실을 알리지 않기 위해 신중하게 침묵을 지키면서 섹스를 한다.

하루 동안 침팬지가 된다면?

여러분이 만약 인간이 아니라면 어떤 동물이 되고 싶은지 생각해본 적이 있는가? 어쩌면 이건 생물학자만 하는 생각일지도 모르겠다. 내가 물어본 사람 중에 침팬지라고 말한 사람은 아무도 없었다. 독수리, 사자, 호랑이, 상어, 돌고래, 고래, 심지어 나무늘보라고 말한 사람도 한 명 있다. 하지만 침팬지라는 대답은 들어본 적이 없다. 어쩌면 이건 현재 침팬지에게 붙어있는 오명, 침팬지들이 사는 야만적인 세계에 대한 우리의 견해를 보여주는 것일지도 모른다. 여러분도 그렇게 생각한다면 음, 이 챕터에서 한 몇 가지 이야기에 비추어볼 때 이해할 수 있다. 하지만 침팬지들을 다각도로 관찰하면서 그들 본성의 더 나은 측면도 고려할 가치가 있다.

오랜 기간 무리를 이뤄 함께 살면서 다른 개체들을 인식하고 그들에 대한 의견을 형성하며 잠재적으로 다른 동물보다 서로를 훨씬 깊이 있게 이해할 수 있는 지능을 보여주는 침팬지는 완벽한 사회적 존재다. 이 사실은 토큰을 음식으로 교환할 수 있는 물물교환 시스템을 이용한 실험에서도 입증되었다.

토큰 하나로는 당근 한 조각을 살 수 있고, 토큰을 하나 더 주면 흰목꼬리감기원숭이 실험에서 알게 된 것처럼 당근보다 훨씬 맛있는 포도를 살 수 있다. 게다가 지위가 높은 침팬지는 포도는 사지 말고 당근만 사도록 훈련받았는데도 자유롭게 선택할 수 있게 해주자 포도를 사는 걸 선호했다. 적어도 지배적인 위치의 암컷이 당근을 사는 모습을 보기 전까지는 그랬다.

그 모습을 본 침팬지들은 자기 취향보다 그녀의 취향을 모방하면서 어떻게든 보조를 맞추려고 했다.

이걸 보고 침팬지는 얼간이라는 증거를 찾았다는 결론을 내릴지도 모른다. 잠시 이 문제를 생각해보자. 여러분과 다른 의견을 가진 사람과 토론을 하다가 결국 그의 의견에 동의하게 된 적이 있는가? 다른 사람의 행동에 영향을 받은 적이 있는가? 그런 적이 한 번도 없다면 아주 훌륭하다. 여러분은 거의 유일무이한 존재다. 그 외의 다른 사람들에게 있어 순응은(그걸 비난할 수는 있지만) 사회를 하나로 묶는 접착제의 일부다. 지배자의 행동을 모방하는 침팬지는 경험이 풍부한 개체는 올바른 선택을 할 것이라고 기대하기 때문에 그렇게 따라하는 것이다. 또는 지위가 높은 침팬지는 영향력이 있기 때문에, 다시 말해 낮은 지위의 침팬지들은 그들처럼 되고 싶고 그들에게 호감을 사고 싶기 때문에 행동을 모방하는 것이다. 어느 쪽이든, 순응하려는 경향은 인간 사회에서와 마찬가지로 그들 사회에서도 통합자 역할을 한다.

그렇다면 공동체 내부의 갈등은 어떨까? 이들 공동체에는 논쟁, 남성적인 허세, 폭력, 심지어 살인에 이르기까지 다양한 갈등이 존재할 수 있다. 그러나 침팬지는 특정 개체에 대한 일시적인 반감을 미래의 장기적인 협력 가능성과 저울질하는 경우가 훨씬 많다. 그들은 무모하게 일을 벌여서 돌이킬 수 없는 상황으로 치닫는 걸 좋아하지 않는다. 분쟁 후에는 화해하는 게 일반적이며 침팬지들의 사회생활의 중심은 우호적인 관계다.

경쟁은 모든 동물에게 피할 수 없는 삶의 현실이다. 모두가 탐내는 자원이 부족한 세상에서, 뭔가가 모두에게 돌아갈 만큼 넉넉한 경우는 거의 없다. 모든 동물(이 경우에는 모든 침팬지)은 각자 자신을 돌봐야 한다. 그럼에도 불구하고 그들은 놀라운 협력 능력을 보여준다. 협력의 문제는 누군가가 속임수를 쓸 위험이 항상 있다는 것이다. 그건 비도덕적인 행동이지만 꽤 성공적인 단기 전략이다. 사기꾼은 공짜로 무언가를 얻는다. 그러나 전체적으로 볼 때 그보다 더 좋은 전략은 팀워크다. 협력이 효과를 발휘하려면 공정하게 행동하지 않는 이들에 대한 징벌적 조치가 필요하다.

동료들의 반감과 나중에 보복당할 위험은 부정 행위를 단속하는 수단이 되어준다. 말리니 수착Malini Suchak과 동료들은 미국 조지아주에 있는 여키스 국립 영장류 연구 센터National Primate Research Centre에서 이와 관련된 연구를 했다. 큰 울타리에 갇힌 침팬지 무리는 간단한 작업을 해결할 방법을 찾아야 했다. 둘씩 또는 셋씩 힘을 합쳐서 작업을 해결하기 위한 노력을 조정하고 동기화하는 게 비결이었다. 무리 구성원들은 작업 참여 여부와 참여 기간, 함께 일할 동료를 자유롭게 정할 수 있었다. 그들이 성공하면 보상으로 과일 몇 조각을 받게 된다. 이때 그 음식은 일을 해결한 자(즉, 협력자)가 먹을 수도 있고 교활한 구경꾼(즉, 부정행위자)에게 **빼앗길** 수도 있다. 먹이가 나오면 금방 다른 먹이가 준비되므로 침팬지들은 다음 간식을 받기 위해 즉시 작업을 반복할 수 있다. 그들은 한 시간 동안 원하는 만큼 이 작업을 할 수 있었다. 이 실험은 한 번에 한 시간씩 수개월 동안 매주 두세 차례 반복되었고, 실험자들은 침팬지들이 시간이 지남에 따라 어떻게 전략을 조정하는지 볼 수 있었다. 문제는 침팬지들이 협동 전략을 따를 것인가 아니면 속임수를 쓸 것인가 하는 것이었다.

그 결과는 침팬지 간의 상호작용이 전략을 규정하는 방식을 생생하게 보여준다. 과제를 해결할 방법을 알아낸 침팬지들은 일을 시작했고, 성공적으로 협력하여 문제를 해결해서 음식 보상을 받았다. 처음에는 협력하는 쪽이 승자였다. 노력을 기울인 침팬지가 보상을 받았다. 하지만 시스템이 어떻게 작동하는지 알게 되자, 어떤 침팬지는 노력을 기울이지 않고 음식이 보이는 대로 낚아채면서 공짜로 먹을 기회를 잡았다. 부정행위 전략이 점점 널리 퍼졌고 협력은 쇠퇴하기 시작했다. 하지만 야생에서 그렇듯이, 속이는 침팬지들은 벌을 받았다. 협력자들이 부정행위자를 처벌하는 방법은 부루퉁해하거나 장비 작동을 거부하는 것부터 이런 반사회적 행동에 정당하게 짜증을 내면서 분노한 모습을 보이는 것까지 다양했다. 이 연구에 참여한 모든 침팬지가 한 번씩은 무임승차를 시도했지만, 연쇄적으로 잘못을 저지른 건 한 마리뿐인 것으로 밝혀졌다. 나이가 많고 눈이 먼 이 암컷은 결과적으로 남들에게 따돌림을 받게 됐다.

부정행위는 치러야 할 대가가 있는 경우에는 나쁜 전략이다. 이 실험에서 부정행위가 만연할 것처럼 보이자 협력하는 침팬지들이 무임승차자들을 통제하고 이런 행위를 효과적으로 감시하기 시작했다. 그때부터 협력이 더욱 강해졌다. 수착은 다른 집단을 상대로 이 실험을 다시 진행했다. 결과는 거의 똑같았다. 결국 침팬지는 타고난 팀 플레이어라는 사실이 밝혀졌다.

한때는 공감과 연민이 인간만의 고유한 특성이라고 생각했다. 푸두코가 겪은 폭력적인 죽음과 그의 공동체의 무자비한 대응은 이 생각에 어느 정도 신빙성을 부여한다. 거기에 더 섬세한 감정이 존재한다는 증거는 많지 않다. 하지만 침팬지들 사이에서는 그런 반응이 전형적인 게 아니며 오히려 우리 인간 사회에서 집단 폭행이 발생하는 경우가 훨씬 많다. 대부분의 기록에는 공동체 구성원이 죽을 경우 침팬지가 죽음을 애도하기도 한다는 이야기가 포함되어 있다. 탄자니아 곰베 스트림 연구소에서 제인 구달과 함께 일하는 게저 텔레키Geza Teleki라는 연구원은 침팬지가 넘어져 목이 부러져 죽는 모습을 보았다. 푸두코가 죽었을 때처럼 이 사건도 죽은 침팬지의 동료들 사이에서 미친듯이 공격적인 활동을 촉발시켰지만, 흥분은 곧 가라앉고 서로와 죽은 동료에 대한 명백한 염려로 바뀌었다. 그들은 마음을 가라앉히기 위해 서로를 껴안았고, 죽은 침팬지의 사체에 다가가 부드럽게 어루만진 뒤 가만히 서서 지켜보면서 작은 소리로 훌쩍거리거나 침팬지답지 않게 침묵을 지켰다. 다른 설명도 동료가 죽은 뒤 침팬지들에게 보이는 평소답지 않은 엄숙함을 확증한다. 그들은 마치 사색에 잠긴 듯한 태도로 사체를 어루만지고 한동안 그곳에 머물면서 정상적인 침팬지 활동을 중단한다. 우리처럼 침팬지도 친한 친구를 잃었을 때 가장 슬퍼하는 것 같다. 사체가 있는 곳에 몇 번씩 다시 돌아오고 때로는 떠들썩한 젊은이들의 관심으로부터 사체를 보호하기도 한다. 침팬지는 또 아프거나 다친 이들을 걱정한다. 제인 구달이 직접 들려준 곰베 침팬지들의 이야기는 야생 침팬지가 하는 모든 행동에 대해 다양한 초기 통찰력을 제공했는데, 개중에는 침팬지가 아프거나 다친 동료들을 지원하는 사례도 많이 포함되어 있다. 한 젊은 수컷은 나이 든 친구가 죽기 전 마지막 몇 주 동안 그를 돌보면서 자기보다 훨씬 지위가 높은 침팬지들의 호기심으로부터 열심히 그를 보호했다. 성체 수컷의 고통스러운 비명소리를 듣고는 0.5킬로미터나 떨어진 곳에 있던 나이 든 어미가 그를 위로하기 위해 달려왔다.

프란스 드 발은 그의 책《성격 좋은 동물^{Good Natured}》에서 젊고 강한 경쟁자의 도전에 직면해 우두머리의 지위에서 점점 멀어지고 있는 늙은 수컷을 묘사한다. 물론 조만간 한 세대가 다음 세대에 자리를 내줘야 하기 때문에 그가 할 수 있는 일은 거의 없지만, 그가 비통해하는 건 분명했다. 그는 여기저기 뛰어다니면서 다른 동료들에게 도와달라고 시끄럽게 애원하곤 했다. 암컷들이 다가가서 그를 껴안고 달래야만 했다. 침팬지는 대체로 잔인함과 동정심, 이타주의와 이기주의가 혼합된 매혹적이고 신비로운 동물이다. 우리는 그들 안에 상반되는 특징이 복잡하게 뒤섞여 있는 모습을 볼 수 있는데, 이는 우리 내면에서도 쉽게 찾아볼 수 있는 조합이다.

큰 뇌, 큰 심장

드넓은 콩고 강은 아프리카의 심장부를 가로질러 흐르면서 아프리카 대륙의 다른 어떤 강보다 많은 물을 운반하고 인도보다 더 넓은 지역으로 흘러 나간다. 이 강의 남쪽 제방에 서면 강의 광대한 규모에 숨이 멎을 정도다. 건너편 제방은 5킬로미터 이상 떨어져 있다. 콩고 강은 탕가니카 호수와 잠비아 북부 주변의 언덕에서 발원해 북쪽으로 흐르다가 큰 호를 그리면서 적도를 두 번이나 가로지른 다음 남쪽과 서쪽으로 흘러 대서양으로 향한다. 그 옆에는 아프리카에서 가장 큰 열대 우림이 있는데 풍요롭고 비옥하며 수증기가 가득한 이 녹지는 수만 종에 달하는 생물들의 요람이다. 현재 이 강줄기는 북쪽 동물과 남쪽 동물 사이를 가르는 자연 해자 같은 강력한 장벽을 제공한다.

오랫동안 잊혔던 과거의 어느 시점, 즉 100만~200만 년 전쯤에 침팬지와 비슷한 유인원 무리가 극단적인 상황(아마도 심한 가뭄)을 이용해 북쪽에서 강을 건넜다. 그들은 동족들과의 경쟁에서 벗어난 강 건너편의 남쪽 땅에 자기들만의 터전을 만들었다. 우리가 보노보(난쟁이 침팬지)라고 부르는 이 동물은 그 후 강 덕분에 북쪽의 침팬지들과 분리되어 보호받으면서 이곳에 쭉 머물렀다. 침팬지와 보노보 모두 물을 매우 싫어하기 때문에 콩고 강은 그들 사이를 가르는 매우 효과적인 국경이다.

유전자 분석을 통해 보노보가 언제 침팬지와 분리되었는지 알 수 있는데, 이들이 대대적으로 강을 건넌 건 딱 한 번뿐이었던 듯하다. 만약 그렇다면 그건 이례적이고 선구적인 사건이었다. 그 최초의 횡단 이후 가끔 이쪽이나 저쪽에서 건너온 망명자들이 있었던 것 같지만, 그 숫자는 약간의 이종 교배 정도는 가능해도 보노보들이 강 북쪽에 정착하거나 침팬지들이 남쪽에 정착할 정도로 많지는 않았다. 지금도 DNA를 비교해보면 두 종 사이에 거의 차이가 없다. 게놈이 겨우 0.4퍼센트 다를 뿐이다. 사실 너무 비슷한 탓에 초기 영장류학자들은 이들을 별도의 종으로 나누지 않다가 1933년이 되어서야 겨우 구분하게 됐다. 보노보는 몇 안 되는 유인원 종에 가장 최근에 추가된 종이다.

보노보와 침팬지를 어떻게 구별할 수 있을까? 보노보는 침팬지보다 체구가 약간 더 작고 팔다리가 길고 머리가 작지만, 피그미 침팬지라는 예전 이름에 어울릴 정도로 작지는 않다. 그들의 머리 털은 침팬지보다 길어서 빅토리아 시대의 신사를 연상시키는 경탄스러운 헤어 스타일이 가능하다. 때로는 단정하게 가운데 가르마를 타고 때로는 마구 헝클어져서 미친 과학자 같은 모습을 하고 있다. 외모 외에도 이들 두 종은 비슷한 음식을 먹고 규모가 큰 혼성 사회에 거주하며 둘 다 매우 똑똑하다. 침팬지와 보노보 암컷은 성숙해지면 새로운 무리로 옮겨가고 수컷보다 체구가 작다. 비슷하게 생긴 두 종이 비슷한 일을 하다니, 그리 특이한 게 없을 거라고 생각하는 게 당연하다. 하지만 그 생각은 틀렸따. 그들 사이에는 눈에 띄는 차이가 존재하며 인간과 밀접한 진화적 관계가 있기 때문에 그들을 연구하면 우리의 기원에 대해 많은 걸 알아낼 수 있다. 우리가 가진 가장 확실한 증거 중 일부는 보노보에게서 나온 것이다. 보노보는 지금까지 간과되어 왔지만 그보다 중요하고 유명한 침팬지만큼이나 우리와 밀접한 관련이 있다.

하지만 과학이 이 문제에 속도를 내기까지는 오랜 시간이 걸렸다. 침팬지 연구에 쏟아진 많은 관심에 비하면 보노보는 비교적 최근까지 무시된 편이었다. 이건 보노보는 단지 덩치가 작은 침팬지일 뿐이라는 근대의 나태한 가정 때문일 수도 있고, 침팬지보다 분포 지역이 좁고 흔히 볼 수 없어서일지도 모른다. 현재 야생에는 2만마리밖에 없고 포획된 보노보도 극소수다. 콩고민주공화국에 있는 그들의 고향은 갈등과 정치적 불안이라는 비극적인 역사를 품고 있기 때문에 보노보를 연구하는 것 자체가 상당히 어렵다. 하지만 지난 30~40년 사이에 그동안 잊혀졌던 친척들에 대한 이해가 극적으로 향상되었고, 이제는 그들이 빛나는 존재에 감사하고 있다. 하지만 주의할 점은 생물학은 다양한 이유 때문에 항상 가족 친화적이지만은 않은데 이 유인원의 경우 그게 다른 어떤 종보다 심하다는 것이다. 이것이 보노보 사회의 역학 관계 형성에 본질적이고 독특한 방식으로 영향을 미치기 때문에 이 문제를 연구하고 언급하는 건 중요한 일이다.

보노보는 성적으로 매우 적극적인 동물이다. 정말로. 그들은 인사를 나누거나 흥분했을 때 긴장을 풀거나 사이가 틀어졌을 때 화해하기 위해 섹스를 한다. 독특하게도 혀를 써서 프렌치 키스를 하고 때로는 정상 체위로 하기도 섹스를 한다. 그들의 섹스는 암수 커플에 국한되지 않는다. 거의 모든 종류의 관계가 다 가능하다. 암컷 보노보는 놀랄 만큼 큰 음핵을 가지고 있으며 하루에도 몇 번씩 짝을 지어 생식기를 함께 비비면서 그 짜릿함에 소리를 지른다. 수컷들끼리도 함께 음경을 문지르며 때로는 독창적으로 나뭇가지에 매달려서 서로 음경을 부딪치기도 한다. 그들은 구강 섹스도 하고 손가락을 이용해 즐기기도 한다. 암컷은 심지어 딜도도 만들 수 있는 것을 보인다. 외설스러움에 대한 인간의 집착을 고려할 때, 보노보가 하는 이런 행동 요소가 가장 광범위한 관심을 끈 것은 놀랄 일이 아닐 것이다. 문제는 그것 때문에 더 큰 그림을 제대로 이해하지 못한 채 보노보를 음탕하고 성적으로 집착하는 악당이라고만 생각하게 된다는 것이다. 어느 정도는 사실이지만, 그들에게는 다른 면도 많다.

보노보는 침팬지보다 훨씬 공격적이지 않은데 그 이유 중 하나는 섹스를 이용해 긴장을 발산시키기 때문이다. 침팬지는 성관계를 맺기 위해 공격성을 이용하는 반면, 보노보는 공격성을 분산시키기 위해 성관계를 이용하는 것이다. 이 모든 것이 '전쟁을 끝내고 사랑을 나누자' 같은 1960년대의 반체제 슬로건처럼 매우 창의적으로 들린다. 하지만 보노보 사회에서 섹스가 중요하다는 사실 자체는 그 안에 통제하거나 완화해야 하는 공격성이 존재한다는 걸 나타낸다. 그들은 침팬지와 다른 방식으로 공격성을 관리하는 것뿐이다. 침팬지 수컷이 공격성을 띠는 근본적인 원인 중 하나는 섹스, 또는 섹스 부족이다. 침팬지 암컷은 발정기일 때만 성적으로 수용적이다. 뚜렷하게 눈에 띄는 징후 중 하나는 부풀어 오른 분홍색 엉덩이다. 물론 성적으로 성숙해야 발정기가 시작되지만, 암컷 침팬지는 새끼를 낳으면 몇 년 동안 발정기에 접어들지 않는다. 이를 계산해보면 일반적인 암컷 침팬지는 일생 중 약 5퍼센트의 시간 동안만 성적으로 수용적인 상태인 셈이다. 침팬지 집단에는 항상 성적으로 수용적인 암컷이 매우 적다는 뜻이며, 결과적으로 좌절하고 분노하는 수컷이 많아진다.

그에 비해 암컷 보노보는 침팬지 자매보다 발정기가 약 5배나 길다. 심지어 가짜 발정기라는 것도 있다. 그들은 때때로 배란기가 아닐 때도 몸이 분홍색을 띠면서 수용적인 모습을 보인다. 수컷의 관점에서 볼 때 이건 훨씬 많은 성관계와 훨씬 적은 다툼을 의미한다. 암컷의 관점에서 보면 수컷이 치근덕거리면서 성가시게 구는 게 훨씬 줄어든다. 침팬지의 경우 암컷은 수컷의 집중적인 관심을 피할 방법이 거의 없으며 심지어 심한 공격을 받을 수도 있다. 암컷 보노보는 이런 일을 겪지 않는다. 암컷이 수컷과 짝짓기를 할지 말지는 주로 암컷이 결정한다.

덩치는 암컷 보노보보다 수컷 보노보가 더 크지만 침팬지와는 달리 보노보 사회에서는 수컷이 지배적인 성별이 아니다. 그렇다고 반드시 암컷이 지배적인 것도 아니다. 야생의 보노보 사회는 둘이 혼합되어 있어서 공동 지배 체제라고 부르기도 한다. 공격은 드물고 거의 폭력적이지 않으며, 가끔 공격이 발생해도 훨씬 고른 결과를 낳는다. 수컷과 암컷이 거의 같은 비율로 승리하는 것이다. 이유는 아직 잘 모르지만, 인간에게 사육되는 보노보는 야생에서와 약간 다르게 행동하는 것 같다. 동물원과 공원에 사는 암컷 보노보는 매우 혈기왕성해서 수컷에게 원치 않는 관심을 받으면 공격으로 갚아준다. 암컷이 수컷의 손가락을 물어뜯는 것으로 알려져 있으며 한 번은 암컷이 수컷의 음경을 절단하는 사건이 벌어지기도 했다. 야생에서는 이런 야만적인 행동이 훨씬 적은 듯하지만, 그래도 여전히 암컷들이 높은 지위를 누린다. 그들은 먹이를 먹을 때도 우선권이 있어서 수컷은 다가오는 암컷에게 자기 자리를 양보할 정도다. 암컷은 또 자기 무리가 언제 어디로 이동할지 결정할 수 있다.

암컷 보노보는 암컷 침팬지보다 사회적인 성향이 훨씬 강하며 자기들끼리 굳건하고 오래 지속되는 관계를 맺는다. 이건 암컷 보노보가 수컷의 공격성에 대항해 단결된 전선을 보여줄 필요가 있을 때 도움이 되며, 그와 동시에 수컷에게 도움이 되는 또 다른 목적을 수행하기도 한다. 수컷 침팬지는 지위를 얻기 위해 다른 수컷과의 제휴에 의존하는 반면 수컷 보노보는 자기 어미에게 의존한다. 지위가 높은 암컷의 아들은 그녀의 지위를 통해 이익을 얻는다. 실제로 어미는(심지어 할머니도) 아들이 다른 수컷과 충돌할 때 도와줄 수 있고, 우리 관점에서 보면 이상하지만 자기 아들의 성생활에 매우 직접적인 관심을 보인다. 아들을 암컷 사회에 소개하면 짝짓기를 더 많이 하는 데 도움이 되고 결국 더 많은 손주를 얻을 수 있다. 기본적으로 보노보 어미는 침팬지 사회에서 수컷들이 하는 역할을 수행하면서 다 큰 아들을 지원하기 때문에, 수컷 보노보들은 침팬지 수컷에게서 볼 수 있는 친목 조직을 결성하지 않는다. 암컷 친척의 지원을 받는 젊은 수컷들은 폭력에 대한 두려움 없이 성체 수컷들과 자유롭게 교류할 수 있다.

그렇다고 수컷 보노보가 지나치게 의존적인 마마보이인 건 아니다. 그들은 자신과 서로를 돌볼 수 있다. 마틴 수르벡Martin Surbeck과 고트프리트 호흐만Gottfried Hohmann이 제공한 기록에는 밀렵꾼들의 공격으로 암컷 한 마리가 죽고 두 아들, 갓 태어난 새끼 한 마리와 그보다 약간 나이 많은 다른 새끼가 어미 없는 상태로 남겨진 뒤의 상황이 묘사되어 있다. 보노보 사회에서는 암컷들이 모든 육아 책임을 지기 때문에 이렇게 어린 두 아들은 어미 보노보에게 많이 의존했을 것이다. 따라서 그들이 마지막으로 목격된 지 1년 반이 지난 뒤에 이 수컷 두 마리가 공동체에 다시 나타난 건(어린 동생이 형의 등에 타고) 정말 놀라운 일이다. 그들은 충격적인 경험을 이겨내고 살아남았으며 떼려야 뗄 수 없는 사이가 되어 있었다. 둘 중 나이가 많은 수컷의 꾀죄죄한 모습에서는 익숙지 않은 육아 노력의 흔적이 보였지만, 어쨌든 그 어린 새끼가 살아남았다는 건 형제간의 긴밀한 유대의 증거다.

또 하나 침팬지 사회와 대조적인 점은 성숙기에 이르면 새로운 공동체로 이주하는 암컷들의 운명에서 찾아볼 수 있다. 긴 적응 기간이 필요하고 종종 적대감과 폭력이 동반되는 침팬지 사회에서는 이때가 엄청나게 위험한 시기다. 하지만 보노보는 그렇지 않다. 그들 사회에서는 낯선 자들을 환영하기 때문에 새로운 암컷은 침팬지들에게서 드러나는 공격성 없이 많은 관심을 받는다. 물론 보노보답게 그곳의 정주 암컷들과 특히 성관계를 많이 맺지만, 이주자들은 지배적인 암컷들과 가깝게 어울리면서 그들을 따라다니고 음식도 구걸한다. 그들은 혼자 힘으로 쉽게 구할 수 있는 과일이 지천에 널려있을 때도 남에게 음식을 얻어먹는데, 지배자에게 음식을 구걸하는 건 대부분 지위가 낮은 유인원과 새로 이주한 이들이다. 이렇게 음식을 얻는 건 관계를 구축하기 위한 하나의 방법이고 또 보노보들은 혼자 식사하는 걸 좋아하지 않는 듯하다. 열대우림에서 자라는 미식축구공 두 개 정도 크기의 과일인 정글솝과 빵나무 열매는 나눠 먹기에 특히 적당하다. 이주자들은 이렇게 음식을 나눠 먹으면서 그 지역 암컷들과 어울리고 그들 사회의 일부가 된다.

보노보 공동체의 평화로운 성격은 이웃과 만날 때도 적용된다. 침팬지에게는 이것은 치명적인 공격의 방아쇠가 될 수 있다. 그러나 보노보에게는 공동체 모임에 대처하는 자기들만의 방식이 있다. 처음에는 조심스러울 수 있다. 주변에서 낯선 보노보의 울음소리가 들리면 강한 관심을 보일 수 있지만 항상 그들을 맞이하기 위해 서두르는 건 아니며 심지어 그들을 피하려고 자리를 뜰 수도 있다. 두 집단이 각 영역의 가장자리에서 만나면 서로 많은 울음소리를 내고 수컷들은 힘을 과시하기도 하지만 싸우는 일은 드물다. 대신 진정한 보노보 스타일로, 암컷들이 앞장서서 서로 어울리면서 상대를 달래기 위해 성기를 많이 문지른다. 결국 두 집단은 한데 어우러져서 과일나무에서 잔치를 벌일 수도 있다. 수컷은 다른 무리와 어울리는 데 그렇게 적극적이지 않아서 만남을 종종 망설이기도 하고 때로는 암컷들에게 이런 행사를 그만하자고 권하는 것처럼 보이기도 하지만 암컷들이 떠날 준비가 될 때까지는 실제로 자리를 뜨지 않는다. 암컷들은 새롭고 흥미로운 파트너들과 사귀면서 섹스하는 걸 즐기기 때문에 이 과정이 끝나기까지는 시간이 꽤 걸릴 수 있다. 이런 일은 서두르면 안 되는 법이다.

공동체끼리의 만남에 암컷들의 성기 문지르기 행위가 많이 포함될 수는 있지만, 그게 반드시 야생의 음란한 쾌락에 굴복해서 하는 행동은 아니라는 걸 알아야 한다. 암컷이 다른 암컷과 친밀한 관계를 맺을 때는 함께 많은 시간을 보내면서 서로 털손질을 해주지만 성기 문지르기를 그렇게 많이 하지는 않는다. 겉에서 보기에는 너무나 노골적이고 성적인 행동처럼 보이지만 사실은 만나서 인사를 나누고 긴장된 상황을 누그러뜨리기 위한 행동에 훨씬 가깝다.

우리와 닮은 유인원

인간의 행동과 사회적, 문화적 규범의 유전적 기초를 이해하고 싶은 사람에게 유인원은 풍부하고 가치 있는 영감의 원천을 제공한다. 침팬지는 우리와 가까운 관계일 뿐만 아니라 대규모의 혼성 사회를 이룩 살기 때문에 특별한 관심을 받게되었다. 침팬지가 온순하고 평화로운 사회적 동물이라는 초기의 가정은 빈번하게 벌어지는 저강도 공격, 성적 갈등, 때때로 발생하는 잔인한 살해 사건을 기록한 야생의 보고서 때문에 점차 도전을 받게 되었다. 우리가 이 동물과 유사하다는 생각 때문에 우리 내면에 대한 불안감이 생기면서 상황이 더 복잡해졌다. 어떤 이들은 이 기회를 포착해 그 아이디어를 신뢰성의 한계까지 끌고 가서 인간들끼리의 무자비한 경쟁과 공격적인 지배를 설명하거나 정당화하는 명분으로 이용했다. 그들은 우리 유전자 자체에 그런 성향이 새겨져 있으니 어쩔 수 없다고 말했다. 다른 사람들은 침팬지처럼 우리 성격도 다양한 경향이 균형을 이루고 있다고 주장하면서 좀 더 미묘한 반응을 보였지만, 그럼에도 불구하고 반응적이고 공격적인 침팬지가 인의간 본성을 이해하기 위한 기반이라는 생각은 그대로 받아들였다.

그리고 보노보에 대한 연구가 물밀듯이 이어졌다(물론 작은 물결이긴 했지만). 그들은 우리와 매우 밀접한 관련이 있고, 애석하게도 우리가 침팬지와 결부시킨 어떤 대가를 치르더라도 이기자는 사고방식이 부족한 것 같다. 이건 보노보의 역설이다. 만약 우리 행동의 일부가 정말 조상 시대의 반향이라면 평화로운 보노보도 호전적인 침팬지만큼 유효한 모델을 제공해야 한다. 우리의 두 유인원 친척에 대한 보다 면밀한 조사와 평가가 필요하다. 침팬지와 보노보의 비교는 우리에 대해 무엇을 말해줄 수 있을까?

지능 테스트 성적은 그들이 전반적으로 비슷하게 높은 수준이라는 걸 보여준다. 침팬지는 체계적인 정리를 잘하고 보노보는 공감 능력이 뛰어나다. 즉, 침팬지는 사물이 어떻게 작동하고 서로 어떤 식으로 연결되는지 알아내는 걸 비교적 잘한다. 침팬지는 야생에서도 상당히 정교한 도구를 많이 만들어서 사용하는 반면 보노보는 상대적으로 적은 도구를 이용한다. 보노보는 나뭇잎을 이용해 물을 뜨거나 성가신 곤충을 쫓지만 그 외에는 도구를 거의 사용하지 않는다. 보노보가 특히 높은 점수를 받는 부분은 사회적 인식, 다른 개체를 읽고 이해하는 능력이다. 한 연구에서는 침팬지와 보노보에게 사진을 줬을 때 어떤 부분에 관심을 집중하는지 알아보기 위해 그들의 시선 방향을 추적했다. 침팬지는 사진에 찍힌 다른 침팬지의 얼굴 전체를 살펴봤고 보노보는 그 사진의 눈쪽을 계속 주시했다. 전신을 찍은 다른 사진을 주자 침팬지는 대부분 엉덩이를 본 반면 보노보는 얼굴과 엉덩이 양쪽으로 관심이 분산됐다. 다른 유인원이 손에 물건을 들고 있는 세 번째 사진의 경우, 침팬지는 유인원이 들고 있는 물건을 쳐다봤고 보노보는 얼굴과 물건을 모두 봤다. 기본적으로 보노보의 시선 패턴은 인간이 유사한 실험에서 보여준 패턴과 비슷했는데, 특히 사회적 성향이 강한 사람들이 보인 패턴과 유사했다.

체계화와 공감 사이의 연속체는 인간에게도 적용돼서 남자는 체계화에 능한 모습을 보이고 여자는 공감을 잘한다. 이건 침팬지는 남자처럼 행동하고 보노보는 여자처럼 행동한다는 뜻일까? 그렇지 않다. 그런 비교가 흥미롭긴 하지만 상황을 지나치게 단순화한 것이다. 우선 이런 분류는 남성과 여성, 침팬지와 보노보 사이에 공통되는 부분이 엄청나게 많다는 사실을 편리하게 잊어버린 것이다. 또 연속적인 집단을 별도의 진영으로 분류하는 건 매우 인간적인 특성이다. 그렇긴 해도 침팬지, 보노보, 인간에게 나타나는 흥미롭고 이상한 패턴이 있다. 둘째 손가락(검지) 길이와 넷째 손가락(약지) 길이를 비교해보면 보이는 게 성별에 따라 어느 정도 다르다. 남성의 전형적인 패턴은 약지가 검지보다 긴 반면, 여성의 경우에는 검지와 약지 길이가 일반적으로 거의 같다. 이건 태어나기 전에 남성 호르몬인 안드로겐에 노출된 것과 관련이 있는 것으로 보인다. 안드로겐 농도가 높을수록 손가락 길이의 차이가 커진다. 만약 그게 전부라면 사소한 문제겠지만, 뇌 발달에 미치는 보이지 않는 영향이 상당히 클 수 있다. 보노보의 손은 이런 면에서 인간과 매우 흡사한 반면 침팬지의 경우에는 차이가 확연하다. 이건 침팬지들의 뇌가 태어나기 전에 높은 농도의 테스토스테론에 노출되었을 가능성을 시사하는데, 이것이 성장한 뒤에 공격성이 커지는 이유 중 하나일지도 모른다.

보노보와 침팬지의 뇌에는 그들의 행동에서 나타나는 차이를 강조하는 미묘하고 잠재적으로 중요한 차이가 있다. 침팬지에 비해 보노보는 다른 이의 고통에 반응하는 방식과 관련된 뇌 부위가 더 많이 발달되어 있고 서로 강하게 연결되어 있다. 이 부위는 또 남에게 해를 끼칠 수 있는 능력과 일반적인 정서적 반응도 통제한다. 이런 특성을 보면 보노보는 침팬지보다 우리와 더 비슷하지만, 둘 모두 뇌 크기는 인간의 3분의 1 정도밖에 안 된다. 그들의 몸에 흐르는 호르몬을 분석해보면 둘의 행동 차이를 이해하는 데 도움이 된다. 갈등에 직면한 수 컷 침팬지는 테스토스테론을 증가시켜서 공격성을 높인다. 비 슷한 상황에 처한 보노보는 코티솔 수치가 급증하는데 이는 갈등 때문에 불안하고 긴장된다는 의미로 해석된다. 그들은 섹스와 놀이를 이용해서 이런 불안감을 완화시킨다. 어린 침 팬지는 장난기가 매우 많지만 나이가 들면서 장난기가 사라지 는 반면 보노보는 성체가 된 뒤에도 계속 장난을 친다.

두 종 사이의 차이는 서로 의사소통하는 방식에서도 확인할 수 있다. 침팬지들 사이에는 엄격하고 강력한 위계질서가 존 재하기 때문에 지위가 낮은 구성원은 지배적인 개체에게 복종 한다는 걸 알리기 위해 '팬트-그런트'라는 소리를 내야 한다. 보노보들에게는 이와 유사한 게 없는 듯하다. 좀 더 여유로운 분위기의 보노보 사회에서는 그렇게 머리를 조아릴 필요가 없 는 걸지도 모른다. 먹이를 찾은 보노보는 그 음식이 얼마나 맛 있어 보이는지에 따라 다양한 소리를 낸다(꼭 우리 인간처럼). 그들은 또 열매가 주렁주렁 달린 나무를 발견하면 다른 동료 들에게 알리고 동료들이 오기를 기다렸다가 나무에 올라간다. 우리가 아는 한 침팬지는 먹이를 먹을 때 내는 소리가 하나밖 에 없고, 먹이를 발견했을 때 소리를 지를 수는 있지만 보통 동료들이 오기를 기다리지 않고 바로 먹기 시작한다. 두 종 모두 공격을 받으면 큰 소리로 항의하고, 특히 보노보는 자기 사회에서 일어나야 할 일과 일어나서는 안 될 일에 대한 기대가 어긋날 때 가장 크게 분노하는 것 같다. 다시 말해, 그들을 짜증나게 하는 건 공격의 심각성이 아니라 공정성이나 예의가 결여된 것이다.

보노보도 인간과 마찬가지로 누구와 교류하느냐에 따라 의사소통 방식을 조정한다. 보노보가 친구에게 말하고 있는데 메시지가 잘 전달되지 않는다면 요점을 자세히 반복해서 이야기할 것이다. 여기 있는 둘은 서로를 잘 알고 이해하기 때문에 설명을 반복하는 게 효과가 있다. 서로를 잘 모르는 보노보들 사이에서 똑같은 상호작용이 일어날 때는 차이가 있다. 단순히 메시지를 반복하면서 둘이 공유하는 기준에 의지하기보다는 메시지를 전달할 다른 방법을 이용해서 아까와 다르게 설명할 것이다.

침팬지와 보노보의 의사소통 방식은 서로 다르지만 둘 다 우리와 스타일이 겹친다. 예를 들어, 우리는 대화가 진행되는 구조를 항상 의식적으로 인식하지는 못한다. 우리가 알아차리는 건 그 구조가 무너질 때다. 어른 두 명이 이야기를 나눌 때는 대개 협력적인 태도로 돌아가면서 말을 한다. 어린아이들과 대화를 나누거나 태도가 막돼먹은 어른과 이야기할 때는 이런 차례가 흐트러지고 서로 말하는 타이밍이 겹게로 되므로 당연히 짜증이 난다. 침팬지와 보노보 둘 다 의사소통을 할 때는 인간처럼 절묘하게 말을 주고받는다. 보노보는 심지어 인간처럼 자기가 지금 말하는 대상을 우선적으로 쳐다본다.

우리는 침팬지와 보노보가 내는 약 12가지의 소리를 구별할 수 있다. 그리고 침팬지와 보노보 모두 다양한 음높이와 음량을 사용해서 이 소리의 표현을 광범위하게 조절한다. 인간의 언어에서 중요한 점은 소리를 결합시켜서 다양한 의미를 전달하는 방식이다. 예를 들어, 영어는 44개 정도의 음운(소리의 개별 단위)으로 무수히 많은 단어를 구성할 수 있다. 우리의 유인원 친척들이 비슷한 일을 하고 있을까? 우리는 특히 보노보가 다양한 유형의 울음소리를 시퀀스로 결합한다는 사실을 알고 있다. 이게 미묘한 의미 차이를 전달하기 위한 것인지는 불분명하지만, 이렇게 조합된 소리를 들을 때는 확실히 세심한 주의를 기울인다. 소리를 차례대로 배열하는 방법을 통해 전달하는 의미를 바꾸는 것은 다른 영장류의 의사소통 연구를 통해서도 알려진 사실이다. 캠벨모나원숭이는 다양한 울음소리를 내는데, 주변에 표범이 있다고 알리는 '크락' 소리나 좀 더 일반적인 문제를 알리기 위해 약간 변형시킨 '크락-우', 그리고 남들과 교류하는 상황에서 사용하는 '붐' 소리 등이다. 놀랍게도 원숭이들은 때때로 이 소리를 결합시켜서 완전히 다른 의미를 전달하기도 한다. '붐 붐 크락-우 크락-우'는 분명히 나무나 가지가 쓰러지고 있다는 뜻이다. 유인원 친척들이 실제로 그렇게 하는지는 알 수 없지만, 그들의 차례대로 말을 주고받거나 대화를 할 때 소리를 차례대로 배열하는 건 우리 인간의 대화 방식과 유사하다.

소리는 유인원이 나누는 대화의 일부분일 뿐이다. 그들이 집을 짓곤 하는 숲속에서 장거리 통신을 위해서는 소리가 필수적이다. 그러나 가까이 모여 있을 때는 자신의 요점을 전달하기 위해 발성보다는 몸짓 언어를 주로 사용한다. 그들은 우리처럼 엄청나게 표정이 풍부한 얼굴을 가지고 있고 수십 가지 제스처를 사용하지만 제스처가 단순히 목소리를 뒷받침하기 위한 용도로 사용되는 게 아니라는 점이 흥미롭다. 유인원들 사이에서 차례대로 사용되는 제스처는 그 자체로 대화의 기초를 형성한다. 무심한 관찰자도 그들이 복잡한 사회 세계에서 벌어진 문제를 협상하는 모습을 보면 제스처 레퍼토리를 파악할 수 있다. 어린 새끼가 괴롭힘 당한 어미에게 관심을 요구하는 모습은 쉽게 해석이 가능하고 성체가 음식이나 털 손질을 요구할 때, 지원을 요청할 때, 경쟁자와 맞설 때 하는 제스처도 이해하기 쉽다. 이들은 목소리, 얼굴, 제스처를 결합시켜서 전문적인 의사소통자가 된다.

협력은 보노보와 침팬지의 사회생활에서 중요한 부분이지

만 이들 사이에는 몇 가지 흥미로운 차이점이 있다. 한 실험에서, 음식 접시가 있는 방에 보노보를 들여보냈다. 닫힌 문 뒤쪽의 방에는 같은 공동체에서 온 낯익은 개체가 있다. 음식과 함께 있는 보노보에게는 선택권이 있다. 음식을 혼자 독차지할 수도 있고 무리 동료를 방에 들어오게 해서 함께 먹을 수도 있다. 약간 놀랍게도 이런 상황에 처한 대부분의 보노보는 욕심을 부리면서 음식을 독차지하는 쪽을 택했다. 놀랍다고 말한 이유는, 앞서 살펴본 것처럼 야생의 보노보는 자기 것을 선뜻 나누고 다른 동료들이 잔치상에 끼어드는 걸 기꺼이 용인하기 때문이다.

실험자들은 보노보를 다시 테스트하면서, 이번에는 인접한 방에 보노보 두 마리를 데려다 놓았다. 한쪽 방에는 처음 보는 보노보가 있고 다른 방에는 무리 동료가 있었는데, 여기에서는 아까와 다른 결과가 나왔다. 먹이를 가진 보노보는 낯선 보노보를 자기 방에 들어오게 해서 음식을 나눠 먹고, 낯선 보노보는 또 다른 방의 보노보를 들어오게 해줘서 결국 세 마리가 함께 음식을 먹었다. 낯선 개체를 점심에 초대하면 음식은 줄지만 새로운 친구를 사귈 수 있다. 이건 침팬지들을 대상으로 할 수 있는 실험이 아니다. 침팬지들은 낯선 이에게 전혀 관심이 없고 폭력적인 결과가 발생할 수도 있다. 침팬지와 보노보는 어떤 상황에서는 음식을 나누는 걸 거리끼지만, 무리 전체가 함께 있을 때는 한 개체가 음식을 독차지할 수 있어도 다 같이 나눠 먹는다. 침팬지와 보노보의 가장 큰 차이는 무리에 새로 합류한 개체가 음식에 접근하는 방식이다. 침팬지는 먹이를 구걸하고, 보노보는 당연히 성관계를 제의한다.

이 복잡한 두 동물의 공유 및 협력 행동을 조사하는 실험은 혼합된 결과를 낳는다. 특히 침팬지는 어떨 때는 공유하고 어떨 때는 하지 않는다. 두 종 모두 포획된 상태일 때보다는 야생에서 더 협조적인 것으로 보인다. 그렇다면 포획된 침팬지들을 대상으로 한 실험에서, 시간이 지남에 따라 음식에 접근하기가 점점 힘들어지면 침팬지들은 서로에게 더 격렬한 반응을 보일 것이라고 예상할 수 있다. 시카고 링컨 파크 동물원의 침팬지 무리를 상대로, 인공적으로 만든 흰개미 언덕에서 케첩을 미끼로 사용해 실험을 진행했다. 침팬지들은 맛있는 소스를 얻기 위해 언덕에 뚫린 구멍에 막대기를 집어넣는 방법을 배웠다. 처음에는 모든 침팬지가 구멍을 하나씩 차지할 수 있을 만큼 구멍이 충분했다. 그러다가 구멍이 하나둘씩 줄어들어 전에는 풍부했던 식량 자원이 이제 부족해지게 되었다. (이것이 침팬지들의 유일한 먹이는 아니지만 매우 좋아하는 별식이라는 사실을 말해둬야겠다.) 예상과는 다르게 침팬지들 사이의 경쟁이 치열해지는 게 아니라 인내와 공유를 통해 부족한 상황에 적응하면서 자기가 막대기를 넣을 차례를 기다렸다. 이게 바로 이 영리하고 복잡한 동물의 특징이다. 그들은 끊임없이 우리를 놀라게 한다.

어떤 종의 행동을 일반화하는 건 힘들다. 규칙을 증명하려고 하면 항상 예외가 발생하는데, 유인원의 경우에는 특히 심하다. 예를 들어, 동아프리카의 침팬지들 사이에서는 서아프리카의 침팬지들다 훨씬 많은 폭력이 일어난다. 여기에는 여러 가지 잠재적인 이유가 있다. 인간의 역사에도 평화로운 사회와 호전적인 사회가 존재했던 것처럼 문화적인 요소가 작용할 수도 있다. 사회 집단은 구성원들에게 행동 양식을 강요해서 규범에 따르도록 하는 경향이 있다. 영장류는 다른 동물과 마찬가지로 서로 어울리는 걸 좋아한다. 붉은털원숭이는 짧은꼬리원숭이 종들 중에서 공격성이 유독 강한 종이지만, 만약 어린 붉은털원숭이 한 마리를 성격이 더 느긋한 짧은꼬리원숭이 무리에 집어넣는다면 곧 그곳의 규칙에 적응해 더 느긋한 성격이 될 것이다. 마찬가지로, 개코원숭이의 공격성을 나타내는 연속체에서 양극단에 존재하는 망토 개코원숭이와 올리브 개코원숭이를 서로 다른 그룹에 옮겨놓으면 이들도 행동이 바뀔 것이다. 남들과 어울리기 위해 주변에 적응하는 것이다.

장기적인 행동을 형성하는 사회적 환경의 힘은 케냐의 개코원숭이 무리가 문화적으로 순응한 사례에서도 확인할 수 있다. 그들은 쓰레기 처리장 근처에 살았는데, 공짜 음식을 먹을 수 있는 그곳의 매력은 라이벌 개코원숭이들의 공격과 성난 인간들 때문에 한풀 꺾였다. 결국 무리에서 가장 대담하고 호전적인 수컷들만 쓰레기장을 습격하게 됐다. 그런데 더럽지만 공짜로 구할 수 있는 먹이 사냥은 결국 그들의 종말을 불러왔다. 그 공격적인 수컷들이 결핵으로 전멸한 것이다.

남은 개코원숭이 무리, 즉 암컷과 느긋한 성격의 수컷은 이제 훨씬 조화로운 사회에서 살게 되었다. 여러분은 이런 상황이 공격적인 이주자 수컷이 무리를 점령할 때까지만 이어질 것이라고 생각하겠지만 20년이 지나도 그런 일은 일어나지 않았다. 그때쯤에는 살아남은 수컷들도 다 죽었고, 나중에 무리에 합류한 수컷들은 이곳의 특이한 규칙을 따랐다. 그리 엄격하지 않은 계급 체계와 충분한 털 손질을 통해 매우 평화로운 개코원숭이 무리가 자리를 잡게 된 것이다. 이것이 침팬지 공동체 간의 차이를 설명할 수 있을까? 문화가 침팬지의 행동에 가장 큰 영향을 미친다고 단정적으로 말하기는 어렵지만 쓰레기장 옆에 사는 개코원숭이 무리는 적절한 교훈을 강조한다. 폭력과 평화의 차이는 순응의 문제인 경우가 많다는 것이다.

우리는 가장 가까운 유인원 친척인 침팬지와 보노보의 행동을 공유하고 있다. 어떨 때는 침팬지 쪽에 가깝고 어떨 때는 보노보에 가깝다. 진화의 가지가 갈라진 후 너무나 많은 세월이 흘렀기 때문에 우리 세 종이 공유하는 특징 중 어떤 것이 오래 전에 멸종된 공통의 조상(아마 우리 세 종에게서 볼 수 있는 특징들이 섞여 있었을)에게서 물려받은 것인지 알 수가 없다. 현대에 살고 있는 유인원 친척을 연구하면 인간 본성의 기원에 대한 답을 찾을 때 도움이 된다. 그들과 헤어진 지 600만 년이 지난 지금도 우리는 침팬지와 보노보가 하는 행동의 많은 측면을 즉시 알아볼 수 있다.

에필로그

함께 있기에 내가 있다

- 우분투 철학

사회성은 인간 존재의 근본적인 부분이다. 우리 삶은 친구나 가족의 삶과 맞물려 있다. 우리 사회는 경제와 정부의 기초를 제공하는 관계에 따라 구조화된다. 그 관계는 우리 문화와 인류 문명의 발전, 궁극적으로 인류의 성공을 위한 기초다. 이 책에서 살펴봤듯이 지구상에 이런 사회적 성향을 가진 동물은 우리뿐만이 아니다. 사실 개별적인 존재에서 집단 생활로의 전환은 지구에 사는 생명체들의 역사에서 가장 중요한 진화적 발전 중 하나였다.

타인과 함께 사는 게 얼마나 중요한지는 다양한 방법으로 측정할 수 있다. 집단 생활을 하는 동물들에게 사회적 상호작용을 못하게 하면 심각한 결과가 발생할 수 있다. 예를 들어, 청어를 무리에서 떼어놓으면 '당신을 만나고 싶어 죽겠다'라는 표현이 사실관계가 뚜렷한 신빙성 있는 말이라는 걸 확인할 수 있다. 청어는 한동안 혼자 놔두면 추방당한 스트레스에 굴복한다. 그러니까 기본적으로 외로움 때문에 죽는다는 말이다. 우리는 빈사 상태에 빠진 물고기를 불쌍히 여기면서도 우리는 그들과 다르다고 생각할 수 있지만, 감옥의 독방은 여전히 사법 체계에서 가장 두려운 형벌 중 하나다. 오랜 고립은 우울증과 심지어 환각까지 유발한다. 다른 사람들과의 접촉이 끊어지면 인간의 정신은 스스로 무너지기 시작한다. 한편 우리의 사회적 관계가 정신 건강과 장수 증진에 중요한 영향을 미친다. 그 효과는 믿을 수 없을 정도로 강력하다. 다양한 친구와 관계를 맺고 알찬 관계를 유지하는 건 그 사람이 노년기까지 살 수 있는지에 대한 예측에서 신체 운동보다 훨씬 확실한 예측 변수다. 다시 한번 말하지만 이는 인간만의 특징이 아니다. 개코원숭이, 쥐, 까마귀에게서도 비슷한 모습을 볼 수 있다. 안전한 사회적 유대를 통해 개인이 얻는 지원, 살아가면서 우여곡절을 겪을 때 사회 집단이 제공하는 완충 작용은 건강과 웰빙에 상당히 효과적이다.

자연계에는 사회성의 중요성을 보여주는 멋진 사례로 가득하다. 비둘기 떼가 다가오는 맹금을 알아차리고 제때 회피 동작을 취해서 다들 목숨을 구하는 모습을 볼 수 있다. 또 물고기들이 포식자의 공격을 피하기 위해 몸을 획 돌리는 순간 물고기 떼 전체에 퍼져나가는 정보의 경우도 마찬가지다. 개미들의 먹이 채집 네트워크에서도 유사한 모습을 볼 수 있다. 다리가 6개씩 달린 이 작은 테세우스들은 땅에 떨어진 아이스크림으로 가는 가장 좋은 경로를 찾기 위해 함께 노력하면서 뒤에 올 개미들을 배려해 길에 표시도 한다. 그리고 갓 피어서 꿀이 풍부한 꽃으로 자매들을 안내하는 벌들의 춤도 있다. 또 늑대 무리의 괴롭힘이나, 부빙에 앉아 있는 바다표범을 바다로 떨어뜨리기 위해 다 같이 힘을 합쳐 파도를 일으키는 범고래의 팀워크에 경탄하기도 한다. 심지어 앉을 만한 나뭇가지도 거의 없는 메마른 곳에서 다음 먹이를 찾기 위해 더 멀리까지 보려고, 서로의 등을 딛고 올라서서 살아 있는 새들로 이루어진 토템 기둥을 만들어낸 해리스 매 무리를 보며 미소를 지을 수도 있다.

일상생활에서 주변 사람들을 통해 얻는 보상도 중요하지만, 진화의 역사를 다시 파헤쳐보면 사회성이 어떻게 우리와 다른 동물의 형성에 근본적인 방식으로 영향을 미쳤는지 알 수 있다. 동물들이 모이는 이유는 종마다 다르지만 여러 공통된 요소가 있다. 집단은 포식자로부터 피난처를 제공하고 다음 먹이를 어디서 찾을 수 있는지 등에 대한 정보를 얻을 수 있게 해준다. 이런 환경에서는 개체의 생존 가능성이 높아지고 새끼도 많이 키울 수 있다. 새끼들을 협력해서 키우는 집단에서는 유아기와 청소년기 새끼들이 함께 교류한다. 그러면서 각자 필요한 기술을 발전시키고 사회화된다. 동물들은 집단생활을 하게 되면서 다양한 변화를 겪고 더 정교한 방식으로 상호작용하게 되었고, 동료 집단 구성원들과 협력하면서 혼자 할 수 있는 것보다 더 많이 이루었다. 그렇게 사회적 행동이 발달하고 문화가 진화했다.

사회생활로의 전환은 각 개체의 유전적 구조와 생화학까지 변화시켰다. 동물이 다른 동료를 추구하는 경향은 DNA에 기록되므로, 지브라피시의 사회성과 새들이 더 큰 번식 집단에 합류하려는 것은 유전자 때문에 나타나는 성향이다. 집단으로 모이는 게 유리할 때는 자연 선택이 이런 행동을 촉진하는 역할을 하기 때문에, 무리를 추구하는 성향을 부여하는 유전자가 다음 세대로 전달된다. 우리 인간들의 경우에도 어느 정도 들어맞는 사실이다. 우리가 사회적 네트워크 안에서 만드는 연결고리는 부분적으로 유전자에 의해 결정된다. 특히 사람들이 우리를 따뜻하게 대하고 친구로 여기는 정도는 강한 유전적 요소에 따라 달라지며 우리가 공고한 사회적 집단 내에서 활동할 가능성도 마찬가지다. 이런 유전적인 사교 성향을 발휘하게 하는 주요 후보 중 하나는 호르몬을 조절하는 유전자다. 친화성이나 외향성 같은 성격 특성에 영향을 미치는 옥시토신 등을 만드는 것이다. 우리는 화학적인 생물이다. 두 동물이 만났을 때 서로 반응하는 방식은 호르몬의 영향을 받는다.

그들은 공격성과 제휴 사이의 어딘가에 해당되는 반응을 보일 것이다. 종들끼리 비교해보면 어떻게 작동하는지 알 수 있다. 영역 행동을 하는 종은 같은 종에 속하는 외부자가 나타났을 때 더 공격적인 경향이 있다. 마치 극이 같은 자석처럼 서로를 밀어낸다. 사회적 동물이 모두 서로에게 공격적이라면 집단은 형성될 수 없다. 집단 형성의 기본은 사회적 매력이다. 자석 방향을 뒤집으면 이들은 한데 들러붙는다. 이런 종들의 뇌에 존재하는 사회적 구성 요소에 영향을 미치는 회로는 호르몬에 의해 조정되거나 미세 조정된다. 사회적인 동물은 동물들이 서로 상호작용하는 방식을 지배하는 뇌의 특정한 부분에서 특정한 호르몬을 생산, 반응하는 세포가 홀로 살아가는 동물보다 더 많다. 동물이 스트레스에 대응하는 방식 또한 호르몬에 의해 결정된다. 사회적 동물은 같은 종의 동물과 함께 있어도 그런 스트레스 요인에 그리 극적인 반응을 보이지 않는다. 바로 앞서 설명한 사회적 완충이다. 호르몬은 심지어 우리가 누구와 사귀는지에도 영향을 미쳐서 친구나 친척, 낯선 자들, 관련 없는 동물과 어울리게 만들 수 있다. 시간이 지나면서 호르몬 수치가 변하고 다양한 상황에 대한 반응도 달라지면 동물들은 서로에 대한 반응을 조정할 수 있는데, 때로는 남들과 더 굳게 연계하고 때로는 배우 그레타 가르보Greta Garbo처럼 혼자 있고 싶어 한다.

그리고 동물들에게는 서로 대화하는 방법이 있다. 모든 동물이 의사소통을 하지만 무리 지어 사는 동물은 효과적인 상호작용을 위해 확장된 신호 어휘가 필요하다. 집단의 효과적인 기능은 의사소통에 달려 있다. 의사소통이 잘 되지 않으면 개체들은 활동을 조정할 수도 없고 사회 내의 관계를 이해할 수도 없다. 두 가지 종의 동물을 상상해보자. 하나는 짝과 함께 자기 영역 안에서 사는 동물이고 다른 하나는 사회적 집단에서 사는 동물이다. 첫 번째 동물은 짝에게 달콤한 말을 속삭이고 이웃이 영역을 침범할 때마다 이웃에게 욕을 하면 된다. 집단 안에 사는 동물은 수많은 집단 구성원과 매일 상호작용하면서 감정을 잘 표현해야 한다. 경쟁자와 동맹을 구별할 수 있어야 하고 또 남들이 자신을 확실히 알아볼 수 있도록 해야 한다. 자신의 동기를 분명히 밝히고, 계층 구조 내의 관계를 탐색하고, 지배적인 동물과 종속적인 동물에 반응하는 방식을 조정해야 한다. 동물이 자신을 남들에게 이해시켜야 한다는 압박감은 홀로 사는 종인지 아니면 사회적인 성향이 있는지에 따라 종마다 달라진다. 심지어 같은 종 안에서도 차이가 있다. 북아메리카에 사는 작은 새인 박새chickadee는 그 재잘거리는 소리를 따서 이름을 지었는데, 이들은 자기가 속한 무리의 크기에 맞춰서 복잡한 울음소리를 조절한다. 언어는 사회성과 함께 진화했다. 인간의 언어 발전을 이끈 동기도 집단 안에서 협상하고 행동을 조율해야 하는 필요성 때문이었고 덕분에 지금 내가 이 책을 통해 여러분과 소통하게 된 것이다.

최근 들어 동물의 의사소통에 대한 연구가 크게 진전을 이루고 있다. 수십 년 동안 동물들에게 수화나 그림을 통해 자신을 표현하도록 가르치는 데 노력을 집중하면서, 어린이를 가르치듯 동물을 교육하려고 노력했다. 아프리카 회색앵무인 알렉스나 오랫동안 공들여 가르친 많은 유인원의 언어적 성취는 인상적이지만, 그것만으로는 동물들 간의 자연스러운 의사소통에 대해 제대로 알 수 없다. 언어 그리고 의사소통은 어떻게 표현되든 단순히 '단어'를 배우는 것보다 훨씬 많은 것과 관련된 문제다. 인간의 대화는 공유된 경험과 일반적인 참조 틀에 대한 이해를 기반으로 작동한다. 인간은 그것을 만들어냈고 그로 인해 심오한 존재가 되었다. 동물이 무슨 생각을 하고 어떻게 느끼는지 이해하려는 동기는 이해할 수 있지만, 그들에게 인간 중심적인 계획을 가르쳐서 알아내려고 한다면(적어도 내가 볼 때는) 타당하지 않은 행동이다. 동물들끼리 의사소통하는 방법을 연구해서 그들을 이해하려고 노력하는 편이 훨씬 나은 방식이다. 문제는 엄청난 언어 장벽이 존재한다는 것이지만 그래도 우리는 진전을 이루고 있다.

동물들은 놀라울 정도로 다양한 방법으로 의사소통을 한다. 우리가 서로 인사를 나눌 때 어떤 일이 일어나는지 생각해

보라. 사회적 동물은 이에 대해 놀랍고 다양한 접근 방법을 가지고 있다. 내가 자란 요크셔 지역에서는 거의 알아차릴 수 없을 정도로 미세한 끄덕임이 강한 호의의 표현이었다. 자제심이 부족한 사람끼리는 악수를 하거나 주먹을 부딪치기도 하고, 프랑스인이라면 엄청난 양의 키스를 주고받을 수도 있다. 나는 베를린의 큰 공공 광장에서 십대 소녀 두 명이 매우 흥분된 상태로 주고받는 인사를 목격했다. 그 두 사람은 멀리서부터 서로를 향해 달려왔는데, 달려오는 동안 비명을 지르면서 양팔을 넓게 벌리고 있었다. 그들은 체구가 좀 달랐는데, 이로 인해 발생한 엄청난 가속도를 해결하지 못했다. 그래서 둘이 마주쳤을 때 체구가 큰 쪽이 럭비 경기에서라면 퇴장을 당했을 만한 충격파로 상대방을 땅에 쓰러뜨리고 말았다. 우리도 이렇게 친구와 인사할 때 무척 다채로운 방법을 쓰지만, 동물계에서 볼 수 있는 다양성에는 도저히 따라갈 수 없다. 바닷가재는 '안녕하세요'라는 인사로 서로의 얼굴에 소변을 보고 개들은 상습적으로 엉덩이에 코를 대고 쿵쿵거린다. 시클리드 어류는 파트너가 보금자리로 돌아오면 웅웅거리는 소리를 낸다. 흰목꼬리감기원숭이는 친구들의 코를 찌르면서 인사를 하는가 하면, 수컷 기니 개코원숭이는 친구의 음경을 만지작거리면서 인사를 한다. 그 또한 물론 신뢰를 증명하는 방법이겠지만, 모든 걸 고려할 때 나는 요크셔식 방법을 선호한다.

동물들이 움직이고자 할 때의 행동도 집단 의사소통에 대해 알아낼 수 있는 또 하나의 창구다. 이때 집단생활을 하는 동물들은 특정 방향으로 가고자 하는 자신의 기호와 무리와 함께 있어야 하는 필요성 사이에서 균형을 맞춰야 한다는 문제가 발생한다. 모든 걸 혼자 힘으로 하고 싶어 하는 동물은 없지만 한편으로는 자기가 아는 정보에 따라 행동할 기회를 놓치고 싶지도 않다. 그 결과 일종의 교착 상태가 발생할 수 있는데 나도 그런 경험을 매우 많이 해봤다. 세 명 이상이 모여 저녁을 먹으러 어디로 갈지 정한다고 생각해보자. 정말 고민스러운 시간이다. 산호초 물고기가 산호초 사이를 이동할 때, 마치 냄비에서 물이 끓을 때처럼 무리 안에 출발 전 활동이 쌓이는 모습을 볼 수 있다. 그중 한 마리는 가고 싶은 방향으로 돌진하지만 아무도 따라오지 않으면 브레이크를 걸고 좌절감을 느끼며 다시 무리 쪽으로 후퇴한다. 이 물고기는 산호초 사이를 건너가기에 충분한 수의 추종자가 모일 때까지 계속 이런 식으로 행동할 것이다.

때로는 동물들이 이런 사전 행동이나 선동 없이 행동에 나서기도 한다. 그들은 누가 가장 좋은 정보를 가지고 있는지 어떻게 알아낼까? 가끔은 결정자의 행동을 통해 읽을 수 있다. 그가 확실한 정보를 가지고 있다면 주저하거나 이리저리 돌아다니는 일 없이 확실한 방향으로 자신 있게 움직일 것이다. 이런 명확하고 솔직한 신호는 추종자를 끌어들일 가능성이 높다. 또 어떤 경우에는 가장 지배적인 동물이 일방적으로 결정하고 나머지는 그저 뒤를 따르는 수밖에 없다. 아프리카 들개는 보통 무리 우두머리가 고른 길을 따라가야 하지만, 가끔 지위가 낮은 들개가 자기가 가고 싶은 방향으로 몸을 돌리면서 재채기를 하기도 한다. 다른 무리 구성원이 이를 알아차리고 함께 재채기를 하면서 지지의 뜻을 나타낼 수도 있다. 이 움직임을 지지하는 들개들이 충분히 모이면 재채기를 한 쪽이 지배자를 이기게 되고, 그 무리는 콧물을 흘리면서 새로운 경로로 출발한다.

아프리카 물소는 거대한 무리를 이뤄 살면서 함께 돌아다니고 함께 쉰다. 한참 자고 일어난 물소 무리는 어디로 갈지 결정해야 하는데, 투표를 통해 이를 정한다. 암컷만 발언권이 있다. 새끼들은 어미와 함께 있고 수컷은 무리와 함께 머물고 싶으면 결정을 따라야 한다. 각 소들은 자리에서 일어나 자기가 좋아하는 방향을 바라본다. 투표가 완료되면 무리는 다수가 투표한 방향으로 움직인다.

톤키안 마카크에게서도 비슷한 일이 일어난다. 이 작은 원숭이 무리는 이동할 준비가 되면 그중 한 마리가 자기가 선호하는 경로를 따라 몇 걸음 걷다가 멈추고 다른 원숭이들을 뒤돌아본다. 그러면 다음 마카크가 투표를 한다. 첫 번째 원숭이와 함께 갈 수도 있고 다른 방향을 제시할 수도 있다. 그 후 각 원숭이가 자기가 선호하는 후보와 경로 뒤에 줄을 서고, 그렇게 다수결로 결정되면 진 팀도 포기하고 다수가 선호하는 쪽을 지지하면서 다 함께 출발한다. 고릴라가 이동할 때는 대개 무리의 지배적인 수컷인 늙은 실버백이 앞장선다. 그는 자기가 무리의 이동을 결정했다는 허황된 상상을 할 수도 있지만, 이 문제는 사실상 그 무리의 암컷들이 미리 결정해뒀을 가능성이 높다. 그들은 고릴라 무리를 깨워 이동할 준비를 시키고 방향까지 다 정해놓기 때문에 실버백에게 남은 일은 걸음을 떼는 것뿐이다. 그래서 겉보기에는 실버백이 무리를 이끄는 것 같지만 사실은 이미 결정된 사항에 권위를 실어주는 것뿐이다.

　모든 동물 가운데 특히 영장류는 큰 뇌를 갖고 있기 때문에 예외적인 존재다. 뇌가 왜 큰지가 중요하다. 다양한 설명이 가능하다. 과일을 많이 먹은 덕분에 회백질이 엄청나게 발달했을 가능성도 있고 숲속의 집을 떠나 멀리까지 돌아다니기 때문에 머릿속에 인식도를 만들어야 했을 수도 있다. 어쩌면 사교성 때문일지도 모른다. 오늘날 살아 있는 영장류는 대부분 어느 정도는 사회성이 있지만, 제한된 수의 친구들과 함께 살기도 하고, 남들과 어울리는 걸 매우 좋아해서 큰 공동체를 이뤄서 살기도 한다. 따라서 매우 다양한 크기의 집단을 볼 수 있다.

1990년대 초에 진화심리학자인 로빈 던바Robin Dunbar는 이러한 다양한 요소들을 조사하기 시작했다. 연구 결과는 명확했다. 두뇌가 커지는 가장 중요한 동인은 동물들이 사는 집단의 크기였다. 특히 집단 크기를 통해 가장 확실하게 예측할 수 있는 건 신피질(인지, 상세한 감각 지각, 추론, 의사소통과 관련된 뇌에서 가장 발달된 영역)이었다. 사회의 일원이 되는 건 영장류에게 쉽지 않은 일이다. 그들은 역동적으로 계속 변화하는 관계의 잠재적 지뢰밭을 헤쳐 나가야 한다. 성공하려면 각 개체를 인식하고 그들이 서로 어떻게 관계를 맺는지 이해한 뒤 그들의 행동에 맞춰서 자기 행동을 조정해야 한다. 이렇게 많은 양의 사회 정보를 수집해서 처리하고 어떻게 사용할지 결정하려면 무리 구성원에게 뛰어난 인지 능력이 필요하다. 사회적 동물은 집단 내에서 벌어지는 상호작용과 음모를 탐색할 수 있는 지능을 갖추는 게 중요하다. 무리의 크기가 커지면 그에 따라 추적해야 하는 상호작용의 수도 기하급수적으로 늘어난다. 이 모든 것을 위해서는 상당한 인지 능력이 필요하며 많은 종들의 경우 집단이 클수록 뇌도 커야 한다.

물론 집단의 크기는 사회성의 한 측면일 뿐이다. 많은 물고기가 거대한 무리를 형성한다. 만약 무리에 속한 개체 수가 지능을 결정한다면 물고기가 노벨상을 수상할지도 모른다. 금붕어가 쓴 소설을 한 번도 읽어본 적이 없는 이유는 금붕어가 타이핑을 잘 못하기 때문만은 아니다. 기본적인 개체 수보다 사회적 관계의 본질과 복잡성이 훨씬 더 중요하다. 무리를 지어 사는 물고기는 가까운 이웃의 행동 변화에 매우 민감하지만 서로 지속적인 관계를 맺지는 않는다. 큰 뇌는 동물들이 장시간 함께 지내면서 자주 교류하고 여러 가지 특징과 특수성을 배울 수 있는 개체들이 모인 안정된 사회 집단 참여할 때만 도움이 된다. 앞서 본 것처럼, 동물 사회는 수많은 책략과 정치 공작, 영향력과 권력을 얻기 위한 사회적 동맹 구축을 특징으로 하는 비밀과 의문이 가득한 곳일 수 있다. 이런 모험을 할 때는 정교한 인지 기술에 성공이 달려 있으며, 사회의 더 높은 계층에 도달하기 위해 음모를 꾸미거나 묵인하는 자들은 번식 기회가 늘어나는 보상을 받는다.

  큰 두뇌는 필수품이라고 생각할 수 있지만 실은 값비싼 사치품이다. 무게가 체중의 2퍼센트에 불과한 이 장기를 유지하기 위해 우리는 섭취한 에너지의 20퍼센트를 소비한다. 뇌는 매일 초콜릿 바 두 개에 해당하는 양의 연료를 집어삼키고 마라톤을 뛰는 선수의 다리 근육과 거의 같은 양의 힘을 사용한다. 게다가 뇌는 절대 멈추지 않는다. 자연 선택은 동물들에게 불필요한 적응을 시키지 않는 경향이 있다. 거대한 뇌를 가진 달팽이는 철학적 경이일 수도 있고 정원의 천재일 수도 있지만, 뇌가 크다고 해서 달팽이로 살아가는 데 더 유리하지는 않을 것이다. 사실 끈적끈적한 뇌에 힘을 실어주기 위해 에너지를 사용하면 새끼 달팽이를 갖는 등의 다른 활동에 쓸 에너지가 줄어든다. 결국 이 슈퍼 천재 달팽이는 보통 달팽이보다 나쁜 달팽이가 될 것이다.

자연은 그렇게 인색하다. 많은 동물은 자신의 행동 레퍼토리에 충분한 소량의 회백질만 있어도 잘 살 수 있다. 달팽이도 그런 동물 중 하나지만 그들은 단순하긴 해도 믿을 수 없을 정도로 성공적인 집단이다. 매우 난해하게 뒤얽힌 관계가 특징인 복잡한 집단에 사는 동물들에게는 크고 복잡한 뇌가 있어야만 획득 가능한 사회적 지능이 반드시 필요하다. 그렇기 때문에 비슷한 동물들의 뇌 크기를 집단 크기와 비교하면 일정한 패턴을 확인할 수 있다. 영장류의 경우 뇌가 가장 큰 동물은 가장 큰 무리를 이뤄서 사는 종에 속하는 경향이 있다. 박쥐, 고래류, 육식동물, 유제류, 심지어 개미와 말벌도 마찬가지다. 화석 기록을 통해 뇌 크기의 성장을 추적할 수 있는데, 특히 사회적 포유류의 뇌는 수백만 년 동안 꾸준하게 끊임없이 증가하는 추세를 보여왔다.

집단생활이 지성을 얻을 수 있는 유일한 길은 아니다. 모든 사회적 동물이 거대한 뇌를 가지고 있는 건 아니며 거대한 뇌를 가진 동물이 모두 사회적인 것도 아니다. 벌과 다른 곤충은 뇌가 작지만 고도로 조직화된 사회생활을 즐기며 놀라운 공간 기억력을 가지고 있어서 인상적인 학습 위업을 달성하고 복잡한 집을 지을 수 있다. 꿀벌들은 심지어 비관주의자가 될 수도 있다. 꿀샘이 반이나 비었다고 좌절하는 것이다. 게다가 어떤 사회성 곤충은 실제로 혼자 사는 곤충보다 뇌 조직이 적어서 개별적인 지성보다는 집단적인 인식에 의존한다. 마찬가지로, 잣까마귀는 특별히 사회적인 새는 아니지만 상당히 인상적인 크기의 뇌를 가지고 있다. 그들에게는 겨울을 나기 위해 씨앗을 어디에 숨겼는지 기억하는 게 중요하다. 그들은 매년 가을마다 10만 개의 씨앗을 숨기는데 몇 달 뒤에도 어디에 숨겼는지 기억할 수 있다. 다음에 또 열쇠를 잃어버린다면 이 사실을 명심하기 바란다. 까마귀보다도 못한 인간이여! 하지만 삶의 의미와 우주, 그리고 그 안에 있는 모든 걸 숙고할 수 있는 인간의 뇌는 고대 사회에서 자신의 위치를 탐색해야 할 필요성 때문에 발달한 것으로 보인다.

사회생활이 전문적인 인지 능력과 더 큰 두뇌 개발을 촉진했다면, 그 과정은 다른 모든 형태의 지적 발달을 위한 문을 열었다. 문제 해결과 혁신을 가능케 하는 행동의 유연성은 지적이고 두뇌가 큰 종들의 특징이며 적응과 성공을 촉진한다. 이런 양질의 혁신 외에 사회적 동물에게는 서로를 모방하고 따라하는 경향도 있어서 한 명이 배우면 결국 모두가 배우게 된다. 이런 사회적 학습은 노하우와 지식이 확산될 수 있는 강력한 수단을 제공하며 집단 내부의 전통과 문화의 진화를 이끈다. 우리는 큰 뇌를 가진 동물이 혁신을 이루며 서로에게서 배울 가능성이 더 크다는 사실을 알고 있다. 따라서 집단생활에 필요한 인지 능력이 혁신이나 문화적 전달과 함께 발전하면서 큰 뇌의 이점을 늘리고 발전을 촉진하는 것이다.

침팬지, 돌고래, 코끼리 그리고 물론 우리 인간을 비롯해 몸 크기에 비해 불균형하게 큰 뇌를 가진 동물은 모두 사회적 동물이다. 그렇다면 이쯤에서 몬티 파이튼Monty Python의 말을 빌려 묻고 싶다. 지능, 언어, 수명, 의식, 추론, 사회적 학습, 문화 말곤 사회성이라는 게 대체 우리에게 해준 게 또 뭐가 있나?

감사의 글

사회성의 가치에 대해 논하는 이 책에서 감사해야 할 사람이 많다는 건 너무나 당연하다. 이 책에 종종 언급된 옌스 크라우제는 항상 내게 영감을 줬고 지금도 마찬가지다. 간단히 말해, 그가 없었다면 나는 지금 이 자리에 없었을 것이다. 폴 하트는 내 억양을 놀리긴 해도 나에 대한 확고한 믿음을 보여주었다. 친구이자 동료로서 나와 함께 다양한 모험을 한 멋진 이들이 많다. 마이크 웹스터, 알렉스 윌슨, 앨리샤 번스, 제임스 허버트 리드, 대런 크로프트, 댄 호어, 이아인 쿠진, 크리스 리드, 수지 큐리, 티모시 샤에르프, 매트 한센, 데이비드 섬터, 딕 제임스, 미아 켄트, 그 외에도 아주 많다. 이름을 일일이 다 열거할 수는 없지만 우리가 함께한 시간들에 정말 감사한다는 걸 알아주기 바란다. 보다 폭넓게 생각하면, 종종 난해하고 예고 없는 방식으로 행동하는 동물을 이해하는 일에 자신의 모든 삶을 바친 과학자들의 놀라운 공동체가 없었다면 이 책을 쓰지 못했을 것이다.

과학 분야를 넘어, 내가 아직 확신이 없어서 떨고 있을 때

이 프로젝트를 믿고 지지해준 분들께도 감사드린다. 제스 래드번은 제대로 공을 인정받지 못했지만 그가 없었다면 이 책은 세상에 나올 수 없었다. 해리엇 폴란드와 빅토리아 하슬람은 함께 일하기 좋은 최고의 동료다. 뛰어난 에이전트 맥스 에드워즈는 비록 첼시 팬이긴 해도 내게 보내준 격려와 지원에 대해서는 큰 감사를 받을 만하다. 훌륭한 출판인 에드 레이크의 지도와 통찰 덕에 이 책이 처음보다 수준이 높아졌다. 또 내가 쓴 형편없는 글을 빛나게 하려는 헛수고에 공을 들이고 제작 과정까지 힘들게 이끌고 간 그레임 홀을 비롯한 몇몇 분들에게도 신세를 많이 졌다.

또 글쓰기의 진정한 천재인 배트보이, 캘럼 스티븐도 있다. 이 책에 대한 그의 특별한 의견과 내 믿음이 사라져갈 때 숨을 불어넣어준 그의 믿음은 더없이 귀중하다.

그리고 마지막으로 누구보다 중요한 가족들이 있다. 아내 앨리슨과 아들 새미와 프레디는 내가 틀어박혀서 끝없이 글만 쓰던 시간을 인내해줬다. 작가의 업보라고 생각하지만 그들은 단 한 번도 그 문제로 날 비난한 적이 없다. 부디 가족에게 보상할 수 있게 되길 바란다. 어머니가 이 책을 보실 수 있다면 정말 좋을 텐데 그러지 못해서 안타깝다. 하지만 아버지는 보시게 될 텐데, 쥐 사냥 에피소드 같은 일화 때문에 혹시 오해를 받으시게 될 경우에 대비해야겠다. 다른 사람들은 내가 대체 뭘 하고 다니는 건지 궁금해할 때 부모님은 언제나 변함없이 확고한 지지를 보내줬다는 사실을 꼭 말해두고 싶다. 그런 이유 때문에 이 책을 두 분에게 바친다.

참고 문헌

1장

- Coyle, K. O., and Pinchuk, A. I., 'The abundance and distribution of euphausiids and zero-age pollock on the inner shelf of the southeast Bering Sea near the Inner Front in 1997–1999', Deep Sea Research Part II: Topical Studies in Oceanography, 49 (26), 2002, pp. 6009–30.

- Willis, J., 'Whales maintained a high abundance of krill; both are ecosystem engineers in the Southern Ocean,' Marine Ecology Progress Series, 513, 2014, pp. 51–69.

- Tarling, G. A., and Thorpe, S. E., 'Oceanic swarms of Antarctic krill perform satiation sinking,' Proceedings of the Royal Society B: Biological Sciences, 284 (1869), 2017, 20172015.

- Margesin, R., and Schinner, F., Biotechnological Applications of Cold-Adapted Organisms. Springer Science and Business Media, 1999.

- Everson, I. (ed.), Krill: Biology, Ecology and Fisheries, John Wiley and Sons, 2008.

- Fornbacke, M., and Clarsund, M., 'Cold-adapted proteases as an emerging class of therapeutics', Infectious Diseases and Therapy, 2 (1), 2013, pp. 15–26.

- Kawaguchi, S., Kilpatrick, R., Roberts, L., King, R. A., and Nicol, S., 'Ocean-bottom krill sex', Journal of Plankton Research, 33 (7), 2011, pp. 1134–38.

- Rogers, S. M., Matheson, T., Despland, E., Dodgson, T., Burrows, M., and Simpson, S. J., 'Mechanosensory-induced behavioural gregarization in the desert locust Schistocerca gregaria', Journal of Experimental Biology, 206 (22), 2003, pp. 3991–4002.

- Simpson, S. J., Sword, G. A., Lorch, P. D., and Couzin, I. D., 'Cannibal crickets on a forced march for protein and salt', Proceedings of the National Academy of Sciences, 103 (11), 2006, pp. 4152–56.

- Lihoreau, M., Brepson, L., and Rivault, C., 'The weight of the clan: even in insects, social isolation can induce a behavioural syndrome,' Behavioural Processes, 82 (1), 2009, pp. 81–84.

- Wcislo, W., Fewell, J. H., Rubenstein, D. R., and Abbot, P., 'Sociality in bees', Comparative Social Evolution, 2017, pp. 50–83.

- McDonnell, C. M., Alaux, C., Parrinello, H., Desvignes, J. P., Crauser, D., Durbesson, E., … and Le Conte, Y., 'Ecto-and endoparasite induce similar chemical and brain neurogenomic responses in the honey bee(Apis mellifera),' BMC Ecology, 13(1), 2013, pp. 1–15.

- Watanabe, D., Gotoh, H., Miura, T., and Maekawa, K., 'Social interactions affecting caste development through physiological actions in termites', Frontiers in Physiology, 5, 2014, p. 127.

- Wen, X. L., Wen, P., Dahlsjo, C. A., Sillam-Dusses, D., and Šobotnik, J., 'Breaking the cipher: ant eavesdropping on the variational trail pheromone of its termite prey', Proceedings of the Royal Society B: Biological Sciences, 284 (1853), 2017, 20170121.

- Oberst, S., Bann, G., Lai, J. C., and Evans, T. A., 'Cryptic termites avoid predatory ants by eavesdropping on vibrational cues from their footsteps,' Ecology Letters, 20 (2), 2017, pp. 212–21.

- Rohrig, A., Kirchner, W. H., and Leuthold, R. H., 'Vibrational alarm communication in the African fungus-growing termite genus Macrotermes (Isoptera, Termitidae)', Insectes Sociaux, 46 (1), 1999, pp. 71–77.

- Yanagihara, S., Suehiro, W., Mitaka, Y., and Matsuura, K., 'Age-based soldier polyethism: old termite soldiers take more risks than young soldiers,' Biology Letters, 14 (3), 2018, 20180025.

- Šobotnik, J., Bourguignon, T., Hanus, R., Demianova, Z., Py-telkova, J., Mareš, M., … and Roisin, Y., 'Explosive backpacks in old termite workers', Science, 337 (6093), 2012, p. 436.

- Rettenmeyer, C. W., Rettenmeyer, M. E., Joseph, J., and Ber-ghoff, S. M., 'The largest animal association centered on one species: the army ant Eciton burchellii and its more than 300 associates', Insectes Sociaux, 58 (3), 2011, pp. 281–92.

- Kronauer, D. J. C., Ponce, E. R., Lattke, J. E., and Boomsma, J. J., 'Six weeks in the life of a reproducing army ant colony: male parentage and colony behaviour', Insectes Sociaux, 54 (2), 2007, pp. 118–23.

- Franks, N. R., and Holldobler, B., 'Sexual competition during colony reproduction in army ants', Biological Journal of the Linnean Society, 30 (3), 1987, pp. 229–43.

- Mlot, N. J., Tovey, C. A., and Hu, D. L., 'Fire ants self-assemble into waterproof rafts to survive floods,' Proceedings of the National Academy of Sciences, 108 (19), 2011, pp. 7669–73.

- Deslippe, R., 'Social Parasitism in Ants', Nature Education Knowledge, 3 (10), 2010, p. 27.

- Brandt, M., Heinze, J., Schmitt, T., and Foitzik, S., 'Convergent evolution of the Dufour's gland secretion as a propaganda substance in the slave-making ant genera Protomognathus and Harpagoxenus', Insectes Sociaux, 53 (3), 2006, pp. 291–99.

- Seifert, B., Kleeberg, I., Feldmeyer, B., Pamminger, T., Jongepier, E., and Foitzik, S., 'Temnothorax pilagens sp. n.– a new slave-making species of the tribe Formicoxenini from North America (Hymenoptera, Formicidae)', ZooKeys, 368, 2014, p. 65.

- Jongepier, E., and Foitzik, S., 'Ant recognition cue diversity is higher in the presence of slavemaker ants,' Behavioral Ecology, 27 (1), 2016, pp. 304–11.

- Zoebelein, G., 'Der Honigtau als Nahrung der Insekten: Teil I', Zeitschrift fur angewandte Entomologie, 38 (4), 1956, pp. 369–416 (cited in AntWiki).

- Oliver, T. H., Mashanova, A., Leather, S. R., Cook, J. M., and

Jansen, V. A., 'Ant semiochemicals limit apterous aphid dispersal,' Proceedings of the Royal Society B: Biological Sciences, 274 (1629), 2007, pp. 3127–31.

- Charbonneau, D., and Dornhaus, A., 'Workers "specialized" on inactivity: behavioral consistency of inactive workers and their role in task allocation,' Behavioral Ecology and Sociobiology, 69 (9), 2015, pp. 1459–72.

- Kelly, J., 'The Role of the Preoptic Area in Social Interaction in Zebrafish', doctoral dissertation, Liverpool John Moores University, 2019.

- McHenry, J. A., Otis, J. M., Rossi, M. A., Robinson, J. E., Kosyk, O., Miller, N. W., … and Stuber, G. D., 'Hormonal gain control of a medial preoptic area social reward circuit', Nature Neuroscience, 20 (3), 2017, pp. 449–58.

- Couzin, I. D., Krause, J., Franks, N. R., and Levin, S. A., 'Effective leadership and decision-making in animal groups on the move', Nature, 433 (7025), 2005, pp. 513–16.

- Ward, A. J., Sumpter, D. J., Couzin, I. D., Hart, P. J., and Krause, J., 'Quorum decision-making facilitates information transfer in fish shoals', Proceedings of the National Academy of Sciences, 105 (19), 2008, pp. 6948–53.

- Sumpter, D. J., Krause, J., James, R., Couzin, I. D., and Ward, A. J., 'Consensus decision making by fish', Current Biology, 18 (22), 2008, pp. 1773–77.

- Goodenough, A. E., Little, N., Carpenter, W. S., and Hart, A. G., 'Birds of a feather flock together: Insights into starling murmuration behaviour revealed using citizen science,' PloS One, 12 (6), 2017, e0179277.

- Young, G. F., Scardovi, L., Cavagna, A., Giardina, I., and Leonard, N. E., 'Starling flock networks manage uncertainty in consensus at low cost,' PLoS Computational Biology, 9 (1), 2013, e1002894.

- Portugal, S. J., Hubel, T. Y., Fritz, J., Heese, S., Trobe, D., Voelkl, B., ... and Usherwood, J. R., 'Upwash exploitation and downwash avoidance by flap phasing in ibis formation flight', Nature, 505 (7483), 2014, pp. 399–402.

- Nagy, M., Couzin, I. D., Fiedler, W., Wikelski, M., and Flack, A., 'Synchronization, co-ordination and collective sensing during thermalling flight of freely migrating white storks', Philosophical Transactions of the Royal Society B: Biological Sciences, 373 (1746), 2018, 20170011.

- Simons, A. M. 'Many wrongs: the advantage of group navigation', Trends in Ecology and Evolution, 19 (9), 2004, pp. 453–55.

애니멀 커넥션

- Dell'Ariccia, G., Dell'Omo, G., Wolfer, D. P., and Lipp, H. P., 'Flock flying improves pigeons' homing: GPS track analysis of individual flyers versus small groups,' Animal Behaviour, 76 (4), 2008, pp. 1165–72.

- Aplin, L. M., Farine, D. R., Morand-Ferron, J., Cockburn, A., Thornton, A., and Sheldon, B. C., 'Experimentally induced innovations lead to persistent culture via conformity in wild birds,' Nature, 518 (7540), 2015, pp. 538–41.

- Kenward, B., Rutz, C., Weir, A. A., and Kacelnik, A., 'Development of tool use in New Caledonian crows: inherited action patterns and social influences', Animal Behaviour, 72 (6), 2006, pp. 1329–43.

- Grecian, W. J., Lane, J. V., Michelot, T., Wade, H. M., and Hamer, K. C., 'Understanding the ontogeny of foraging behaviour: insights from combining marine predator bio-logging with satellite-derived oceanography in hidden Markov models', Journal of the Royal Society Interface, 15 (143), 2018, p. 20180084.

- van Dijk, R. E., Kaden, J. C., Arguelles-Tico, A., Beltran, L. M., Paquet, M., Covas, R., ... and Hatchwell, B. J., 'The thermoregulatory benefits of the communal nest of sociable weavers Philetairus socius are spatially structured within nests,' Journal of Avian Biology, 44 (2), 2013, pp. 102–110.

- Laughlin, A. J., Sheldon, D. R., Winkler, D. W., and Taylor, C. M., 'Behavioral drivers of communal roosting in a songbird: a combined theoretical and empirical approach', Behavioral Ecology, 25 (4), 2014, pp. 734–43.

- Hatchwell, B. J., Sharp, S. P., Simeoni, M., and McGowan, A., 'Factors influencing overnight loss of body mass in the communal roosts of a social bird', Functional Ecology, 23 (2), 2009, pp. 367–72.

- Mumme, R. L., 'Do helpers increase reproductive success?' Behavioral Ecology and Sociobiology, 31 (5), 1992, pp. 319–28.

- Emlen, S. T., and Wrege, P. H., 'Parent–ffspring conflict and the recruitment of helpers among bee-eaters', Nature, 356 (6367), 1992, pp. 331–33.

- McDonald, P. G., and Wright, J., 'Bell miner provisioning calls are more similar among relatives and are used by helpers at the nest to bias their effort towards kin,' Proceedings of the Royal Society B: Biological Sciences, 278 (1723), 2011, pp. 3403–11.

- Braun, A., and Bugnyar, T., 'Social bonds and rank acquisition in raven nonbreeder aggregations', Animal Behaviour, 84 (6), 2012, pp. 1507–15.

- Heinrich, B., and Marzluff, J., 'Why ravens share', American Scientist, 83 (4), 1995, pp. 342–49.

- Heinrich, B., 'Winter foraging at carcasses by three sympatric corvids, with emphasis on recruitment by the raven, Corvus corax', Behavioral Ecology and Sociobiology, 23 (3), 1988, pp. 141–56.

- Marzluff, J. M., and Balda, R. P., The Pinyon Jay: Behavioral Ecology of a Colonial and Co-operative Corvid, A & C Black, 2010.

- Bond, A. B., Kamil, A. C., and Balda, R. P., 'Pinyon jays use transitive inference to predict social dominance,' Nature, 430 (7001), 2004, pp. 778–81.

- Duque, J. F., Leichner, W., Ahmann, H., and Stevens, J. R., 'Mesotocin influences pinyon jay prosociality,' Biology Letters, 14 (4), 2018, 20180105.

- Heinsohn, R., and Packer, C., 'Complex co-operative strategies in groupterritorial African lions', Science, 269 (5228), 1995, pp. 1260–62.

- Riedman, M. L., 'The evolution of alloparental care and adoption in mammals and birds', The Quarterly Review of Biology, 57 (4), 1982, pp. 405–35.

- Rudnai, J. A., The Social Life of the Lion: A Study of the Behaviour of Wild Lions (Panthera leo massaica [Newmann]) in the Nairobi National Park, Kenya, Springer Science and Business Media, 2012.

- Funston, P. J., Mills, M. G. L., and Biggs, H. C., 'Factors affecting the hunting success of male and female lions in the Kruger National Park', Journal of Zoology, 253 (4), 2001, pp. 419–31.

- Stander, P. E., and Albon, S. D., 'Hunting success of lions in a semi-arid environment', Symposia of the Zoological Society of London, 65, 1993, pp. 127–43.

- Stander, P. E., 'Co-operative hunting in lions: the role of the individual', Behavioral Ecology and Sociobiology, 29 (6), 1992, pp. 445–54.

- Smith, J. E., Memenis, S. K., and Holekamp, K. E., 'Rank-related partner choice in the fission–fusion society of the spotted hyena (Crocuta crocuta)', Behavioral Ecology and Sociobiology, 61 (5), 2007, pp. 753–65.

- Smith, J. E., Van Horn, R. C., Powning, K. S., Cole, A. R., Graham, K. E., Memenis, S. K., and Holekamp, K. E., 'Evolutionary forces favoring intragroup coalitions among spotted hyenas and other animals', Behavioral Ecology, 21 (2), 2010, pp. 284–303.

- French, J. A., Mustoe, A. C., Cavanaugh, J., and Birnie, A. K., 'The influence of androgenic steroid hormones on female aggression in "atypical" mammals', Philosophical Transactions of the Royal Society B: Biological Sciences, 368 (1631), 2013, 20130084.

- Van Horn, R. C., Engh, A. L., Scribner, K. T., Funk, S. M., and Holekamp, K. E., 'Behavioural structuring of relatedness in the spotted hyena (Crocuta crocuta) suggests direct fitness benefits of clan-level co-operation,' Molecular Ecology, 13 (2), 2004, pp. 449–58.

- Theis, K. R., Venkataraman, A., Dycus, J. A., Koonter, K. D., Schmitt-Matzen, E. N., Wagner, A. P., ... and Schmidt, T. M., 'Symbiotic bacteria appear to mediate hyena social odors,' Proceedings of the National Academy of Sciences, 110 (49),

2013, pp. 19832–37.

- Burgener, N., East, M. L., Hofer, H., and Dehnhard, M., 'Do spotted hyena scent marks code for clan membership?' in Chemical Signals in Vertebrates 11, Springer, New York, NY, 2008, pp. 169–77.

- Van Horn, R. C., Engh, A. L., Scribner, K. T., Funk, S. M., and Holekamp, K. E., 'Behavioural structuring of relatedness in the spotted hyena (Crocuta crocuta) suggests direct fitness benefits of clan-level co-operation,' Molecular Ecology, 13 (2), 2004, pp. 449–58.

- Drea, C. M., and Carter, A. N., 'Co-operative problem solving in a social carnivore', Animal Behaviour, 78 (4), 2009, pp. 967–77.

- Molnar, B., Fattebert, J., Palme, R., Ciucci, P., Betschart, B., Smith, D. W., and Diehl, P. A., 'Environmental and intrinsic correlates of stress in freeranging wolves', PLoS One, 10 (9), 2015, e0137378.

- Coppinger, R., and Coppinger, L., Dogs: A Startling New Understanding of Canine Origin, Behavior and Evolution, Simon and Schuster, 2001.

- Pierotti, R. J., and Fogg, B. R., The First Domestication: How Wolves and Humans Co-evolved, Yale University Press, 2017.

- Hare, B., and Tomasello, M., 'Human-like social skills in dogs?' Trends in Cognitive Sciences, 9 (9), 2005, pp. 439–44.

- Hare, B., Plyusnina, I., Ignacio, N., Schepina, O., Stepika, A., Wrangham, R., and Trut, L., 'Social cognitive evolution in captive foxes is a correlated by-product of experimental domestication,' Current Biology, 15 (3), 2005, pp. 226–30.

- Hare, B., and Woods, V., The Genius of Dogs: Discovering the Unique Intelligence of Man's Best Friend, Simon and Schuster, 2013.

- Feng, A. Y., and Himsworth, C. G., 'The secret life of the city rat: a review of the ecology of urban Norway and black rats (Rattus norvegicus and Rattus rattus)', Urban Ecosystems, 17 (1), 2014, pp. 149–62.

- Clark, B. R., and Price, E. O., 'Sexual maturation and fecundity of wild and domestic Norway rats (Rattus norvegicus)', Reproduction, 63 (1), 1981, pp. 215–20.

- Galef, B. G., 'Diving for food: Analysis of a possible case of social learning in wild rats (Rattus norvegicus)', Journal of Comparative and Physiological Psychology, 94 (3), 1980, p. 416.

- Hepper, P. G., 'Adaptive fetal learning: prenatal exposure to garlic affects postnatal preferences', Animal Behaviour, 36 (3), 1988, pp. 935–36.

- Mennella, J. A., and Beauchamp, G. K., 'Understanding the origin of flavor preferences', Chemical Senses, 30 (suppl_1), 2005, i242–i243.

- Noble, J., Todd, P. M., and Tucif, E., 'Explaining social learning of food preferences without aversions: an evolutionary simulation model of Norway rats', Proceedings of the Royal Society of London. Series B: Biological Sciences, 268 (1463), 2001, pp. 141–49.

- Calhoun, J. B., 'Death squared: the explosive growth and demise of a mouse population', Journal of the Royal Society of Medicine, 66, 1973, pp. 80–88.

- Rutte, C., and Taborsky, M., 'Generalised reciprocity in rats', PLoS Biology, 5 (7), 2007, e196.

- Dolivo, V., and Taborsky, M., 'Norway rats reciprocate help according to the quality of help they received,' Biology Letters, 11 (2), 2015, 20140959.

- Schweinfurth, M. K., and Taborsky, M., 'Relatedness decreases and reciprocity increases co-operation in Norway rats,' Proceedings of the Royal Society B: Biological Sciences, 285 (1874), 2018, 20180035.

- Schweinfurth, M. K., and Taborsky, M., 'Reciprocal trading of different commodities in Norway rats', Current Biology, 28 (4), 2018, pp. 594–99.

- Stieger, B., Schweinfurth, M. K., and Taborsky, M., 'Reciprocal allogrooming among unrelated Norway rats (Rattus norvegicus) is affected by previously received co-operative, affiliative and aggressive behaviours,' Behavioral Ecology and Sociobiology, 71 (12), 2017, pp. 1–12.

- Weaver, I. C., Cervoni, N., Champagne, F. A., D'Alessio, A. C., Sharma, S., Seckl, J. R., … and Meaney, M. J., 'Epigenetic programming by maternal behavior', Nature Neuroscience, 7 (8), 2004, pp. 847–54.

- Lester, B. M., Conradt, E., LaGasse, L. L., Tronick, E. Z., Padbury, J. F., and Marsit, C. J., 'Epigenetic programming by maternal behavior in the human infant', Pediatrics, 142 (4), 2018, e20171890.

- Ackerl, K., Atzmueller, M., and Grammer, K., 'The scent of fear', Neuroendocrinology Letters, 23 (2), 2002, pp. 79–84.

- Kiyokawa, Y. (2015). 'Social odors: alarm pheromones and social buffering', Social Behavior from Rodents to Humans, Springer, Berlin, Germany, 2017, pp. 47–65.

- Gunnar, M. R., 'Social buffering of stress in development: A career perspective', Perspectives on Psychological Science, 12 (3), 2017, pp. 355–73.

- Morozov, A., and Ito, W., 'Social modulation of fear: Facilitation vs buffering', Genes, Brain and Behavior, 18 (1), 2019, e12491.

- Sato, N., Tan, L., Tate, K., and Okada, M., 'Rats demonstrate helping behavior toward a soaked conspecific,' Animal Cognition, 18 (5), 2015, pp. 1039–47.

- Ben-Ami Bartal, I., Shan, H., Molasky, N. M., Murray, T. M., Williams, J. Z., Decety, J., and Mason, P., 'Anxiolytic treatment impairs helping behavior in rats,' Frontiers in Psychology, 7, 2016, p. 850.

- Muroy, S. E., Long, K. L., Kaufer, D., and Kirby, E. D., 'Moderate stressinduced social bonding and oxytocin signaling are disrupted by predator odor in male rats,' Neuropsychopharmacology, 41 (8), 2016, pp. 2160–70.

- Pittet, F., Babb, J. A., Carini, L., and Nephew, B. C., 'Chronic social instability in adult female rats alters social behavior, maternal aggression and offspring development,' Developmental Psychobiology, 59 (3), 2017, pp. 291–302.

- Holmes, M. M., Rosen, G. J., Jordan, C. L., de Vries, G. J., Goldman, B. D., and Forger, N. G., 'Social control of brain morphology in a eusocial mammal', Proceedings of the National Academy of Sciences, 104 (25), 2007, pp. 10548–52.

- Braude, S., 'Dispersal and new colony formation in wild naked mole-rats: evidence against inbreeding as the system of mating', Behavioral Ecology, 11 (1), 2000, pp. 7–12.

- Pitt, D., Sevane, N., Nicolazzi, E. L., MacHugh, D. E., Park, S. D., Colli, L., ... and Orozco-ter Wengel, P., 'Domestication of cattle: Two or three events?' Evolutionary Applications, 12 (1),

2019, pp. 123–36.

- Bollongino, R., Burger, J., Powell, A., Mashkour, M., Vigne, J. D., and Thomas, M. G., 'Modern taurine cattle descended from small number of Near-Eastern founders,' Molecular Biology and Evolution, 29 (9), 2012, pp. 2101–104.

- MacHugh, D. E., Larson, G., and Orlando, L., 'Taming the past: ancient DNA and the study of animal domestication', Annual Review of Animal Biosciences, 5, 2017, pp. 329–51.

- Hemmer, H., Domestication: The Decline of Environmental Appreciation, Cambridge University Press, 1990.

- Ballarin, C., Povinelli, M., Granato, A., Panin, M., Corain, L., Peruffo, A., and Cozzi, B., 'The brain of the domestic Bos taurus: weight, encephalisation and cerebellar quotients, and comparison with other domestic and wild Cetartiodactyla', PLoS One, 11 (4), 2016, e0154580.

- Minervini, S., Accogli, G., Pirone, A., Graic, J. M., Cozzi, B., and Desantis, S., 'Brain mass and encephalization quotients in the domestic industrial pig (Sus scrofa)', PLoS One, 11 (6), 2016, e0157378.

- Burns, J. G., Saravanan, A., and Helen Rodd, F., 'Rearing environment affects the brain size of guppies: Lab-reared guppies have smaller brains than wild-caught guppies', Ethology,

115 (2), 2009, 122–33.

- Chang, L., and Tsao, D. Y., 'The code for facial identity in the primate brain', Cell, 169 (6), 2017, pp. 1013–28.

- Da Costa, A. P., Leigh, A. E., Man, M. S., and Kendrick, K. M., 'Face pictures reduce behavioural, autonomic, endocrine and neural indices of stress and fear in sheep,' Proceedings of the Royal Society of London.

- Series B: Biological Sciences, 271 (1552), 2004, pp. 2077–84.

- Knolle, F., Goncalves, R. P., and Morton, A. J., 'Sheep recognise familiar and unfamiliar human faces from two-dimensional images,' Royal Society Open Science, 4 (11), 2017, p. 171228.

- Kilgour, R., 'Use of the Hebb-Williams closed-field test to study the learning ability of Jersey cows', Animal Behaviour, 29 (3), 1981, pp. 850–60.

- Veissier, I., De La Fe, A. R., and Pradel, P. (1998). 'Nonnutritive oral activities and stress responses of veal calves in relation to feeding and housing conditions', Applied Animal Behaviour Science, 57 (1–2), pp. 35–49.

- De La Torre, M. P., Briefer, E. F., Ochocki, B. M., McElligott, A. G., and Reader, T., 'Mother–ffspring recognition via contact calls in cattle, Bos taurus', Animal Behaviour, 114, 2016, pp. 147–54.

- Šarova, R., Špinka, M., Stěhulova, I., Ceacero, F., Šimečkova, M., and Kotrba, R., 'Pay respect to the elders: age, more than body mass, determines dominance in female beef cattle,' Animal Behaviour, 86 (6), 2013, pp. 1315–23.

- Stephenson, M. B., Bailey, D. W., and Jensen, D., 'Association patterns of visually-observed cattle on Montana, USA foothill rangelands', Applied Animal Behaviour Science, 178, 2016, pp. 7–15.

- Howery, L. D., Provenza, F. D., Banner, R. E., and Scott, C. B., 'Social and environmental factors influence cattle distribution on rangeland,' Applied Animal Behaviour Science, 55 (3–4), 1998, 231–44.

- MacKay, J. R., Haskell, M. J., Deag, J. M., and van Reenen, K., 'Fear responses to novelty in testing environments are related to day-to-day activity in the home environment in dairy cattle,' Applied Animal Behaviour Science, 152, 2014, pp. 7–16.

- Boissy, A., Terlouw, C., and Le Neindre, P., 'Presence of cues from stressed conspecifics increases reactivity to aversive events in cattle: evidence for the existence of alarm substances in urine,' Physiology and Behavior, 63 (4), 1998, pp. 489–95.

- Ishiwata, T., Kilgour, R. J., Uetake, K., Eguchi, Y., and Tanaka, T., 'Choice of attractive conditions by beef cattle in a Y-maze just after release from restraint', Journal of Animal Science, 85 (4), 2007, pp. 1080–85.

- Laister, S., Stockinger, B., Regner, A. M., Zenger, K., Knierim, U., and Winckler, C., 'Social licking in dairy cattle –Effects on heart rate in performers and receivers', Applied Animal Behaviour Science, 130 (3–4), 2011, pp. 81–90.

- Waiblinger, S., Menke, C., and Folsch, D. W., 'Influences on the avoidance and approach behaviour of dairy cows towards humans on 35 farms', Applied Animal Behaviour Science, 84 (1), 2003, pp. 23–39.

- Anthony, L., and Spence, G., The Elephant Whisperer: My Life with the Herd in the African Wild (Vol. 1), Macmillan, 2009.

- Plotnik, J. M., Brubaker, D. L., Dale, R., Tiller, L. N., Mumby, H. S., and Clayton, N. S., 'Elephants have a nose for quantity,' Proceedings of the National Academy of Sciences, 116 (25), 2019, pp. 12566–71.

- Bates, L. A., Sayialel, K. N., Njiraini, N. W., Moss, C. J., Poole, J. H., and Byrne, R. W., 'Elephants classify human ethnic groups by odor and garment color,' Current Biology, 17 (22), 2007, pp. 1938–42.

- Payne, K. B., Langbauer, W. R., and Thomas, E. M., 'Infrasonic calls of the Asian elephant (Elephas maximus)', Behavioral Ecology and Sociobiology, 18 (4), 1986, pp. 297–301.

- McComb, K., Reby, D., Baker, L., Moss, C., and Sayialel, S., 'Longdistance communication of acoustic cues to social identity in African elephants', Animal Behaviour, 65 (2), 2003, pp. 317–29.

- McComb, K., Moss, C., Sayialel, S., and Baker, L., 'Unusually extensive networks of vocal recognition in African elephants', Animal Behaviour, 59 (6), 2000, pp. 1103–09.

- Foley, C., Pettorelli, N., and Foley, L., 'Severe drought and calf survival in elephants', Biology Letters, 4 (5), 2008), pp. 541–44.

- Fishlock, V., Caldwell, C., and Lee, P. C., 'Elephant resource-use traditions', Animal Cognition, 19 (2), 2016, pp. 429–33.

- McComb, K., Shannon, G., Durant, S. M., Sayialel, K., Slotow, R., Poole, J., and Moss, C., 'Leadership in elephants: the adaptive value of age', Proceedings of the Royal Society B: Biological Sciences, 278 (1722), 2011, pp. 3270–76.

- Lahdenpera, M., Mar, K. U., and Lummaa, V., 'Nearby grandmother enhances calf survival and reproduction in Asian elephants', Scientific Reports, 6 (1), 2016, pp. 1–10.

- Moss, C. J., Croze, H., and Lee, P. C. (eds), The Amboseli Elephants: A Long-term Perspective on a Long-lived Mammal, University of Chicago Press, 2011.

- Rasmussen, L. E. L., and Krishnamurthy, V., 'How chemical signals integrate Asian elephant society: the known and the unknown', Zoo Biology, published in affiliation with the American Zoo and Aquarium Association, 19 (5), 2000, pp. 405–23.

- Chiyo, P. I., Archie, E. A., Hollister-Smith, J. A., Lee, P. C., Poole, J. H., Moss, C. J., and Alberts, S. C., 'Association patterns of African elephants in all-male groups: the role of age and genetic relatedness', Animal Behaviour, 81 (6), 2011, pp. 1093–99.

- O'Connell-Rodwell, C. E., Wood, J. D., Kinzley, C., Rodwell, T. C., Alarcon, C., Wasser, S. K., and Sapolsky, R., 'Male African elephants (Loxodonta africana) queue when the stakes are high', Ethology Ecology and Evolution, 23 (4), 2011, pp. 388–97.

- Hart, B. L., and Hart, L. A. Pinter-Wollman, N., 'Large brains and cognition: Where do elephants fit in?' Neuroscience and

Biobehavioral Reviews, 32 (1), 2008, pp. 86–98.

- Shoshani, J., and Eisenberg, J. F., 'Intelligence and survival',
  Elephants: Majestic Creatures of the Wild, Facts on File, 1992,
  pp. 134–37.

- Lockyer, C., 'Growth and energy budgets of large baleen whales from the Southern Hemisphere', Food and Agriculture Organization, 3, 1981, pp. 379–487.

- Whitehead, H., 'Sperm whale: Physeter macrocephalus', in Encyclopedia of Marine Mammals, Academic Press, 2018, pp. 919–25.

- Benoit-Bird, K. J., Au, W. W., and Kastelein, R., 'Testing the odontocete acoustic prey debilitation hypothesis: No stunning results', Journal of the Acoustical Society of America, 120 (2), 2006, pp. 1118–23.

- Fais, A., Johnson, M., Wilson, M., Soto, N. A., and Madsen, P. T., 'Sperm whale predator-prey interactions involve chasing and buzzing, but no acoustic stunning', Scientific Reports, 6 (1), 2016, pp. 1–13.

- Watkins, W. A., and Schevill, W. E., 'Sperm whale codas', Journal of the Acoustical Society of America, 62 (6), 1977, pp. 1485–90.

- Gero, S., Whitehead, H., and Rendell, L., 'Individual, unit and vocal clan level identity cues in sperm whale codas', Royal Society Open Science, 3 (1), 2016, p. 150372.

- Konrad, C. M., Frasier, T. R., Whitehead, H., and Gero, S., 'Kin selection and allocare in sperm whales', Behavioral Ecology, 30 (1), 2019, pp. 194–201.

- Ortega-Ortiz, J. G., Engelhaupt, D., Winsor, M., Mate, B. R., and Rus Hoelzel, A., 'Kinship of long-term associates in the highly social sperm whale', Molecular Ecology, 21 (3), 2012, pp. 732–44.

- Pitman, R. L., Ballance, L. T., Mesnick, S. I., and Chivers, S. J., 'Killer whale predation on sperm whales: observations and implications', Marine Mammal Science, 17 (3), 2001, pp. 494–507.

- Cure, C., Antunes, R., Alves, A. C., Visser, F., Kvadsheim, P. H., and Miller, P. J., 'Responses of male sperm whales (Physeter macrocephalus) to killer whale sounds: implications for anti-predator strategies', Scientific Reports, 3 (1), (2013), p. 1–7.

- Durban, J. W., Fearnbach, H., Burrows, D. G., Ylitalo, G. M., and Pitman, R. L., 'Morphological and ecological evidence for two sympatric forms of Type B killer whale around the Antarctic Peninsula', Polar Biology, 40 (1), 2017, pp. 231–36.

- Visser, I. N., 'A summary of interactions between orca (Orcinus orca) and other cetaceans in New Zealand waters', New

Zealand Natural Sciences, 1999, pp. 101–12.

- Pyle, P., Schramm, M. J., Keiper, C., and Anderson, S. D., 'Predation on a white shark (Carcharodon carcharias) by a killer whale (Orcinus orca) and a possible case of competitive displacement', Marine Mammal Science, 15(2), 1999, pp. 563–68.

- Baird, R. W., and Dill, L. M., 'Ecological and social determinants of group size in transient killer whales', Behavioral Ecology, 7 (4), 1996, pp. 408–16.

- Foster, E. A., Franks, D. W., Mazzi, S., Darden, S. K., Balcomb, K. C., Ford, J. K., and Croft, D. P., 'Adaptive prolonged post-reproductive life span in killer whales', Science, 337 (6100), 2012, p. 1313.

- Wright, B. M., Stredulinsky, E. H., Ellis, G. M., and Ford, J. K., 'Kindirected food sharing promotes lifetime natal philopatry of both sexes in a population of fish-eating killer whales, Orcinus orca', Animal Behaviour, 115, 2016, pp. 81–95.

- Connor, R. C., Heithaus, M. R., and Barre, L. M., 'Complex social structure, alliance stability and mating access in a bottlenose dolphin "superalliance"', Proceedings of the Royal Society of London. Series B: Biological Sciences, 268 (1464), 2001, pp. 263–67.

- Sakai, M., Morisaka, T., Kogi, K., Hishii, T., and Kohshima, S., 'Fine-scale analysis of synchronous breathing in wild Indo-Pacific bottlenose dolphins (Tursiops aduncus)', Behavioural Processes, 83 (1), 2010, pp. 48–53.

- Fellner, W., Bauer, G. B., Stamper, S. A., Losch, B. A., and Dahood, A., 'The development of synchronous movement by bottlenose dolphins (Tursiops truncatus)', Marine Mammal Science, 29 (3), 2013, pp. E203–E225.

- Tamaki, N., Morisaka, T., and Taki, M., 'Does body contact contribute towards repairing relationships?: The association between flipper-rubbing and aggressive behavior in captive bottlenose dolphins,' Behavioural Processes, 73 (2), 2006, pp. 209–15.

- Fripp, D., Owen, C., Quintana-Rizzo, E., Shapiro, A., Buckstaff, K., Jankowski, K., ... and Tyack, P., 'Bottlenose dolphin (Tursiops truncatus) calves appear to model their signature whistles on the signature whistles of community members,' Animal Cognition, 8 (1), 2005, pp. 17–26.

- King, S. L., Harley, H. E., and Janik, V. M., 'The role of signature whistle matching in bottlenose dolphins, Tursiops truncatus', Animal Behaviour, 96, 2014, pp. 79–86.

- King, S. L., and Janik, V. M., 'Bottlenose dolphins can use learned vocal labels to address each other,' Proceedings of the National Academy of Sciences, 110 (32), 2013, pp. 13216–21.

- Janik, V. M., and Slater, P. J., 'Context-specific use suggests that bottlenose dolphin signature whistles are cohesion calls,' Animal Behaviour, 56 (4), 1998, pp. 829–38.

- Blomqvist, C., Mello, I., and Amundin, M., 'An acoustic play-fight signal in bottlenose dolphins (Tursiops truncatus) in human care', Aquatic Mammals, 31 (2), 2005, pp. 187–94.

- Blomqvist, C., and Amundin, M., 'High-frequency burst-pulse sounds in agonistic/aggressive interactions in bottlenose dolphins, Tursiops truncatus', in Echolocation in Bats and Dolphins, University of Chicago Press, Chicago, 2004 pp. 425–31.

- King, S. L., and Janik, V. M., 'Come dine with me: food-associated social signalling in wild bottlenose dolphins (Tursiops truncatus),' Animal Cognition, 18 (4), 2015, pp. 969–74.

- Ridgway, S. H., Moore, P. W., Carder, D. A., and Romano, T. A., 'Forward shift of feeding buzz components of dolphins and belugas during associative learning reveals a likely connection to reward expectation, pleasure and brain dopamine activation', Journal of Experimental Biology, 217 (16), 2014, pp.

2910–19.

- McCowan, B., and Reiss, D., 'Whistle contour development in captive-born infant bottlenose dolphins (Tursiops truncatus): Role of learning', Journal of Comparative Psychology, 109 (3), 1995, p. 242.

- Schultz, K. W., Cato, D. H., Corkeron, P. J., and Bryden, M. M., 'Low-frequency narrow-band sounds produced by bottlenose dolphins', Marine Mammal Science, 11 (4), 1995, pp. 503–09.

- Herzing, D. L., 'Vocalisations and associated underwater behavior of freeranging Atlantic spotted dolphins, Stenella frontalis and bottlenose dolphins, Tursiops truncatus',Aquatic Mammals, 22, 1996, pp. 61–80.

- Dos Santos, M. E., Louro, S., Couchinho, M., and Brito, C., 'Whistles of bottlenose dolphins (Tursiops truncatus) in the Sado Estuary, Portugal: characteristics, production rates, and long-term contour stability', Aquatic Mammals, 31 (4), 2005, p. 453.

- Kassewitz, J., Hyson, M. T., Reid, J. S., and Barrera, R. L., 'A phenomenon discovered while imaging dolphin echolocation sounds', Journal of Marine Science: Research and Development, 6 (202), 2016, p. 2.

- Sargeant, B. L., and Mann, J., 'Developmental evidence for foraging traditions in wild bottlenose dolphins', Animal Behaviour, 78 (3), 2009, pp. 715–21.

- Mann, J., Stanton, M. A., Patterson, E. M., Bienenstock, E. J., and Singh, L. O., 'Social networks reveal cultural behaviour in tool-using dolphins', Nature Communications, 3 (1), 2012, p. 1–8.

- Bender, C. E., Herzing, D. L., and Bjorklund, D. F., 'Evidence of teaching in Atlantic spotted dolphins (Stenella frontalis) by mother dolphins foraging in the presence of their calves', Animal Cognition, 12 (1), 2009, pp. 43–53.

- Whitehead, H., 'Culture in whales and dolphins', in Encyclopedia of Marine Mammals, Academic Press, 2009, pp. 292–94.

- Allen, J. A., Garland, E. C., Dunlop, R. A., and Noad, M. J., 'Cultural revolutions reduce complexity in the songs of humpback whales,' Proceedings of the Royal Society B, 285 (1891), 2018, p. 20182088.

- Hain, J. H., Carter, G. R., Kraus, S. D., Mayo, C. A., and Winn, H. E., 'Feeding behavior of the humpback whale, Megaptera novaeangliae, in the western North Atlantic', Fishery Bulletin, 80 (2), 1982, pp. 259–68.

- Allen, J., Weinrich, M., Hoppitt, W., and Rendell, L., 'Network-based diffusion analysis reveals cultural transmission of lobtail feeding in humpback whales', Science, 340 (6131), 2013, pp. 485–88.

- Capella, J. J., Felix, F., Florez-Gonzalez, L., Gibbons, J., Haase, B., and Guzman, H. M., 'Geographic and temporal patterns of non-lethal attacks on humpback whales by killer whales in the eastern South Pacific and the Antarctic Peninsula', Endangered Species Research, 37, 2018, pp. 207–18.

- Mehta, A. V., Allen, J. M., Constantine, R., Garrigue, C., Jann, B., Jenner, C., ... and Clapham, P. J., 'Baleen whales are not important as prey for killer whales Orcinus orca in high-latitude regions,' Marine Ecology Progress Series, 348, 2007,' pp. 297–07.

- Pitman, R. L., Totterdell, J. A., Fearnbach, H., Ballance, L. T., Durban, J. W., and Kemps, H., 'Whale killers: prevalence and ecological implications of killer whale predation on humpback whale calves off Western Australia', Marine Mammal Science, 31 (2), 2015, pp. 629–57.

- Chittleborough, R. G., 'Aerial observations on the humpback whale, Megaptera nodosa (Bonnaterre), with notes on other species', Marine and Freshwater Research, 4 (2), 1953, pp. 219–26.

- Pitman, R. L., Deecke, V. B., Gabriele, C. M., Srinivasan, M., Black, N., Denkinger, J., … and Ternullo, R., 'Humpback whales interfering when mammal-eating killer whales attack other species: Mobbing behavior and interspecific altruism?' Marine Mammal Science, 33 (1), 2017, pp. 7–58.

- Palmour, R. M., Mulligan, J., Howbert, J. J., and Ervin, F., 'Of monkeys and men: vervets and the genetics of human-like behaviors', American Journal of Human Genetics, 61 (3), 1997, pp. 481–88.

- Cheney, D. L., and Seyfarth, R. M., 'Vervet monkey alarm calls: Manipulation through shared information?' Behaviour, 94 (1–2), 1985, pp. 150–66.

- Filippi, P., Congdon, J. V., Hoang, J., Bowling, D. L., Reber, S. A., Pašukonis, A., … and Gunturkun, O., 'Humans recognise emotional arousal in vocalisations across all classes of terrestrial vertebrates: evidence for acoustic universals,' Proceedings of the Royal Society B: Biological Sciences, 284 (1859), 2017, p. 20170990.

- Gil-da-Costa, R., Braun, A., Lopes, M., Hauser, M. D., Carson, R. E., Herscovitch, P., and Martin, A., 'Toward an evolutionary perspective on conceptual representation: species-specific calls activate visual and affective processing systems in the macaque,' Proceedings of the National Academy of Sciences, 101 (50), 2004, pp. 17516–21.

- Burns-Cusato, M., Cusato, B., and Glueck, A. C., 'Barbados green monkeys (Chlorocebus sabaeus) recognize ancestral alarm calls after 350 years of isolation,' Behavioural Process-es, 100, 2013, pp. 197-99.

- Cheney, D. L., and Seyfarth, R. M., 'Assessment of meaning and the detection of unreliable signals by vervet monkeys', Animal Behaviour, 36 (2), 1988, pp. 477-86.

- Byrne, R. W., and Whiten, A., 'Tactical deception of familiar individuals in baboons (Papio ursinus)', Animal Behaviour, 33 (2), 1985, pp. 669-73.

- Bercovitch, F. B., 'Female co-operation, consortship mainte-nance and male mating success in savanna baboons', Animal Behaviour, 50 (1), 1995, pp. 137-49.

- Engh, A. L., Beehner, J. C., Bergman, T. J., Whitten, P. L., Hoffmeier, R. R., Seyfarth, R. M., and Cheney, D. L., 'Female hierarchy instability, male immigration and infanticide increase glucocorticoid levels in female chacma baboons', Animal Be-haviour, 71 (5), 2006, pp. 1227-37.

- Silk, J. B., Altmann, J., and Alberts, S. C., 'Social relationships among adult female baboons (Papio cynocephalus) I. Variation in the strength of social bonds', Behavioral Ecology and So-ciobiology, 61 (2), 2006, pp. 183-95.

- Archie, E. A., Tung, J., Clark, M., Altmann, J., and Alberts, S. C., 'Social affiliation matters: both same-sex and opposite-sex relationships predict survival in wild female baboons', Proceedings of the Royal Society B: Biological Sciences, 281 (1793), 2014, p. 20141261.

- Stadele, V., Roberts, E. R., Barrett, B. J., Strum, S. C., Vigilant, L., and Silk, J. B., 'Male–emale relationships in olive baboons (Papio anubis): Parenting or mating effort?' Journal of Human Evolution, 127, 2019, pp. 81–92.

- Nguyen, N., Van Horn, R. C., Alberts, S. C., and Altmann, J., '"Friendships" between new mothers and adult males: adaptive benefits and determinants in wild baboons (Papio cynocephalus)', Behavioral Ecology and Sociobiology, 63 (9), 2009, pp. 1331–44.

- Huchard, E., Alvergne, A., Fejan, D., Knapp, L. A., Cowlishaw, G., and Raymond, M., 'More than friends? Behavioural and genetic aspects of heterosexual associations in wild chacma baboons', Behavioral Ecology and Sociobiology, 64 (5), 2010, pp. 769–81.

- Baniel, A., Cowlishaw, G., and Huchard, E., 'Jealous females? Female competition and reproductive suppression in a wild promiscuous primate', Proceedings of the Royal Society B: Biological Sciences, 285 (1886), 2018, p. 20181332.

- Silk, J. B., Beehner, J. C., Bergman, T. J., Crockford, C.,

Engh, A. L., Moscovice, L. R., ... and Cheney, D. L., 'Female chacma baboons form strong, equitable, and enduring social bonds,' Behavioral Ecology and Sociobiology, 64 (11), 2010, pp. 1733–47.

- Silk, J. B., Rendall, D., Cheney, D. L., and Seyfarth, R. M., 'Natal attraction in adult female baboons (Papio cynocephalus ursinus) in the Moremi Reserve, Botswana', Ethology, 109 (8), 2003, pp. 627–44.

- Dart, R. A., 'Ahla, the female baboon goatherd', South African Journal of Science, 61 (9), 1965, pp. 319–24.

- Wittig, R. M., Crockford, C., Wikberg, E., Seyfarth, R. M., and Cheney, D. L., 'Kin-mediated reconciliation substitutes for direct reconciliation in female baboons', Proceedings of the Royal Society B: Biological Sciences, 274 (1613), 2007, pp. 1109–15.

- Cheney, D. L., and Seyfarth, R. M., 'Recognition of other individuals' social relationships by female baboons', Animal Behaviour, 58 (1), 1999, pp. 67–75.

- Goodall, J., Through a Window: My Thirty Years with the Chimpanzees of Gombe, Houghton Mifflin Harcourt, 2010.

- Wilson, M. L., Boesch, C., Fruth, B., Furuichi, T., Gilby, I. C., Hashimoto, C., ... and Wrangham, R. W., 'Lethal aggression in Pan is better explained by adaptive strategies than human impacts,' Nature, 513 (7518), 2014, pp. 414–17.

- Ladygina-Kots, N. N., de Waal, F. B., and Vekker, B., Infant Chimpanzee and Human Child: A Classic 1935 Comparative Study of Ape Emotions and Intelligence, Oxford University Press, 2002.

- Crockford, C., Wittig, R. M., Langergraber, K., Ziegler, T. E., Zuberbuhler, K., and Deschner, T., 'Urinary oxytocin and social bonding in related and unrelated wild chimpanzees', Proceedings of the Royal Society B: Biological Sciences, 280 (1755), 2013, p. 20122765.

- Whiten, A., and Arnold, K., 'Grooming interactions among the chimpanzees of the Budongo Forest, Uganda: tests of five explanatory models', Behaviour, 140 (4), 2003, pp. 519–52.

- Pruetz, J. D., Bertolani, P., Ontl, K. B., Lindshield, S., Shelley, M., and Wessling, E. G., 'New evidence on the tool-assisted hunting exhibited by chimpanzees (Pan troglodytes verus) in a savannah habitat at Fongoli, Senegal', Royal Society Open Science, 2 (4), 2015, p. 140507.

- O'Malley, R. C., Wallauer, W., Murray, C. M., and Goodall, J., 'The appearance and spread of ant fishing among the Kasekela chimpanzees of Gombe: a possible case of intercommunity cultural transmission', Current Anthropology, 53 (5), 2012, pp. 650–63.

- Foster, M. W., Gilby, I. C., Murray, C. M., Johnson, A., Wroblewski, E. E., and Pusey, A. E., 'Alpha male chimpanzee grooming patterns: implications for dominance "style"', American Journal of Primatology: Official Journal of the American Society of Primatologists, 71 (2), 2009, pp. 136–44.

- Muller, M. N., and Wrangham, R. W., 'Dominance, cortisol and stress in wild chimpanzees (Pan troglodytes schweinfurthii)', Behavioral Ecology and Sociobiology, 55 (4), 2004, pp. 332–40.

- Pruetz, J. D., Ontl, K. B., Cleaveland, E., Lindshield, S., Marshack, J., and Wessling, E. G., 'Intragroup lethal aggression in West African chimpanzees (Pan troglodytes verus): inferred killing of a former alpha male at Fongoli, Senegal', International Journal of Primatology, 38 (1), 2017, pp. 31–57.

- Lehmann, J., and Boesch, C., 'Sexual differences in chimpanzee sociality', International Journal of Primatology, 29 (1), 2008, pp. 65–81.

- Proctor, D. P., Lambeth, S. P., Schapiro, S. J., and Brosnan, S. F., 'Male chimpanzees' grooming rates vary by female age, parity, and fertility status,' American Journal of Primatology, 73 (10), 2011, pp. 989–96.

- Townsend, S. W., Deschner, T., and Zuberbuhler, K., 'Female chimpanzees use copulation calls flexibly to prevent social competition,' PLoS One, 3 (6), 2008, p. e2431.

- Hopper, L. M., Schapiro, S. J., Lambeth, S. P., and Brosnan, S. F., 'Chimpanzees' socially maintained food preferences indicate both conservatism and conformity,' Animal Behaviour, 81 (6), 2011, pp. 1195–1202.

- Suchak, M., Eppley, T. M., Campbell, M. W., Feldman, R. A., Quarles, L. F., and de Waal, F. B., 'How chimpanzees co-operate in a competitive world,' Proceedings of the National Academy of Sciences, 113 (36), 2016, pp. 10215–20.

- Furuichi, T., 'Female contributions to the peaceful nature of bonobo society', Evolutionary Anthropology: Issues, News, and Reviews, 20 (4), 2011, pp. 131–42.

- Surbeck, M., Mundry, R., and Hohmann, G., 'Mothers matter! Maternal support, dominance status and mating success in male bonobos (Pan paniscus),' Proceedings of the Royal Society B: Biological Sciences, 278 (1705), 2011, pp. 590–98.

- Surbeck, M., and Hohmann, G., 'Affiliations, aggressions and an adoption: male–male relationships in wild bonobos', Bonobos: Unique in Mind, Brain and Behaviour, Oxford University Press, 2017, pp. 35–46.

애니멀 커넥션

초판 1쇄 인쇄 2025년 6월 4일
초판 1쇄 발행 2025년 6월 11일

지은이 애슐리 워드
옮긴이 박선령
펴낸이 고영성

책임편집 박유진 ｜ **저작권** 주민숙

펴낸곳 주식회사 상상스퀘어
출판등록 2021년 4월 29일 제2021-000079호
주소 경기 성남시 분당구 성남대로43번길 10, 하나EZ타워 3층 307호 상상스퀘어
팩스 02-6499-3031
이메일 publication@sangsangsquare.com
홈페이지 www.sangsangsquare-books.com

ISBN 979-11-94368-35-9 (03490)